Impulsschaltungen

Impulsschaltungen

Erzeugung und Verarbeitung von Impulsen mit Röhren und Transistoren

Von

Dr. sc. techn. **Ambros P. Speiser**

Titularprofessor an der Eidgenössischen Technischen Hochschule Zürich
Leiter des Forschungslaboratoriums Zürich
der International Business Machines Corporation

Mit 274 Abbildungen

Springer-Verlag
Berlin / Göttingen / Heidelberg
1963

ISBN-13: 978-3-642-49043-9 e-ISBN-13: 978-3-642-92955-7
DOI:10.1007/978-3-642-92955-7

Softcover reprint of the hardcover 1st edition 1963
Library of Congress Catalog Card Number 63-22583

Vorwort

Dieses Buch wendet sich an den Praktiker, der sich mit den Anwendungen der Impulstechnik für den Laboratoriumsgebrauch oder für die Entwicklung von kommerziellen Geräten zu befassen hat. Es vermittelt die Grundlagen und gibt eine Übersicht über die Bauteile und die Schaltkreise, die der Entwerfer einer Impulsschaltung kennen sollte, um eine gestellte Aufgabe lösen zu können. Das Hauptgewicht des Inhaltes liegt auf einer Beschreibung der Funktionsprinzipien und einer Bereitstellung von Berechnungsgrundlagen, nicht aber auf einer Sammlung fertiger Schaltungen; daher sind nur in den wenigsten Schaltbildern Zahlenwerte angegeben. — Das Buch ist aber auch für Studierende gedacht, die es neben Vorlesungen verwenden oder für die Einarbeitung in das wichtige Gebiet der Impulsschaltungen im Selbstunterricht gebrauchen wollen.

Der Text ist so abgefaßt, daß auch Leser mit wenig Vorkenntnissen zu folgen vermögen. Nur die einfachen Tatsachen der elektrischen Schaltungen und des Verhaltens von Elektronenröhren werden als bekannt vorausgesetzt. Kap. 1 vermittelt eine Umschreibung dessen, was man als Impulstechnik bezeichnet, ferner einen Vergleich von Transistoren und Röhren und schließlich einige allgemeine Bemerkungen, die für den Entwerfer einer Impulsschaltung von Bedeutung sind. Kap. 2 gibt an Hand einer Tabelle eine Übersicht über das behandelte Gebiet und erläutert, nach welchen Gesichtspunkten das Buch als Ganzes aufgebaut ist. — In seinen Ausführungen stützt sich der Verfasser auf eine vierzehnjährige praktische Tätigkeit auf dem Gebiet der Impulsschaltungen an Hochschulen und in der Industrie und verwertet die Erfahrungen seiner seit 1952 an der Eidgenössischen Technischen Hochschule gehaltenen Vorlesungen.

Die Menge der Impulsschaltungen, die erfunden und beschrieben worden sind, ist schlechthin unüberblickbar, und es konnte nur ein kleiner Bruchteil davon aufgenommen werden. Das Buch enthält nur Schaltkreise und Anordnungen, die sich in praktisch hergestellten Geräten bewährt haben und deren Entwurf als eine gefestigte Technik betrachtet werden kann. Tunneldioden und ihre Anwendungen erfüllen zur Zeit diese Bedingungen noch nicht und sind daher weggelassen.

Über die meisten Teilgebiete, die behandelt werden, existieren gute Lehrbücher. Der Leser, der sich in einen Fragenkreis vertieft einarbeiten will, ist daher nur in den wenigsten Fällen gezwungen, auf die Originalarbeiten in Zeitschriften zurückzugreifen; vielmehr wird er für ein ergänzendes Studium die folgenden Werke besonders nützlich finden: [*17*] und [*18*] für Transistoren, [*6*] und [*13*] für Röhren, [*9*] für die Nanosekundentechnik. Im Hinblick auf diese und ähnliche Bücher, die im Literaturverzeichnis zusammengestellt sind, sind nur wenige Originalarbeiten zitiert.

An verschiedenen Stellen des Buches sind Kennlinien von Bauteilen wiedergegeben. Diese Kurven sind teils an einzelnen Exemplaren gemessen, teils andern Quellen entnommen und dürfen nicht als Angaben von Herstellerseite aufgefaßt werden.

Die folgenden Herren haben Teile des Manuskriptes durchgesehen und dabei wertvolle Hinweise und Anregungen gegeben, wofür ich ihnen herzlich danke: K. E. DRANGEID, W. JUTZI, G. KOHN, H. OGUEY, H. P. SCHLAEPPI, D. SEITZER, H. THOMAS. Fräulein E. WERNLI verdanke ich die sorgfältige Niederschrift des Manuskriptes und die Durchsicht der Korrekturbogen.

Dem Springer-Verlag möchte ich meinen Dank für die ausgezeichnete Ausstattung des Buches zum Ausdruck bringen. Mein besonderer Dank gilt der Geschäftsleitung der International Business Machines Corporation, deren großzügiges Entgegenkommen es mir ermöglicht hat, diese Arbeit in Angriff zu nehmen und zum Abschluß zu bringen.

Rüschlikon (Zürich), Sommer 1963

Ambros P. Speiser

Übersicht

Inhaltsverzeichnis

Häufig verwendete Symbole und Abkürzungen

A	Anstiegszeit
α	Stromverstärkung in Basisschaltung (α_0: bei Gleichstrom, α_i: invertierter Transistor)
B	Überschwingen
β	Stromverstärkung in Emitterschaltung (β_0: bei Gleichstrom)
C	Kapazität
c	Lichtgeschwindigkeit
D	Durchgriff
e	2,718...
e	Ladung des Elektrons
ε	relative Dielektrizitätskonstante
ε_0	Dielektrizitätskonstante des leeren Raumes
F	Dachabfall
f	Frequenz
h	Elemente der h-Matrix in Basisschaltung (h': in Emitterschaltung)
I	Strom (Gleichstrom; Kennlinienwert)
I_{c0}	Kollektor-Ruhestrom in Basisschaltung (I'_{c0}: in Emitterschaltung)
i	Strom (Momentanwert; Signal)
k	BOLTZMANNsche Konstante (nur im Ausdruck kT/e)
L	Induktivität; Hauptinduktivität
λ	Streuinduktivität
μ	Verstärkungsfaktor $= 1/D$
μ	relative Permeabilität
μ_0	Permeabilität des leeren Raumes
ω	Kreisfrequenz
ω_g	Grenzkreisfrequenz in Basisschaltung (ω'_g: in Emitterschaltung)
R	Widerstand (R_i: Innenwiderstand)
$Rö$	Röhre
S	Steilheit
T	Temperatur (meistens absolute Temperatur im Ausdruck kT/e)
T	Zeitkonstante
Tr	Transistor
τ	Impulsdauer
t	natürliche Zeit
U	Spannung (Gleichspannung; Kennlinienwert)
U_b	Batteriespannung
U_T	Temperaturspannung kT/e
u	Spannung (Momentanwert; Signal)
$ü$	Übersetzungsverhältnis
w	Windungszahl
Z	Impedanz

1. Grundlagen

Die elektronische Impuls-Schaltungstechnik erlebt einen bedeutenden Aufschwung und dringt in immer neue Gebiete der Wissenschaft, der Technik und des täglichen Lebens ein. *Kernphysikalische Forschung*, *Funkortung* und *Fernsehen* sind ohne Impulstechnik nicht denkbar. Von den unzähligen, sich von Jahr zu Jahr erweiternden Anwendungen sind nachfolgend acht Arbeitsgebiete aufgezählt, die als besonders wichtige Nutznießer der Impulstechnik gelten können:

Analogrechner,
Digitalrechner,
Elektronische Meßtechnik,
Fernsehen,
Funkortung (Radar),
Kernphysikalische Meßtechnik,
Nachrichtenübermittlung,
Physiologische Meßtechnik.

Zwei dieser Zweige befinden sich in ganz besonders schneller Entwicklung: erstens die Digitalrechner, weil der Bedarf an Rechenanlagen enorm zugenommen hat und weil für viele Abläufe, die früher auf analogem Weg durchgeführt wurden, heute das Digitalprinzip bevorzugt wird; zweitens die Nachrichtenübermittlung, weil die vielen verschiedenen Arten der Impulsmodulation mehr und mehr ihre Überlegenheit gegenüber andern Modulationsarten beweisen, ganz besonders für die Nachrichtenübermittlung über Erdsatelliten.

Eine befriedigende Umschreibung dessen, was eine Impulsschaltung ist, ist nicht möglich, schon deshalb, weil die Definition des Begriffes „Impuls" recht verschwommen ist; fast jede Signalform — auch ein Sinusbogen — kann als Impuls oder als eine Folge von Impulsen aufgefaßt werden. In vielen Fällen kann sogar ein und derselbe Apparat — etwa ein Breitbandverstärker — wahlweise als Impulsschaltung oder als Schaltung für sinusförmige Wechselströme dienen. Das Hauptmerkmal der Impulsschaltungen liegt in der *Betrachtungsweise*, die für ihre Beschreibung verwendet wird. Der folgende Abschn. 1.1 versucht, diese Betrachtungsweise zusammenzufassen, und kann somit zugleich als Definition der Impuls-Schaltungstechnik aufgefaßt werden.

1.1 Impulse und Impulsschaltungen

Zeitbereich und Frequenzbereich. In der herkömmlichen Nachrichtentechnik spielen Betrachtungen im Frequenzbereich eine bedeutende Rolle. Filter und Verstärker werden beschrieben, indem man den Verlauf angibt, den Betrag und Phase des Übertragungsmaßes als Funktion der Frequenz nehmen, wobei mit einer sinusförmigen Wechselspannung gemessen wird. Der Übergang in den Zeitbereich wird durch eine FOURIER-Synthese oder eine LAPLACE-Transformation vollzogen.

In Impulsschaltungen hingegen wird viel häufiger im Zeitbereich gearbeitet; ein Apparat wird beschrieben, indem man angibt, was für eine Signalform an den Ausgangsklemmen entsteht, wenn man eine bestimmte Signalform an den Eingangsklemmen anlegt. *Die aufgezeichneten Kurven sind also meistens Zeitfunktionen, nicht Frequenzfunktionen.* Für diesen Unterschied sind hauptsächlich zwei Gründe verantwortlich. Erstens kann man einen Impuls oft als eine Folge einer steigenden und einer fallenden, unendlich schnellen Flanke betrachten, und es haben sich einfache Regeln herausgebildet, wie man diesen Fall ohne Umweg über die FOURIER-Synthese oder die LAPLACE-Transformation erfassen kann; zweitens sind Impulsschaltungen oft nichtlinear, was die Anwendung der erwähnten mathematischen Methoden bedeutend erschwert.

Begriff der Signalform. Unter dem Wort „Signalform" wollen wir den *Verlauf einer Spannung oder eines Stromes in Funktion der Zeit* verstehen. Eine als Kurve aufgezeichnete oder auf dem Bildschirm sichtbar werdende Signalform hat oft die Gestalt einfacher geometrischer Figuren, wie Rechteck, Trapez und dergleichen; daher hat es sich eingebürgert, Signalformen in ihrem qualitativen Verlauf durch solche Ausdrücke zu beschreiben, s. Abb. 1.

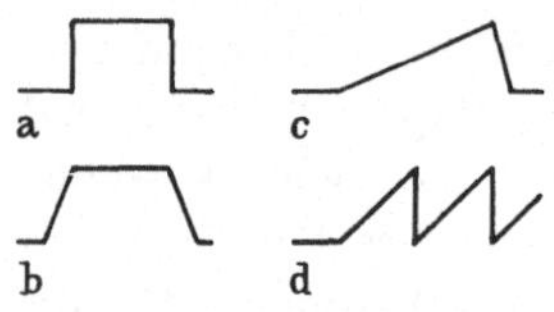

Abb. 1. Beispiele von Signalformen: a) Rechteck, b) Trapez, c) Dreieck, d) Sägezahn.

Beim Aufzeichnen verzichtet man oft darauf, die Zeitachse als solche anzuschreiben oder überhaupt sie einzuzeichnen, wenn dadurch keine Verwechslungen entstehen können. Bei Schaltbildern werden die an den verschiedenen Punkten der Schaltung vorkommenden Signalformen oft direkt ins Schema eingezeichnet, und es ist üblich, daß man dann die Koordinatenachsen wegläßt.

Sinuswellen und Impulse. Die herkömmliche Betrachtungsweise, die mit Sinuswellen operiert, bringt es mit sich, daß Eingangs- und Ausgangssignal sehr ähnlich aussehen. Bekanntlich sind lineare Schaltungen sinustreu, das heißt, eine Sinuswelle am Eingang erzeugt am Ausgang ebenfalls eine Sinuswelle, und zwar von der gleichen Frequenz[1]. Mit Impulsen kann hingegen eine grundlegende Veränderung der Form entstehen, wie aus Abb. 2 anschaulich hervorgeht.

---

[1] Einschränkend ist zu bemerken, daß das nur im eingeschwungenen Zustand gilt, das heißt, sofern das Signal während einer hinreichend langen Zeit bestanden hat.

Anstiegszeit, Impulsdauer und Bandbreite. Eine der wichtigsten Kenngrößen, die in der Impulstechnik neu hinzutreten, ist die *Anstiegszeit*. Je kürzer die Anstiegszeit sein soll, desto höher sind die Anforderungen, die man an die Schaltungen zur Impulserzeugung und -verarbeitung stellen muß, und Anstiegszeiten unter etwa 10 ns erfordern ganz besondere Maßnahmen.

Unter der Anstiegszeit A versteht man die Zeit, die die steigende Flanke eines Impulses braucht, um von 10% bis 90% seines Endwertes

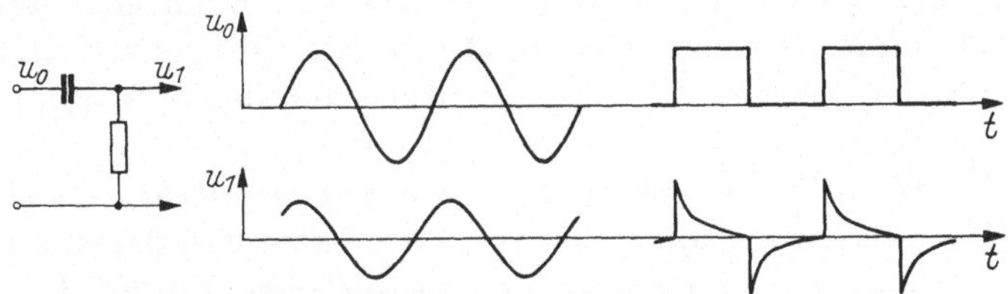

Abb. 2. Wirkung eines RC-Gliedes auf eine Sinuswelle und eine Impulsfolge.

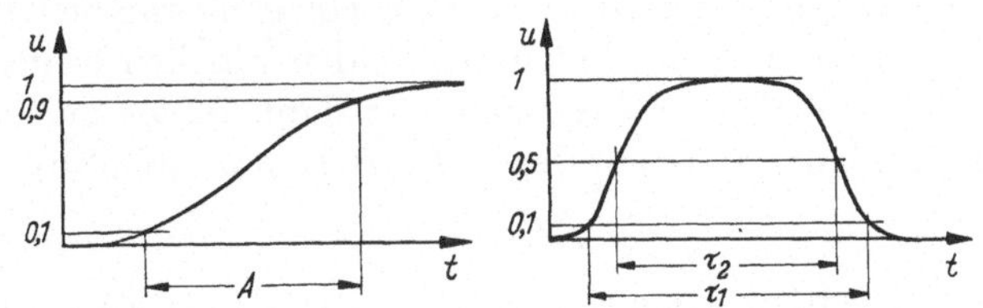

Abb. 3. Definition von Anstiegszeit A und Impulsdauer τ.

anzusteigen, s. Abb. 3. Die Meßpunkte 10% und 90% statt 0% und 100% werden gewählt, damit die langsamen Teile der Flanke, die vor und nach dem praktisch bedeutsamen Anstieg eintreten, nicht mitgerechnet werden.

Die Frage taucht nun auf, ob zwischen der Anstiegszeit (die ein Begriff des Zeitbereiches ist) und der Bandbreite (die in der konventionellen, auf Sinuswellen beruhenden Betrachtungsweise begründet ist und in den Frequenzbereich führt) eine Beziehung hergestellt werden kann. Es zeigt sich, daß ein überraschend einfacher Zusammenhang gefunden werden kann, der für alle breitbandigen Schaltungen (also für alle Schaltungen, in denen das Verhältnis von oberer zu unterer Grenzfrequenz größer als etwa 3 ist) gültig ist und durch folgende Gleichung beschrieben wird:

$$\Delta f \cdot A = 0{,}35 \cdots 0{,}45. \qquad (1)$$

A ist die Anstiegszeit, Δf die Bandbreite, wobei als Grenzfrequenz die Frequenz verstanden wird, bei der das Übertragungsmaß um 3 db abfällt. Die Erfahrung zeigt, daß die Gleichung für alle praktisch vorkommenden linearen Schaltungen gültig ist. Daher ist sie sowohl für den Theoretiker als auch für den Experimentator von größter Bedeutung.

Außer der Anstiegszeit spricht man auch von der *Impulsdauer*. Im Falle eines Rechteckes (Abb. 1a) ist diese eindeutig anzugeben; bei einem Impuls mit endlicher Anstiegszeit hingegen (Abb. 3b) muß eine besondere Definition gefunden werden. Als Meßpunkte können die Zeiten gewählt werden, zu denen der Momentanwert 10% der Impulsamplitude erreicht; diese Dauer τ_1 nennt man gelegentlich die *Bodenbreite*. Eine andere Dauer τ_2 entsteht, wenn an den 50%-Punkten gemessen wird. Schließlich kann man noch die Punkte steilster Tangente nehmen, die aber nur in den seltensten Fällen wesentlich von den 50%-Punkten abweichen werden.

Die Frage nach einer Beziehung zwischen *Impulsdauer und Bandbreite* läßt sich weniger einfach beantworten als im Fall der Anstiegszeit, da hier die Form des Impulses einen wesentlichen Einfluß hat. Wenn man aber fordert, daß ein Impuls nicht nur eine steigende und eine fallende Flanke hat, sondern auch noch ein einigermaßen flaches Impulsdach, so kann man annehmen, die beiden Flanken beanspruchen je die relative Zeit 0,35 und das Dach 0,3; dann findet man aus Gl. (1) für die Impulsdauer τ_1 (nach der Definition von Abb. 3b)

$$\Delta f \cdot \tau_1 = 1\,,$$

eine Beziehung, die sich leicht memorieren läßt. Aus Gl. (1) ist hier die Zahl 0,35, die praktisch am häufigsten zutrifft, eingesetzt worden.

Lineare und nichtlineare Schaltungen. Lineare Schaltungen enthalten nur Bauteile, in denen die Zusammenhänge zwischen Strömen und Spannungen durch lineare Gleichungen (eventuell lineare Differentialgleichungen) beschrieben werden. Solche Schaltungen sind sinustreu; ferner sind sie amplitudenproportional, das heißt, wenn man die Eingangsamplitude verdoppelt, so verdoppelt sich auch die Ausgangsamplitude, ohne daß sich die Signalform im übrigen ändert.

Von großer Wichtigkeit ist die Gültigkeit des Superpositionsprinzips in linearen Schaltungen: Zwei oder mehrere Signalformen können superponiert werden und beeinflussen einander nicht. Darauf beruht die Anwendbarkeit der Fourier-Synthese, die aus einer Superposition von Sinusschwingungen besteht.

Nichtlineare Schaltungen dagegen enthalten nichtlineare Bauteile. In der herkömmlichen Betrachtungsweise versucht man, dieses Verhalten durch die erzeugten Oberschwingungen zu beschreiben; in der Impulstechnik hingegen ist es besser, einzig den Einfluß auf Signalformen zu betrachten. Abb. 4a zeigt als Beispiel eine nichtlineare Schaltung. Man erkennt, daß weder die Sinustreue noch die Amplitudenproportionalität vorhanden sind.

Zeitabhängige Schaltungen. Eine Sonderstellung nehmen die Schaltungen ein, die zwar linear sind, deren Eigenschaften aber zeitlich variieren. Als Beispiel ist in Abb. 4b eine Vorrichtung angegeben, die einen von außen (unabhängig vom Eingangssignal) angetriebenen Unterbrecherkontakt enthält. Wenn eine solche Schaltung nur aus linearen Elementen besteht (auch ein Kontakt ist ein lineares Element), so wird sie durch eine *lineare Differentialgleichung mit variablen Koeffizienten* beschrieben. Es ist sehr wichtig festzustellen, daß auch in diesem Fall

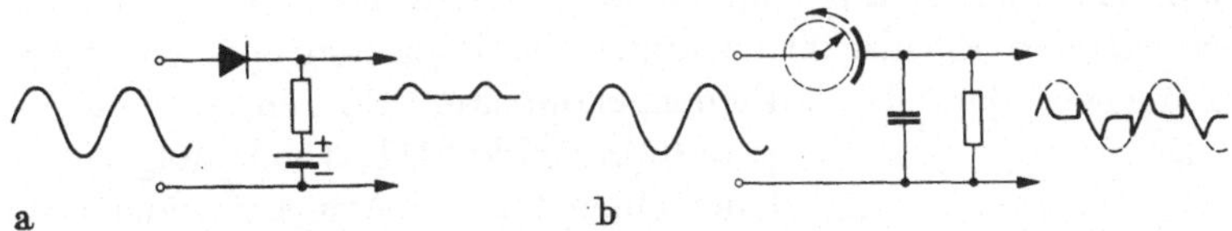

Abb. 4. a) nichtlineare Schaltung, b) lineare zeitabhängige Schaltung mit periodisch schließendem Kontakt.

die Amplitudenproportionalität und die Superponierbarkeit gültig sind. Es ist ein oft begangener Fehler, daß zeitabhängige lineare mit nichtlinearen Schaltungen verwechselt werden. Hingegen ist eine zeitabhängige Schaltung nicht sinustreu, wie die Abbildung zeigt.

1.2 Impulserzeugung und -verarbeitung

Erzeugung. Als Impulserzeuger kommen hauptsächlich der *Multivibrator* mit seinen vielen Spielarten und der *Sperrschwinger* in Betracht. Keine dieser Schaltungen ist allerdings in der Lage, genau vorgeschriebene Zeitintervalle einzuhalten; denn sie sind Relaxationsoszillatoren, und es ist eine fundamentale Tatsache, daß harmonische Schwingungen eine um vieles genauere Zeitbestimmung ermöglichen als Relaxationsschwingungen. Um zeitlich genaue Impulse zu erhalten, wird man also zunächst einen Sinusoszillator wählen, der als zeitbestimmendes Element einen Relaxationsoszillator steuert. Der Sinusgenerator gehört allerdings nicht zur Impulstechnik und ist daher in diesem Buch nicht behandelt.

Verarbeitung. Sehr häufig ist der Fall, wo eine Schaltung durch einen ankommenden Impuls veranlaßt wird, ihrerseits einen Impuls oder eine andere Signalform abzugeben. Wenn der ankommende Impuls nur die zeitliche Lage der erzeugten Signalform bestimmt, im übrigen aber keinen Einfluß auf ihren Verlauf ausübt, so nennt man diesen Vorgang *Tastung* oder *Auslösung*.

Andere Schaltungen unterziehen die empfangenen Impulse lediglich einer Veränderung; bei ihnen ist das Ausgangssignal nicht nur von der Schaltung selbst, sondern ebensosehr von der am Eingang angelegten Signalform abhängig.

Schaltungen. Das hervorstechende Merkmal fast jeder Entwicklungsarbeit in der Impulstechnik ist die Schwierigkeit, die geforderten kurzen Anstiegszeiten zu erreichen. Diese werden hauptsächlich durch Produkte von der Form RC bestimmt (außer in der Nanosekundentechnik, wo besonders häufig noch Induktivitäten mit zu berücksichtigen sind). Es handelt sich also darum, entweder einen Widerstand R oder eine Kapazität C oder beides klein zu halten. Insoweit C aus Kapazitäten der Verdrahtung besteht, kann durch geeigneten Aufbau viel gewonnen werden. Darüber hinaus gibt es aber Schaltungen, die infolge ihrer innewohnenden Eigenschaften kurze Anstiegszeiten ergeben; dazu gehören insbesondere die kathodengekoppelten Röhren, s. Abb. 5. Die erste Röhre wirkt als Kathodenfolger und hat daher einen kleinen Ausgangswiderstand R; die zweite Röhre wirkt als Gitterbasisverstärker und hat eine kleine Eingangskapazität C. Ähnliches gilt für emittergekoppelte Transistoren.

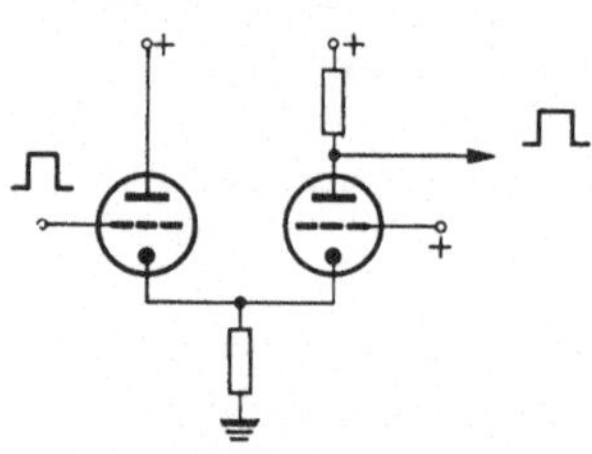

Abb. 5. Kathodengekoppelte Schaltung für schnelle Anstiegszeiten.

Ferner läßt sich allgemein sagen, daß Vorgänge, die durch einen rückgekoppelten Vorgang zustande kommen, schnell sind. Zur Erreichung kurzer Anstiegszeiten wird man daher in erster Linie auf Multivibratoren, Sperrschwinger, SCHMITT-Trigger und ähnliche Schaltungen greifen. Nur in der Nanosekundentechnik führen die Induktivitäten, mit denen jede Leitung behaftet ist, dazu, daß die rückgekoppelten Vorgänge nicht unbedingt die schnellsten sind.

Spannungsmaßstab. Ein weiteres Mittel zur Erhöhung der Geschwindigkeit ist eine Verkleinerung der Spannungsamplituden; denn durch einen gegebenen Strom ist eine gegebene Kapazität um so schneller aufgeladen, je kleiner die Spannungsamplitude ist.

Man könnte daraus den Schluß ziehen, daß durch beliebige Verkleinerung der Amplituden beliebig schnelle Impulse verwendet werden können. Das ist jedoch nicht richtig; denn die gesamte Impulstechnik macht in wesentlicher Weise von Nichtlinearitäten Gebrauch, und der Maßstab dieser Nichtlinearitäten setzt eine untere Grenze für die Signalamplituden. In der Beschreibung der Nichtlinearitäten spielen Strom-Spannungs-Beziehungen von der Form $i = i_0 \exp(u\, e/kT)$ eine fundamentale Rolle. i und u sind Strom und Spannung, die miteinander in Beziehung gebracht werden; i_0 ist eine Konstante, e die Ladung des Elektrons, k die BOLTZMANNsche Konstante und T die absolute Temperatur. Während nun der Maßstab in i-Richtung, der durch i_0 gegeben ist, in weitesten Grenzen variieren kann, *ist der Spannungsmaßstab durch den Quotienten $kT/e = U_T$ vorgegeben.* Diese Größe nennt man die *Temperatur-*

spannung. In Halbleitern ist für T die Zimmertemperatur einzusetzen, und man erhält $U_T = 26$ mV; für Elektronenröhren ist die Temperatur der Kathode maßgebend, was $U_T = 90$ mV ergibt. Wenn man nun die u-i-Kurve aufzeichnet, so findet man, daß deren Steilheit durch den Differentialquotienten $di/du = i/U_T$ gegeben ist. Somit wird eine wesentliche Steilheitsänderung, die ja das Wesen der Nichtlinearität ausmacht, nur bei Spannungsänderungen, die groß gegen U_T sind, erreicht. Es ist daher eine fundamentale Tatsache, daß man mit Halbleitern bei Zimmertemperatur und mit Elektronenröhren *keine nichtlinearen Schaltungen mit Signalen von der Größe* U_T *oder weniger bauen kann.* Die Werte $U_T = 26$ mV bzw. $U_T = 90$ mV setzen also den Maßstab für die Signalamplituden fest. Eine Impulstechnik mit Millivoltsignalen ist somit mit konventionellen Bauelementen grundsätzlich ausgeschlossen; erst der Übergang auf tiefe Temperaturen beseitigt diese Schranke.

Daher ist der Erhöhung der Geschwindigkeit durch Verkleinerung der Amplituden eine fundamentale Schranke gesetzt. Je mehr man sich dieser Schranke nähert, desto weniger ausgeprägt werden die Nichtlinearitäten, und eine weitere Reduktion zieht eine ernstliche Verschlechterung der Betriebssicherheit nach sich. In allen Geräten, die für höchste Betriebssicherheit gebaut sind, wird man finden, daß die Signalamplituden ganz beträchtlich über das minimal Nötige hinausgehen.

Betrachtet man die Anlagen, die sich praktisch bewährt haben, so findet man für Transistoren am häufigsten eine Impulsamplitude von etwa 6 V; nur selten kommt weniger als 1 V vor. In Geräten mit Röhren ist 20 V ein häufiger Wert, und nur ausnahmsweise werden 5 V unterschritten. Diese Amplituden liegen weit über dem Rauschpegel, so daß man sich in Impulsschaltungen nur in den seltensten Fällen mit dem thermischen Rauschen auseinandersetzen muß.

1.3 Vergleich von Transistoren und Röhren

Jedermann weiß, daß die hervorstechenden Merkmale der Transistoren gegenüber den Röhren das kleine Volumen, das kleine Gewicht und der geringe Leistungsverbrauch sind. Diese Eigenschaften bringen es mit sich, daß in gewissen Sondergebieten, wie digitale Rechenanlagen, Taschenrundfunkgeräte, Hörapparate und Instrumente in Erdsatelliten, ausschließlich Transistoren vorkommen. In vielen anderen Fällen dagegen fallen die genannten Vorzüge wenig oder gar nicht ins Gewicht, und der Entscheid, ob eine gegebene Schaltung mit Transistoren oder Röhren aufzubauen ist, ist oft nicht leicht zu fällen.

1962 wurden in den USA insgesamt 240 Millionen Transistoren und 360 Millionen Röhren produziert; wie man sieht, halten sich die beiden Arten von Bauteilen ungefähr die Waage.

Die Merkmale des kleinen Volumens und geringen Gewichtes haben in allen jenen Fällen wenig Bedeutung, wo Größe und Gewicht eines Gerätes durch andere Bauteile als Transistoren bzw. Röhren bestimmt werden. Dazu gehört beispielsweise der Fernsehempfänger, in dessem Aufbau die Bildröhre die beherrschende Rolle spielt. In solchen Fällen müssen, um zwischen Transistoren und Röhren zu entscheiden, andere Merkmale zugezogen werden, die nachfolgend angedeutet sind.

Maximalspannung. Mit Röhren gewöhnlicher Bauart erreichen die zulässigen Anodenspannungen 300 V oder noch mehr, während die Kollektorspannung in den meisten Transistoren unter 30 V liegen muß, in Hochfrequenztransistoren sogar unter 10 V. In allen Anwendungen, wo hohe Spannung verlangt wird, sind daher die Röhren überlegen.

Maximalleistung. Miniaturröhren haben eine zulässige Verlustleistung von etwa 3 W, verglichen mit 50 mW für einen Transistor normaler Bauart. Nur mit Spezialtransistoren lassen sich Verlustleistungen von 1 W oder mehr erzeugen, und diese Erhöhung geht immer auf Kosten der Grenzfrequenz. Für höhere Leistungen ist man daher auf Röhren angewiesen.

Maximalimpedanz. Der Kollektor-Ruhestrom eines Transistors beträgt einige μA, für Siliziumtransistoren Bruchteile eines μA; die Eingangsimpedanz in Emitterschaltung liegt bei einigen kΩ und läßt sich nur durch ganz besondere Kunstgriffe über 1 MΩ erhöhen. Demgegenüber haben Röhren bei Gleichstrom eine fast unmeßbar hohe Maximalimpedanz. In Schaltungen, wo es auf kleine Restströme ankommt (etwa Operationsverstärker), lassen sich daher hohe Genauigkeiten mit Röhren besser erreichen.

Grenzfrequenz. Es gibt Transistoren, deren Grenzfrequenz bis weit über 1 GHz hinausgeht. Für Röhren läßt sich eine Grenzfrequenz nicht in der gleichen eindeutigen Art angeben: ein Verstärker für höchste Frequenzen wird mit Transistoren ganz anders aufgebaut als mit Röhren. Für kürzeste Impulszeiten eignen sich in vielen Fällen die Transistoren besser, sofern nicht hohe Spannungen oder Leistungen gebraucht werden.

Temperaturabhängigkeit. Gewisse Eigenschaften der Transistoren (besonders die Restströme) zeigen eine bedeutende Abhängigkeit von der Kristalltemperatur, die ihrerseits durch die Verlustleistung und die Umgebungstemperatur bestimmt wird. Es kann Kenndaten geben, die im Bereich der betrieblich vorkommenden Temperaturen Änderungen um zwei oder sogar noch mehr Zehnerpotenzen erfahren. Dieses Verhalten bewirkt oft eine erhebliche Erschwerung des Entwurfs. Elektronenröhren sind nur wenig temperaturabhängig. Ihre Eigenschaften werden allerdings durch die Heizspannung stark beeinflußt, doch ist es relativ leicht, dieselbe konstant zu halten.

Auch die höchstzulässigen Umgebungstemperaturen sind für Transistoren niedriger als für Röhren, und zwar gilt das nicht nur für den Betrieb, sondern auch für die Temperaturen, die während Lagerung und Transport vorkommen.

Krümmung der Kennlinien. Wie auf S. 6f. dargelegt wurde, können die Krümmungen der Kennlinien in nichtlinearen Elementen nicht beliebig scharf sein; vielmehr ist die stärkste mögliche Krümmung durch die Formel $\exp(u/U_T)$ gegeben. U_T ist die Temperaturspannung und beträgt 26 mV für Dioden und Transistoren, 90 mV für Röhren. Mit Transistoren sind also stärkere Krümmungen möglich; das bedeutet, daß nichtlineare Schaltungen mit Signalen, die etwa 3,5mal kleinere Amplitude aufweisen, gebaut werden können.

Präzisionsschaltungen. In vielen Schaltungen ist es wichtig, daß Amplitudenwerte sehr genau eingehalten und gemessen werden. Bei einem relativen Fehler von 1% oder weniger spricht man von *Präzisionsschaltungen.* Der verbleibende relative Fehler ist bestimmt durch den Meßfehler ΔU dividiert durch die größte vorkommende Amplitude U_{max}. Die Amplitudenmessung erfolgt immer am Knick einer Kennlinie, dessen Unschärfe gleich der Temperaturspannung U_T ist. Dieser Wert ist bei Transistoren um den Faktor 3,5 kleiner (also günstiger) als bei Röhren; hingegen sind die Maximalspannungen bei Röhren weit mehr als um diesen Faktor größer. Somit eignen sich Röhren für Präzisionsschaltungen besser als Transistoren.

Lebensdauer. Über die Lebensdauer lassen sich wenig allgemeingültige Angaben machen, da die Betriebssicherheit durch Fortschritte in den Herstellungsverfahren dauernd verbessert wird. Immerhin deuten alle zuverlässigen Messungen, die bekannt geworden sind, darauf hin, daß die Lebensdauer der besten Transistoren jene der besten Röhren weit übertrifft. In Geräten, von denen größte Betriebssicherheit verlangt wird (wie Erdsatelliten) oder die 10^5 und mehr aktive Elemente enthalten (wie digitale Rechenanlagen), kommen daher nur Transistoren in Frage.

Überlastbarkeit. Infolge ihrer Wärmekapazität können elektronische Bauteile während kurzen Zeiten eine wesentlich höhere Verlustleistung ertragen als es im Dauerbetrieb zulässig ist, sofern die mittlere Leistung, berechnet über ein geeignetes Zeitintervall, einen gewissen Wert nicht überschreitet. Dieses Zeitintervall ist nun für Transistoren ganz bedeutend kürzer als für Röhren. Schon Überlastungen, die einen kleinen Bruchteil einer Sekunde dauern, können zur Zerstörung eines Transistors führen. Darauf ist nicht nur beim Entwurf von Schaltungen im Impulsbetrieb Rücksicht zu nehmen; auch beim Messen und Experimentieren an einer Schaltung erfordern Transistoren viel mehr Vorsicht. Ein kurzzeitiger Kurzschluß, der durch einen Schraubenzieher oder einen Lötkolben verursacht wird, kann leicht einen oder sogar eine ganze Reihe von Transistoren verbrennen.

Empfindlichkeit gegenüber Strahlung. Die Funktion der Transistoren beruht auf dem Vorhandensein einer sehr kleinen Zahl von Minderheitsträgern, und solche Träger können durch eine von außen auftreffende ionisierende Strahlung erzeugt werden. Gegenüber solchen Strahlen — die etwa in der Nähe von Atomreaktoren oder im Weltraum auftreten — sind Transistoren viel empfindlicher als Röhren.

Kosten. Der Preis von Transistoren ist bei vergleichbarer Leistung in den meisten Fällen höher als jener von Röhren. Es ist zu beachten, daß die in Impulsschaltungen vorkommenden Röhren entweder Doppeltrioden oder Pentoden sind; um die gleiche Wirkung wie die einer Röhre zu erreichen, sind mindestens zwei Transistoren nötig.

Der Standpunkt des Entwerfers. Es ist eine grundlegende Tatsache, daß der Entwurf einer Transistorschaltung ganz bedeutend schwieriger

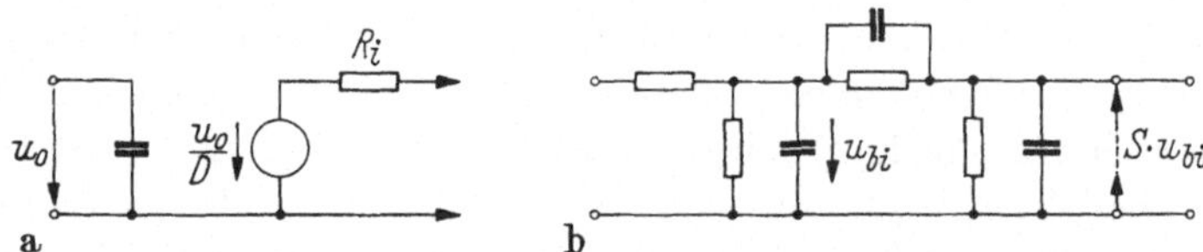

Abb. 6. Ersatzschaltbilder. a) Röhre, b) Transistor.

und zeitraubender ist als der Entwurf einer Röhrenschaltung. Der Grund liegt im bedeutend komplizierteren Ersatzschaltbild, s. Abb. 6. Die Röhre wird in den meisten Fällen durch eine Kapazität, einen Durchgriff und einen Innenwiderstand beschrieben, und oft kann man sogar die Kapazität weglassen; der Transistor dagegen zeigt ein wesentlich verwickelteres Verhalten, und besonders die Elemente, die eine Rückwirkung von den Ausgangsklemmen auf die Eingangsklemmen verursachen, erschweren die Arbeit erheblich. In einem Gerät, welches für eine Messung im Laboratorium gebaut und nur in einem Exemplar benötigt wird, machen die Entwicklungskosten einen erheblichen Teil der Gesamtkosten aus. In solchen Fällen sind Röhren vorzuziehen, außer wenn auf der Seite der Transistoren erhebliche Vorteile erblickt werden.

Abwägung der Vorteile. Der Entscheid, ob in einem Gerät Transistoren oder Röhren (oder beide gemischt) verwendet werden sollen, muß unter sorgfältiger Abwägung der aufgezählten Gesichtspunkte getroffen werden. Die Hersteller von Elektronenröhren beklagen sich mit Recht darüber, daß dieser Entscheid allzu oft selbst dann zugunsten der Transistoren ausfällt, wenn wirtschaftliche Überlegungen eindeutig für Röhren sprechen würden.

Berücksichtigung von Transistoren und Röhren in diesem Buch. Die meisten der Schaltungen, die in diesem Buch vorkommen, lassen sich sowohl mit Transistoren als auch mit Röhren verwirklichen, und daher werden beide Ausführungsarten beschrieben. Das Prinzip der Schaltung wird entweder gemeinsam oder getrennt erläutert, je nachdem, ob für die beiden Fälle viele oder wenige gemeinsame Gesichtspunkte bestehen. Die Reihenfolge der Beschreibung richtet sich danach, ob Transistoren oder Röhren praktisch mehr vorkommen; der häufigere Fall wird zuerst behandelt. Immerhin hätte sich an mehreren Stellen auch eine andere Reihenfolge rechtfertigen lassen.

1.4 Bauteile hoher Genauigkeit

Wenn es sich darum handelt, Impulse zu erzeugen, deren Form innerhalb eines Fehlers von 1% oder sogar noch weniger bestimmt ist, so muß man die Genauigkeiten kennen, die den verwendeten Bauteilen zukommt. Für die exakte Bestimmung einer Amplitude ist der verbleibende relative Fehler, wie auf S. 9 dargelegt wurde, gleich $\Delta U/U_{max}$, wobei ΔU der Meßfehler, U_{max} die Maximalamplitude ist. ΔU liegt in der Größenordnung der Temperaturspannung. Die Größenordnungen für den erreichbaren relativen Fehler sind also 26 mV/10 V $\approx$ 2,5‰ für Transistoren, 90 mV/200 V $\approx$ 0,5‰ für Röhren. Die praktisch erreichbaren Genauigkeiten sind allerdings wesentlich geringer; nicht nur muß für ΔU ein Mehrfaches der Temperaturspannung eingesetzt werden, sondern die Schaltungen können nicht genauer als die verwendeten Widerstände sein. Widerstände von der Toleranzklasse 0,5% sind bereits ziemlich teuer, und es bedarf besonderer Maßnahmen, um diese Genauigkeit während der ganzen Lebensdauer aufrechtzuerhalten. Um einen Fehler von 1‰ zu erreichen oder sogar zu unterschreiten, ist ein ganz bedeutender Aufwand nötig.

Die genauesten Bauelemente sind *Oszillatorquarze*. Selbst mit geringem Aufwand kann man einen relativen Fehler vom 10^{-6} einhalten. Daher lassen sich Zeitbestimmungen um mehrere Zehnerpotenzen genauer als Amplitudenbestimmungen durchführen.

1.5 Die Entwicklung von Impulsschaltungen

Wer eine Impulsschaltung entwickeln und bauen will, wird letzten Endes immer bestrebt sein, sein Ziel möglichst wirtschaftlich, das heißt unter möglichst niedrigen Kosten, zu erreichen. Die Aufgabe, die Kosten minimal zu halten, hat nun ganz verschiedene Lösungen, je nachdem, ob das Gerät in einem oder in vielen Exemplaren benötigt wird. Wenn also der Entwerfer einen ersten Prototyp gebaut hat, der die verlangten Betriebseigenschaften besitzt, so stellt sich für ihn die Frage, wieviel Arbeitszeit er für die Verbesserung (insbesondere Vereinfachung) seiner Schaltung aufwenden will. Handelt es sich um einen Bauteil, der in Hunderttausenden von Exemplaren hergestellt werden soll, so setzt man für die Vervollkommnung ganz enorme Mittel ein, weil selbst kleine und kleinste Reduktionen der Herstellungskosten von bedeutender wirtschaftlicher Tragweite sind. Anders wird man sich verhalten, wenn das Gerät nur in einem oder zwei Exemplaren für den Laboratoriumsgebrauch benötigt wird. In einem solchen Fall ist es wirtschaftlich ganz sinnlos, einen Tag Arbeit aufzuwenden, um eine Röhre oder einen Transistor einzusparen. Dieser Gesichtspunkt beeinflußt auch die Wahl zwischen Röhren und Transistoren, s. S. 10.

Ähnliches gilt für die Betriebssicherheit. Eine Erhöhung der Betriebssicherheit bedingt einen bedeutenden Mehraufwand an Arbeit für den Entwerfer, was sich bei geringer Stückzahl stark auf die Gestehungskosten auswirkt. Deshalb ist es wirtschaftlich nicht gerechtfertigt, die Betriebssicherheit höher zu treiben, als es für die betreffende Anwendung verlangt wird.

2. Einteilung der Bauteile und Funktionen

Die elektronische Impuls-Schaltungstechnik ist ein weit verzweigtes Gebiet und kann nicht als abgeschlossener Themenkreis betrachtet werden. Eigenschaften der Bauteile und Gesichtspunkte der Anwendung der Schaltungen sind eng miteinander verwoben. Der Autor eines Buches über diesen Gegenstand sieht sich daher vor eine schwierige Frage gestellt, wenn er entscheiden will, wie er den umfangreichen Stoff gliedern und in welcher Reihenfolge er ihn zur Darstellung bringen will. Dieses Kapitel erläutert, nach welchen Gesichtspunkten die Aufgabe gelöst wurde und soll damit dem Leser helfen, sich im Text zurechtzufinden.

Als Übersicht dient Tab. 1. Zunächst unterscheiden wir passive und aktive Elemente. Zu den letzteren gehören Transistoren, Röhren und Tunneldioden, zu den ersteren alle andern Bauteile. Weiterhin wird zwischen linearem und nichtlinearem Betrieb unterschieden. Zwar sind alle aktiven Elemente und alle Dioden nichtlinear; die Unterscheidung bezieht sich auf die Frage, ob von der Nichtlinearität als wesentlichem Merkmal der Schaltung Gebrauch gemacht wird, oder ob man im Gegenteil bestrebt ist, dieselbe möglichst zu verkleinern. Die Unterscheidungen

Tabelle 1. *Einteilung der Bauteile, ihrer Eigenschaften und ihrer Funktionen*

Art der Schaltung		Eigenschaften der Bauteile	Erzeugung	Veränderung	Speicherung und Zählung
Passiv	Linear	Impulsübertrager **14**	Sinusschwingungen **16.1** Exponentialformen **16.2**	Glieder mit R, L, C **3**	
	Nichtlinear	Dioden **4** Übersicht **9.2**	Signalformen aus Segmenten **16.3**	Nichtlineare Verformung **9** Digitale Schaltungen **19**	
Aktiv	Linear	Transistoren **5** Röhren **6**	Kippschaltungen (linearer Teil) **13**	Lineare Impulsverstärker **7** Operationsverstärker **8**	
	Nichtlinear	Transistoren **5** Röhren **6** Übersicht **9.2**	Multivibratoren **12** Kippschaltungen (nichtlinearer Teil) **13** Sperrschwinger **15**	Nichtlineare Verformung **9** Verstärker im Schalterbetrieb **10** Schmitt-Schaltung **11.7** Digitale Schaltungen **19**	Flipflops **11** Zähler **17** Amplitudenspektrographen **18**

„passiv-aktiv“ und „linear-nichtlinear“ geben Anlaß zu den vier Zeilen der Tabelle. Von den Kolonnen betrifft die erste die Eigenschaften der Bauteile, während die übrigen die Anwendung in die drei Kategorien *Erzeugung*, *Veränderung* und *Speicherung und Zählung* aufteilen. Dabei ist allerdings der Übergang zwischen „Erzeugung“ und „Veränderung“ nicht scharf. Viele Erzeuger von Signalformen werden durch einen Impuls ausgelöst, und dieser Prozeß könnte auch als eine Veränderung des Auslöseimpulses aufgefaßt werden. Wir wollen jedoch den Ausdruck „Veränderung“ nur in jenen Fällen anwenden, wo die Form des Eingangssignals einen wesentlichen Einfluß auf die Ausgangssignalform hat.

Die Aufgabe, den Inhalt des zweidimensionalen Schemas von Tab. 1 in einem Buch (das seinem Wesen nach eindimensional ist) darzustellen, besitzt keine eindeutig günstigste Lösung. Die Folge für dieses Buch wurde so gewählt, daß möglichst jedes Kapitel auf die weiter vorn liegenden Textteile aufbauen kann, das heißt, daß Hinweise auf Stellen, die erst später behandelt werden, möglichst selten nötig werden. Immerhin wäre in guten Treuen auch eine andere Reihenfolge zu rechtfertigen. Die in Tab. 1 angegebenen Kapitelnummern sollen dem Leser das Auffinden eines gesuchten Gegenstandes erleichtern.

3. Verformung mit linearen passiven Elementen

Lineare Elemente sind „sinustreu“, sofern sie zeitunabhängig sind, das heißt, sofern sich ihre Eigenschaften im Verlauf der Zeit nicht ändern. Wenn am Eingang einer Schaltung mit linearen zeitunabhängigen Elementen eine Sinuswelle angelegt wird, so erscheint am Ausgang im stationären Zustand (also nach Abklingen der Ausgleichsvorgänge) eine Sinuswelle gleicher Frequenz. Wie auf S. 2 dargelegt wurde, ist es in der Impulstechnik zweckmäßig, eine solche Schaltung dadurch zu beschreiben, daß man die Ausgangssignalform angibt, die entsteht, wenn bestimmte, nichtsinusförmige Signale am Eingang angelegt werden. Das wichtigste dieser Signale ist der *Spannungssprung*, also eine Spannung, die zur Zeit $t = 0$ von 0 auf einen konstanten Wert springt. Dieser Sprung erfolgt in unendlich kurzer Zeit. (Ein solcher unendlich schneller Anstieg läßt sich physikalisch nicht realisieren, ist aber als Gedankenexperiment möglich und nützlich. Praktisch genügt es, wenn die Anstiegszeit gegenüber den Zeitkonstanten, die in der betrachteten Schaltung vorkommen, kurz ist.) Die dabei entstehende Ausgangsspannung beschreibt die Übertragungsfunktion vollständig. Diese Aussage bedeutet, daß zwei Schaltungen, die auf einen Spannungssprung hin gleiche Ausgangssignale ergeben, auch auf jedes andere Eingangssignal hin gleiche Ausgangssignale abgeben werden.

Durch Superposition von Spannungssprüngen erhält man Rechteckimpulse, welche in der Praxis eine große Rolle spielen. Daneben kommen aber auch andere Impulsformen vor. Es erweist sich daher als nützlich, in gewissen Fällen auch andere Signalformen an eine gegebene Schaltung anzulegen und die zugehörige Ausgangs-Signalform zu beschreiben. Wichtig ist insbesondere der exponentielle (asymptotische) Anstieg und — als Grenzfall davon — der lineare Anstieg. Diese drei Signalformen sind in Abb. 7 dargestellt. — Bei gewissen Schaltungen ist es besser, vorgegebene Ströme anstatt vorgegebene Spannungen anzulegen. In diesem Fall sind die Ordinatenwerte von Abb. 7 als Ströme zu betrachten.

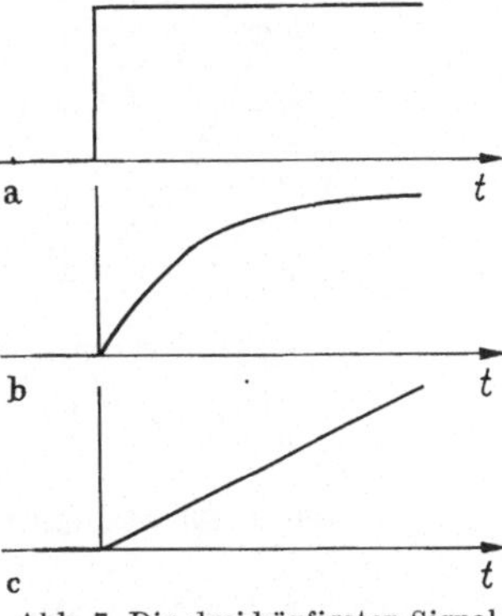

Abb. 7. Die drei häufigsten Signalformen: a) Sprung, b) exponentieller (asymptotischer) Anstieg, c) linearer Anstieg.

3.1 Der *RC*-Hochpaß

Die Schaltung von Abb. 8 ist ein Hochpaßfilter, weil sie hohe Frequenzen weniger abschwächt als tiefe. Wenn ein Spannungssprung der Höhe U angelegt wird, so entsteht am Ausgang ein Sprung gleicher Höhe mit anschließendem exponentiellem Abfall gegen 0. Für die Ausgangssignalform gilt:

$$u_2 = 0 \qquad t < 0$$

$$u_2 = U \exp(-t/T) \qquad t > 0$$

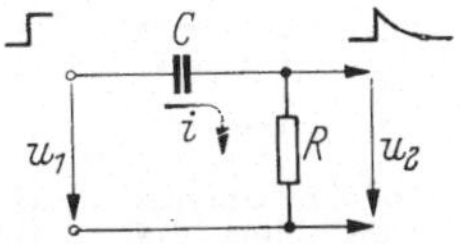

Abb. 8. RC-Hochpaß.

Hier bedeutet $T = RC$. In solchen Betrachtungen nehmen wir immer an, bis zur Zeit $t = 0$ seien alle Ströme und Spannungen gleich Null, und schreiben einfach $u_2 = U \exp(-t/T)$, wobei also stillschweigend vereinbart sei, daß diese Gleichung nur für positive Zeiten gilt, während u_2 für negative Zeiten gleich Null ist.

Die Funktion $u = U \exp(-t/T)$ ist in der Impulstechnik von größter Bedeutung und tritt in sehr vielen Anwendungen auf. Deshalb möge sie noch etwas näher betrachtet werden. Abb. 9 veranschaulicht ihre wichtigsten Eigenschaften. Die Tangente im Anfangspunkt schneidet die Abszissenachse im Punkt T. Somit ist die Steilheit im Anfangspunkt $du/dt = -U/T$. Die Tangente in einem beliebigen Punkt, der zur Zeit t gehört, schneidet die Abszissenachse im Punkt $t + T$. Drei

Funktionswerte, die man sich leicht merken kann, sind (in Prozenten von U): 37% für $t = T$, 5% für $t = 3T$, 0,7% für $t = 5T$. Im Hinblick auf die Wichtigkeit und Häufigkeit dieser Kurve lohnt es sich, mit ihren Eigenschaften gut vertraut zu sein.

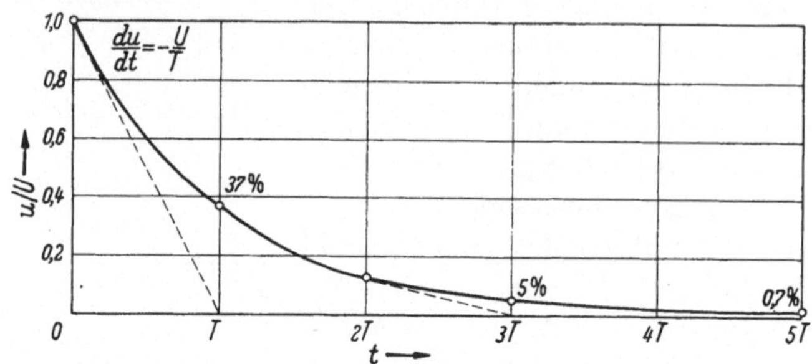

Abb. 9. Die wichtigsten Eigenschaften der Funktion $u = U \exp(-t/T)$.

Als nächstes betrachten wir das Verhalten des RC-Hochpasses bei Anlegen eines *Rechteckimpulses*. Abb. 10 zeigt, wie ein solcher Impuls — dessen Dauer mit τ bezeichnet sei — als Summe zweier um τ verschobener Spannungssprünge aufgefaßt werden kann. Das Verhalten des RC-Hochpasses veranschaulicht Abb. 11. Der erste Sprung bringt die Spannung an der Ausgangsklemme auf U. Nach der Zeit τ (also unmittelbar vor Ende des Impulses) ist sie auf $U \exp(-\tau/T)$ abgesunken. Jetzt erfolgt ein Sprung um den Betrag $-U$, der sich an der Ausgangsklemme in gleicher Höhe bemerkbar macht und der die Spannung auf $U(\exp(-\tau/T) - 1)$ führt. Dieser Wert klingt alsdann asymptotisch gegen Null ab, und es gilt für $t > \tau$:

$$u = U\big(\exp(-\tau/T) - 1\big) \times \exp\big(-(t - \tau)/T\big).$$

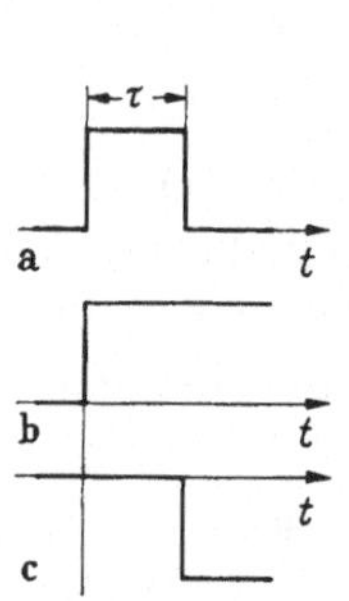

Abb. 10. Zusammensetzung eines Impulses mit der Dauer τ aus zwei Spannungssprüngen: a) ist die Summe von b) und c).

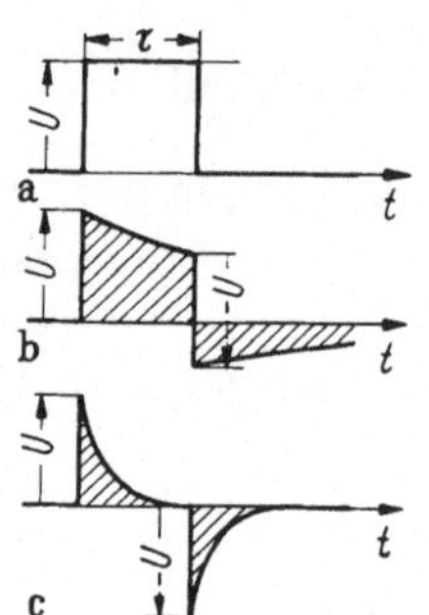

Abb. 11. Verhalten des RC-Hochpasses bei Anlegen eines Impulses. a) Impuls, b) und c) Ausgangsspannung für $\tau \ll T$ bzw. $\tau \gg T$. In b) und in c) sind die beiden schraffierten Flächen untereinander gleich.

Abb. 11b zeigt den Fall eines kurzen Impulses. („Kurz" ist im Vergleich mit der Zeitkonstanten T des Hochpasses aufzufassen.) Hier entsteht ein Abfall des Impulsdaches in der Größe von ungefähr $U\tau/T$. Genau um den gleichen Betrag wird nachher die Spannung negativ. Wichtig ist, daß die beiden schraffierten Flächen gleich sein müssen, selbst wenn der Impuls im Vergleich zu T beliebig kurz gemacht wird. Der Grund dafür ist, daß Eingang und Ausgang durch eine Kapazität getrennt sind.

Der mittlere Strom durch diese Kapazität (und daher die mittlere Ausgangsspannung) muß Null sein. — Lange Impulse werden nach Abb. 11c übertragen. Es entstehen zwei Spitzen von der Höhe U, und dazwischen klingt die Spannung nahezu auf 0 ab. Auch hier sind die schraffierten Flächen untereinander gleich: darüber hinaus sind — im Gegensatz zu b) — die Vorgänge am Anfang und am Schluß des Impulses beinahe identisch, abgesehen von einer Umkehrung des Vorzeichens.

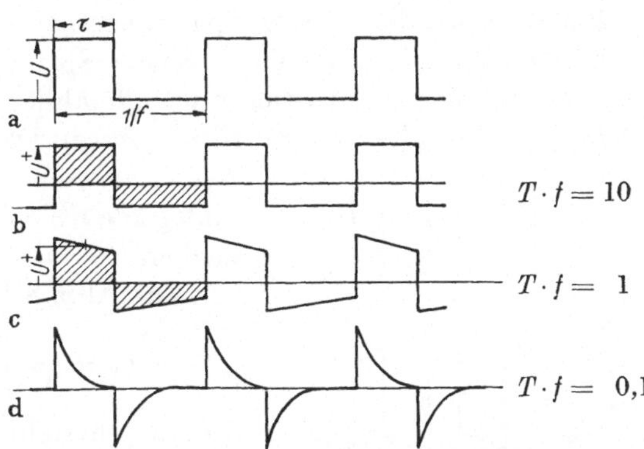

Abb. 12. Verhalten des Hochpasses mit der Zeitkonstanten $RC = T$ beim Anlegen der Impulsfolge a) mit der Frequenz f. b) große, c) mittlere, d) kleine Zeitkonstante (verglichen mit $1/f$). Diese Signalformen ergeben sich nach Beendigung des Ausgleichsvorganges.

Etwas anders liegen die Verhältnisse, wenn man eine *periodische Folge von Impulsen* anlegt. Die Dauer der Impulse möge τ, ihre Wiederholungsfrequenz f sein. Nach Beendigung der Ausgleichsvorgänge (das heißt, wenn die Impulsfolge während einer gegenüber T langen Zeit angedauert hat) stellen sich die Verhältnisse von Abb. 12 ein. Die in a) gezeigte Impulsfolge wird in ihrer Form praktisch unverändert gelassen, falls $T \cdot f \gg 1$, siehe b). T ist, wie bisher, das Produkt RC. Dagegen verschiebt sich der Gleichstrompegel. Aus der Bedingung, daß die schraffierten Flächen gleich sein müssen, ergibt sich für die Amplitude in positiver Richtung $U^+ = U(1 - f\tau)$. Wenn T vergleichbar mit $1/f$ wird, so ergibt sich die Signalform c. Unter der Annahme, das Impulsdach sei eine gerade Linie, gilt auch hier wieder $U^+ = U(1 - f\tau)$. Der Amplitudenwert am Anfang bzw. am Ende des Impulses ist dann $U^+(1 \pm \tau/2T)$. Daraus lassen sich auch die negativen Amplituden berechnen, indem man beachtet, daß die senkrechten Sprünge immer die Höhe U haben. Für $T \cdot f \ll 1$ ergibt sich der Verlauf d). Hier spielt die Tatsache, daß sich die Impulse in kurzer Folge wiederholen, keine Rolle mehr, da sich die Kapazität in den Zwischenzeiten vollständig entladen kann. Man beachte, daß sich in d) der Spannungsabstand zwischen den Scheiteln gegenüber der eingegebenen Signalform verdoppelt hat.

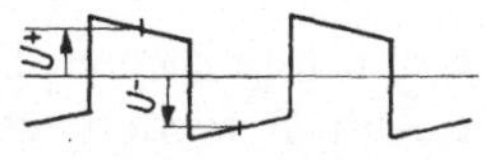

Abb. 13. Signalform, wenn $\tau = 1/2f$. Es gilt $U^+ = U^-$.

Einen Sonderfall bilden die „symmetrischen" Impulse ($\tau = 1/2f$). Sie ergeben die Ausgangssignalform von Abb. 13, und es gilt $U^+ = U^- = U/2$.

Zum Abschluß der Behandlung von Rechteckimpulsen betrachten wir noch den Ausgleichsvorgang, der entsteht, wenn man eine Impulsfolge an den RC-Hochpaß anlegt. Abb. 14 zeigt die entstehende Signalform. Der erste Impuls wird nach Abb. 9 übertragen; nach unendlich langer Zeit entsteht die Form von Abb. 12c, und die Annäherung an diesen Zustand erfolgt asymptotisch, wie durch die eingezeichneten Exponentialkurven angedeutet ist. Die Zeitkonstante dieser Annäherung ist T.

Bis jetzt wurden immer Spannungssprünge betrachtet, die sich in unendlich kurzer Zeit abspielen. Solche Sprünge lassen sich physikalisch nicht realisieren: ein Anstieg muß allmählich erfolgen und hat oft die Form von Abb. 7b (*exponentieller Anstieg*). Daher ist es von Bedeutung, das Verhalten des RC-Hochpasses beim Anlegen einer solchen Signalform zu untersuchen.

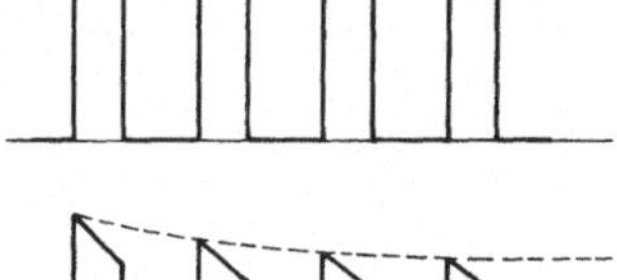

Abb. 14. Ausgleichsvorgang bei Anlegen einer Impulsfolge. Die Zeitkonstante der gestrichelten Exponentialkurven ist T.

Aus Abb. 8 läßt sich ablesen:

$$u_1 - u_2 - \frac{1}{C}\int i\,dt = 0 \quad \text{und} \quad u_2 = i\,R$$

Daraus entsteht durch Differenzieren und Elimination von i:

$$\frac{du_1}{dt} = \frac{du_2}{dt} + \frac{u_2}{T} \quad \text{mit} \quad T = R\,C \tag{2}$$

Die angelegte Signalform sei $u_1 = U(1 - \exp(-t/t_0))$. Dieser Ausdruck, in Gl. (2) eingesetzt, ergibt folgende Lösungsfunktion, mit der Anfangsbedingung, daß der Kondensator entladen sei:

$$u_2 = \frac{U\,T}{T - t_0}\left(\exp\left(-\frac{t}{T}\right) - \exp\left(-\frac{t}{t_0}\right)\right) \tag{3}$$

Die Lösung ist eine Differenz zweier Exponentialfunktionen. Außer den in Abb. 7 wiedergegebenen Kurven ist auch diese Signalform in der Impulstechnik sehr häufig. Ihr prinzipieller Verlauf ist in Abb. 15 gezeigt. Im einzelnen hängt die Form vom Verhältnis T/t_0 der beiden Zeitkonstanten ab; T ist die Zeitkonstante des RC-Gliedes, t_0 jene der angelegten Signalform. Für $T = t_0$ wird Gl. (3) unbestimmt; der Grenzübergang ergibt:

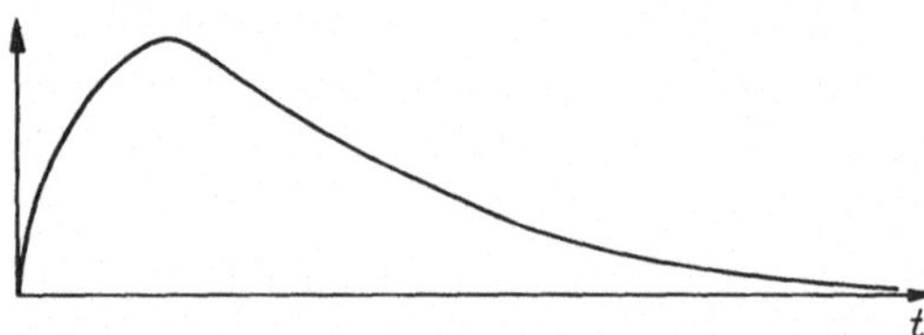

Abb. 15. Eine weitere wichtige Signalform: Differenz zweier Exponentialfunktionen $\exp(-t/\tau_1) - \exp(-t/\tau_2)$

$$u_2 = U\,\frac{t}{T}\exp\left(-\frac{t}{T}\right)$$

was jedoch am Charakter der Kurve nichts ändert.

In Abb. 16 ist der Verlauf von Gl. (3) für verschiedene T bei festem t_0 (also bei fester Anstiegszeit der angelegten Signalform) aufgetragen. Die entstehenden Signalformen (besonders jene für $T/t_0 = 1$) haben die allgemeine Form von Impulsen. Somit kann ein Hochpaß dazu verwendet werden, um aus einer exponentiell ansteigenden Signalform einen Impuls zu erzeugen. Aus Abb. 16 gehen insbesondere zwei Tatsachen hervor: Erstens ist die anfängliche Anstiegsgeschwindigkeit in allen Kurven U/t_0. Sie ist somit unabhängig von der Zeitkonstanten des Hochpasses und gleich groß wie die der angelegten Signalform. Zweitens ist die Amplitude des entstehenden Impulses um so kleiner, je kleiner T/t_0. Bei $T = t_0$ erreicht sie 37% von U.

Als letzte Betriebsart des Hochpasses betrachten wir sein Verhalten bei Anlegen der Signalform von Abb. 7c (linearer Anstieg). Ihre Darstellung ist $u_1 = U' \cdot t$. Dieser Ausdruck, in Gl. (2) eingesetzt, ergibt — mit den üblichen Anfangsbedingungen — folgende Lösung:

$$u_2 = U' T(1 - \exp(-t/T))$$

mit $T = RC$

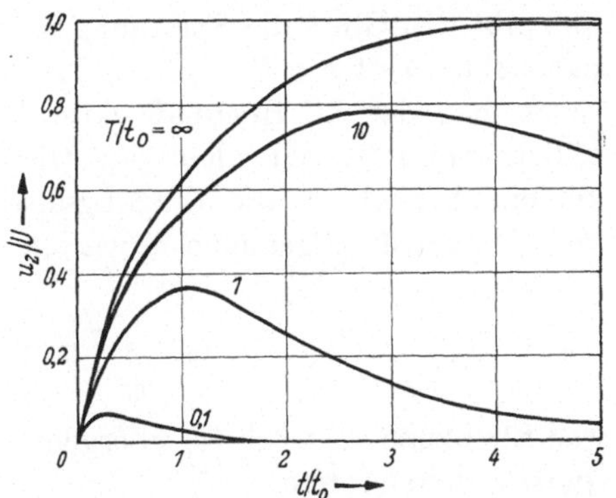

Abb. 16. Verlauf von Gl. (3) für verschiedene Werte von T/t_0. Die Kurve für $T/t_0 = \infty$ ist gleich der angelegten Signalform u_1.

Diese Funktion hat die bekannte Form von Abb. 7b. Die Ausgangsspannung strebt gegen einen stationären Wert, der $U'T$ beträgt. Für Zeiten, die klein gegen T sind, unterscheidet sich u_2 nur wenig von u_1. Der Ausdruck $(1 - \exp(-t/T))$ läßt sich in eine Reihe entwickeln, und bei Berücksichtigung der Glieder bis zur zweiten Ordnung ergibt sich $(t/T)(1 - t/2T)$. Die zweite Klammer kennzeichnet die Abweichung von der Linearität; die relative Abweichung $\Delta u_2/u_2$ beträgt

$$\frac{\Delta u_2}{u_2} = -\frac{t}{2T} \quad \text{für} \quad t \ll T$$

Auch hier gilt, daß die anfängliche Anstiegsgeschwindigkeit am Eingang und Ausgang gleich ist.

Solche linear ansteigenden Signalformen kommen in Zeitablenkungen für Oszillographen vor. Wenn z. B. eine Ablenkspannung von $t = 5$ms Dauer durch einen Hochpaß zu leiten ist und dabei einen Fehler von nicht mehr als 0,5% erfahren darf, so muß $T = RC = 0{,}5$ s sein.

3.2 Quasi-Differentiation

Der RC-Hochpaß von Abb. 8 wird oft als „differenzierendes Glied" bezeichnet. Diese Auffassung beruht darauf, daß in einem Kondensator der Strom proportional zum Differentialquotienten der Spannung ist.

Wenn wir annehmen, u_2 sei verschwindend klein gegen u_1, so wird die Spannung am Kondensator nahezu gleich u_1. Da die Ausgangsspannung u_2 sich zu iR errechnet, ergibt sich:

$$u_2 = RC\frac{du_1}{dt}, \quad \text{wenn} \quad u_2 \ll u_1 \qquad (4)$$

Der Differentialquotient einer Folge von Rechteckimpulsen (Abb. 12a) ist eine Folge von unendlich hohen Spitzen abwechselnder Polarität. Die Signalform von Abb. 12d ist eine Annäherung daran, immerhin mit nur endlich hohen Spitzen, da gerade während der Impulsflanken die Bedingung $u_2 \ll u_1$ nicht erfüllt ist. Auf einen linearen Anstieg $u_1 = U \cdot t/t_0$ hin gibt das Glied die Spannung $u_2 = UT/t_0(1 - \exp(-t/T))$ ab oder, nach einer Zeit $t \gg T$, $u_2 = U\,T/t_0$, was Gl. (4) erfüllt. Man kann also sagen, daß der RC-Hochpaß dann den richtigen Differentialquotienten bildet, wenn T sehr klein ist. Die Ausgangsspannung kann aber in keinem Augenblick die Eingangsspannung überschreiten. Die Lösung von Gl. (2) für allgemeine u_1 lautet:

$$u_2 = \int_0^t \frac{du_1(\tau)}{d\tau} e^{-\frac{t-\tau}{T}} d\tau$$

was für kleine T in Gl. (4) übergeht. Man bezeichnet diesen Prozeß als *Quasi-Differentiation.*

Es stellt sich die Frage, wie klein in einem konkreten Fall T gemacht werden muß, um eine getreue Differentiation zu erhalten. Mit einiger Vereinfachung kann man sagen, daß T klein gegenüber den Anstiegszeiten, die in u_1 vorkommen, sein muß. Eine präzisere Formulierung besagt, daß $1/T$ groß gegenüber den höchsten Frequenzen, die u_1 enthält, zu wählen ist. Man beachte aber, daß u_2 um so kleiner wird, je kleiner man T macht.

3.3 Der *RC*-Tiefpaß

Die Schaltung von Abb. 17 ist ein Tiefpaßfilter, weil sie tiefe Frequenzen weniger abschwächt als hohe. Wenn ein Spannungssprung der Höhe U angelegt wird, so entsteht am Ausgang die Signalform von Abb. 7b; sie wird durch die Gleichung beschrieben:

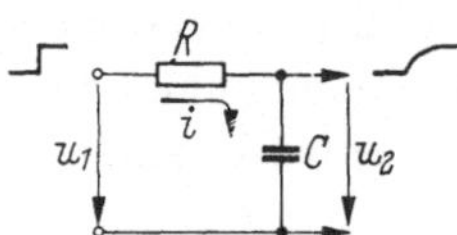

Abb. 17. *RC*-Tiefpaß.

$$u_2 = U[1 - \exp(-t/T)] \quad \text{mit} \quad T = RC \qquad (5)$$

Auch diese Funktion ist in der Impulstechnik sehr häufig und ist daher in Abb. 18 vergrößert aufgezeichnet. (Ihre Eigenschaften könnten allerdings auch aus Abb. 9 abgelesen werden.) Die Kurve hat eine Asymptote bei $u/U = 1$. Die Tangente im Anfangspunkt schneidet die Asymptote im Punkt $t = T$;

somit ist die Steilheit im Anfangspunkt $du/dt = U/T$. Die Tangente in einem beliebigen Punkt, der zur Zeit t gehört, schneidet die Asymptote im Punkt $t + T$. Drei Funktionswerte sind (in Prozenten von U): 63% für $t = T$, 95% für $t = 3T$, 99,3% für $t = 5T$.

Diese Funktion kann als die ansteigende Flanke eines Impulses aufgefaßt werden. Die *Anstiegszeit* wurde definiert als die Zeit, die ein

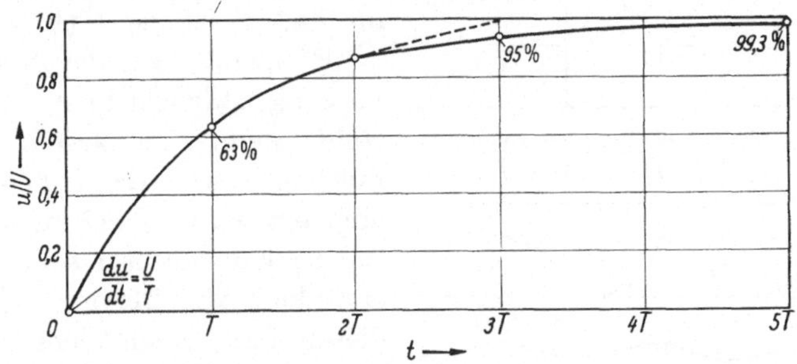

Abb. 18. Die wichtigsten Eigenschaften der Funktion $u = U(1 - \exp(-t/T))$.

Signal braucht, um von 10% auf 90% seines Endwertes zu steigen (s. S. 3). Aus der Richtung der Anfangstangente ergibt sich für $u/U = 0{,}1$ der Wert $t = 0{,}1\,T$. Für $u/U = 0{,}9$ erhalten wir $\exp(-t/T) = 0{,}1$ oder $t = 2{,}3\,T$. Daraus errechnet sich eine *Anstiegszeit von 2,2 T für den RC-Tiefpaß*. Diese Zahl ist von großer praktischer Bedeutung.

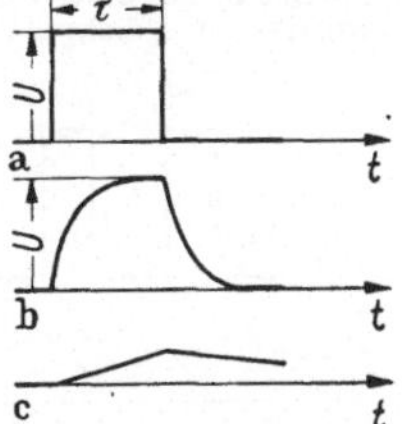

Abb. 19. Verhalten des RC-Tiefpasses bei Anlegen eines Impulses. a) Impuls, b) und c) Ausgangsspannung für $T \ll \tau$ bzw. $T \gg \tau$.

Als nächstes betrachten wir das Verhalten des RC-Tiefpasses bei Anlegen eines Rechteckimpulses von der Dauer τ. Abb. 19 zeigt, wie ein solcher Impuls, der als Summe zweier Sprünge aufzufassen ist, verändert wird. Für $T \ll \tau$ bleibt die Impulsform angenähert erhalten. Für $T \gg \tau$ jedoch entsteht ein linearer Anstieg bis auf eine Spannung, die klein gegen U ist. Der erreichte Scheitelwert beträgt $U\tau/T$. Nachher fällt die Kurve mit der Zeitkonstanten T asymptotisch gegen Null ab.

Die Verhältnisse bei Anlegen einer *periodischen Folge von Impulsen* veranschaulicht Abb. 20. Die Dauer der Impulse ist τ, ihre Wiederholungsfrequenz f. Je nach der Größe von T verglichen mit τ und $1/f$ ergibt sich eine getreue Wiedergabe der Impulse (b), eine Folge, die durch die Anstiegszeit merklich verformt ist (c), oder eine Signalform, die aus annähernd geradlinigen Stücken besteht (d). Bei b) und c) spielt die Tatsache, daß es sich hier um eine Folge von Impulsen, und nicht um einen einzelnen Impuls handelt, keine Rolle, da die Ladung des Kondensators vor Einsetzen eines neuen Impulses vollständig verschwindet. Das stationäre Verhalten von d) hingegen stellt sich erst nach Beendigung des

Ausgleichsvorganges ein. Der Gleichstrom-Mittelwert ist der gleiche wie in der angelegten Impulsfolge a). Deshalb sind die schraffierten Flächen in allen vier Fällen gleich groß. Wenn sich die Eingangs-Signalform gegenüber der Nullinie in positiver oder negativer Richtung verschiebt, so verschiebt sich die Ausgangs-Signalform um den gleichen Betrag. Die Amplitude der entstehenden Signalformen ist gleich U im Fall b) und c): im Fall d) ist sie $U(1 - \tau f)\,\tau/T$.

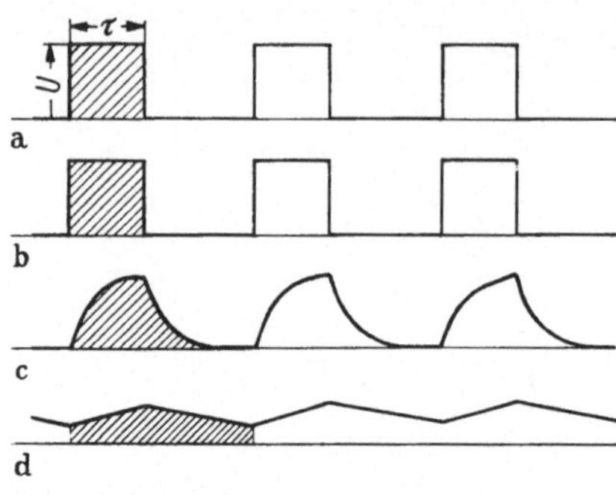

Abb. 20. Verhalten eines Tiefpasses mit der Zeitkonstanten $RC = T$ beim Anlegen der Impulsfolge a), die die Frequenz f hat. b) kleine, c) mittlere, d) große Zeitkonstante (verglichen mit $1/f$). Diese Signalformen ergeben sich nach Beendigung des Ausgleichsvorganges. Die schraffierten Flächen sind alle gleich groß.

Es bleibt noch der Ausgleichsvorgang aufzuzeichnen, der entsteht, wenn eine periodische Impulsfolge an den RC-Tiefpaß angelegt wird, wobei anzunehmen ist, der Kondensator sei zu Beginn entladen. Abb. 21 veranschaulicht diesen Fall. Nach einer Zeit, die groß gegen T ist, geht die Signalform in den periodischen Verlauf von Abb. 20d über.

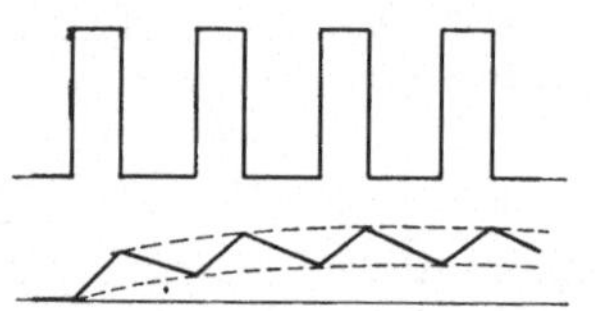

Abb. 21. Ausgleichsvorgang bei Anlegen einer Impulsfolge. Die Zeitkonstante der gestrichelten Exponentialkurven ist T.

Nachdem das Verhalten des RC-Tiefpasses gegenüber Spannungssprüngen behandelt wurde, betrachten wir nun die Signalformen, die entstehen, wenn man den exponentiellen Anstieg von Abb. 7b anlegt. Aus Abb. 17 läßt sich ablesen:

$$u_1 - u_2 - i\,R = 0$$

und

$$u_2 = \frac{1}{C}\int i\,dt \tag{6}$$

Daraus entsteht durch Differenzieren und Elimination von i:

$$u_1 = u_2 + T\frac{du_2}{dt} \quad \text{mit} \quad T = RC \tag{7}$$

Die angelegte Signalform sei $u_1 = U(1 - \exp(-t/t_0))$. Dieser Ausdruck in Gl. (7) eingesetzt, ergibt folgende Lösungsfunktion:

$$u_2 = U\left(1 + \frac{t_0}{T - t_0}\exp\left(-\frac{t}{t_0}\right) - \frac{T}{T - t_0}\exp\left(-\frac{t}{T}\right)\right) \tag{8}$$

Die Form dieser Kurve hängt vom Verhältnis T/t_0 ab; T ist die Zeitkonstante des Tiefpasses, t_0 jene der angelegten Signalform. Für $T = t_0$ wird der Ausdruck unbestimmt, was jedoch am Charakter der Kurve nichts ändert. Der Grenzübergang ergibt:

$$u_2 = U\left(1 - \left(1 + \frac{t}{T}\right)\exp\left(-\frac{t}{T}\right)\right)$$

In Abb. 22 ist der Verlauf von Gl. (8) für verschiedene T bei festem t_0 (also bei fester Anstiegszeit der angelegten Signalform) aufgetragen. Diese Kurven haben auch eine meßtechnische Bedeutung. Es kann vorkommen, daß man eine mit der Zeitkonstante t_0 ansteigende Flanke zu untersuchen wünscht unter Verwendung eines Oszillographen, dessen Verstärker sich durch einen RC-Tiefpaß mit der Zeitkonstanten T darstellen läßt. Abb. 22 zeigt, daß erhebliche Verfälschungen zu erwarten sind, außer wenn $T \ll t_0$. Insbesondere wird eine zu lange Anstiegszeit beobachtet. Wenn die Anstiegszeit um nicht mehr als 10% verlängert werden darf, so muß $T/t_0 \leqq 1/3$ gewählt werden, während bei $T/t_0 = 1$ eine Verlängerung um 53% entsteht.

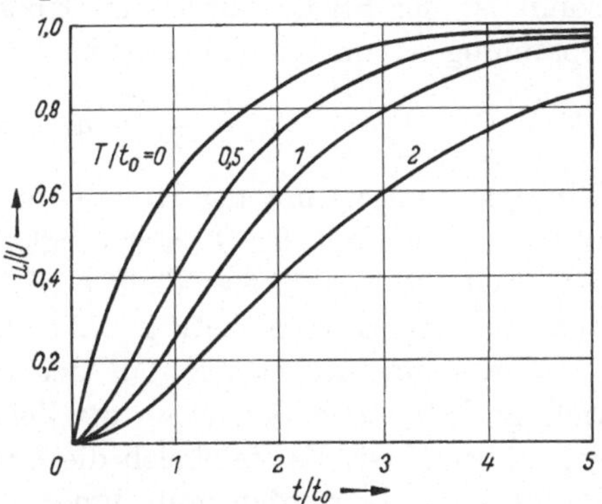

Abb. 22. Verlauf von Gl. (8) für verschiedene Werte von T/t_0. Die Kurve für $T/t_0 = 0$ ist gleich der angelegten Signalform.

Schließlich betrachten wir noch den Tiefpaß bei Anlegen der Signalform von Abb. 7c (linearer Anstieg) mit der Darstellung $u_1 = U' t$. Dieser Ausdruck, in Gl. (7) eingesetzt, ergibt:

$$u_2 = U'\left(t + T\left(\exp\left(-\frac{t}{T}\right) - 1\right)\right) \tag{9}$$

Diese Gleichung beschreibt eine Signalform, die nach Ablauf eines Ausgleichsvorganges von der Zeitkonstanten T linear ansteigt, und zwar mit der gleichen Geschwindigkeit wie das angelegte Signal. Der Vorgang ist in Abb. 23 für kleine und für große T aufgezeichnet. Für kleine T (oder, anders ausgedrückt, für Zeiträume, die groß gegen T sind) erhalten wir einen linearen Anstieg, der gegenüber dem Eingang um T verzögert ist, was in u-Richtung einer Abweichung von $U' T$ entspricht. Wenn also etwa eine Ablenkspannung von 5 ms Dauer durch einen Tiefpaß zu leiten ist und dabei einen Fehler von nicht mehr als 5% erfahren darf, so muß $T = RC = 250\,\mu$s sein. Um andererseits das Verhalten für große T zu ermitteln, ist es am einfachsten, die Exponentialfunktion in Gl. (9) in eine Reihe zu entwickeln. Bei Berücksichtigung der Glieder bis zur zweiten Ordnung ergibt sich $u_2 = U' t^2/2T$, was einer Parabel entspricht, s. Abb. 23c.

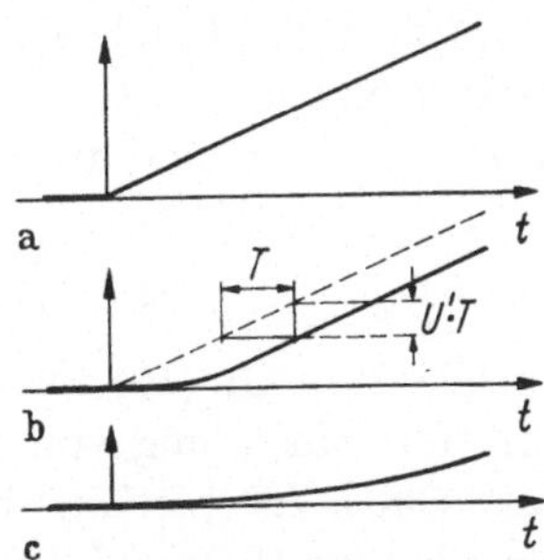

Abb. 23. Verhalten des Tiefpasses bei linear ansteigender Spannung. a) angelegte Signalform, b) Ausgangsspannung bei kleinem T, c) bei großem T.

3.4 Quasi-Integration

Der RC-Tiefpaß von Abb. 17 wird oft als „integrierendes Glied" bezeichnet. Diese Auffassung beruht darauf, daß in einem Kondensator die Spannung proportional zum Stromintegral ist. Wenn wir annehmen, u_2 sei klein gegen u_1, so liegt am Widerstand R nahezu die Spannung u_1; somit ist der Strom durch den Kondensator nahezu gleich u_1/R. Die Spannung u_2 am Kondensator ist daher:

$$u_2 = \frac{1}{T}\int u_1\,dt \quad \text{mit} \quad T = RC \tag{10}$$

Ein Spannungssprung der Höhe U ergibt Gl. (5), was für $t \ll T$ in Ut/T übergeht; eine mit der Geschwindigkeit U' linear ansteigende Spannung ergibt Gl. (9), was für $t \ll T$ auf $U'\,t^2/2T$ führt. Die relative Abweichung vom exakten Integral beträgt $t/2T$ im ersten, $t/3T$ im zweiten Fall.

Man kann also sagen, daß der RC-Tiefpaß dann das angenähert richtige Integral bildet, wenn die Zeit t, über die integriert wird, klein gegenüber T ist. Es stellt sich die Frage, wie groß in einem konkreten Fall T gemacht werden muß, um eine getreue Integration zu erhalten. Eine Formel für die Abweichung vom exakten Integral, die für alle u_1 gültig wäre, kann nicht gegeben werden, doch ist der relative Fehler proportional zu t/T. Man beachte aber, daß u_2 um so kleiner wird, je größer man T macht.

Die Lösung von Gl. (7) für allgemeine u_1 lautet:

$$u_2 = \frac{1}{T}\int u_1(\tau)\, e^{-\frac{t-\tau}{T}}\, d\tau$$

was für große T in Gl. (10) übergeht, da sich in diesem Fall die Exponentialfunktion nur wenig von 1 unterscheidet. Man bezeichnet diesen Prozeß als *Quasi-Integration*. Der Unterschied zwischen Quasi-Integration und Integration geht aus Abb. 20c bzw. d sehr anschaulich hervor.

3.5 16 Fälle von *RC*-Gliedern

Widerstände und Kapazitäten spielen in elektronischen Impulsschaltungen eine bedeutende Rolle, da sie in den Ersatzschaltbildern von Dioden, Transistoren und Röhren enthalten sind und da alle Verbindungsleitungen mit Kapazität behaftet sind. Somit kommen RC-Glieder auch an Stellen vor, wo kein Widerstand und kein Kondensator als Schaltelement eingesetzt worden ist. Demgegenüber haben Induktivitäten eine viel geringere Bedeutung. Ihr Beitrag an die Ersatzschaltungen und an die Eigenschaften der Verbindungsleitungen kann vernachlässigt werden, wenn in den Signalen keine zu hohen Frequenzen (mit andern Worten: keine zu kurzen Anstiegszeiten, beispielsweise nicht unter 0,1 μs) vorkommen. Deshalb lohnt es sich, Glieder mit R und C ausführlich zu besprechen.

Die einfachsten Glieder haben die Form von Abb. 24a, und in b) sind die vier einfachsten Möglichkeiten für die Reaktanzen z_1 und z_2 aufgezeichnet. Die Kombination von vier Formen für z_1 und vier Formen

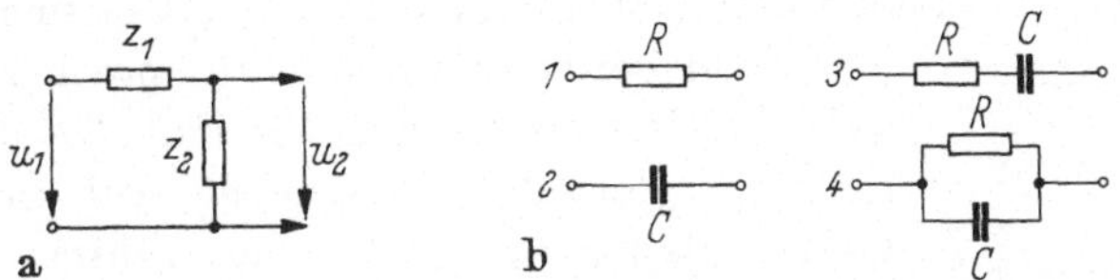

Abb. 24. a) einfachste Kombination von z_1 und z_2, b) vier Möglichkeiten für z_1 und z_2.

für z_2 führt auf 16 verschiedene Glieder, von denen die meisten praktische Bedeutung haben und in fast allen Impulsschaltungen vorkommen. Sie sind in Abb. 25 zusammengestellt. In jedem Feld ist die Signal-

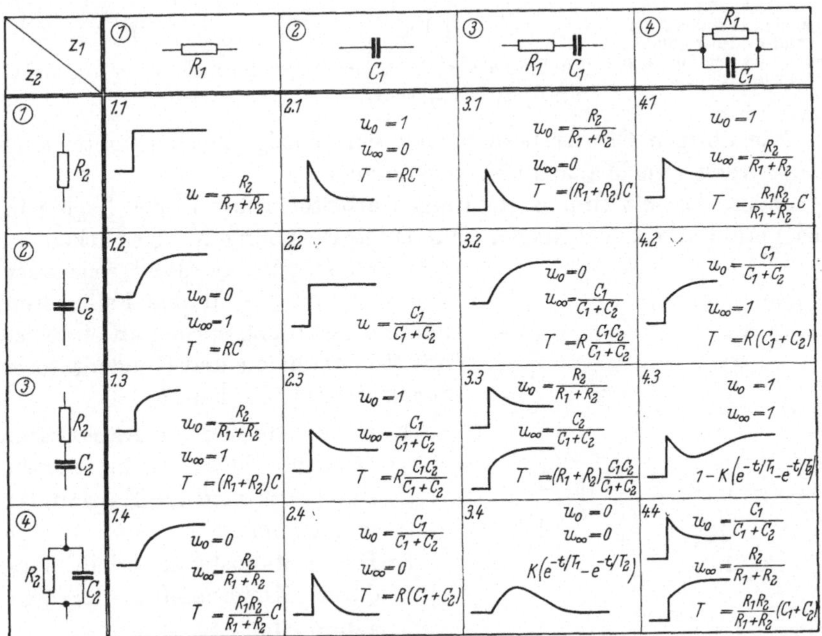

Abb. 25. Die 16 Fälle von einfachen RC-Gliedern.

form angegeben, die entsteht, wenn man einen Spannungssprung anlegt. Alle Signalformen außer den zwei Fällen 4.3 und 3.4 haben die allgemeine Form von Abb. 26: Zuerst erfolgt ein Sprung von der Höhe u_0, dann eine asymptotische Annäherung mit der Zeitkonstanten T an den Endwert u_∞, der kleiner oder größer als u_0 sein kann. (Der anfängliche

Sprung ist in gewissen Fällen gleich Null.) Die Signalformen sind also durch eine Angabe von u_0, u_∞ und T vollständig charakterisiert; diese drei Werte sind in jedes Feld eingeschrieben. Dabei ist zu beachten, daß die angelegte Spannung den Wert 1 hat, das heißt, u_0 und u_∞ sind dimensionslos. Der Index von R bzw. C ist überall dort weggelassen, wo keine Verwechslung entstehen kann. Wenn $u_0 = u_\infty$, so ist es nicht sinnvoll, von einer Zeitkonstanten T zu sprechen; daher ist keine solche eingetragen. Die Fälle 3.4 und 4.3 bilden eine Ausnahme, indem sie auf die Differenz zweier Exponentialfunktionen führen und somit zwei Zeitkonstanten haben; es gilt für Fall 3.4:

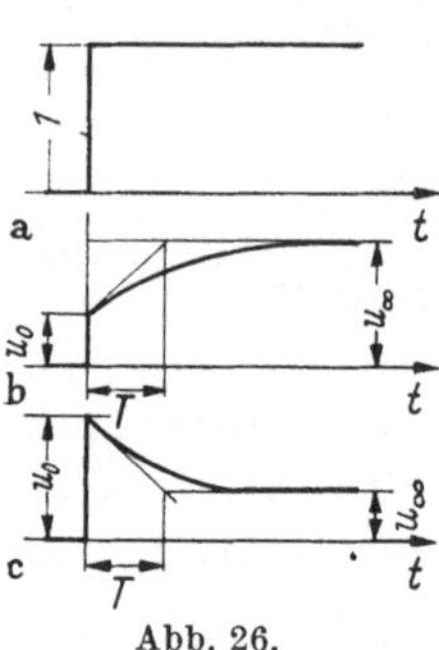

Abb. 26. a) angelegte Signalform, b) und c) Antwortfunktion in 14 der 16 Fälle von Abb. 25.

$$K = \left[\left(1 + \frac{R_1}{R_2} + \frac{C_2}{C_1}\right)^2 - 2 \cdot \frac{R_1 C_2}{R_2 C_1}\right]^{1},$$

$$T_{1,2} = \left[\frac{1}{2}\left(\frac{1}{R_1 C_2} + \frac{1}{R_1 C_1} + \frac{1}{R_2 C_2}\right) \pm \right.$$

$$\left. \pm \sqrt{\frac{1}{4}\left(\frac{1}{R_1 C_2} + \frac{1}{R_1 C_1} + \frac{1}{R_2 C_2}\right)^2 - \frac{1}{R_1 C_1 R_2 C_2}}\right]^{-1}$$

Für Fall 4.3 ist in diesen beiden Formeln R_1 mit R_2 und C_1 mit C_2 zu vertauschen.

Alle übrigen Glieder besitzen nur eine einzige Zeitkonstante, auch dann, wenn zwei Kapazitäten vorkommen.

Jeder, der mit Impulsschaltungen arbeitet, sollte in der Lage sein, das Verhalten solcher Glieder ohne lange Rechnung zu überblicken. Es gibt drei Regeln, die dabei sehr wertvoll sind und die für den Fall gelten, daß ein Spannungssprung an ein Glied mit Widerständen und Kondensatoren angelegt wird. Sie lauten:

1. Für $t = 0$ sind die Kapazitäten als Kurzschlüsse zu betrachten.
2. Für $t = \infty$ sind die Kapazitäten wegzudenken.
3. Die Zeitkonstante erhält man durch Kurzschließen der Eingangsklemmen.

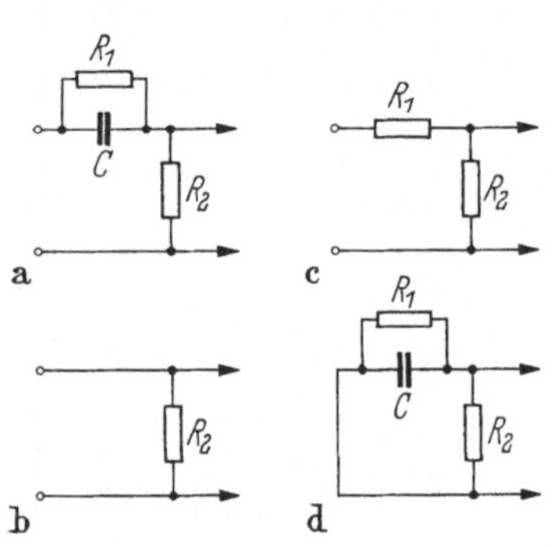

Abb. 27. Die Bestimmung von u_0 (b), u_∞ (c) und T (d) nach den einfachen Regeln.

Die Anwendung dieser Regeln sei an Hand des Falles 4.1 erläutert, s. Abb. 27. In a) ist das betrachtete Glied aufgezeichnet. b) veranschaulicht das Bild für $t = 0$ (kurzgeschlossene Kapazität), woraus man sofort $u_0 = 1$ ablesen kann. Für $t = \infty$ (Kapazität weggelassen) entsteht der Spannungsteiler c), der $u_\infty = R_2/(R_1 + R_2)$ abzulesen gestattet. Der Kurzschluß der Eingangsklemmen (d) zeigt, daß sich C über die parallelgeschalteten R_1 und R_2 entlädt (bzw. auflädt); somit ist $T = C\,R_1\,R_2/(R_1 + R_2)$.

Diese Regeln sind zu einfach, als daß sie uneingeschränkt gültig sein könnten. Man muß sich daher über ihre Grenzen Rechenschaft geben. Regel 1 versagt in den Fällen 2.2, 2.4, 4.2 und 4.4, da ihre Anwendung auf einen Kurzschluß der Eingangsklemmen führen würde[1]. Regel 2 versagt in den Fällen 2.2, 2.3, 3.2 und 3.3, da das Weglassen der Kondensatoren die Ausgangsklemmen überhaupt abtrennt. Alle diese Fälle haben den Charakter von kapazitiven Spannungsteilern. Um u_0 bzw. u_∞ zu berechnen, muß man die Widerstände weglassen und die Kapazitäten als Reaktanzen umgekehrt proportional zu C betrachten. Schließlich versagt Regel 3 in den Fällen 3.4 und 4.3, welche mit zwei Zeitkonstanten behaftet sind, die auf keine einfache Art berechnet werden können.

Diese Regeln gelten natürlich nur für das Anlegen einer Sprungfunktion (s. Abb. 7a). Die Antwortfunktion, die auf den linearen Spannungsanstieg (b) entsteht, erhält man durch Integration der ermittelten Signalform. Für alle linearen Netzwerke gilt ja der Satz, daß sich die Ausgangsfunktion in ihr Integral verwandelt, wenn man von der ursprünglichen Eingangsfunktion zu ihrem Integral übergeht.

3.6 Der kompensierte Spannungsteiler

In diesem Abschnitt betrachten wir den Fall 4.4 von Abb. 25. Dieses Glied kann (ähnlich wie Fall 3.3) sowohl die Signalform von Abb. 26b als auch die von c) erzeugen. Welche von den beiden entsteht, hängt davon ab, ob T_1 kleiner oder größer als T_2 ist ($T_1 = R_1 C_1$, $T_2 = R_2 C_2$). Wenn $T_1 = T_2$, so entsteht sogar eine getreue Wiedergabe des angelegten Spannungssprunges (oder jeder andern angelegten Signalform). In diesem Zustand bezeichnet man das Glied als „kompensierten Spannungsteiler", s. Abb. 28. Diese Schaltung ist sehr häufig. Wenn eine vorgegebene Spannung durch einen Spannungsteiler R_1, R_2 reduziert werden soll, so ist es meist unvermeidlich, daß parallel zu R_2 noch eine Kapazität C_2 liegt. Dann ist es nötig, C_1 hinzuzuschalten, um den Spannungsteiler zu kompensieren. Wenn C_1 richtig gewählt wird, so wird das Glied frequenzunabhängig, das heißt, es werden alle Signalformen unverändert weiter-

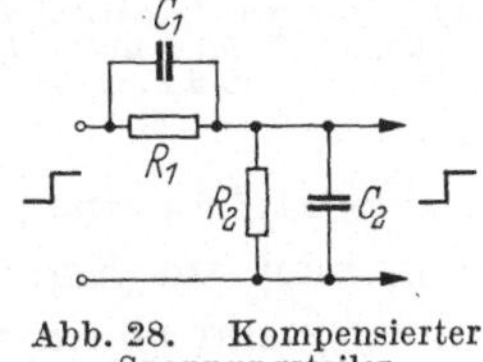

Abb. 28. Kompensierter Spannungsteiler. ($R_1 C_1 = R_2 C_2$).

[1] Bei diesen Gliedern ist das Anlegen eines Spannungssprunges überhaupt physikalisch ein Widerspruch, da zur Zeit $t = 0$ ein unendlich großer Strom fließen müßte.

gegeben. Ist C_1 zu groß, so entsteht die Signalform von Abb. 26c, was gleichbedeutend mit einer Betonung der hohen Frequenzen ist. Bei zu kleinem C_1 entsteht Abb. 26b.

In Meßinstrumenten oder Verstärkern wünscht man oft den Abschwächungsgrad umschaltbar zu machen. Ein solcher umschaltbarer Spannungsteiler muß nach Abb. 29 ausgelegt werden. Jedes RC-Paar muß das gleiche Produkt RC haben[1]. Dieses Verfahren ist aber nur anwendbar, wenn ein Stufenschalter verwendet werden darf. Soll die Verstärkung mit einem Potentiometer kontinuierlich variabel gemacht werden, so ist eine Kompensation nicht möglich.

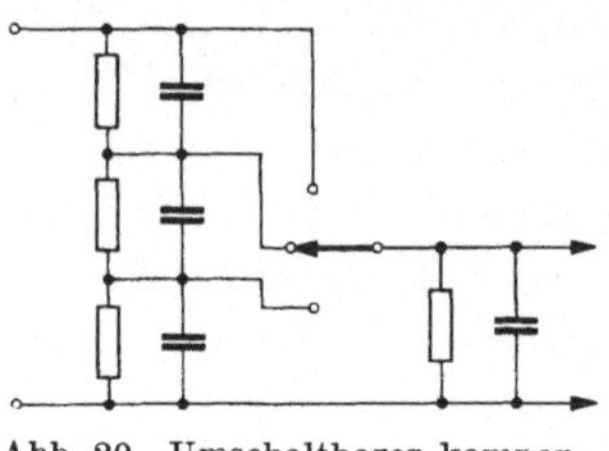

Abb. 29. Umschaltbarer kompensierter Spannungsteiler. Alle RC-Paare müssen das gleiche Produkt haben.

Man beachte, daß die Eingangskapazität dieser Schaltung (also die Kapazität, die man an den Eingangsklemmen mißt) um so kleiner ist, je stärker die Abschwächung. Beim Betrieb eines Oszillographen läßt sich also die kapazitive Belastung des Meßpunktes verkleinern, falls so viel Verstärkungsreserve zur Verfügung steht, daß man einen kompensierten Spannungsteiler vorschalten kann. Eine Anwendung dieses Prinzips ergibt sich, wenn Meßpunkt und Oszillograph durch ein abgeschirmtes Kabel verbunden sind; dazu wird man oft gezwungen, um eine unerwünschte Beeinflussung durch Streufelder zu vermeiden. Das Kabel stellt eine große Kapazität dar, die den Meßpunkt in vielen Fällen unzulässig stark belastet. Sofern im Oszillographen eine genügende Reserve an Verstärkung vorhanden ist, kann man am Ende des Kabels einen Meßkopf mit einem Kondensator C_1 und einem Widerstand R_1 anbringen, der zusammen mit der Kapazität des Kabels C_2 und dem Eingangswiderstand des Oszillographen R_2 einen kompensierten Spannungsteiler nach Abb. 28 bildet. Solche Meßköpfe sind weit verbreitet; Abb. 30 zeigt schematisch einen Querschnitt. Eine Abschwächung um einen Faktor von beispielsweise 10 verursacht gleichzeitig eine Reduktion der Eingangskapazität um den gleichen Faktor 10. Der Kondensator C_1 ist meistens variabel und

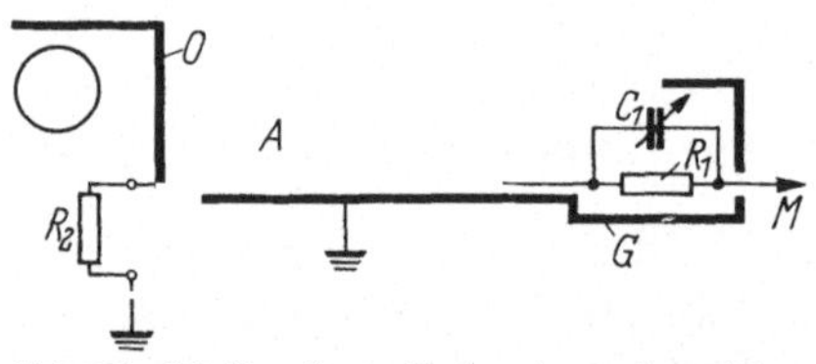

Abb. 30. Meßkopf am Ende eines abgeschirmten Kabels. O Oszillograph, A abgeschirmtes Kabel mit der Kapazität C_2, G Gehäuse des Meßkopfes, M Meßpunkt. C_1 ist so einzustellen, daß $R_1 C_1 = R_2 C_2$.

[1] Für eine genaue Kompensation müssen allerdings noch die Kapazitäten, die der Umschalter und die Verdrahtung gegen Erde besitzen, berücksichtigt werden. Die einzubauenden Kondensatoren erhalten dadurch andere Werte, die mittels der Regeln der Vielpoltheorie berechnet werden.

kann durch eine Öffnung im abschirmenden Gehäuse mittels eines Schraubenziehers verändert werden, um die exakte Kompensation einzustellen.

3.7 *RL*-Glieder

Bis jetzt haben wir nur Widerstände und Kapazitäten betrachtet, da sie in Impulsschaltungen nicht nur als eigentliche Schaltelemente, sondern auch als Bestandteile von Ersatzschaltungen der Transistoren und Röhren und als Eigenschaften der Verbindungsleitungen vorkommen. Demgegenüber sind Induktivitäten viel seltener.

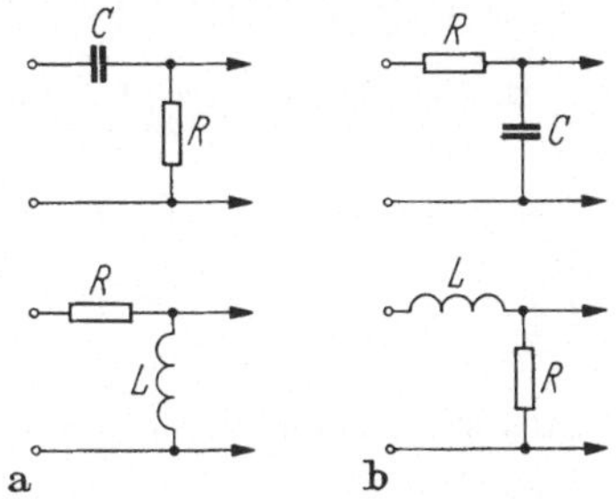

Glieder mit nur R und L lassen sich immer auf solche mit nur R und C zurückführen und bedürfen daher keiner eingehenderen Besprechung. So gibt es einen RL-Hochpaß und einen RL-Tiefpaß, siehe Abb. 31, für die alles über die entsprechenden RC-Glieder Gesagte gültig ist. An Stelle des Produktes RC tritt der Quotient L/R. Auch die auf S. 26 formulierten Regeln sind anwendbar, mit der Änderung, daß für $t = 0$ die Induktivität zu öffnen, für $t = \infty$ kurzzuschließen ist.

Abb. 31. Glieder, die einander entsprechen: a) Hochpaß, b) Tiefpaß.

Immerhin ist zu betonen, daß die Äquivalenz von RC- und RL-Gliedern nur für die Übertragungsfunktion gilt, das heißt für die Beziehungen zwischen Eingangs- und Ausgangs-Signalform, *nicht aber für die Eingangs- und Ausgangsimpedanz.* In dieser Hinsicht sind die Glieder ganz verschieden. So bieten sich die beiden RC-Glieder von Abb. 31 einer an die Eingangsklemmen angeschlossenen Gleichspannungsquelle als unendlich hohe Impedanz dar, die RL-Glieder dagegen als Widerstand R.

3.8 Zweipole

Die bisher betrachteten Glieder waren durchweg *Dreipole.* Diese haben ein Eingangs- und ein Ausgangsklemmenpaar, und den beiden Paaren ist eine Klemme gemeinsam. Sowohl die angelegte Signalform als auch die Antwortfunktion sind Spannungen.

Ein Zweipol hat nur ein einziges Klemmenpaar, und in ihm läßt sich keine Beziehung zwischen zwei Spannungen, wohl aber die Beziehung zwischen einer Spannung und einem Strom formulieren. Zweipole werden oft in den Kollektorkreis von Transistoren oder in den Anodenkreis von Röhren geschaltet. Wenn die Quelle als Stromquelle betrachtet werden kann (das heißt, wenn der eingegebene Strom unabhängig von der entstehenden Spannung ist), so haben die nachfolgenden Betrachtungen Gültigkeit.

Am häufigsten ist der Zweipol, der aus einer Parallelschaltung von R und C besteht, s. Abb. 32a. Dieses Glied führt eine Quasi-Integration aus und ist daher als Tiefpaß zu betrachten. Die angelegte Stromquelle ist durch das Symbol der Pfeile mit der gestrichelten Verbindung angedeutet. Legt man einen Stromsprung von der Höhe I an, so entsteht der bekannte exponentielle Anstieg mit der Zeitkonstante RC und dem Endwert RI. Für dieses Glied gelten alle im Zusammenhang mit dem Tiefpaß auf S. 20 ff. gemachten Bemerkungen, wobei lediglich u_1 durch $i_1 R$ (i_1 ist der angelegte Strom) zu ersetzen ist.

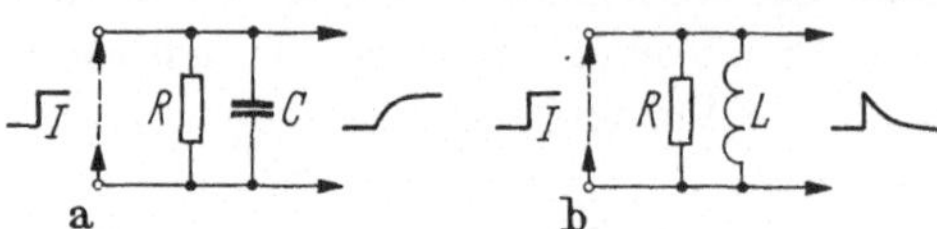

Abb. 32. Zweipole mit konstantem Eingangsstrom. a) Tiefpaß, b) Hochpaß.

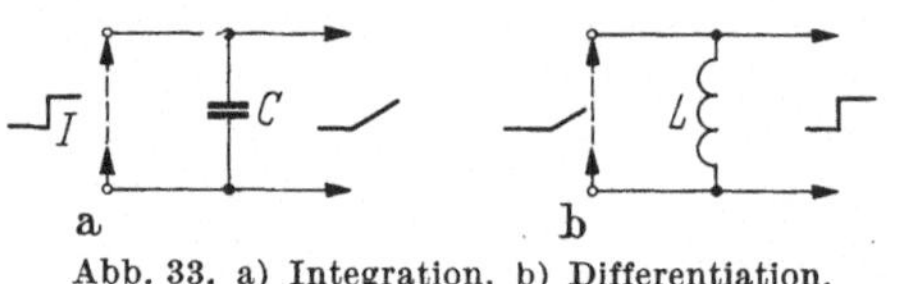

Abb. 33. a) Integration, b) Differentiation.

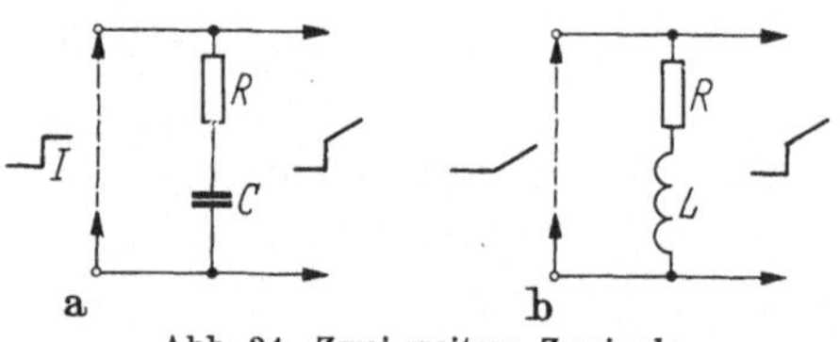

Abb. 34. Zwei weitere Zweipole.

Abb. 32b zeigt einen RL-Hochpaß. Seine Eigenschaften entsprechen jenen des RC-Hochpasses (s. S. 15 ff.), wenn man u_1 durch $i_1 R$ und RC durch L/R ersetzt.

Mit Zweipolen ist aber auch eine exakte Integration und Differentiation möglich, was mit Dreipolen nicht der Fall ist. Gibt man in einen Kondensator C einen konstanten Strom I ein, so entsteht an seinen Klemmen eine linear steigende Spannung $u = I\,t/C$, s. Abb. 33a. Nicht nur die Sprungfunktion, sondern jeder andere Stromverlauf wird durch diese Schaltung exakt integriert. Umgekehrt führt eine Induktivität eine Differentiation aus. Eine solche Schaltung kann allerdings nicht durch Anlegen einer Sprungfunktion geprüft werden, da ihr Differentialquotient unendlich würde. Als Kontrollfunktion wählt man daher den linearen Stromanstieg $i = I'\,t$, dessen Differentialquotient eine Sprungfunktion ist. Als Ausgangsspannung entsteht $u = I'\,L$, s. Abb. 33b.

Schließlich veranschaulicht Abb. 34 noch zwei weitere Zweipole, die praktische Bedeutung haben. In a) wird ein Stromsprung der Höhe I angelegt. Am Ausgang entsteht zuerst ein Spannungssprung der Höhe $I\,R$, dann ein linearer Anstieg mit der Anstiegsgeschwindigkeit I/C. In b kann kein Stromsprung angelegt werden, da sonst die Ausgangsspannung unendlich würde. Wir wählen daher einen linearen Stromanstieg $i = I'\,t$. Am Ausgang entsteht jetzt die gleiche Signalform wie in a. Der Sprung hat die Höhe I'/L, der Anstieg die Geschwindigkeit $I' \cdot R$.

3.9 Netzwerke mit Schaltern

Die in den vergangenen Abschnitten eingeführten passiven Schaltungen wurden jeweils so beschrieben, daß die Ausgangsfunktion angegeben wurde, die entsteht, wenn man am Eingang einen Spannungssprung anlegt. Wichtig ist dabei die Bedingung, daß die Quelle, die diesen Sprung erzeugt, verschwindende Impedanz besitzt. Wenn das nicht der Fall ist, so muß ihr Innenwiderstand zur betrachteten Schaltung hinzugeschlagen werden.

Rechteckimpulse sind, wie erwähnt wurde, eine Superposition von zwei Spannungssprüngen. Die Spannungssprünge werden meist durch eine Art von Schalter erzeugt, seien diese nun metallische Kontakte oder Transistoren bzw. Röhren, die zwischen dem nichtleitenden und dem leitenden Bereich hin- und herversetzt werden. Es ist sehr wichtig, daß man sich darüber klar ist, daß ein Netzwerk mit einem Schalter im allgemeinen verschiedene Eigenschaften hat, je nachdem, ob der Schalter ein- oder ausgeschaltet ist. Abb. 35 veranschaulicht zwei Anordnungen, in denen ein Schalter dazu dient, um Impulse zu erzeugen. Als Spannungsquelle dient eine Batterie. Es ist leicht verständlich, warum Anstiegs- und Abfallzeit ungleich groß sind. Damit hängt die bekannte Eigenschaft von Transistoren und Röhren zusammen, wonach Impuls-Anstiegszeit und -Abfallzeit nicht mehr unbedingt gleich sind, sobald das Element im Schalterbetrieb vorkommt, worauf in Kap. 10 eingegangen wird. In der in Abb. 35 gezeichneten Form kommen allerdings nur lineare Elemente vor, doch sind diese Schaltungen zeitabhängig, das heißt, ihre Parameter variieren in Funktion der Zeit.

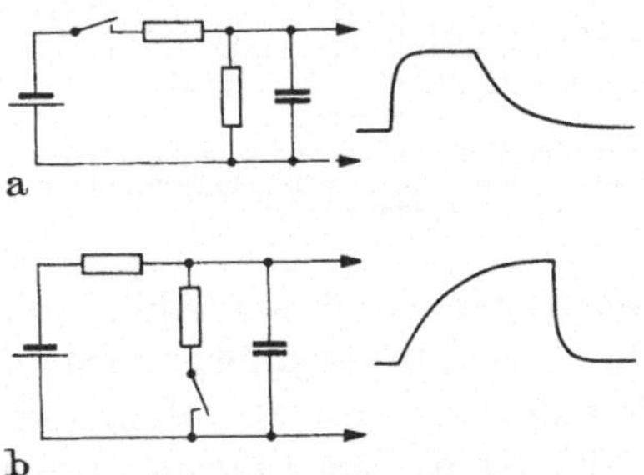

Abb. 35. Impulserzeugende Netzwerke mit Schaltern. a) Anstiegszeit kürzer als Abfallzeit, b) Anstiegszeit länger als Abfallzeit.

3.10 Kettenschaltung von Gliedern

Für die in den vorhergegangenen Abschnitten behandelten Glieder wurden verschiedene Signalformen als Beispiele angegeben. Dabei wurde immer vorausgesetzt, daß die speisende Quelle verschwindenden Innenwiderstand hat, und daß das Glied durch die nachfolgende Schaltung nicht belastet wird; das heißt, diese Schaltung muß unendlichen Innenwiderstand haben. Wenn man zwei oder mehrere Glieder in Kette schaltet, wenn man also das Ausgangssignal eines Gliedes verwendet, um ein zweites zu speisen, so sind diese Bedingungen nicht mehr erfüllt, da die

Ausgangsspannung des ersten Gliedes durch die Belastung des zweiten verändert wird. Solche Schaltungen kommen oft vor, lassen sich aber nicht in der einfachen behandelten Art überblicken.

Einfacher liegen die Verhältnisse, wenn zwischen den beiden Gliedern ein Trennverstärker gelegt wird, der hohe Eingangsimpedanz und niedrige Ausgangsimpedanz aufweist. Dann können die Glieder unabhängig voneinander betrachtet werden. Als Beispiel nehmen wir den Fall von zwei *RC*-Hochpässen, s. Abb. 36. Diese führen eine doppelte Quasi-Differentiation aus. Wenn die Zeitkonstanten der Glieder kurz gegenüber den vorkommenden Anstiegszeiten sind, so wird der zweite Differentialquotient gebildet. Andernfalls sind die Vorgänge etwas komplizierter. Abb. 36 zeigt das Anlegen einer linear ansteigenden Signalform. Der erste Hochpaß bildet die exponentiell ansteigende Funktion (Abb. 7b), das zweite Glied wandelt diesen in die durch Gl. (3) beschriebene Impulsform von Abb. 15 um. Es ist wichtig festzuhalten, daß die anfängliche Anstiegsgeschwindigkeit am Ausgang gleich ist wie am Eingang. Diese Eigenschaft wurde auf S. 19 für einen einzelnen Hochpaß formuliert, und es ist klar, daß er auch für zwei (oder beliebig viele) in Kette geschaltete Hochpässe gelten muß.

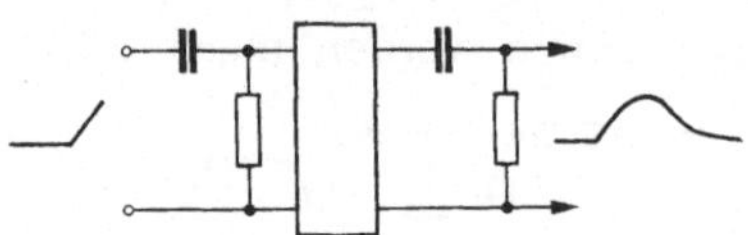
Abb. 36. Kettenschaltung von zwei Tiefpässen mit einem zwischengeschalteten Trennverstärker.

Die Frage der Kettenschaltung von *RC*-Gliedern wird in Kap. 7 im Zusammenhang mit den mehrstufigen Impulsverstärkern ausführlicher besprochen werden.

3.11 Ein *RLC*-Glied

Sobald Induktivitäten und Kapazitäten vorkommen, entsteht ein schwingungsfähiges Gebilde. Im Grund ist jede Induktivität infolge der Eigenschaften ihrer Wicklung und der Zuleitungen mit einer Kapazität verbunden, so daß die Glieder auf S. 29 f. Vereinfachungen darstellen, die nicht immer zulässig sind. (Auch Kapazitäten lassen sich nicht rein darstellen, da ihre Zuleitungen eine Induktivität besitzen, doch braucht dieser Gesichtspunkt erst in Berücksichtigung gezogen zu werden, wenn die betrachteten Anstiegszeiten in der Gegend von Nanosekunden liegen.)

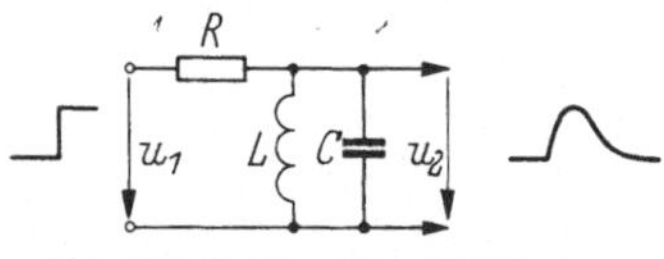

Abb. 37. Gedämpfter *LC*-Kreis.

Abb. 37 zeigt das häufigste *RLC*-Glied. Die Kapazität kann als Kondensator eingebaut sein, oder sie kann auch nur durch die Eigenschaften von Spule und Verdrahtung zustande gekommen sein. Legt man am Eingang einen Spannungssprung von der Höhe U an, so entsteht — unter der Bedingung, daß zur Zeit $t = 0$ in C keine Ladung vorhanden ist und in L kein Strom fließt — am Ausgang ein Verlauf u_2 von der Form

$$u_2 = U\,(e^{p_1 t} - e^{p_2 t}) \tag{11}$$

wobei sich $p_{1,2}$ wie folgt errechnet:

$$p_{1,2} = -\frac{1}{2RC} \pm \sqrt{\frac{1}{(2RC)^2} - \frac{1}{LC}} \tag{12}$$

Wir setzen folgende Abkürzungen:

$$Q = R\sqrt{C/L}, \qquad T = 2\pi\sqrt{LC} \tag{13}$$

Für den Fall eines schwach gedämpften Schwingkreises ($R^2 \gg L/C$) ist Q gleich der Kreisgüte, T gleich der Schwingungsdauer. Bei überkritischer Dämpfung kann man weder von Kreisgüte noch von Schwingungsdauer sprechen; wir behalten trotzdem die Größen Q und T formal als Abkürzungen bei. Gl. (12) kann jetzt in dieser Form geschrieben werden:

$$p_{1,2} = -\frac{\pi}{QT} \pm \frac{2\pi}{T}\sqrt{\frac{1}{4Q^2} - 1} \tag{14}$$

Von Interesse ist besonders der Fall $Q = \frac{1}{2}$ (kritische Dämpfung); dann verschwindet die Wurzel, und es wird $p_1 = p_2 = -\pi/QT$. Gl. (11) ist in diesem Fall zu ersetzen durch

$$u_2 = U \cdot 4\pi \frac{t}{T} e^{-2\pi t/T}$$

Für $Q < \frac{1}{2}$ (überkritische Dämpfung) gilt wiederum Gl. (11), wobei p_1 und p_2 aus Gl. (14) einzusetzen sind. Für $Q \ll \frac{1}{2}$ läßt sich die Wurzel in eine Reihe entwickeln; bei Berücksichtigung der Glieder erster Ordnung ergibt sich

$$u_2 = U\,(e^{-2\pi Q t/T} - e^{-2\pi t/QT}) \quad \text{für} \quad Q \ll \frac{1}{2}$$

Das zweite Glied ist, außer in der Nähe von $t = 0$, viel kleiner als das erste. Für Zeiten größer als T kann daher geschrieben werden, unter Berücksichtigung von $2\pi Q/T = R/L$:

$$u_2 = U e^{-\frac{R}{L}t}$$

$$\text{für} \quad Q \ll \frac{1}{2}, \qquad t \gg T$$

Unter diesen Bedingungen verhält sich also der Kreis so, wie wenn C gar nicht vorhanden wäre.

Abb. 38 veranschaulicht den Verlauf von u_2/U für $Q = 0{,}5$ (kritische Dämpfung), $Q = 1{,}5$ und $Q = \infty$ ($R = 0$). Im letzten Fall ist natürlich

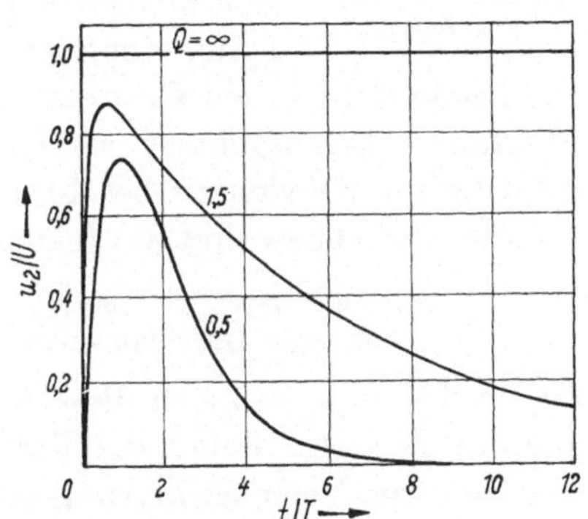

Abb. 38. Verlauf der Ausgangsspannung von Abb. 37 für drei verschiedene Werte von Q. L und C werden konstant gehalten; Q wird durch Änderung von R variiert.

$u_2 = U$. Mit kritischer Dämpfung kann die Schaltung dazu verwendet werden, um aus einer ansteigenden Flanke einen Impuls zu erzeugen. Für $Q > \frac{1}{2}$ entsteht eine gedämpfte Schwingung. Sie ist um so schwächer gedämpft, je größer Q. Für $Q > 1$ sind folgende Aussagen annähernd richtig: Die Schwingungsdauer ist T; die Amplitude ist nach Q Schwingungen auf das $e^{-\pi}$-fache abgeklungen.

4. Dioden

4.1 Allgemeines

Kap. 4 befaßt sich mit Halbleiterdioden; Vakuumdioden gelangen in Kap. 6 zur Darstellung.

Die physikalische Wirkungsweise von Dioden und Transistoren ist gesamthaft in § 5.1 behandelt. Hier kommen nur solche Tatsachen zur Besprechung, die für Dioden, nicht aber für Transistoren gelten.

Während für Transistoren heute ausschließlich die Flächen-Bauweise verwendet wird (vgl. Abb. 54), sind die in der Impulstechnik verwendeten Dioden vorwiegend *Spitzendioden*, da diese Ausführung eine bedeutend geringere Sperrträgheit ergibt. Diese Eigenschaft ist darauf zurückzuführen, daß sowohl die Anzahl als auch die Lebensdauer der Ladungsträger geringer ist. Die Bauform der Spitzendioden ist dadurch gekennzeichnet, daß eine Drahtspitze mit geringer Kraft auf einem dotierten Germaniumkristall aufliegt, s. Abb. 39. Durch einen besonderen Formierungsprozeß wird in der Umgebung der Drahtspitze eine Sperrschicht innerhalb des Kristalls erzeugt. Die Diode wird in ein Glasrohr eingebaut, an dessen beiden Enden die Anschlüsse herausgeführt werden. Die Vorsichtsmaßnahmen, die im Umgang mit Dioden zu beachten sind, sind auf S. 72 f. dargelegt.

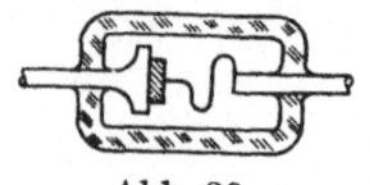

Abb. 39. Schnitt durch eine Spitzendiode mit Glasgehäuse.

Für eine Diode sind die folgenden Eigenschaften wünschenswert:

hoher Sperrwiderstand,	hohe zulässige Temperatur,
geringer Durchlaßwiderstand,	geringe Sperrträgheit.

Zu beachten ist, daß sich diese Anforderungen teilweise widersprechen, und daß in vielen Fällen die Verbesserung einer Eigenschaft nur unter gleichzeitiger Verschlechterung einer andern möglich ist.

Die meisten Dioden verwenden Germanium als Halbleiter. Silizium-Dioden kommen als Flächendioden vor und haben einen besonders hohen Sperrwiderstand, gleichzeitig aber auch eine große Sperrträgheit.

4.2 Gleichstrom-Kennlinien

Die Beziehung zwischen der Spannung U und dem Strom I an einer $p\,n$-Sperrschicht ergibt sich theoretisch zu (s. S. 44):

$$I = I_s\left(e^{\frac{U}{U_T}} - 1\right) \tag{15}$$

I_s ist der Sättigungsstrom, eine stark temperaturabhängige Größe, und $U_T = kT/e$ ist die Temperaturspannung, die bei Zimmertemperatur 26 mV beträgt. In Abb. 40 veranschaulicht die gestrichelte Linie diesen Verlauf. Bei negativen Spannungen U, die groß gegenüber 26 mV sind, ist der Strom nahezu gleich $-I_s$. Man bezeichnet diese Richtung als *Sperrrichtung* und den fließenden Strom als *Sperrstrom*, im Gegensatz zum Gebiet des positiven U, in welchem man von *Durchlaßrichtung* und *Durchlaßstrom* spricht.

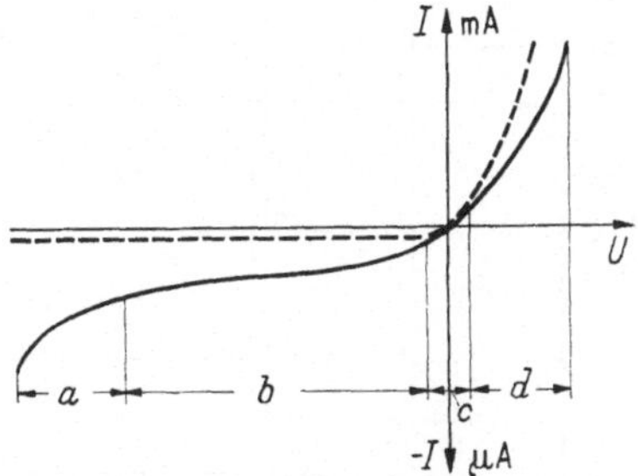

Abb. 40. Theoretische (gestrichelte Kurve) und wirkliche Kennlinie einer Diode. Man beachte, daß der Strommaßstab in Sperrrichtung 1000-fach vergrößert ist.

Gl. (15) ist für Flächendioden errechnet worden. Für Spitzendioden weicht die wirkliche Charakteristik stark von diesem vereinfachten Modell ab; sie ist durch die ausgezogene Linie wiedergegeben. In dieser Kurve sind vier getrennte Zonen zu unterscheiden, die für die verschiedenen Anwendungen von Bedeutung sind. Zone c liegt in der Umgebung des Nullpunktes und erstreckt sich von etwa $-0{,}1$ V bis $+0{,}1$ V. Hier wird die theoretisch gefundene Exponentialform am genauesten erfüllt. In der Region b, die in Sperrichtung liegt, entfernt sich der Sperrstrom mehr und mehr vom theoretischen Wert. Ein Wendepunkt führt zur Zone a, in welcher der Strom schnell ansteigt; der differentielle Widerstand kann am Rand dieser Zone sogar zu Null werden. Das geschieht bei den meisten Germaniumdioden bei einer Spannung von etwa -100 V oder weniger, und die Betriebsspannung muß stets unter diesem Wert liegen. Zone d kennzeichnet den leitenden Teil der Kennlinie, in welchem der Stromanstieg schwächer als exponentiell erfolgt; in diesem Gebiet nähert sich der Verlauf der Form $U^{3/2}$, die von Elektronenröhren her bekannt ist, und die etwa von $U = 0{,}5$ V an recht gut erfüllt wird.

Verlauf bei kleinen Signalen. Abb. 41 zeigt als Beispiel die Kennlinie, die für die Diode 0A186 angegeben wird, eingetragen in ein halblogarithmisches System. Soweit die Kurven geradlinig verlaufen, erfüllen sie Gl. (15), doch ist anstatt U_T der Wert 34 mV (für 25 °C) bzw. 49 mV (für 60 °C) einzusetzen, was vom theoretischen Wert, der 26 mV bzw. 29 mV beträgt, erheblich abweicht. Für positive U über etwa 0,1 V weichen die Kurven von der Geraden nach unten ab, wie auch aus Abb. 40 hervorgeht. Der differentielle Widerstand $R = dU/dI$ entsteht durch Differenzieren von Gl. (15) und beträgt in der Umgebung des Nullpunktes (also für Werte von U, die klein gegen U_T sind) $R = U_T/I_s$, im Beispiel 31 kΩ bzw. 3 kΩ.

Verlauf bei großen Signalen. Für viele Anwendungen interessiert nicht so sehr das Verhalten in unmittelbarer Umgebung des Nullpunktes, als vielmehr an bestimmten Stellen der Kennlinie im Sperr- und im Durchlaßgebiet. Die Diode 0A186 hat bei $U = -50$ V einen Sperrstrom von 25 μA bei 25 °C, 60 μA bei 60 °C; bei einem Durchlaßstrom von 10 mA beträgt der Spannungsabfall 1 V (Mittelwerte aus dem Datenblatt). Es gibt Dioden, die im Sperrgebiet Widerstände von vielen MΩ aufweisen, und andere, deren Widerstand im Durchlaßgebiet weniger als 1 Ω beträgt, doch können so extreme Werte nie in einer einzigen Type vereinigt sein; denn für hohe Widerstände muß man die Querschnittsfläche klein halten und umgekehrt.

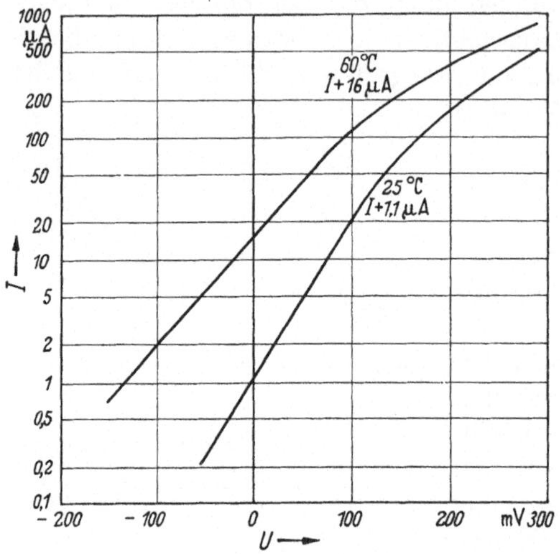

Abb. 41. Kennlinien der Diode 0A186.

Wenn es sich darum handelt, das Verhalten einer Diode in einer Schaltung zu studieren, so genügt es oft, den Sperrstrom und den Durchlaß-Spannungsabfall zu Null anzunehmen. Das führt zur Kennlinie von Abb. 42a; wir wollen eine solche Diode als „ideal" bezeichnen. Eine verbesserte Näherung entsteht durch Berücksichtigung von Sperrwiderstand R_s und Durchlaßwiderstand R_d und führt zu b). Falls der

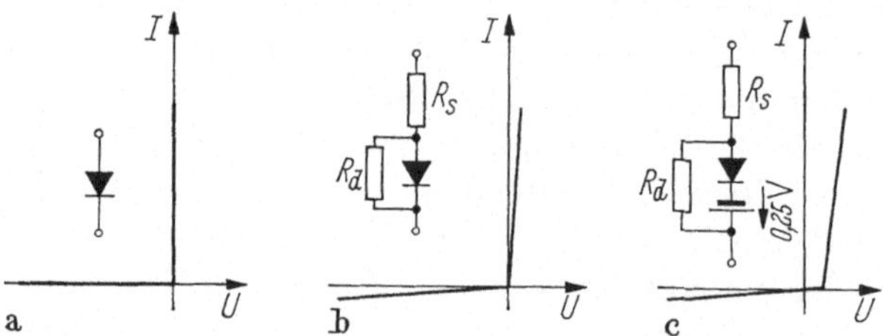

Abb. 42. Drei Näherungen an die wirkliche Diodenkennlinie. Die gezeichneten Dioden sind „ideal" gedacht. R_d Durchlaßwiderstand, R_s Sperrwiderstand.

Verlauf noch besser angenähert werden soll, so denkt man sich in Serie zur idealen Diode eine Spannungsquelle, die die Diode in Sperrichtung vorspannt, und erhält die Anordnung c) [*51*]. Es zeigt sich, daß die wirklichen Kennlinien am besten angenähert werden, wenn man für die Spannungsquelle den Wert 0,25 V wählt.

4.3 Temperaturverhalten und Grenzwerte

Am wichtigsten ist die Abhängigkeit von I_s in Gl. (15) von der Temperatur des Halbleiterkristalls. Die theoretische Analyse ergibt, daß sich I_s für eine Temperaturerhöhung von etwa 8 °C verdoppeln muß; im Bereich von 0 °C — 80 °C ergibt sich also ungefähr eine Vertausendfachung. Wie aus den Kurven von Abb. 41 hervorgeht, ist dieser theoretische Zusammenhang in der Umgebung des Nullpunktes recht gut erfüllt. Dagegen ist im Durchlaßbereich eine viel geringere Abhängigkeit der Kennlinie von der Temperatur zu beobachten.

Die im Kristall entstehende Verlustleistung erhöht die Temperatur. Im Sperrbereich ist zu beachten, daß diese Erhöhung ihrerseits die Kennlinie beeinflußt. Daher mißt man verschiedene Sperrcharakteristiken, je nachdem, ob man die stationäre Temperatur eintreten läßt oder den Strom nur so kurzzeitig fließen läßt, daß sich die Temperatur nicht merklich erhöht. Die Krümmung im Teil *a* der Kurve von Abb. 40 ist hauptsächlich auf Temperaturerhöhung zurückzuführen.

Die Temperatur T_i des Kristalls hängt von der Umgebungstemperatur T_a und der Verlustleistung N ab nach der Beziehung $N\,K = T_i - T_a$. K ist der Wärmewiderstand. Die maximal zulässige Verlustleistung N_z ist daher nicht nur eine Eigenschaft der Diode, sondern auch der Umgebungstemperatur, und es gilt $N_z = (T_i - T_a)/K$. Die maximale Temperatur T_i beträgt etwa 75 °C für Germaniumdioden, während man mit Siliziumdioden bedeutend höher (bis mindestens 150 °C) gehen kann.

Aber auch abgesehen von der Temperatur bestehen für die Sperrspannung Grenzen, die durch Zener-Effekt und Lawinen-Effekt gesetzt sind (s. S. 65). Diese liegen zwischen etwa 5 V und 100 V. Vom Zener-Effekt Gebrauch gemacht wird in den *Zenerdioden*, die man als Spannungsstabilisatoren verwendet; sie werden hier nicht behandelt.

4.4 Schaltverhalten

Das dynamische Verhalten von Dioden wird beherrscht durch die Erscheinung der *Sperrträgheit*. Darunter versteht man die Eigenschaft, daß beim Übergang vom Durchlaßgebiet ins Sperrgebiet die Sperrung erst nach Ablauf einer gewissen Wartezeit eintritt. Der Grund für dieses Phänomen liegt in den Minderheits-Ladungsträgern, die sich zwischen Kontakt und Sperrschicht ansammeln, wenn ein Durchlaßstrom fließt. (Über die Begründung s. S. 43 ff.) Da die Halbleiterzone außerhalb der Sperrschicht feldfrei ist, können die Ladungsträger nur vermöge der Diffusion fließen, und das bedeutet, daß ein Dichtegradient vorhanden sein muß. In erster Näherung kann man konstanten Gradienten, also linearen Dichteverlauf annehmen, s. Abb. 43. Diese Figur wird als *Diffusionsdreieck* bezeichnet. Die Fläche dieses Dreiecks kennzeichnet die gesamte Ladung der vorhandenen Minderheitsträger. Je größer der Strom, desto größer ist der Gradient, desto größer also auch diese Ladung. Wenn nun plötzlich eine Sperrspannung angelegt wird, so muß zuerst diese Ladung abgeführt werden, bevor der Sperrstrom den Wert annimmt, der aus der Gleichstrom-Kennlinie hervorgeht, und dieser Effekt nimmt eine beträchtliche Größe an.

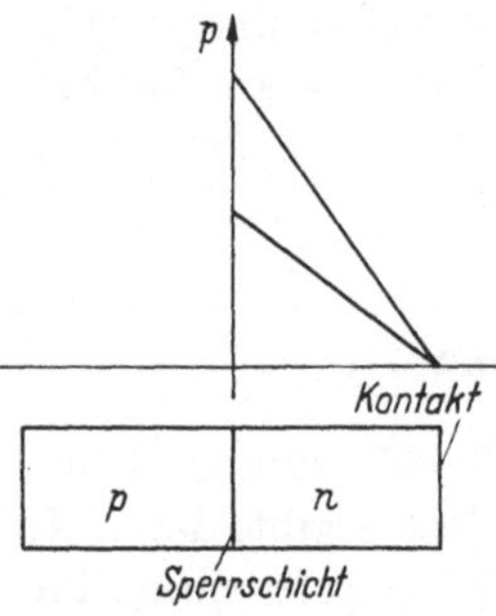

Abb. 43. Diffusionsdreieck: Dichteverlauf der Minderheitsträger (Löcher) auf der n-Seite der Sperrschicht für zwei verschiedene Stromstärken in Durchlaßrichtung. Horizontal ist die räumliche Ausdehnung aufgetragen. Ein analoger Verlauf existiert auf der linken Seite der Sperrschicht für Elektronen.

Abb. 44 veranschaulicht eine Meßanordnung zur Beobachtung der Sperrträgheit nebst den entstehenden Signalformen [*46*]: Eine Spannungsquelle u mit dem Innenwiderstand R legt zunächst eine positive, dann eine negative Spannung an die Diode an. Die Spannung der Quelle möge zur Zeit $t = 0$ von U_1 auf $-U_2$ springen. Vor diesem Zeitpunkt ist der Strom annähernd $I_1 = U_1/R$. Nach dem Einschalten der Sperrspannung $-U_2$ sinkt die Spannung über der Diode praktisch trägheitslos auf die Restspannung U_0 (etwa 0,2 V) ab, die sich aus der Diffusionsspannung und der augenblicklichen Potentialschwelle an der Übergangszone zusammensetzt. Der Diodenstrom springt annähernd auf $-I_2 = -U_2/R$. Während der nun folgenden Speicherzeit T_s wird die im Halbleiter gespeicherte Ladung abgebaut; der Strom bleibt nahezu konstant, während die Spannung auf Null absinkt. Die Diode verhält sich wie eine Kapazität C_s, die über R von U_0 auf $-U_2$ umgeladen wird; aus Abb. 44 liest man ab: $C_s = (1 - U_2/U_0)\, T_s/R$. Die Speicherzeit T_s (und damit

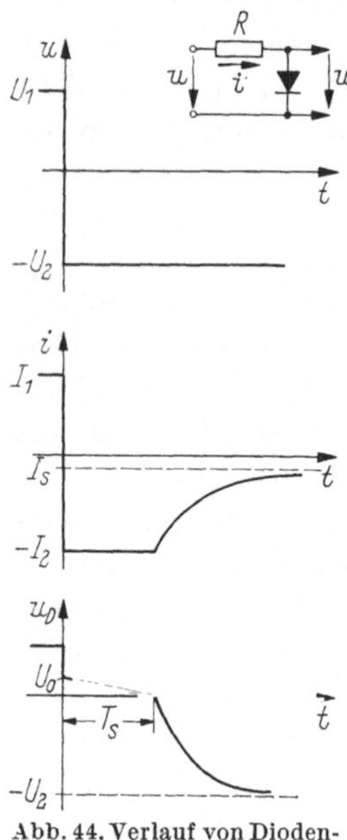

Abb. 44. Verlauf von Diodenspannung und Diodenstrom beim Sperren.

auch C_s) hängt von der gespeicherten Ladung Q ab, und diese wiederum ist um so größer, je größer der Strom war, der vorher in Flußrichtung geflossen hat. Für kleine Stromdichten ist $Q \sim I_1$, für größere Stromdichten $Q \sim \sqrt{I_1}$. Außerdem ist die Speicherzeit davon abhängig, ob dieser Strom während langer Zeit eingeschaltet war; denn die gespeicherte Ladung wird durch den Durchlaßstrom mit einer gewissen Zeitkonstante aufgebaut, und bei einem hinreichend kurzen Impuls erreicht die Ladung nicht ihren endgültigen Wert. Die Speicherzeit ist also für eine gegebene Diode keine Konstante, sondern hängt von der Dauer und der Höhe des vorangegangenen Impulses in Durchlaßrichtung ab.

Nach Ablauf der Zeit T_s ist die Ladung abgebaut und die Spannung u_D über der Diode verschwunden. Die Diode weist nun die Kapazität C_0 auf, die sich aus Fläche und Breite der Sperrschicht errechnet und die bedeutend kleiner als C_s ist. Von diesem Augenblick an streben i und u_D mit der Zeitkonstante RC_0 gegen ihren Endwert: i wird zum Sperrstrom I_s, und u_D geht gegen $-U_2$. Bei praktischen Messungen wird man allerdings finden, daß die in Abb. 44 nach der Zeit T_s gezeigte Ecke weitgehend abgerundet ist.

Zur quantitativen Beschreibung der Sperrträgheit setzt man U_1, U_2 und R fest und gibt den Wert von i zu zwei oder drei bestimmten Zeitpunkten nach dem Abschalten an. Dabei ist angenommen, daß der Durchlaßstrom während so langer Zeit geflossen hat, daß sich die volle Ladung aufbauen kann. Beispielsweise wird für die Diode OA 92 angegeben:

$I_1 = 5\,\text{mA}$, $-U_2 = -5\,\text{V}$, $R = 2\,\text{k}\Omega$; nach $0{,}5\,\mu\text{s}$: $i = -60\,\mu\text{A}$, nach $3{,}5\,\mu\text{s}$: $i = -11\,\mu\text{A}$.

Der Vollständigkeit halber sei noch erwähnt, daß auch der Übergang vom Sperrbereich in den Durchlaßbereich mit Trägheitserscheinungen verbunden ist, da erst ein Strom zu fließen beginnt, wenn die Speicherladung aufgebaut ist (induktives Verhalten). Dieser Effekt ist aber viel kleiner als die Sperrträgheit [*50*].

5. Transistoren

Wir betrachten nur Flächentransistoren. Spitzentransistoren haben zur Zeit keine praktische Bedeutung, und es bestehen keinerlei Anzeichen dafür, daß sich diese Sachlage ändern wird.

5.1 Die Wirkungsweise von Halbleiter-Schaltelementen

In diesem Abschnitt rekapitulieren wir die wichtigsten Begriffe, die zum grundsätzlichen Verständnis der Funktion von Dioden und Transistoren nötig sind. Dabei verzichten wir auf die Einführung der Energiebänder und beschränken uns auf die Darstellung der einfachsten Aspekte des Korpuskelmodells von Halbleiter-Schaltelementen. Zwar vermittelt diese Betrachtungsweise nur ein qualitatives Verständnis, ohne irgendeinen Hinweis auf die quantitative Berechnung zu geben; doch ist zu sagen, daß auch die allgemeinverständlichen Einführungen in das Bändermodell, die man vielerorts findet, nur qualitative Bedeutung haben. Für ein eingehenderes Studium siehe z. B. [*4, 20*].

Natürliche Halbleiter. Die hohe elektrische Leitfähigkeit von Metallen rührt daher, daß sich die Valenzelektronen leicht von ihren Atomen lösen. Diese Atome bewegen sich frei im Kristallgitter und bilden die Träger des elektrischen Stromes; sie bewegen sich unter dem Einfluß eines elektrischen Feldes. In Metallen ist die Anzahl der freien Elektronen groß, beispielsweise $10^{22}/\text{cm}^3$ in Kupfer, was zum niedrigen spezifischen Widerstand von $1{,}7 \cdot 10^{-6}\,\Omega\text{cm}$ führt. Ein guter Isolator hat demgegenüber $10^{15}\,\Omega\text{cm}$.

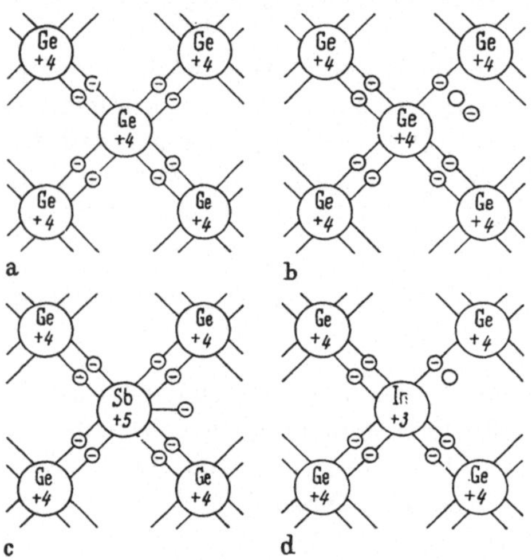

Abb. 45. Germanium als Halbleiter. a) natürliches Germanium sehr niedriger Temperatur, b) bei Zimmertemperatur, c) *n*-Germanium, d) *p*-Germanium

Die *Halbleiter* haben einen spezifischen Widerstand, der zwischen diesen beiden Werten liegt. Ausgangsmaterial für die heutigen Transistoren ist Germanium oder Silizium. Der spezifische Widerstand von natürlichem[1] Germanium beträgt bei Zimmertemperatur $60\,\Omega\text{cm}$, derjenige von Silizium $60 \cdot 10^3\,\Omega\text{cm}$.

Der Leitungsmechanismus sei an Hand des Germaniums untersucht. Von den 32 Elektronen des Germaniumatoms gehören vier der äußeren Schale an; das Germanium ist 4wertig, und diese Elektronen heißen *Valenzelektronen*. Abb. 45a zeigt einen Teil eines Germanium-

[1] „Natürlich“ bedeutet, daß die Eigenschaften nur durch das Germanium und nicht durch etwa vorhandene Fremdatome bestimmt sind. Der Ausdruck „rein“ ist zu vermeiden, da — obwohl die Zahl der Fremdatome außerordentlich klein gemacht werden kann — die absolute Reinheit grundsätzlich unerreichbar ist.

kristalls in einer symbolischen ebenen Darstellung. Jedes Germanium-Ion hat die Ladung $+4$: es ist von acht Elektronen umgeben, von denen jedes seinen zwei Nachbaratomen zugleich angehört. Somit ist der Kristall elektrisch ungeladen. Beim absoluten Temperatur-Nullpunkt sind alle Elektronen gebunden, und das Material wirkt als Isolator. Bei Zimmertemperatur dagegen werden infolge der Wärmebewegung des Kristallgitters einzelne Elektronen aus dem Verband herausgerissen und können sich frei bewegen (b). Was an Stelle des Elektrons zurückbleibt, ist eine Fehlstelle oder ein *Loch*. Der Begriff des Loches ist in Halbleitern von fundamentaler Bedeutung. Man kann sich ein Loch als Ladungsträger vorstellen, der eine Masse ungefähr gleich jener eines Elektrons hat, und dessen Ladung $+e$ beträgt (Ladung des Elektrons: $-e$). Im natürlichen Halbleiter kommen Elektronen und Löcher immer paarweise vor. Diese Ladungsträger sind frei beweglich und sind daher verantwortlich für die Leitfähigkeit des natürlichen Germaniums. Immerhin ist zu beachten, daß nur ein ganz geringer Bruchteil aller Valenzelektronen im Kristall auf diese Art zu Leitungselektronen werden (beispielsweise 1 Elektron pro $5 \cdot 10^9$ Atome).

Dotierte Halbleiter. Durch Einbau von Fremdatomen (Störstellen) kann man zusätzliche, von der Temperatur unabhängige freie Ladungsträger erzeugen. Abb. 45c zeigt, wie ein 5wertiges Atom Antimon (Sb) ein freies Elektron liefert. Das Sb-Ion hat die Ladung $+5$; daher ist auch dieser Kristall elektrisch ungeladen. Umgekehrt erzeugt ein 3wertiges Atom Indium (In) ein Loch, das ebenfalls als beweglicher, freier Ladungsträger in Erscheinung tritt (d).

Man bezeichnet den Einbau von Störstellen ins Kristallgefüge als *Dotierung*. Je nachdem, ob die zugefügten Ladungsträger Elektronen oder Löcher sind, spricht man von *n-Halbleiter* oder *p-Halbleiter*, und die Fremdatome heißen *Donatoren* bzw. *Akzeptoren*. Schon außerordentlich kleine Mengen Fremdmaterial genügen, um eine wesentliche Änderung der Leitfähigkeit herbeizuführen. Eine Dotierung von einem Fremdatom auf 10^8 Atome kann die Leitfähigkeit verzehnfachen. Daraus ist ersichtlich, daß das Ausgangsmaterial einen enorm hohen Grad von Reinheit haben muß.

Auch im dotierten Halbleiter existiert der Prozeß der spontanen Bildung von Elektronen-Loch-Paaren infolge der Wärmebewegung. Somit befinden sich beispielsweise im n-Halbleiter nicht nur freie Elektronen, sondern auch einige wenige Löcher. Man bezeichnet die Elektronen als *Majoritätsträger*, die Löcher als *Minoritätsträger*. Im p-Halbleiter sind die Verhältnisse genau umgekehrt.

Der p-n-Übergang. Die Vorgänge am p-n-Übergang sind fundamental für die Wirkungsweise von Dioden und Transistoren. Läßt man einen p- und einen n-Halbleiter aneinandergrenzen, so sind beiderseits der

Trennfläche (die auch *Sperrschicht* genannt wird) die Konzentrationen von Elektronen und Löchern ganz unterschiedlich. Die beiden Trägersorten werden versuchen, sich – wie man das von Gasen her kennt – durch Diffusion zu vermischen. Wenn nun an die so entstandene Diode eine äußere Spannung angelegt wird, so ist die Wirkung je nach der Polarität verschieden, s. Abb. 46. Im Falle a) (p-Seite positiv) werden die Majoritätsträger gegen die Sperrschicht und durch diese hindurchgetrieben. Für den Strom durch die Sperrschicht stehen viele Träger zur Verfügung; der Strom ist daher groß, und man bezeichnet diese Richtung als *Durchlaßrichtung*. Im Fall b) dagegen werden die Majoritätsträger von der Sperrschicht weggedrängt, die Minoritätsträger jedoch durch dieselbe hindurch. Da diese Träger in viel geringerer Anzahl vorhanden sind, ist der resultierende Strom, der *Sperrstrom* genannt wird, nur klein. Die Diode hat somit in den zwei Richtungen verschiedene Leitfähigkeit; *sie wirkt als Gleichrichter*. Abb. 47 zeigt die resultierende Charakteristik.

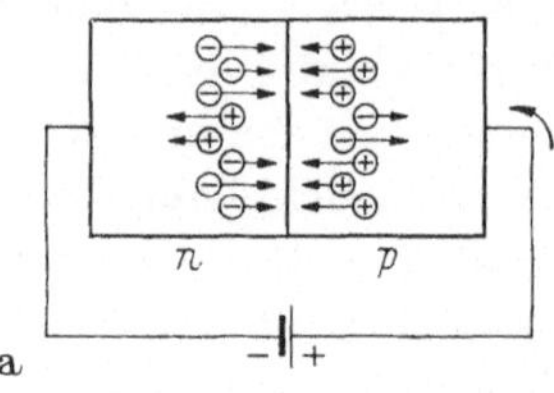

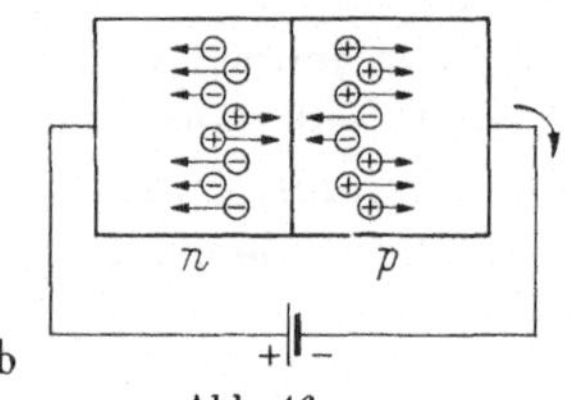

Abb. 46. Wirkungsweise einer Diode. Der Pfeil rechts außen gibt die resultierende Richtung des positiven Stromes an. a) Vorspannung in Durchlaßrichtung, b) Vorspannung in Sperrichtung.

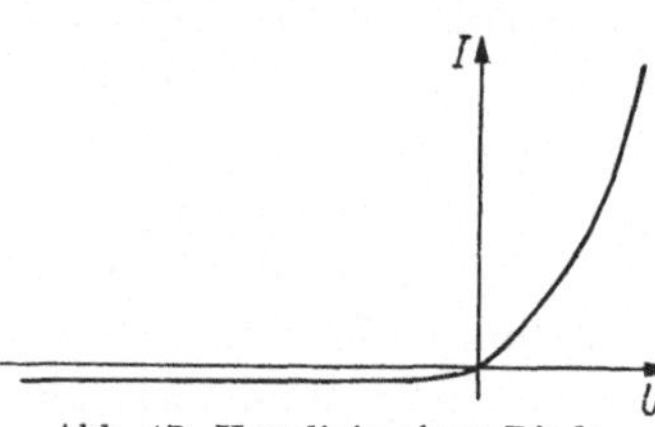

Abb. 47. Kennlinie einer Diode.

Nachfolgend stellen wir eine vereinfachte quantitative Betrachtung der Diffusion und der Gleichrichter-Charakteristik an. Wir führen folgende Bezeichnungen ein:

n_n Elektronendichte, p_n Löcherdichte } im n-Gebiet; n_p Elektronendichte, p_p Löcherdichte } im p-Gebiet

n_i Dichte der Elektronen-Löcher-Paare im natürlichen Germanium ($n_i = 2{,}5 \cdot 10^{13}/\text{cm}^3$ bei Zimmertemperatur; diese Zahl ist stark temperaturabhängig)

Zunächst gilt die wichtige Beziehung:

$$n_n p_n = n_p p_p = n_i^2$$

Das bedeutet, daß eine Erhöhung der Anzahl Majoritätsträger (n_n, p_p) durch Dotierung gleichzeitig die Anzahl Minoritätsträger (p_n, n_p) vermindert. Als Beispiel nehmen wir folgende Dotierungen an:

Im p-Gebiet:	Im n-Gebiet:
$p_p = 10^4 n_i$	$p_n = 5 \cdot 10^{-2} n_i$
$n_p = 10^{-4} n_i$	$n_n = 20 n_i$

Auf Grund der verschiedenen Dichten bildet sich zwischen den beiden Gebieten eine Sperrzone aus, s. Abb. 48a. Innerhalb dieser Sperrzone findet ein Übergang der Dichten von den im p-Gebiet zu den im n-Gebiet gültigen Werten statt. Durch diesen Dichteübergang entsteht eine Diffusionsgleichspannung U_D, die sich wie folgt berechnet:

$$U_D = -U_T \ln \frac{p_p}{p_n} = -U_T \ln \frac{n_n}{n_p} \tag{16}$$

U_T ist die *Temperaturspannung*; es gilt $U_T = k\,T/e$, wobei e die Ladung des Elektrons, k die BOLTZMANNsche Konstante und T die absolute Temperatur ist.

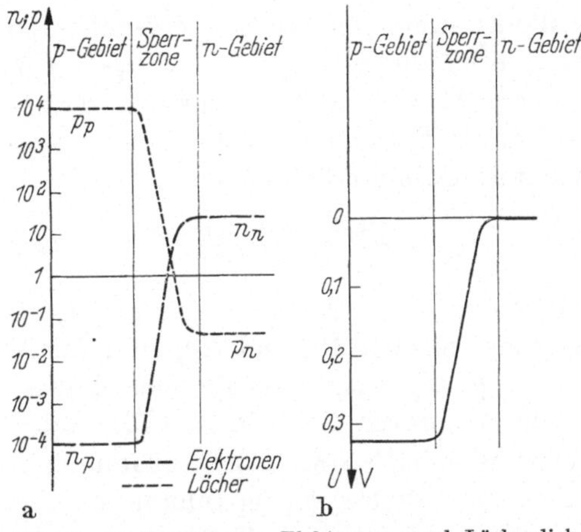

Abb. 48. a) Verlauf von Elektronen- und Löcherdichten. Die Dichten sind in Vielfachen von n_i angegeben. b) Potentialverlauf.

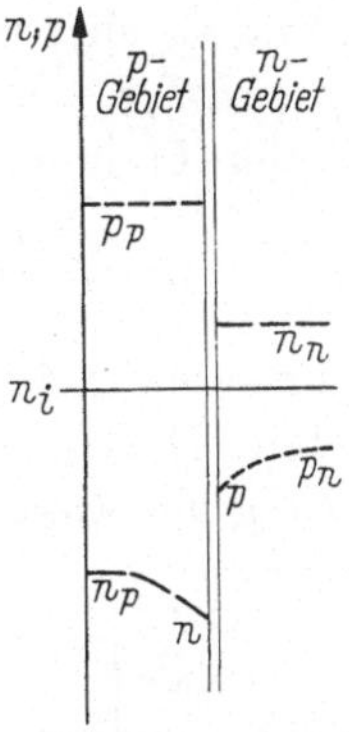

Abb. 49. Veränderung der Minoritätsträgerdichten bei Anlegen einer äußeren Spannung.

Dieser Quotient hat bei Zimmertemperatur den Wert 26 mV. Diese Gleichung gilt nicht nur, um aus einem gegebenen Dichteverhältnis die Diffusionsspannung zu berechnen. Sie gilt auch im umgekehrten Sinn, das heißt, man kann aus ihr bestimmen, welches Dichteverhältnis sich einstellt, wenn eine bestimmte Spannung U_s an der Sperrzone liegt:

$$\frac{p_p}{p_n} = \frac{n_n}{n_p} = e^{-\frac{U_s e}{k T}} \tag{17}$$

Im angegebenen Beispiel erhält man $U_D = 26\,(\ln 2 \cdot 10^5)\,\text{mV} = 0{,}32\ \text{V}$; Abb. 48b zeigt den räumlichen Verlauf dieser Spannung.

Legt man nun an die Sperrzone eine zusätzliche äußere Spannung, so müssen sich, damit Gl. (17) erfüllt bleibt, andere Dichten einstellen. Diese Anpassung vollzieht sich hauptsächlich durch eine Änderung der Minoritätsträgerdichten, da dadurch eine vorgegebene Änderung der Quotienten p_p/p_n bzw. n_n/n_p mit viel geringeren Veränderungen der Potentialverhältnisse möglich ist, als wenn sich die Majoritätsträgerdichten ändern müßten. Somit wird sich am Rand der Sperrzone n_p in n und p_n in p verwandeln, s. Abb. 49. An Stelle von U_D in Gl. (16) ist die gesamte wirksame Spannung U_s einzusetzen:

$$U_s = U + U_D = -U_T \ln \frac{p_p}{p} = -U_T \ln \frac{n_n}{n} \tag{18}$$

U ist die von außen angelegte Spannung.

Die Diodenkennlinie. Auf Grund des Diffusionsgefälles fließen nun durch die Sperrschicht Gleichströme (Diffusionsströme). j_n sei die Stromdichte der Elektronen, j_p jene der Löcher. Es gilt:

$$j_n = e\, D_n \frac{dn}{dx}, \qquad j_p = e\, D_p \frac{dp}{dx} \tag{19}$$

D_n und D_p sind die Diffusionskonstanten. An Stelle der Gradienten dn/dx und dp/dx setzen wir die Quotienten $(n - n_p)/w_p$ bzw. $(p - p_n)/w_n$. w_p und w_n sind die Breiten der p- bzw. der n-Diffusionszone. Ferner gilt $D = \mu\, k\, T/e = \mu\, U_T$ (EINSTEINsche Beziehung), wobei μ die Beweglichkeit der Ladungsträger bedeutet. Damit erhalten wir:

$$j_n = \frac{e\, \mu_n\, U_T (n - n_p)}{w_p}, \qquad j_p = \frac{e\, \mu_p\, U_T (p - p_n)}{w_n} \tag{20}$$

Da in unserem Beispiel $(p - n_p) \gg (n - n_p)$, brauchen wir nur j_p zu betrachten. Durch Zusammenfassung von Gl. (18) und (20) und durch Einführung der Abkürzung $I_s = e\, \mu_p\, p_n\, U_T\, F/w_n$ (F ist die Querschnittsfläche des durch die Sperrzone fließenden Stromes) erhalten wir als Beziehung zwischen der angelegten Spannung U und dem fließenden Strom I:

$$I = I_s \left(e^{\frac{U}{U_T}} - 1 \right) \tag{21}$$

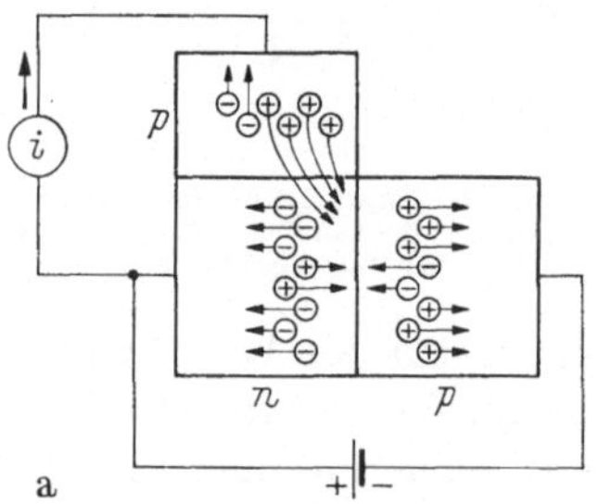

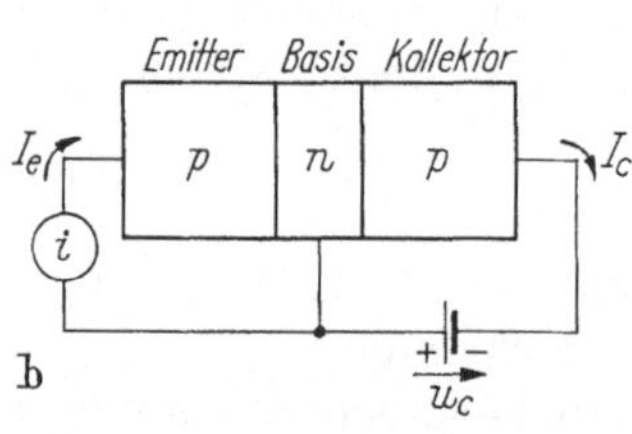

Abb. 50. Entwicklung des Transistors aus der Diode.

Diese Beziehung ist in Abb. 47 dargestellt. Bei negativen Spannungen U, die gegenüber U_T (26 mV) groß sind, ist I nahezu gleich $-I_s$. Man beachte, daß I_s stark temperaturabhängig ist, da in ihm nicht nur U_T enthalten ist, sondern auch die Minoritätsträgerdichte p_n. Für Germanium gilt, daß sich I_s bei einem Temperaturanstieg von ungefähr 8 °C jeweils verdoppelt, von 0° – 80° also ungefähr vertausendfacht.

Der Transistor. Auf Grund der Erklärung des p-n-Überganges ist die prinzipielle Wirkungsweise des Transistors sehr einfach zu verstehen. Abb. 50a zeigt eine in Sperrichtung vorgespannte Diode (wie Abb. 46b). An der n-Elektrode ist ein zusätzlicher p-n-Übergang angebracht. In die neue p-Elektrode wird ein veränderlicher Strom geschickt; die Leitung durch diese Sperrschicht erfolgt mit Majoritätsträgern. Insbesondere gelangen Löcher von der obern p-Elektrode ins n-Gebiet. Beim Durchgang durch die Sperrschicht werden sie zu Minderheitsträgern *und können dazu verwendet werden, den Strom durch die rechte Sperrschicht zu verstärken.* Die Transistorwirkung beruht also auf einer Injektion von Löchern in den n-Raum. Diese Injektion erfolgt durch den p-n-Übergang, der in Durchlaßrichtung vorgespannt ist und einen kleinen Spannungsabfall aufweist. Die Steuerung braucht somit wenig Leistung. Anderseits hat der gesteuerte Strom durch die in Sperrichtung mit höherer Spannung vorgespannte Trennschicht höhere Leistung. Der Transistor wirkt somit als Leistungsverstärker.

Der Emitterstrom sollte zum größten Teil aus Löchern bestehen, die vom Emitter zur Basis gehen. Elektronen, die in umgekehrter Richtung laufen, verbrauchen Leistung, ohne etwas zur Transistorwirkung beizutragen. Man bezeichnet das Verhältnis von Löcherstrom zu totalem Emitterstrom als *Emitterwirkungsgrad.*

Praktisch wird die Anordnung von Abb. 50b bevorzugt. Die drei Zonen heißen *Emitter, Basis* und *Kollektor.* Die Basisschicht muß möglichst dünn sein, damit die Löcher zum Durchgang wenig Zeit beanspruchen und damit sie wenig Gelegenheit haben, sich mit den Elektronen zu vereinigen (zu *rekombinieren*).

Die Kennlinie des Transistors geht zwanglos aus der Diodenkennlinie von Abb. 47 hervor, siehe Abb. 51. Die Kurve für $I_e = 0$ ist gleich wie jene für die Diode. Die Kurven für positive I_e-Werte entstehen durch Parallelverschiebung nach unten. Da fast der ganze Emitterstrom durch die Basis hindurch zum Kollektor geht, ist diese Verschiebung nahezu gleich dem jeweiligen Wert von I_e. Diese Schar genügt also der Gleichung:

$$I_c = I_s\left(e^{\frac{U_c}{U_T}} - 1\right) - \alpha I_e \qquad (22)$$

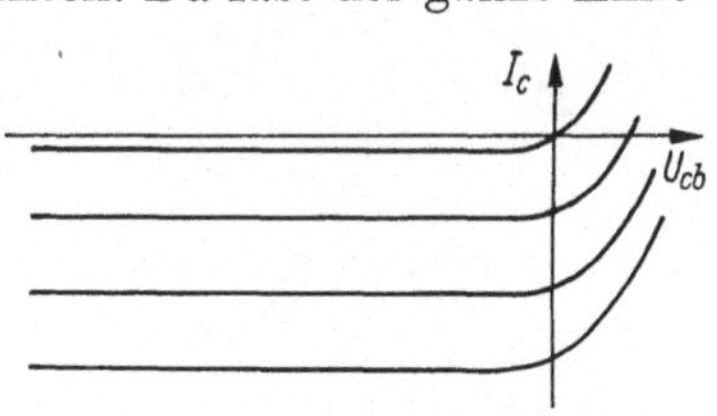

Abb. 51. Kennlinien eines Transistors für verschiedene Werte von I_e.

α ist die Stromverstärkung; sie ist etwas kleiner als 1.

Aus dem Dargelegten geht hervor, daß zwischen Emitter und Kollektor kein prinzipieller Unterschied besteht. Sie unterscheiden sich zwar durch ihre Geometrie und durch den Grad ihrer Dotierung, doch kann man in einer Schaltung ihre Rollen vertauschen, ohne daß die Transistorwirkung grundsätzlich verlorengeht. (Diese Tatsache hat im Bereich der Elektronenröhren nichts Analoges, indem es bekanntlich nicht möglich ist, Kathode und Anode in ihrer Funktion zu vertauschen.) Die ganz verschiedene Wirkung von Emitter und Kollektor im Betrieb kommt erst dadurch zustande, daß gegenüber der Basis dieser negativ, jener positiv ist.

Das Diffusionsdreieck. Die Basis ist im wesentlichen als feldfreie Zone zu betrachten; somit bewegen sich die Ladungsträger (Löcher) in ihr nur vermöge der Diffusion, was wiederum das Vorhandensein eines Gradienten der Löcherdichte nötig macht. Auf der Kollektorseite ist diese Dichte praktisch Null, da die Löcher durch den Kollektor abgesogen werden. Unter der Annahme eines linearen Dichteabfalls entsteht eine dreieckige Figur, s. Abb. 52. Dieses *Diffusionsdreieck* ist für die Berechnung der Strom-Spannungs-Beziehungen in einem Transistor sowie der wirksam werdenden Kapazitäten von entscheidender Bedeutung. Nach Gl. (19) ist der Strom I proportional zum Dichtegradienten, der hier die einfache Form p_0/w annimmt: $I = e\mu U_T p_0 F/w$. p_0 ist die Dichte am Emitter, w die Basisbreite, F die Querschnittsfläche. Somit ist p_0 proportional zum Emitterstrom: $p_0 = \text{const} \cdot I_e$, und die gesamte in der Basis gespeicherte Ladung ist:

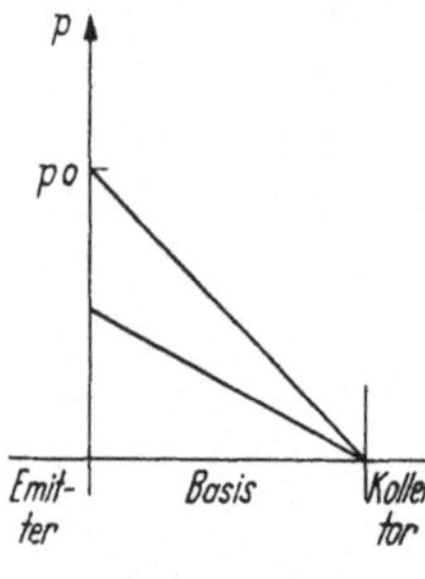

Abb. 52. Diffusionsdreieck: Dichte der Minderheitsträger (Löcher) in der Basis für zwei verschiedene Werte des Emitterstromes.

$$Q = e p_0 F w/2 = I \frac{w^2}{2\mu U_T} \tag{23}$$

***pnp*- und *npn*-Transistoren.** Das Element von Abb. 48 wird *pnp*-Transistor genannt. Umgekehrt könnte auch die Basis aus *p*-Halbleiter, Emitter und Kollektor aus *n*-Halbleiter gefertigt werden. Im so entstehenden *npn*-Transistor haben alle Ströme und Spannungen umgekehrtes Vorzeichen, doch ändert sich im übrigen an den Eigenschaften nichts Wesentliches. Immerhin ist die Grenzfrequenz der *npn*-Transistoren höher, da die Diffusionskonstante der Elektronen (Gl. 19) etwa doppelt so groß wie die der Löcher ist. Abb. 53 zeigt die Symbole, die für die beiden Arten von Transistoren verwendet werden.

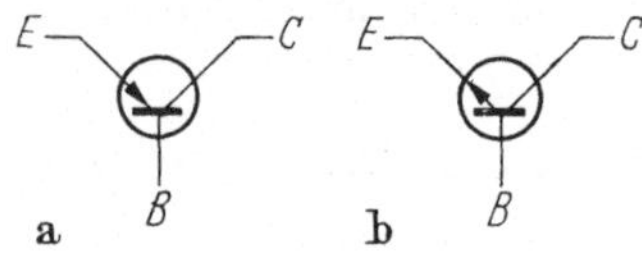

Abb. 53. Symbole für Transistoren: a) *pnp*, b) *npn*.

5.2 Bauformen und Ausführungsarten

Die in Abb. 50b gezeigte Folge Emitter-Basis-Kollektor kann konstruktiv auf verschiedene Arten verwirklicht werden, von denen die vier hauptsächlichen *Plättchenform*, *Stabform*, *Mesaform* und *Planarform* genannt werden, s. Abb. 54. In der Abbildung sind einige typische Größenmaßstäbe eingezeichnet. Bevor auf diese Bauformen näher eingetreten wird, muß jedoch der Begriff des *Dotierungsprofils* eingeführt werden. Das Dotierungsprofil eines Transistors ist zwar eine Eigenschaft, die an sich unabhängig von der Bauform ist, doch ist sein Verlauf so stark von der Herstellungsart abhängig, daß Bauform und Dotierungsprofil doch in einer gewissen Beziehung zueinander stehen.

Das Dotierungsprofil. Emitter, Basis und Kollektor sind verschieden dotiert. Die folgenden Erläuterungen beziehen sich auf einen *pnp*-Tran-

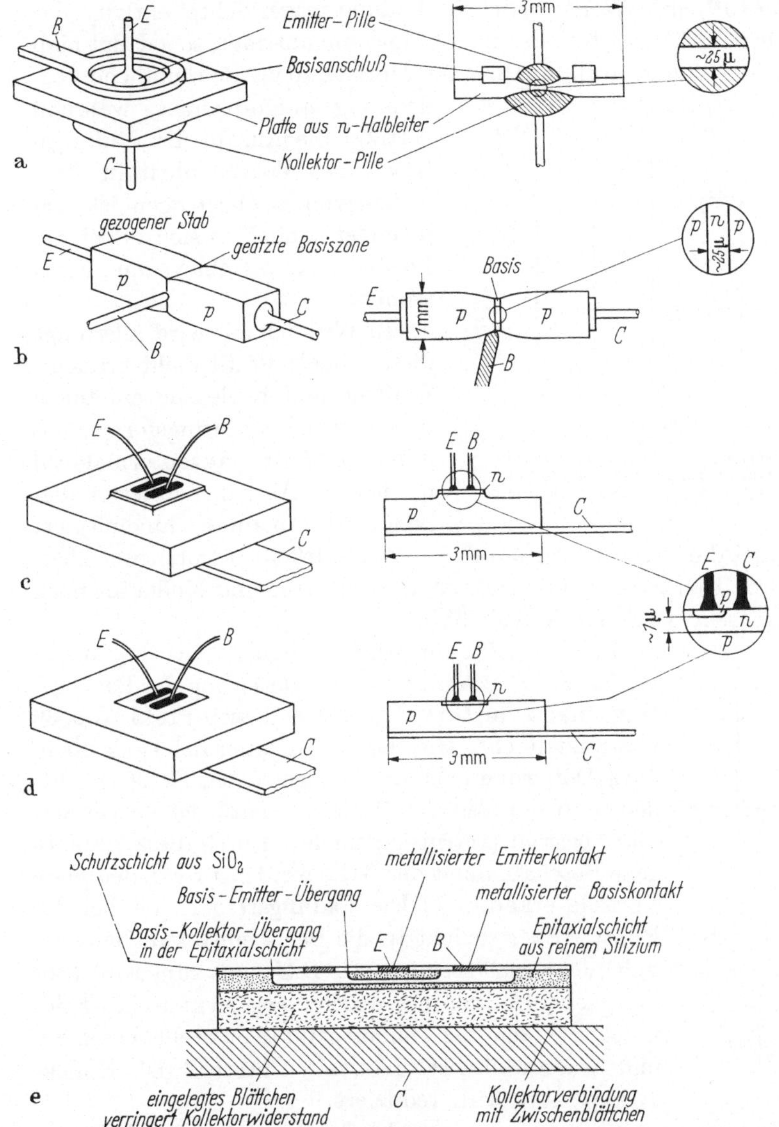

Abb. 54. Die vier hauptsächlichen Transistor-Bauformen: a) Plättchenform, b) Stabform, c) Mesaform, d) Planarform, e) epitaxiale Ausführung eines Mesatransistors. *E* Emitteranschluß, *B* Basisanschluß, *C* Kollektoranschluß.

sistor. Während das *n*-Germanium der Basis relativ schwach dotiert ist und z. B. $200 n_i$ freie Elektronen aufweist, ist die Dichte der freien Ladungsträger in Emitter und Kollektor infolge höherer Dotierung viel größer, z. B. $10^4 n_i$. Unter n_i verstehen wir die Anzahl der freien Elektronen-Löcher-Paare in natürlichem Germanium bei Zimmertemperatur; $n_i = 2{,}5 \cdot 10^{13}/\mathrm{cm}^3$. Wenn man die Ladungsträgerdichte entlang der Mittelachse des Transistors in einem Diagramm aufträgt, so gelangt man zu einem Dotierungsprofil, s. Abb. 55a. Horizontal ist die räumliche Ausdehnung aufgezeichnet, während vertikal die Anzahl der Ladungsträger pro Volumeinheit in Vielfachen von n_i abgetragen ist. Im p-Gebiet handelt es sich dabei um Löcher, im n-Gebiet um Elektronen.

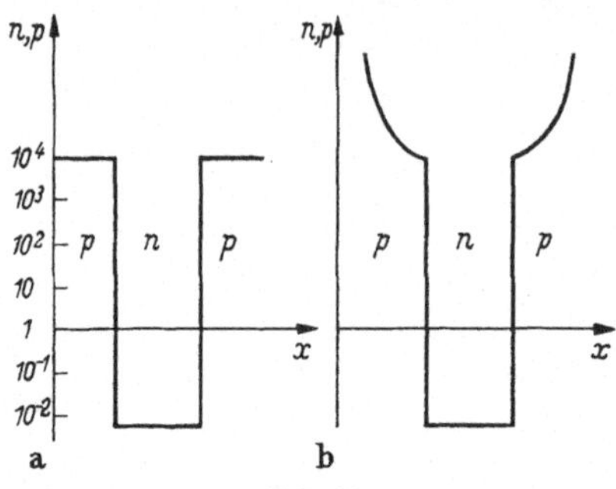

Abb. 55. Dotierungsprofile. Horizontal: räumliche Ausdehnung; vertikal: Ladungsträgerdichte in Vielfachen von n_i. Im p-Gebiet handelt es sich um Löcher, im n-Gebiet um Elektronen.

In Wirklichkeit wird allerdings dieses ideale Profil nicht erreicht. Emitter und Kollektor entstehen in gewissen Ausführungsformen dadurch, daß das Akzeptormaterial in das als Ausgangsmaterial dienende n-Germanium hineinlegiert wird, wobei die n-Dotierung durch die viel stärkere p-Dotierung überdeckt wird. Daher steigt die Dotierung in Emitter und Kollektor nach außen hin sehr stark an, s. Abb. 55b.

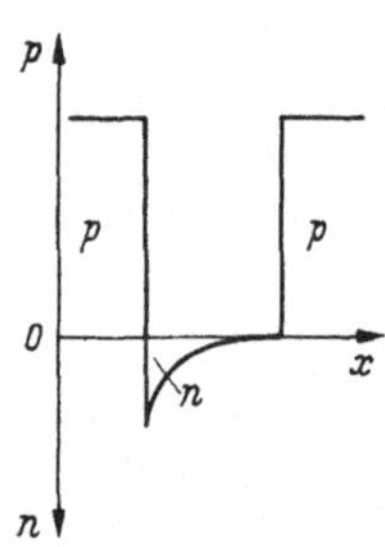

Abb. 56. Dotierungsprofil eines Drift-Transistors. Links Emitter, rechts Kollektor. Die Basiszone mit der Dotierung 0 heißt Intrinsic-Schicht.

Beide Profile in Abb. 55 haben eine homogene Basiszone. Durch inhomogene Dotierung der Basis gelangt man zum *Drift-Transistor*, dessen Profil Abb. 56 veranschaulicht. Hier ist die p-Dotierung nach oben, die n-Dotierung nach unten abgetragen. Es ist ersichtlich, daß ein Teil der Basis aus natürlichem Germanium besteht (Intrinsic-Schicht). Durch diese inhomogene Beschaffenheit der Basis werden zwei bedeutende Vorteile erkauft: 1. Die Ladungsträger, die bei der Emitter-Sperrschicht in die Basis eintreten, bewegen sich nicht nur vermöge der Diffusion zum Kollektor hin, sondern werden durch das elektrische Feld, welches infolge der Inhomogenität entsteht, beschleunigt, was zu kürzeren Laufzeiten führt. 2. Die Kollektorkapazität wird reduziert.

Das Dotierungsprofil hat einen maßgebenden Einfluß auf viele Eigenschaften des Transistors. Die wichtigsten Zusammenhänge sind [*49*]:

1. Die Stromverstärkung α (s. S. 45) ist hoch, wenn:

a) der Emitterwirkungsgrad (s. S. 45) hoch ist;

b) die Basis schmal ist;

c) der Basisraum ein beschleunigendes elektrisches Feld aufweist.

2. Der Basiswiderstand r_b (s. S. 59) ist klein, wenn die Basis hoch dotiert ist.

3. Die Kollektorkapazität C_c (s. S. 61) ist niedrig bei gradueller Kollektorsperrschicht.

4. Die Grenzfrequenz ω_g (s. S. 61) ist hoch, wenn:
a) die Basis schmal ist;
b) in der Basis ein beschleunigendes elektrisches Feld herrscht.

5. Die Durchgreifspannung (s. S. 65) ist hoch, wenn wenigstens ein Teil der Basis hoch dotiert ist.

6. Die Lawinendurchbruchspannung (s. S. 65) ist hoch, wenn die Basis niedrig dotiert ist.

7. Die Sättigungsspannung (s. S. 67) ist niedrig, wenn:
a) die Stromverstärkung α hoch ist;
b) die Stromverstärkung α_i (Emitter und Kollektor vertauscht) hoch ist;
c) die Emitter- und Kollektor-Serienwiderstände klein sind.

8. Der Kollektor-Ruhestrom I_{c0} (s. S. 54) ist niedrig, wenn die Basis hoch dotiert ist.

Die Plättchenform. Abb. 54a zeigt schematisch die Plättchenbauform. Ein solcher Transistor kann durch *Legieren* hergestellt werden. Nach diesem Verfahren wird das Material der Emitter- und der Kollektorpille in das n-dotierte Basismaterial hineinlegiert, so daß die n-Dotierung durch die p-Dotierung überdeckt wird. Emitter und Kollektor bestehen aus je einer dünnen Schicht beiderseits der Basiszone, s. Abb. 57a. Eine Abart der Plättchenform zeigt b). Man bezeichnet diese Anordnung als *mikrolegierten Transistor*. Hier wird vor dem Anbringen von Emitter und Kollektor durch chemisches Ätzen die Basisdicke genau kontrolliert. Dadurch werden dünnere Basisschichten möglich.

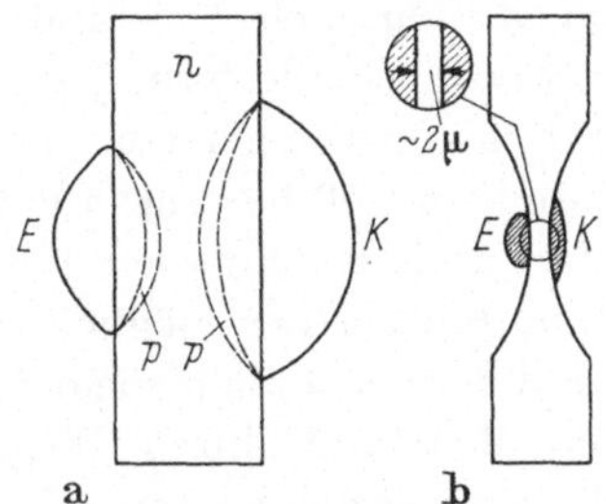

Abb. 57.
a) Abgrenzung zwischen Emitterpille und eigentlichem Emitter bzw. Kollektorpille und eigentlichem Kollektor, b) Schnitt durch einen mikrolegierten Transistor.

Zur Herstellung von Plättchenform-Transistoren mit inhomogen dotierter Basisschicht (Drift-Transistoren) existieren zwei prinzipiell verschiedene Verfahren. Üblicherweise wird zuerst die inhomogen dotierte Basisschicht diffundiert, und nachher werden die Elektroden legiert. Man kann aber auch zuerst den Emitter legieren und nachher geeignete Störstellen, die im Emitterpillenmaterial enthalten sein müssen, ins Basismaterial diffundieren lassen.

Die Stabform. Unter diese Bauform fallen die *gezogenen Transistoren* und die *Rückschmelztransistoren*. Beim gezogenen Transistor werden die Grenzflächen während des Kristallziehens erzeugt, indem in die hochohmige Schmelze, die die Kollektorschicht bildet, nacheinander Fremdatome verschiedener Art geworfen werden, wobei die am Schluß zugefügten Fremdatome zur Erzeugung des Emitters jene der Basisschicht überdotieren sollen. Mit diesem Verfahren, das die Herstellung sehr dünner Basisschichten erlaubt (2 — 3 μm), können auch Siliziumstrukturen erzeugt werden. Der Rückschmelztransistor entsteht durch teilweises Schmelzen eines Halbleiterstäbchens, das vorher auf genau definierte Art mit Donatoren und Akzeptoren dotiert und schnell gezogen wurde. Darauf folgt von der festflüssigen Grenzschicht aus ein Wiederverfestigungsvorgang, um die Störatome von neuem festzufrieren. Durch ein Schmelz-Abschreck-Verfahren werden die zwei Grenzschichten erzeugt (s. Abb. 54b).

Die Mesaform[1]. Sie stellt eine moderne Bauform für Hochfrequenz- und schnelle Schalttransistoren dar; Drift-Transistoren werden fast ausschließlich in dieser Art ausgeführt. Für die Herstellung weist diese Bauform den großen Vorteil auf, daß das Ausgangsmaterial nur von einer Seite her bearbeitet werden muß (diffundieren, legieren, ätzen). Zur Herstellung einer *pnp*-Schichtfolge geht man von einer Scheibe aus *p*-Material aus, die bei hoher Temperatur einer Antimonatmosphäre ausgesetzt wird, wodurch die Oberflächenschicht *n*-leitend wird. Nun wird auf die Scheibe nebeneinander Aluminium als Emitter und Gold als Basiskontakt aufgedampft. Durch Erhitzung von unten entsteht eine Legierung, und man erhält eine *p*-Zone unter der Emitterelektrode und einen ohmschen Anschluß für die Basis. Schließlich wird das Plättchen mit einer Goldlegierung auf eine bereits vorbereitete Grundplatte legiert. Durch Verwenden von genügend Legierungsmaterial wird die vom Diffusionsprozeß her vorhandene *n*-Schicht auf der Kollektorseite kompensiert und ein ohmscher Kontakt mit dem *p*-Kollektorgebiet hergestellt. Dadurch wird es möglich, außerordentlich dünne Basisschichten (1 μm, in äußersten Fällen sogar bis zu 0,25 μm) zu erreichen. Schließlich wird die Mesaform durch Wegätzen überschüssigen Materials hergestellt; dadurch verkleinert sich die kollektorseitige *p*-*n*-Übergangsfläche auf das erforderliche Maß (s. Abb. 54c).

Die Planarform. Diese Konstruktion ist eng verwandt mit der Mesa-Bauweise. Die Größenverhältnisse sind dieselben; der Hauptvorteil des Planartransistors liegt in einer einfacheren Herstellung. Der wichtigste Unterschied gegenüber dem Mesa-Transistor besteht darin, daß der nachträgliche Ätzvorgang wegfällt, so daß der Transistor nicht die Form eines Tafelberges, sondern eine ebene Form besitzt. Damit trotzdem der kollektorseitige *p*-*n*-Übergang die erforderlichen kleinen Abmessungen besitzt, müssen beim Diffusionsprozeß spezielle Abdeck- (Maskier-) Verfahren verwendet werden. Abb. 54d und e zeigt einen Planartransistor. Solche Transistoren sind die bevorzugten Bauelemente für digitale Schaltkreise größter Geschwindigkeit.

---

[1] Mesa = Tisch; Bezeichnung der Tafelberge in Spanien und Amerika.

Epitaxialtechnik. Ein wichtiges Anliegen für Hochfrequenztransistoren ist die Verkleinerung des Basiswiderstandes r_b (s. Abb. 65). Dieser Schritt ist durch ein Herstellungsverfahren mit dem Namen *Epitaxialtechnik* ermöglicht worden. Diese Technik eignet sich sowohl für Mesa- als auch für Planartransistoren. In den gewöhnlichen Mesa- und Planartransistoren (s. Abb. 45c und d) ist der Kollektorkristall lediglich aus Festigkeitsgründen relativ groß, während der aktive Teil des Transistors Abmessungen von nur einigen μm hat. Mit Hilfe des Epitaxialverfahrens[1] ist es gelungen, auf einen niederohmigen Trägerkristall eine hochohmige einkristalline Halbleiterschicht als Kollektor aufzudampfen, in die dann die Basis- und Emitterzone durch Diffusion hineingebaut wird. Die Vorteile der Epitaxialtransistoren sind:

niedriger Widerstand im Sättigungsgebiet,
Temperaturunabhängigkeit des Sättigungswiderstandes,
bessere Linearität der Kennlinien,
geringere Speicherzeit der Ladungsträger.

Germanium- und Siliziumtransistoren. Die meisten Transistoren verwenden Germanium als Ausgangsmaterial. Neuerdings wird jedoch in zunehmendem Maße auch Silizium verwendet. Siliziumtransistoren sind teurer in der Herstellung und erreichen etwas weniger hohe Grenzfrequenzen, haben jedoch einige bedeutende Vorteile, die sich wie folgt zusammenfassen lassen:

niedrigerer Kollektor-Ruhestrom, daher geringere Gefahr für das Auftreten thermischer Instabilität (s. S. 64),
höhere zulässige Betriebstemperaturen,
niedrigere Kniespannung (s. S. 67),
geringere Sperrträgheit,
höhere zulässige Kollektorspannung,
Betriebsfähigkeit auch bei sehr niedrigen Temperaturen.

Grenzfrequenz, Sperrträgheit und herstellungstechnische Gesichtspunkte bewirken, daß für die Verwendung im Schalterbetrieb die kürzesten erreichbaren Schaltzeiten mit Germanium- und mit Siliziumtransistoren ungefähr gleich sind.

Literatur: [*4, 49, 64, 65*].

5.3 Schaltkreise mit Transistoren

Der Transistor als Verstärker oder Schalter kann in drei verschiedenen Arten von Schaltkreisen verwendet werden, die als *Emitterschaltung*, *Basisschaltung* und *Kollektorschaltung* bezeichnet werden, s. Abb. 58.

---

[1] Unter epitaxialer Aufdampfung auf einen Kristall versteht man einen Prozeß, in welchem das aufgedampfte Material kristallin als direkte Fortsetzung des Kristallgefüges der Unterlage aufwächst.

„Emitterschaltung“ bedeutet, daß der Emitter sowohl dem Eingangs- als auch dem Ausgangsklemmenpaar zugehört; analog sind die zwei andern Ausdrücke zu erklären. Statt Kollektorschaltung sagt man gelegentlich „Emitterfolger“, in Anlehnung an den für Elektronenröhren verbreiteten Ausdruck „Kathodenfolger“. (Dagegen sollte die für Röhren gebräuchliche Wendung „Anodenbasisschaltung“ nicht auf Transistoren übertragen werden, da sonst das Wort „Basis“ in zwei verschiedenen Bedeutungen vorkäme.)

In mancher Hinsicht lassen sich Parallelen zwischen den drei Betriebsarten von Transistoren und Röhren ziehen. In bezug auf Eingangsimpedanz und Spannungsverstärkung ist die Emitterschaltung der Ka-

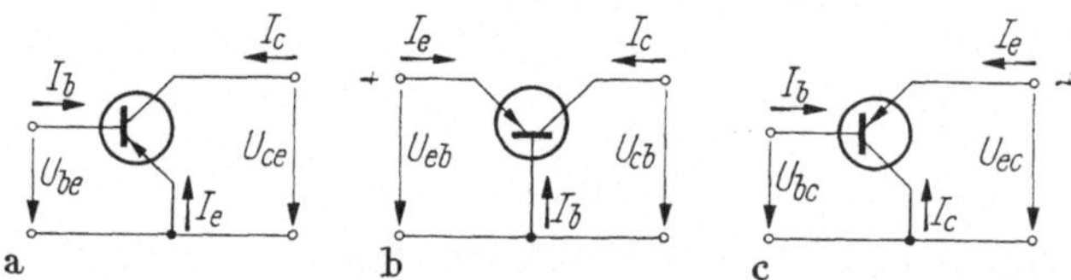

Abb. 58. a) Emitterschaltung, b) Basisschaltung, c) Kollektorschaltung. Links sind die Eingangsklemmen, rechts die Ausgangsklemmen. Mit der gezeichneten Festsetzung der Spannungs- und Strompfeile sind im normalen Betrieb U_{eb}, U_{bc}, U_{ec} und I_e positiv, die übrigen Größen negativ.

thodenbasisschaltung, die Basisschaltung der Gitterbasisschaltung und die Kollektorschaltung der Anodenbasisschaltung (Kathodenfolger) analog. Jedoch sind die Eigenschaften von Transistoren und Elektronenröhren so verschieden, daß es für den Entwerfer von Transistorenschaltungen eine Erschwerung ist, wenn er sich immer die analogen Röhrenschaltungen vorstellen und aufzeichnen will. Die zwei Hauptunterschiede zwischen Transistoren und Röhren sind, daß die steuernde Größe beim Transistor ein Strom, bei der Röhre eine Spannung ist, und daß im Transistor von der Ausgangs- zur Eingangsklemme eine ausgeprägte Rückwirkung besteht. Darüber hinaus sind jene Merkmale der Transistoren, die mit der Sättigung zu tun haben, völlig verschieden von den entsprechenden Eigenschaften der Röhren. Dazu kommen zwei Eigenschaften, zu denen bei den Röhren überhaupt nichts Analoges existiert: Das Vorhandensein von *pnp*- und von *npn*-Elementen sowie die Möglichkeit, Emitter und Kollektor zu vertauschen, ohne daß die Transistorenwirkung verlorengeht.

Abb. 58 zeigt die Festsetzungen, die für die Spannungs- und Strompfeile getroffen werden. Eine Spannung hat einen positiven Wert, wenn die Pfeilspitze nach dem Minuspol deutet; ein Strom hat einen positiven Wert, wenn der positive Strom in Pfeilrichtung (der Elektronenstrom also entgegen der Pfeilrichtung) fließt. Im normalen Betrieb sind U_{eb}, U_{bc}, U_{ec} und I_e positiv, alle übrigen Größen negativ. Alle Strompfeile deuten auf den Transistor hin; diese Festsetzung ändert sich beim Übergang zwischen den drei Schaltungsarten nicht, was die Überlegungen erleichtert.

Die Spannungen sind im allgemeinen mit doppelten Indizes bezeichnet; eine Umkehrung der Reihenfolge der Indizes ändert das Vorzeichen: $U_{bc} = -U_{cb}$. Bei Spannungen, die gegenüber Erde gemessen sind, werden wir gelegentlich nur einen einzelnen Index verwenden, wenn dadurch keine Unklarheit entsteht, z. B. U_c statt U_{cb}.

5.4 Die Transistoreigenschaften bei niederen Frequenzen

In diesem Abschnitt betrachten wir die Eigenschaften der Transistoren für Gleichstrom oder für Frequenzen, die so niedrig sind, daß Kapazitäten und Laufzeiten vernachlässigt werden können. Als Beispiel nehmen wir einen *pnp*-Transistor.

Die Kennzeichnung des Transistorverhaltens hinsichtlich der Spannungen und Ströme wäre relativ einfach, wenn die am Ausgang entstehenden Änderungen explizit als Funktion der Änderungen am Eingang aufgefaßt werden könnten, das heißt, wenn die eingangsseitigen Verhältnisse unabhängig von den ausgangsseitigen wären. Im Gegensatz zu den Elektronenröhren ist das jedoch bei Transistoren nicht der Fall; es bestehen Rückwirkungen, die nicht vernachlässigt werden dürfen und die die Analyse wesentlich erschweren. Man bedient sich dreier Mittel, um einen Transistor in seinem Verhalten darzustellen: 1. Die Kennlinienfelder; 2. eine algebraische Darstellung mittels Kenngrößen, die beispielsweise in der Vierpolmatrix zusammengefaßt werden; 3. Ersatzschaltbilder, die sich auf die Vierpoldarstellung beziehen oder ihr zugrunde liegen. Bevor wir auf diese Darstellungsarten eingehen, muß jedoch zuerst der wichtige Begriff der *Stromverstärkung* eingeführt werden.

Die Stromverstärkung. Wie auf S. 45 f. dargelegt wurde, diffundieren die Löcher, die durch den Emitter in die Basis eingegeben werden, fast vollzählig zum Kollektor. Daher ist das Verhältnis $-I_c/I_e$ nahezu gleich Eins. Praktisch findet man $-I_c/I_e = 0{,}95$ bis 0,99. Das trifft auch für kleine Änderungen zu, die wir in Form eines Differentialquotienten schreiben: $-\partial I_c/\partial I_e = 0{,}95$ bis 0,99. Unter der Voraussetzung, daß die Kollektorspannung konstant gehalten wird, definiert man:

$$\left.\frac{-\partial I_c}{\partial I_e}\right|_{\Delta U_{cb}=0} = \alpha$$

α ist die *Stromverstärkung* (genauer: Kurzschluß-Stromverstärkung). Der Name „Verstärkung" ist an sich widerspruchsvoll, da $\alpha < 1$; es handelt sich also um eine Abschwächung. Hingegen erhält man in der Emitterschaltung eine Verstärkung > 1, s. Abb. 58a. Wir bezeichnen mit

β den Quotienten $-I_c/(-I_b)$ oder auch $\partial I_c/\partial I_b$. Unter Verwendung der leicht ablesbaren Beziehung $I_e + I_c + I_b = 0$ erhält man

$$\beta = \frac{\alpha}{1 - \alpha}$$

Wenn α zwischen 0,95 und 0,99 liegt, so nimmt β die Werte 19 bis 99 an.

Kennlinienfelder. Abb. 51 zeigt das Kennlinienfeld eines Transistors in Basisschaltung für verschiedene Emitterströme. Die Kurven wurden durch Parallelverschiebung der Diodenkennlinie von Abb. 47 gewonnen. Der aktive Bereich, in dem normalerweise gearbeitet wird, liegt im 3. Quadranten des Koordinatensystems. Es hat sich eingebürgert, dieses

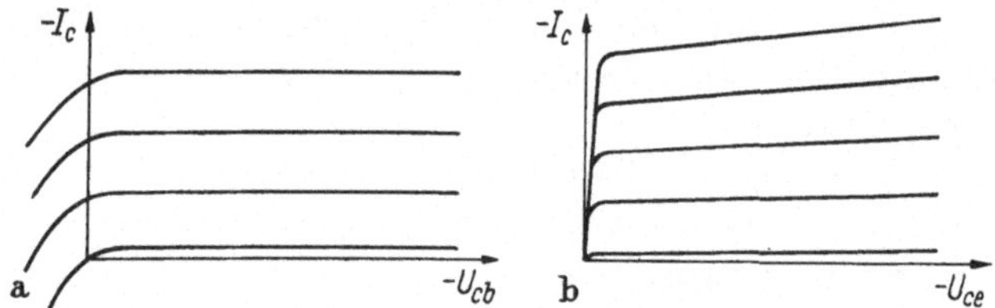

Abb. 59. Kennlinien eines *pnp*-Transistors. a) Basisschaltung (Parameter: I_e), b) Emitterschaltung (Parameter: $-I_b$).

Gebiet in den 1. Quadranten zu verlegen, indem man die Koordinatenachsen mit $-U_{ce}$ und $-I_c$ anschreibt. Abb. 59 zeigt das entstehende Kennlinienfeld. Wichtig ist der Kollektorstrom, der bei $I_e = 0$ fließt; er wird mit $-I_{co}$ bezeichnet und entspricht I_s in Gl. (22). $-I_{co}$ beträgt einige μA: in der Figur ist er stark übertrieben gezeichnet. Ebenfalls aus Gl. (22) geht hervor, daß die Kurven – außer in unmittelbarer Nähe der $-I_c$-Achse — nahezu horizontal sein müssen, jedenfalls ist die Abweichung von der Horizontalen zu klein, als daß sie in der Zeichnung sichtbar gemacht werden könnte. Ebensowenig können die verschiedenen vorkommenden Werte von α erkannt werden. Da sich verschiedene Transistortypen hauptsächlich durch α und I_{co} unterscheiden, kann man sagen, daß diese Kurven praktisch für alle konventionellen Transistoren dieselben sind und somit nicht zur Beschreibung eines Typs dienen können.

In der Emitterschaltung ergibt sich das Kennlinienfeld von Abb. 59b. Es ist wichtig, daß diese Kurvenschar nicht allein unter Verwendung von a) konstruiert werden kann; vielmehr sind dazu noch die Emitterkennlinien nötig. Diese Kurvenschar variiert erheblich zwischen den Transistortypen, und zwar hauptsächlich wegen des unterschiedlichen Wertes von β, der leicht abgelesen werden kann. Ebenso ist I'_{c0} bedeutend größer als I_{c0}; es gilt $I'_{c0} = I_{c0}/(1 - \alpha)$. I'_{c0} und I_{c0} bezeichnet man oft auch als *Kollektor-Ruhestrom*.

Außer den Größen β bzw. α gibt es noch andere Parameter, die beim Entwurf von Transistorschaltungen wichtig sind. Um sie zu charakterisieren, braucht man die Kurvenscharen, die die Beziehungen zwischen allen vier Größen (zwei Spannungen und zwei Strömen), die in einem Vierpol von Bedeutung sind, beschreiben. Die drei Schaltungen von Abb. 58 ergeben hierfür drei verschiedene Figuren. Da die Emitterschaltung am häufigsten vorkommt, wird nachfolgend der zu dieser Schaltung

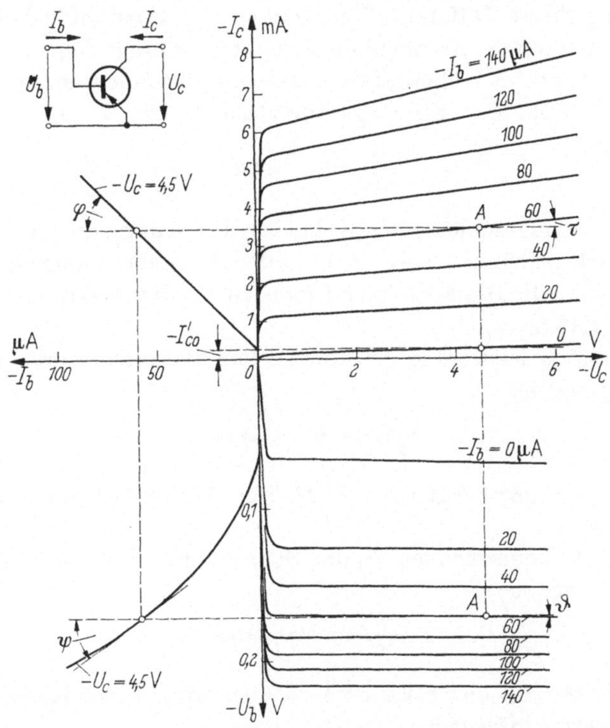

Abb. 60. Kennlinienfeld für den Transistor OC71 in Emitterschaltung.

gehörende Satz von Kennlinien besprochen. Abb. 60 zeigt eine besonders zweckmäßige Darstellung am Beispiel des Transistors OC71. Es ist dargestellt:

$$\left.\begin{array}{l} -I_c(-U_{ce}) \\ -U_{be}(-U_{ce}) \end{array}\right\} \text{ mit } -I_b \text{ als Parameter}$$

$$\left.\begin{array}{l} -I_c(-I_b) \\ -U_{be}(-I_b) \end{array}\right\} \text{ mit } -U_{ce} \text{ als Parameter}$$

Ein Arbeitspunkt A ist gewählt worden mit $-U_{ce} = 4{,}5$ V, $-I_c = 3{,}5$mA, $-I_b = 60\,\mu$A, $-U_{be} = 0{,}17$ V. Der rechte obere Teil entspricht Abb. 59b.

Das Verhalten für kleine Signale. Wenn der Transistor am Arbeitspunkt A (Abb. 60) betrieben wird und nur kleine Signale verarbeitet, so können die Kurven als geradlinig betrachtet werden, und das Verhalten wird durch die vier Winkel φ, ψ, τ, ϑ beschrieben.

$$\frac{\partial I_c}{\partial I_b} = \beta \sim \tan\varphi$$

β ist die bereits definierte *Stromverstärkung in Emitterschaltung.* Da bei der Bildung dieses Differentialquotienten U_{ce} konstant gehalten wird, handelt es sich um die Kurzschluß-Stromverstärkung; denn der Wechselstromwiderstand im Kollektorkreis ist zu 0 angenommen. In der Figur gilt etwa $\beta = 50$. Der Eingangswiderstand r_i ist:

$$\frac{\partial U_b}{\partial I_b} = r_i \sim \tan\psi$$

ebenfalls bei kurzgeschlossenem Kollektor. Die Kurve, an der ψ gemessen wird, ist stark gekrümmt; sie entspricht der Diodenkennlinie von Abb. 47, angewendet auf die Basis-Emitter-Diode. In der Figur ist für den Punkt A etwa $r_i = 1{,}1\,\mathrm{k}\Omega$.

Der Ausgangsleitwert g_0 bei konstantem Basisstrom (also bei „offenem“ Eingang) ist

$$\frac{\partial I_c}{\partial U_c} = g_0 \sim \tan\tau$$

$1/g_0$ ist in der Figur bei A etwa $9\,\mathrm{k}\Omega$. Der Wert von $1/g_0$ sinkt bei steigendem $-I_c$.

Schließlich kennzeichnet ϑ die Spannungsrückwirkung vom Ausgang zum Eingang:

$$\frac{\partial U_b}{\partial U_c} = s \sim \tan\vartheta$$

Dieser Wert beträgt hier etwa 10^{-4}, ist aber trotz seiner Kleinheit nicht immer zu vernachlässigen.

Restströme. Die Ströme, die bei kleiner Steuerspannung fließen, haben erhebliche Bedeutung. Um das zu illustrieren, denken wir uns einen Transistor in Emitterschaltung und zeichnen die drei Ströme über $-U_{be}$, also über der Spannung, die an der Basis-Emitter-Diode liegt, auf, s. Abb. 61. (Die Kurve für $-I_b$ entspricht der Kurve von Abb. 60 links unten.) Dabei beschränken wir uns auf kleine Werte der Basis-Emitter-Spannung. Wie man sieht, verschwindet der Basisstrom, noch ehe die Basisspannung zu Null wird. Dann fließt im Kollektor- (und

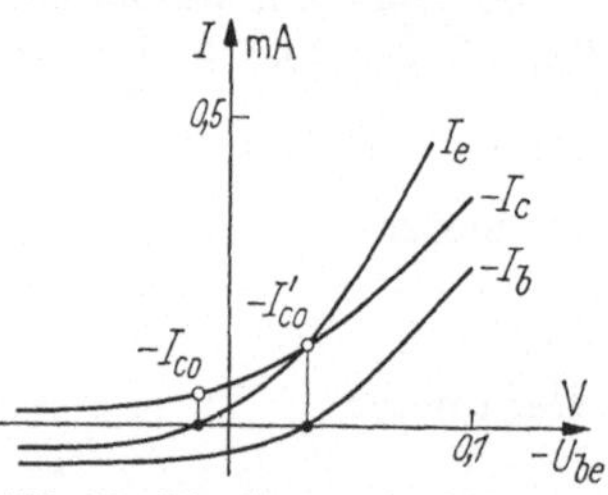

Abb. 61. Die Ströme in Abhängigkeit der Basis-Emitter-Spannung in einem Transistor in Emitterschaltung. Es gilt $I_e + I_b + I_c = 0$.

natürlich auch im Emitter-) Kreis der Kollektor-Ruhestrom $-I'_{c0}$. Macht man die Basis positiv gegenüber dem Emitter, so verschwindet schließlich der Emitterstrom, und es fließt im Kollektor der Strom I_{c0}. Eine weitere positive Vorspannung bewirkt schließlich, daß der Kollektorstrom einem Grenzwert zustrebt.

Wichtig ist in dieser Figur die Feststellung, daß der Transistor bei der Basisspannung Null noch nicht gesperrt ist, sondern daß es dazu einer schwach positiven Spannung bedarf. Die Kurve für $-I_c$ aus Abb. 61 ist in Abb. 70 wiederholt, zusammen mit ihrer Temperaturabhängigkeit.

Nichtlinearitäten. Die Kennlinien weichen teilweise stark von der geraden Form ab. Das bedeutet, daß β, r_i, g_0 und s Funktionen der Lage des Arbeitspunktes A sind. Für die Beschreibung der ausgeprägten Nichtlinearitäten muß man aber auf die Verwendung dieser vier Größen ganz verzichten und das Kennlinienfeld zu Hilfe nehmen, s. Abb. 60. Hervorstechend ist das „Knie" der Kurvenschar rechts oben. Es erinnert an die Kennlinien einer Pentode, doch erfolgt der Knick bei viel kleinerer Spannung. Das bedeutet, daß im Schalterbetrieb ein großer Strom bei kleiner Kollektorspannung (also auch kleiner Verlustleistung) entnommen werden kann. Die Kniespannung liegt bei einem Bruchteil von 1 V, und links vom Knie ist der Ausgangswiderstand sehr klein, z. B. 10 Ω.

Vierpolmatrix. Ein Transistor kann auch als Vierpol aufgefaßt und nach den Regeln der Vierpoltheorie behandelt werden. Abb. 62a zeigt einen allgemeinen Vierpol. Sein Verhalten wird durch die Beziehungen zwischen u_1, u_2, i_1, i_2 beschrieben. Die kleinen Buchstaben bedeuten, daß es sich um kleine Änderungen (oder auch Wechselstromgrößen) handelt. Je nachdem, welche Größen gegeben und welche gesucht sind, gibt es verschiedene Ansätze für die gesuchten Beziehungen. Bei Transistorschaltungen ist meistens i_1 und u_2 gegeben, u_1 und i_2 gesucht. Wir schreiben daher die lineare Form:

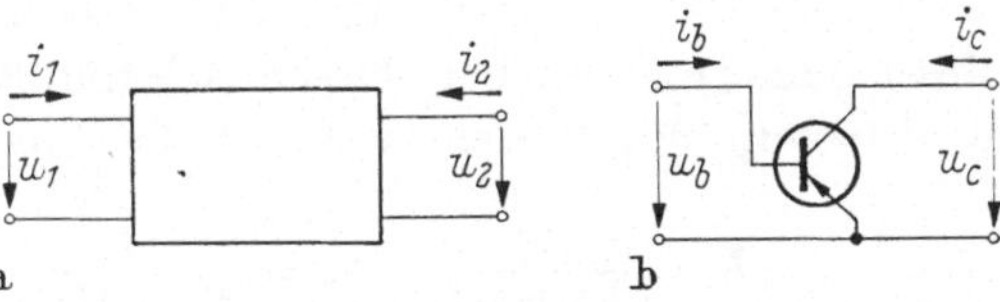

Abb. 62. a) Vierpol, b) Transistor in Emitterschaltung. Die kleinen Buchstaben kennzeichnen Wechselstromgrößen (bzw. kleine Änderungen).

$$u_1 = a_{11} i_1 + a_{12} u_2$$
$$i_2 = a_{21} i_1 + a_{22} u_2$$

oder in Matrizen-Schreibweise

$$\begin{pmatrix} u_1 \\ i_2 \end{pmatrix} = A \begin{pmatrix} i_1 \\ u_2 \end{pmatrix}$$

Angewendet auf den Transistor in Emitterschaltung (Abb. 62b) ergibt sich:

$$\begin{aligned} u_b &= h'_{11} i_b + h'_{12} u_c \\ i_c &= h'_{21} i_b + h'_{22} u_c \end{aligned} \quad \text{oder} \quad \begin{pmatrix} u_b \\ i_c \end{pmatrix} = H' \begin{pmatrix} i_b \\ u_c \end{pmatrix}$$

Die Größen der H'-Matrix für Emitterschaltung werden, zum Unterschied gegenüber jenen für Basisschaltung, mit einem Strich bezeichnet. Wir beschränken uns hier auf die Emitterschaltung. Die vier Matrixelemente entsprechen nun direkt den vier Differentialquotienten in Abb. 60, gemessen am jeweiligen Arbeitspunkt. Somit gilt:

Eingangswiderstand	$h'_{11} = \frac{u_b}{i_b}$	Rückwirkung	$h'_{12} = \frac{u_b}{u_c}$
Stromverstärkung	$h'_{12} = \frac{i_c}{i_b} = \beta$	Ausgangsleitwert	$h'_{22} = \frac{i_c}{u_c}$

An Stelle der Differentiale haben wir kleine Buchstaben gesetzt. h'_{11} und h'_{21} sind bei kurzgeschlossenem Ausgang gemessen ($u_c = 0$), h'_{12} und h'_{22} bei offenem Eingang ($i_b = 0$). Praktisch wird allerdings diese Bedingung nie erfüllt sein, da u_c und i_b immer gleichzeitig variieren; denn der Transistor wird durch einen Generator mit dem Innenwiderstand R_g gespeist sein und Leistung an eine Last R_L abgeben, s. Abb. 63. Die Verhältnisse zwischen den Strömen und Spannungen, die sich in dieser Schaltung ergeben, lassen sich durch die Elemente der H'-Matrix ausdrücken. Wir führen zunächst die Abkürzungen ein:

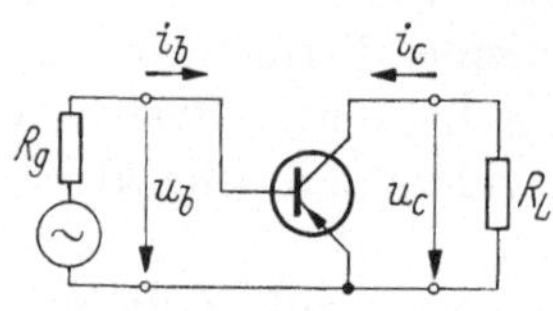

Abb. 63. Betriebsmäßige Schaltung eines Transistors.

$$K = \frac{h'_{12} h'_{21}}{h'_{11} h'_{22}}, \qquad L = \frac{R_L}{R_L + 1/h'_{22}}, \qquad G = \frac{h'_{11}}{h'_{11} + R_g}$$

und erhalten:

$$\begin{aligned} &\text{Betriebs-Stromverstärkung} & v_i &= \frac{i_b}{i_c} = h'_{21}(1 - L) \\ &\text{Betriebs-Eingangswiderstand} & r_i &= \frac{u_b}{i_b} = h'_{11}(1 - KL) \qquad (24) \\ &\text{Betriebs-Ausgangswiderstand} & r_0 &= \frac{u_c}{i_c} = \frac{1}{h'_{22}(1 - KG)} \end{aligned}$$

K, L und G sind dimensionslose Zahlen. Oft sind sie viel kleiner als 1 und können daher vernachlässigt werden; das bedeutet, daß dann die Betriebsgrößen direkt gleich den Elementen der H'-Matrix sind:

$$v_i \approx h'_{21}, \qquad r \approx h'_{11}, \qquad r_0 \approx 1/h'_{22} \qquad (25)$$

Literatur: [*14*, *17*, *63*].

5.5 Ersatzschaltbilder und ihre physikalische Begründung

Es gibt viele verschiedene Möglichkeiten der Erstellung von Ersatzschaltbildern eines Transistors. Die einen eignen sich besonders gut zur rechnerischen Erfassung und sind relativ einfach. In andern ist die Anzahl der vorkommenden Elemente etwas größer, doch entspricht jedes Element einem bestimmten physikalischen Vorgang im Transistor; dadurch läßt sich besser überblicken, wie sich die Konstruktionseigenschaften des Transistors auf das Ersatzschaltbild auswirken und — was besonders wichtig ist — wie eine Verschiebung des Arbeitspunktes die Elemente beeinflußt. — Wir werden uns nur mit Ersatzschaltbildern für die Emitterschaltung befassen.

Einfachste Ersatzschaltbilder. Abb. 64a zeigt ein Schaltbild, das direkt aus der H'-Matrix abgeleitet ist. Es enthält zwei Widerstände h'_{11} und $1/h'_{22}$, eine Spannungsquelle $h'_{12} \cdot u_c$ und eine Stromquelle $h'_{21} \cdot i_e$.

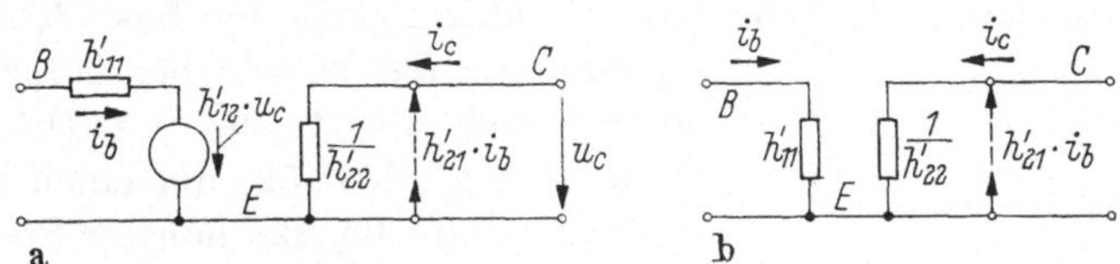

Abb. 64. Ersatzschaltungen, die aus der h'-Matrix hervorgehen. a) mit Rückwirkung, b) ohne Rückwirkung. B Basis, E Emitter, C Kollektor.

Oft kann man die Rückwirkung vernachlässigen ($h'_{12} = 0$); man gelangt dann zum einfachen Schema b), das für viele Zwecke hinreichend ist.

Verbessertes Ersatzschaltbild. Das Bild von Abb. 65 entfernt sich teilweise von der H'-Matrix. An Stelle der Spannungsquelle $h'_{12} \cdot u_c$ tritt ein Rückwirkungsleitwert g_c, was der physikalischen Realität besser entspricht. Außerdem wird die kollektorseitige Stromquelle nicht durch den Emitterstrom, sondern durch den inneren Steuerleitwert g_D gesteuert, über welchen ein Spannungsabfall U_{bi} entsteht, der die Stromquelle mit der „Steilheit" S steuert. Somit tritt die Stromverstärkung β nicht mehr direkt in Erscheinung; es gilt $\beta = S/g_D$. Das Bild enthält vier Widerstände, die nachfolgend begründet werden.

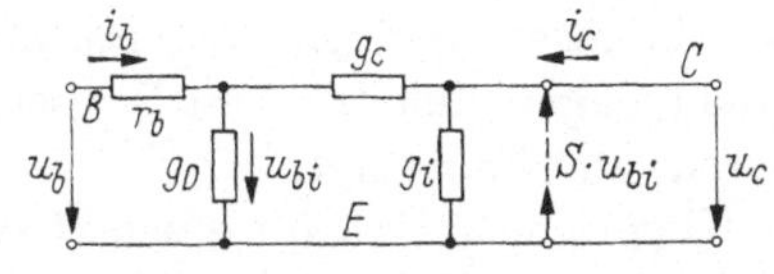

Abb. 65. Physikalisch begründete Ersatzschaltung.

Der *Basiswiderstand* r_b ist gleich h'_{11} und entspricht dem Widerstand, den der Strom im Basismaterial zwischen dem Basisanschluß und den Sperrschichten vorfindet. Er ist unabhängig vom Arbeitspunkt und beträgt z. B. 100 Ω.

Der *Steuerleitwert* g_D ist durch die Spannung an der Emittersperrschicht u_{bi} und den Basisstrom i_b bestimmt. Emitter und Basis verkörpern zusammen eine Diode; nach Gl. (21) besteht zwischen u_{bi} und dem Emitterstrom I_e die Beziehung $I_e = I_s(\exp u_{bi}/U_T - 1)$. (Temperaturspannung $U_T = 26$ mV.) Falls $u_{bi} \gg U_T$, kann man den Summanden -1 weglassen und schreiben: $I_e = I_s \exp u_{bi}/U_T$. Der differentielle Leitwert dieser Diode g_E entsteht durch Differenzieren; er ist gleich i_e/u_{bi} (kleine Buchstaben = Differentiale). Durch Differenzieren der Gleichung erhält man für diesen Leitwert $g_E = i_e/u_{bi} = I_e/U_T$. Da außerdem $I_e = I_b/(1 - \alpha)$, erhalten wir für g_D:

$$g_D = I_b/U_T(1 - \alpha) \tag{26}$$

Der Eingangswiderstand des Transistors ist die Summe von r_b und $1/g_D$, und der Spannungsabfall an g_D bestimmt den Strom der kollektorseitigen Stromquelle, die die „Steilheit" S besitzt.

Der *Rückwirkungsleitwert* g_C kommt dadurch zustande, daß sich die Basis-Kollektor-Sperrschicht in Abhängigkeit der Basis-Kollektor-Spannung etwas verschiebt; dadurch verändert sich die Größe des Diffusionsdreiecks (vgl. Abb. 52) um einen kleinen Betrag, s. Abb. 66. Bei höherer Spannung wird das Diffusionsdreieck schmaler, daher steigt I_c an. Diese Zunahme setzt sich aus zwei Anteilen zusammen. Ein erster Anteil rührt vom höheren Diffusionsgefälle her; um diesen Betrag steigt auch der Emitterstrom, wodurch der *Innenwiderstand* $1/g_i$ zustande kommt. Der zweite Anteil rührt davon her, daß im verkleinerten Dreieck auch die Rekombination geringer ist. Dadurch erhöht sich die Stromverstärkung, was (bei gleichbleibendem Basisstrom) höheren Kollektor- und Emitterstrom zur Folge hat.

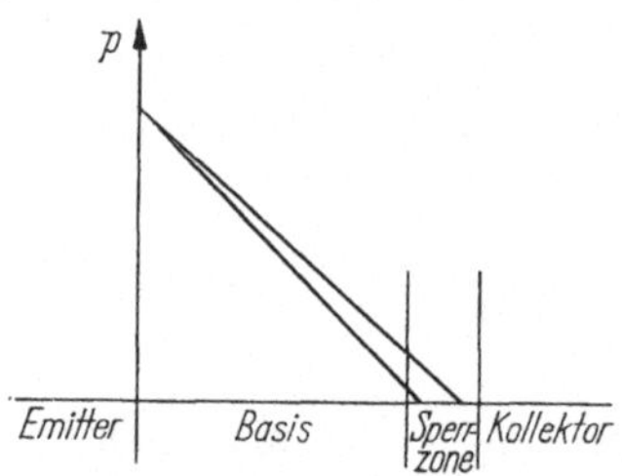

Abb. 66. Verringerung der Breite des Diffusionsdreiecks bei steigender Kollektorspannung.

Typische Werte für einen Hochfrequenztransistor sind: $r_b = 100\ \Omega$, $1/g_D = 2000\ \Omega$, $1/g_C = 7\ \text{M}\Omega$, $1/g_i = 200\ \text{k}\Omega$, $S = 20$ mA/V.

Ersatzschema für Wechselstrom. Das Ersatzschema von Abb. 65 ist nur für niedere Frequenzen gültig. Für höhere Frequenzen müssen noch vier Kapazitäten hinzugenommen werden, s. Abb. 67, welche folgende Bedeutung haben:

Die *Diffusionskapazität* C_D beruht auf dem Vorhandensein des Diffusionsdreiecks, s. S. 46. Bei jeder Änderung des Emitterstromes (also auch bei jeder Änderung der inneren Basisspannung u_{bi}) ändert sich die Fläche des Dreiecks, das heißt, es müssen Ladungen zu- oder weggeführt werden. Gl. (23) gibt die Gesamtladung Q; die Kapazität ist gleich der

Ladungsänderung pro gegebene Spannungsänderung, also $C_D = dQ/du_{bi}$. Die Bildung dieses Differentialquotienten ergibt:

$$C_D = \frac{g_D \beta w^2}{2\mu U_T} \tag{27}$$

Da g_D nach Gl. (22) vom Emitterstrom abhängt, gilt dasselbe auch von C_D. Außerdem hat die Basisbreite w einen starken Einfluß auf C_D.

Die *Rückwirkungskapazität* C_C ist die Kapazität der Basis-Kollektor-Sperrschicht. Ihr Zustandekommen ist nicht auf die gleichen Vorgänge zurückzuführen wie bei C_D; denn die Kollektor-Sperrschicht ist, im Gegensatz zur Emitter-Sperrschicht, in Sperrichtung vorgespannt. Basis und Kollektor haben unterschiedliche Potentiale und bilden zusammen einen Kondensator der Kapazität $C_C = \varepsilon \cdot F/w_s$ (ε = Dielektrizitätskonstante, F = Fläche, w_s = Dicke der Sperrschicht.) Nun ist die Dicke der Sperrschicht abhängig von der angelegten Spannung: $w_s \sim \sqrt{U_s}$. Unter U_s kann man die Kollektor-Betriebsspannung verstehen. Somit gilt:

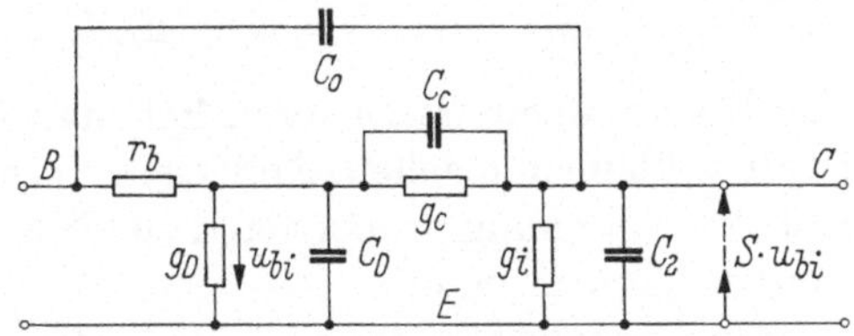

Abb. 67. Ergänzung der Ersatzschaltung von Abb. 65 durch Kapazitäten.

$$C_C = \text{const}\, U_s^{-1/2} \tag{28}$$

Ein weiterer Anteil zur Rückwirkungskapazität entsteht dadurch, daß nach Abb. 66 das Diffusionsdreieck bei steigender Kollektorspannung seine Breite verringert. Die dadurch entstehende Ladungsänderung gibt einen Beitrag zu C_C. Dieser Anteil hängt von der Fläche des Dreiecks, also vom Emitter*strom* ab. Somit hat C_C einen spannungs- und einen stromabhängigen Anteil.

Die Kapazität C_2 ist durch Aufbau und Verdrahtung bestimmt; im Transistor selbst existiert keine Kapazität zwischen Kollektor und Emitter, da die Basis als feldfreier Raum anzusehen ist. Dasselbe gilt für C_0.

Typische Werte für einen Hochfrequenztransistor sind: $C_D = 800$ pF, $C_C = 10$ pF.

Grenzfrequenzen. In Abb. 67 entsteht u_{bi} — also die Spannung, die für die Steuerung der kollektorseitigen Stromquelle $S \cdot u_{bi}$ verantwortlich ist — über der Kombination g_D, C_D, indem der steuernde Strom dort einen Spannungsabfall hervorruft. Da diese Kombination frequenzabhängig ist, entsteht auch für die resultierende Stromverstärkung β eine Frequenzabhängigkeit nach folgendem Gesetz:

$$\beta = \frac{\beta_0}{1 + j\dfrac{\omega}{\omega'_\alpha}} \tag{29}$$

Dabei ist β_0 der Wert von β für Gleichstrom, ω die Betriebs- (Kreis-) Frequenz und ω_g' die Grenz- (Kreis-) Frequenz. β wird also komplex, und es ist $\omega_g' = g_D/C_D$. Dieser Wert wird oft β-Grenzfrequenz genannt. Hier sei erwähnt, daß die Grenzfrequenz ω_g, die der gleiche Transistor in Basisschaltung aufweist, um den Faktor β_0 größer ist. Somit besteht zwischen den beiden Betriebsarten ein bedeutender Unterschied: $\omega_g = \beta_0 \cdot \omega_g'$.

Aus $\omega_g' = g_D/C_D$ und Gl. (27) findet man leicht $\omega_g' = 2\,\mu U_T/\beta\, w^2$ oder, noch einfacher:

$$\omega_g = 2\mu\, U_T/w^2 \; * \tag{30}$$

Für Hochfrequenztransistoren hat man daher ein Interesse, die Basisbreite w klein zu machen. Anderseits verhält sich aber auch die zulässige Kollektorspannung proportional zu w^2, so daß w nicht beliebig reduziert werden kann (s. S. 65).

Es ist nützlich, noch die Ladung der in der Basis gespeicherten Minderheitsträger zu kennen. Diese ist annähernd gleich der Ladung von C_D, also $Q \approx u_{bi}\, C_D$. Anderseits ist $u_{bi} = I_b/g_D = I_c/\beta\, g_D$. Somit ergibt sich $Q = I_b/\omega_g' = I_c/\omega_g$*. Dies deckt sich mit Gl. (23) (S. 46), die ja als Ausgangspunkt für die Berechnung von C_D diente.

Diese Grenzfrequenz gilt unter der Voraussetzung, daß die Basis mit einem konstanten Strom (also mit einer Quelle hoher Impedanz) gespeist ist, indem dann r_b keine Wirkung hat. Für den Betrieb mit einer Spannungsquelle muß r_b noch in Berücksichtigung gezogen werden, und man erhält eine neue Grenzfrequenz ω_{gs}'. Es gilt unter der Annahme, r_b sei klein gegen $1/g_D$: $\omega_{gs}' = 1/r_b\, C_D$. Die Grenzfrequenzen ω_g (in Basisschaltung) für Hochfrequenztransistoren gehen bis 100 MHz, für epitaxiale Planartransistoren sogar bis etwa 4 GHz, und es ist zu erwarten, daß diese Schranke noch weiter hinausgeschoben wird.

Genauere Messungen zeigen allerdings, daß die Frequenzabhängigkeit eines Transistors durch Gl. (29) nicht exakt wiedergegeben wird. Die Abhängigkeit, die die Stromverstärkung mit ω verbindet, rührt nämlich nicht nur von g_D und C_D her, sondern außerdem noch von Effekten, die mit der Diffusionslänge der Träger in der Basis zusammenhängen. Eine gute Näherung an das Experiment entsteht, wenn man Gl. (29) beibehält, für ω_g jedoch folgenden Ausdruck einsetzt [*17*]:

$$\omega_g' = \frac{1{,}22\, g_D}{C_D} \tag{31}$$

Praktische Ersatzbilder. Das vollständige Bild von Abb. 67 ist viel zu kompliziert, als daß in einem gegebenen Schaltkreis alle seine Elemente berücksichtigt werden könnten. Vielmehr muß man sich von

---

* Diese Beziehungen gelten nicht für Drifttransistoren, da in ihnen der lineare Verlauf der Ladungsträgerdichte entlang der Basisbreite nicht erfüllt ist.

Fall zu Fall überlegen, welche Teile vernachlässigbar sind. Oft ist es zulässig, sehr einfache Ersatzschaltbilder zu verwenden. C_0 und C_2 kann man weglassen, wenn die Schaltkreise geringe Kapazität haben; g_C ist nicht erforderlich, sofern die Rückwirkung außer acht gelassen werden

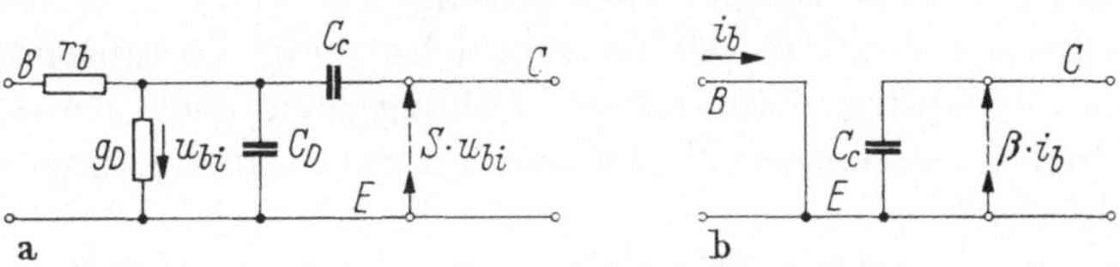

Abb. 68.
Zwei vereinfachte Ersatzschaltbilder. In b) hat β die Frequenzabhängigkeit von Gl. (29).

darf. Falls außerdem der Transistor an eine niederohmige Last angeschlossen ist, so braucht auch g_i nicht berücksichtigt zu werden. Damit kommt man zum Ersatzbild von Abb. 68a. Noch einfacher ist Abb. 68b, wo der Eingang als Kurzschluß betrachtet ist. β ist hier mit der Frequenzabhängigkeit von Gl. (29) zu versehen. Dieses einfache Ersatzschaltbild enthält nur noch zwei Größen, C_c und β, die beide einen frequenzabhängigen Einfluß haben, und genügt für viele Hochfrequenzbetrachtungen. Die Frequenzabhängigkeit von β wird durch die β-Grenzfrequenz f'_g charakterisiert gemäß Gl. (29) ($f'_g = \omega'_g/2\pi$). Sowohl C_c als auch f'_g hängen vom Arbeitspunkt ab. Abb. 69 zeigt diese Abhängigkeiten, eingetragen in ein $U_c - I_c$-Feld. Es ist ersichtlich, daß bei einem gegebenen Transistor hohe Kollektorspannungen und niedere Kollektorströme ein gutes Hochfrequenzverhalten ergeben.

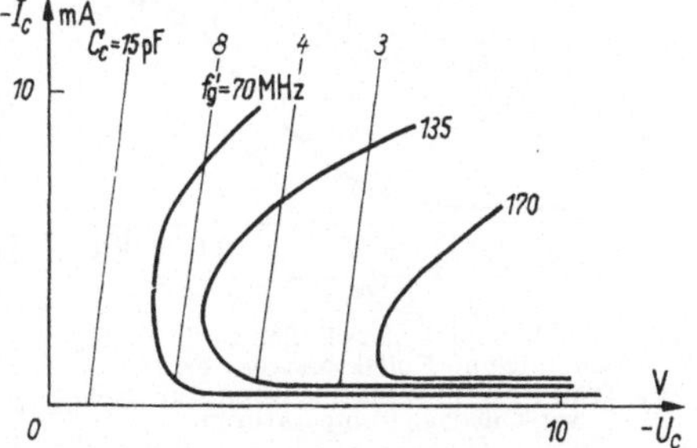

Abb. 69. Kurven konstanter β-Grenzfrequenz f'_g und konstanter Kollektorkapazität C_c für einen *pnp*-Hochfrequenztransistor in Emitterschaltung. Dieses Diagramm zeigt, wie die Größen des Ersatzschaltbildes von Abb. 68b vom Arbeitspunkt abhängen.

Literatur: [*10*, *14*].

5.6 Temperaturverhalten

In Halbleiterelementen ist die Zahl und die Verteilung der am Leitungsmechanismus beteiligten Ladungsträger von der Temperatur des Kristalls abhängig. Somit sind die maßgebenden Parameter eines Transistors Funktionen seiner Temperatur. Diese wiederum hängt von zwei Gegebenheiten ab, nämlich der Verlustleistung und der Umgebungstemperatur.

Am wichtigsten ist die Temperaturabhängigkeit des Kollektor-Ruhestromes I_{c0} bzw. I'_{c0}. Wenn diese Werte angegeben werden, so muß dazu immer auch gesagt werden, für welche Temperatur sie gelten. Die theoretische Analyse ergibt, daß sich in einem Germaniumtransistor der Ruhestrom für eine Temperaturerhöhung von etwa 8 °C verdoppeln muß; im Bereich von 0 °C—80 °C ergibt sich also eine Vertausendfachung. In einem Siliziumtransistor ist die Abhängigkeit noch etwas stärker, doch ist hier I_{c0} wesentlich kleiner und hat daher einen geringeren praktischen Einfluß.

Eine weitere, wichtige Temperaturabhängigkeit besteht im Verhalten der Basis-Emitter-Spannung. Abb. 70 zeigt eine Kurve, die bereits in Abb. 61 vorkommt, hier jedoch in logarithmischem Maßstab aufgezeichnet ist. Es ist ersichtlich, daß bei vorgegebenem Kollektorstrom die Basis-Emitter-Spannung sehr stark temperaturabhängig ist. Diese Beziehungen müssen berücksichtigt werden, wenn man mit einem Transistor im Sperrgebiet arbeitet.

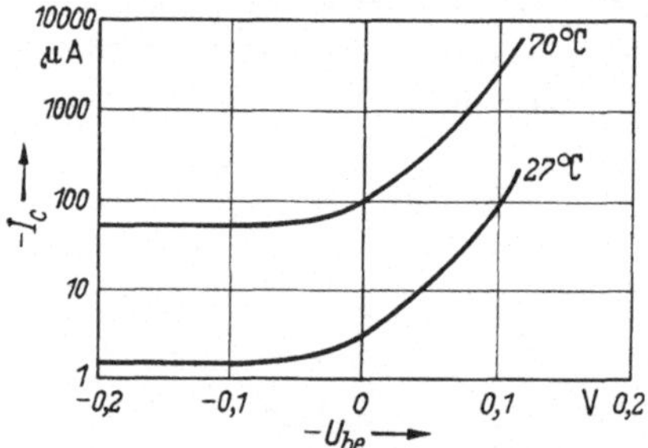

Abb. 70. Abhängigkeit zwischen Basis-Emitter-Spannung und Kollektorstrom bei einem *pnp*-Transistor in Basisschaltung für zwei verschiedene Temperaturen.

Von großer Bedeutung ist die Erscheinung der *thermischen Instabilität*. Der Kollektorstrom ist, wie gezeigt wurde, temperaturabhängig. Somit bewirkt eine kleine, zufällige Erhöhung der Temperatur im Transistor eine Vergrößerung des Kollektorstromes, diese ihrerseits eine weitere Steigerung der Temperatur. Wenn diese Steigerung größer als die ursprüngliche Störung ist, so wird sich die Temperatur von selbst schnell erhöhen, bis eine Zerstörung des Transistors eintritt. Eine Schaltung muß immer so dimensioniert sein, daß dieser Fall nicht eintreten kann [*63*].

5.7 Grenzwerte

Außer den Kennlinienfeldern bzw. Vierpol-Parametern sind zur Beschreibung eines Transistors noch die *Grenzdaten* nötig, die nicht überschritten werden dürfen, ohne den Transistor zu beschädigen. Die wichtigsten dieser Angaben sind die *höchstzulässige Temperatur* und die *höchstzulässige Kollektorspannung*.

Die Temperatur T_i des Transistors hängt, wie auf S. 63 erwähnt wurde, von der Umgebungstemperatur T_a und der Verlustleistung N ab. Es gilt folgende Beziehung:

$$N K = T_i - T_a \tag{32}$$

K ist der *Wärmewiderstand.* Die Verlustleistung N (die praktisch identisch ist mit der Kollektor-Verlustleistung) darf einen Maximalwert nicht überschreiten, wenn die Temperatur des Transistors innerhalb einer vorgegebenen Grenze bleiben soll. Die zulässige Verlustleistung ist aber nicht nur eine Eigenschaft des Transistors selbst; sie hängt von der Umgebungstemperatur ab, ebenso vom Wert für K, der durch die Art des Einbaus maßgebend beeinflußt wird. Für einen Transistor kann man also im allgemeinen nicht eine maximale Verlustleistung, sondern nur eine maximal zulässige Temperatur angeben, die für Germanium-Transistoren 75 °C beträgt, während für Silizium-Transistoren oft 200 °C oder sogar noch mehr zulässig sind. — Diese Betrachtungen gelten für den, stationären Zustand. Die Fähigkeit, kurzzeitig Überlastungen zu ertragen hängt von den Wärmeleitungsvorgängen und Wärmekapazitäten ab [*4*, *17*]. — Als Richtwert für die Verlustleistung von Transistoren, die nicht für hohe Leistungen gebaut sind, kann 50 mW angenommen werden.

Die *Kollektorspannung* ist durch die in der Sperrschicht entstehende Feldstärke begrenzt. Wird diese zu groß, so entstehen Elektronen-Loch-Paare durch Stoßionisation (Lawineneffekt). Hohe Feldstärken können auch eine andere Erscheinung, nämlich die innere Feldemission (Zener-Effekt) hervorrufen. Vom Zener-Effekt wird in Dioden oft Gebrauch gemacht, und der Lawineneffekt kommt gelegentlich in Transistoren zur Anwendung. Für den normalen Betrieb eines Transistors setzt jedoch die Feldstärke der Kollektorspannung eine fundamentale Schranke. — Noch ein dritter Effekt, der *Durchgreifeffekt* (punch-through), begrenzt die Kollektorspannung. Er tritt auf, wenn sich die von der Kollektorgrenzschicht aus in die Basis ausdehnende Raumladung mindestens an einer Stelle bis zur Emittergrenzschicht erstreckt. Die Spannung, bei der der Durchgreifeffekt auftritt, ist proportional zum Quadrat der Basisbreite. — Je nach dem Transistortyp tritt der eine oder der andere dieser Effekte zuerst auf. Die zulässige Kollektorspannung schwankt für die verschiedenen Transistoren in weiten Grenzen; sie liegt etwa zwischen 6 und 60 V. Ein häufiger Wert ist 15 V für Hochfrequenz-, 40 V für Niederfrequenztransistoren. Die praktisch verwendeten Betriebsspannungen betragen aber in den allermeisten Fällen 20 V oder weniger.

Literatur: [*4*, *49*].

5.8 Das Verhalten bei großen Signalen

Der geringe Kollektor-Ruhestrom und der geringe Kollektor-Spannungsabfall im gesättigten Zustand machen den Transistor zu einem vielfältig verwendbaren *Schalter.* Darunter verstehen wir ein Element, in welchem nur die beiden Zustände „Ein" und „Aus" von Bedeutung sind, während Zwischenstellungen nicht — oder doch nur während des Überganges — eingenommen werden. Diese Betriebsart ist in der Impulstechnik sehr häufig.

Für Gleichstrom oder niedere Frequenzen kann das Schaltverhalten aus den Kennlinien (S. 54ff.) abgelesen werden. Hingegen erfordert die Einführung von kurzen Anstiegszeiten eine besondere Analyse; denn die frequenzabhängigen Glieder des Ersatzschemas von Abb. 67 gelten nur für kleine Signale. Für große Signale, die den ganzen Arbeitsbereich durchlaufen, variieren die Kapazitäten so stark, daß eine andere Betrachtungsweise hinzugezogen werden muß.

Abb. 71a zeigt das $U_c - I_c$-Kennlinienfeld eines Transistors in Emitterschaltung, der mit einer Ohmschen Last vom Widerstand R

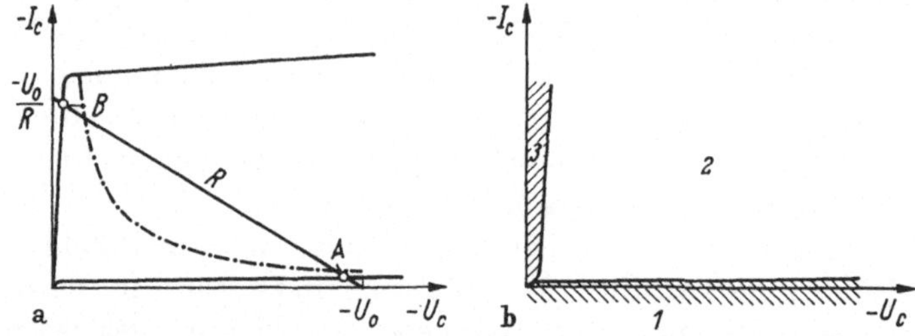

Abb. 71. Betrieb eines *pnp*-Transistors in Emitterschaltung als Schalter. a) die beiden Stellungen „Aus“ (A) und „Ein“ (B). (Die Hyperbel der zulässigen Verlustleistung ist strichpunktiert.) b) *1* Sperrgebiet, *2* Verstärkungsgebiet, *3* Sättigungsgebiet.

versehen ist und als Schalter arbeitet. Die Arbeitspunkte A und B entsprechen den Stellungen „Aus“ und „Ein“. Im ausgeschalteten Zustand beträgt der fließende Kollektorstrom kleine Bruchteile eines mA; im eingeschalteten Zustand ist der verbleibende Spannungsabfall ein Bruchteil eines Volt, der Strom ist also nahezu U_0/R. Daher ist in beiden Fällen die im Transistor verbrauchte Verlustleistung klein. Ein Transistor kann somit Leistungen U_0^2/R schalten, die weit über seiner zulässigen Verlustleistung liegen; Bedingung ist lediglich, daß der Schaltvorgang schnell erfolgt, das heißt, daß die Teile der Lastlinie, die über der Verlusthyperbel liegen, rasch durchlaufen werden.

Das Verhalten an den beiden Arbeitspunkten ist nun wesentlich verschieden vom Verhalten im dazwischenliegenden Feld. Man unterscheidet daher *Sperrgebiet*, *Verstärkungsgebiet* und *Sättigungsgebiet*, s. Abb. 71b. Die drei Gebiete werden durch die Richtung, in der die beiden Dioden vorgespannt sind, gekennzeichnet:

	Basis-Emitter-Diode	Basis-Kollektor-Diode
Sperrgebiet	Sperrichtung	Sperrichtung
Verstärkungsgebiet	Flußrichtung	Sperrichtung
Sättigungsgebiet	Flußrichtung	Flußrichtung

Diese Abgrenzungen gelten selbstverständlich für alle Schaltungen, in denen der Transistor arbeiten kann. Hingegen sind in der Emitterschaltung die Verhältnisse etwas weniger übersichtlich als in der Basisschaltung, da man dann in erster Linie nicht U_{cb}, sondern U_{ce} mißt. In der Emitterschaltung tritt Sättigung ein, sobald der fließende Basisstrom größer ist, als zur Erreichung des steil verlaufenden Teils der Kennlinie minimal nötig wäre. Dann erhält die Basis ein Überangebot an Minderheitsträgern, die nicht vom Kollektor abgeführt werden können und die zur Vergrößerung des Diffusionsdreiecks Anlaß geben. Die verbleibende Kollektorspannung heißt *Kniespannung* oder *Sättigungsspannung* und ist wesentlich kleiner als 1 V.

Gleichstrommäßige Darstellung. Es ist überaus interessant festzustellen, daß, wie Ebers und Moll gezeigt haben [*39*], das Verhalten eines Transistors in allen Teilen des Kennlinienfeldes durch ein einziges Paar von nichtlinearen Gleichungen angenähert werden kann, zu welchem ein entsprechendes Ersatzschaltbild gehört. Der Übersichtlichkeit halber stellen wir diese Analyse in Basisschaltung dar, da sich in Emitterschaltung bedeutend kompliziertere Ausdrücke ergeben. Die Überlegung geht davon aus, daß ein Transistor aus zwei Dioden besteht, nämlich der Basis-Emitter- und der Basis-Kollektor-Diode. Beide werden durch eine Gleichung in der Art von Gl. (21) beschrieben, brauchen daher zu ihrer Kennzeichnung nur die Größe I_s. Für die Kollektordiode ist I_s gleich dem bekannten Wert I_{c0}, für die Emitterdiode gleich dem Sperrstrom, der entsteht, wenn wir Kollektor und Emitter vertauschen (invertierter Transistor[1]), und den wir I_{e0} nennen wollen. Die Wechselwirkung wird durch die Stromverstärkung α beschrieben, ferner durch eine zweite Größe α_i, die die Stromverstärkung des invertierten Transistors bedeutet. Die Gleichungen sind:

$$\begin{aligned} I_e &= a_{11}(\exp(U_e/U_T) - 1) + a_{12}(\exp(U_c/U_T) - 1) \\ I_c &= a_{21}(\exp(U_e/U_T) - 1) + a_{22}(\exp(U_c/U_T) - 1) \end{aligned} \tag{33}$$

U_T ist die Temperaturspannung von 26 mV. Die Größen a haben folgende Werte:

$$a_{11} = I_{e0}/A, \quad a_{12} = -\alpha_i I_{c0}/A, \quad a_{21} = -\alpha I_{e0}/A, \quad a_{22} = I_{c0}/A$$

mit der Abkürzung $A = 1 - \alpha\alpha_i$. Ferner gilt die bemerkenswerte Beziehung $\alpha_i I_{c0} = \alpha I_{e0}$, was zu $a_{12} = a_{21}$ führt. (Allerdings wird dadurch nicht etwa zum Ausdruck gebracht, daß der Transistor ein reziproker Vierpol ist; die Nichtreziprozität ist durch die nichtlinearen Ausdrücke, in denen U_e und U_c vorkommen, begründet.) Dieser idealisierte Tran-

[1] Hier nehmen wir an, daß der Hersteller vor der Auslieferung einen Anschluß als Emitter, einen andern als Kollektor bezeichnet hat.

sistor wird also durch die vier Größen α, α_i, I_{c0}, I_{e0} beschrieben, zwischen denen noch die obige Beziehung besteht, so daß er drei unabhängige Freiheitsgrade besitzt.

Es läßt sich zeigen, daß Gl. (33) dem Ersatzschaltbild von Abb. 72 entspricht. Die Schaltung enthält vier Stromquellen, von denen zwei in der üblichen Weise, die andern zwei als Dioden gezeichnet sind, um ihren physikalischen Ursprung anzudeuten. Dieses Ersatzbild kann man wirklich als „vollständig" bezeichnen, da es für alle drei Gebiete von Abb. 71a gilt. (Ein Teil dieses Bildes ist in Gl. (22), S. 45, vorweggenommen.)

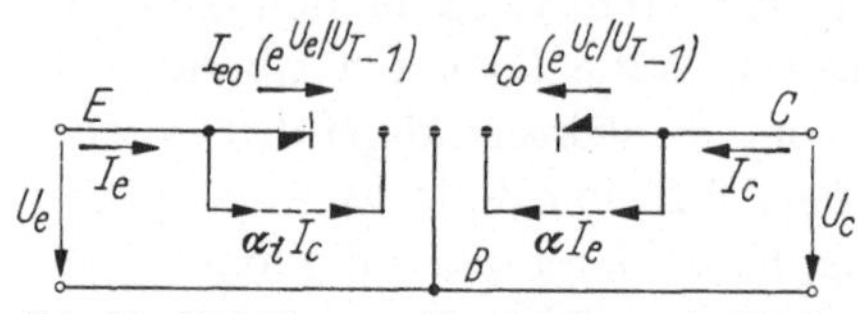

Abb. 72. Nichtlineares Ersatzschema in Basisschaltung („vollständiges" Ersatzschema).

Immerhin hat diese Darstellung mehr prinzipielle als praktische Bedeutung, und für die Analyse einer Schaltung, die alle drei Gebiete von Abb. 71a durchläuft, wird man meistens auf das Kennlinienfeld zurückgreifen müssen. Hingegen geht aus Abb. 72 aufs schönste hervor, daß der Transistor ein grundsätzlich symmetrisches Bauelement ist, und daß die Unterschiede zwischen Emitter und Kollektor nur quantitativer Natur sind.

Impulsverhalten. Die erreichbare Flankensteilheit und die entstehenden Verzögerungen werden größtenteils durch das Vorhandensein der Minderheitsträger (Löcher) im Basisraum bestimmt. Ihre räumliche Dichteverteilung beschreibt das Diffusionsdreieck, s. Abb. 52. Seine Fläche hängt von der Größe des Emitterstromes ab. Die gezeichnete Form gilt aber nur für das Verstärkungsgebiet. Der Dichteverlauf für alle drei Gebiete ist in Abb. 73 angedeutet. Im Sperrgebiet (beide Dioden in Sperrichtung vorgespannt) entstehen auf thermischem Wege nur wenige Löcher im Innern der Basis, während im Sättigungsgebiet (beide Dioden in Durchlaßrichtung vorgespannt) die Dichte auf beiden Seiten von Null abweicht. Demgemäß befinden sich sehr viele Löcher in der Basis. Dieser Sättigungsvorgang spielt bei allen Impulsschaltungen eine überragend wichtige Rolle; *denn beim Ausschalten des Transistors kann der Kollektorstrom erst dann verschwinden, wenn alle diese Ladungsträger weggeführt sind.* (Die gleiche Erscheinung wurde auf S. 38 für Dioden beschrieben.)

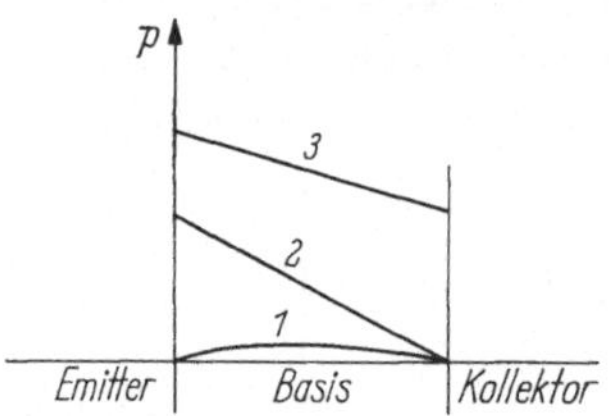

Abb. 73. Verteilung der Dichte p der Minderheitsträger im Basisraum. *1* Sperrgebiet, *2* Verstärkungsgebiet, *3* Sättigungsgebiet.

Wir betrachten jetzt die Vorgänge bei der Verarbeitung eines Impulses großer Amplitude [*58*] und unterscheiden dabei 4 Fälle:

	Stromsteuerung	Spannungssteuerung
Ohne Sättigung	Abb. 75	Abb. 76
Mit Sättigung	Abb. 77	Abb. 78

Verhalten ohne Sättigung. In diesem Abschnitt nehmen wir an, der Transistor werde für die Dauer eines Impulses vom Sperr- ins Verstärkungsgebiet, jedoch nicht ins Sättigungsgebiet, getrieben. Bei Stromsteuerung (Steuerung der Basis mit einer Quelle konstanten Stromes) liegen die Verhältnisse sehr einfach, indem man in den meisten Fällen nur die Frequenzabhängigkeit von β berücksichtigen muß. Dazu verwendet man das Ersatzschema von Abb. 74, das durch Vereinfachung von Abb. 67 entstanden ist. Die β-Grenzfrequenz ist $\omega_g' = g_D/C_D$. Das führt zum einfachen, aus zwei Exponentialkurven bestehenden Impuls von Abb. 75. Die Zeitkonstante der Kurven ist $1/\omega_g'$, die Anstiegszeit somit $2{,}2/\omega_g'$.

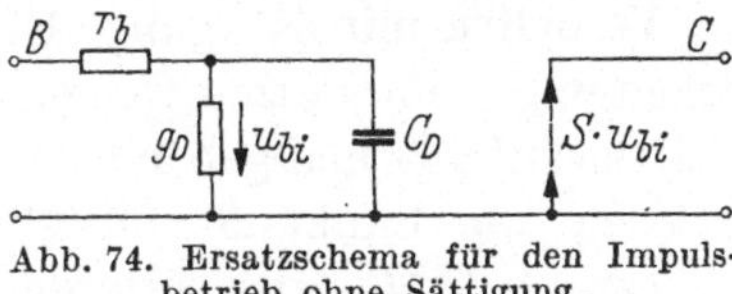

Abb. 74. Ersatzschema für den Impulsbetrieb ohne Sättigung.

Im Falle der *Spannungssteuerung* (Steuerung der Basis mit einer Quelle konstanter Spannung) ändern sich die Verhältnisse, da für die Aufladung der Diffusionskapazität ein großer Strom zur Verfügung

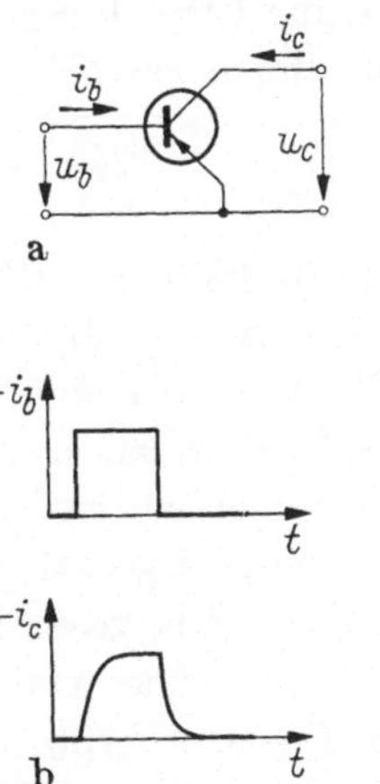

Abb. 75. Verhalten bei Stromsteuerung ohne Sättigung.

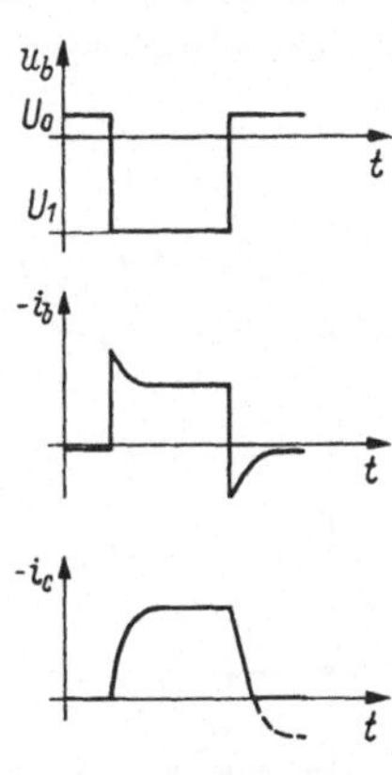

Abb. 76. Verlauf von Basis- und Kollektorstrom bei Spannungssteuerung ohne Sättigung.

steht. Die Signalformen zeigt Abb. 76. Wir nehmen an, u_b gehe zu Beginn des Impulses von U_0 auf U_1. Im ersten Moment fließt ein Basisstrom $-I_B \approx U_1/r_b$; er klingt mit einer Zeitkonstanten, die sich aus r_b, g_D und C_D errechnet, ab und nähert sich dem stationären Wert $-I_c/\beta$, der zur Aufrechterhaltung des Kollektorstromes $-I_c$ erforderlich ist. Die Anstiegszeit des Kollektorstromes folgt der gleichen Zeitkonstanten, die jedenfalls kleiner ist als im Fall der Stromsteuerung. Beim Sperren finden andere Vorgänge statt. Die Abschaltzeit kann verkürzt werden, indem man, wie gezeichnet, u_b nicht nur zu Null, sondern positiv macht. Dadurch werden die Ladungen des Diffusionsdreiecks beschleunigt von beiden Seiten her abgebaut. Der Kollektorstrom fällt exponentiell ab, doch liegt die Asymptote der Exponentialkurve nicht beim Wert 0, sondern bei einem unter der Nullinie liegenden Wert; dadurch wird der ausgeschaltete Zustand schneller erreicht.

Verhalten mit Sättigung. Die Sättigung ist eine der wichtigsten Erscheinungen im ganzen Gebiet der Impulsschaltungen mit Transistoren und beeinflußt maßgebend den Entwurf vieler Schaltkreise. Sättigung entsteht am Punkt B von Abb. 71. Der fließende Kollektorstrom ist nahezu $-U_0/R$, der erforderliche Basisstrom also $-U_0/R\beta$. Die Sättigung ist dadurch gekennzeichnet, daß der wirklich fließende Basisstrom I_b um einen Faktor $F > 1$ größer ist als dieser minimal notwendige Wert. (Es gibt also verschiedene Grade der Sättigung, die sich durch verschieden große F unterscheiden.) Wieder betrachten wir die Verhältnisse zuerst für den Fall der Stromsteuerung. Die Zeitkonstante des Anstiegs von $-i_c$ ist gleich wie in Abb. 75, doch strebt die Signalform nicht gegen den Endwert $-I_{c1}$, sondern gegen den höheren Wert $-F \cdot I_{c1}$. Daher ist die effektive Zeit T_1 bis zur Erreichung von $-I_{c1}$ kürzer; sie errechnet sich aus der Exponentialform zu

$$T_1 = \frac{1}{\omega_g'} \ln \frac{F}{F-1} \tag{34}$$

ω_g' ist die β-Grenzfrequenz. Je höher F, desto kleiner wird T_1; für $F \gg 1$ ergibt sich $T_1 = 1/F\,\omega_g'$. Für $F = 1$ (keine Sättigung) erhält man anderseits $T_1 = \infty$, da sich dann die Kurve asymptotisch dem Endwert nähert. Der wesentliche Unterschied des gesättigten Betriebs gegenüber dem ungesättigten zeigt sich beim Ausschalten. Im gesättigten Zustand befinden sich besonders viele Minderheitsträger in der Basis, s. Abb. 73. Wenn nun der Basisstrom wieder zu Null gemacht wird, so müssen diese Träger zuerst abgeführt werden, was bedeutet, daß der Kollektorstrom noch während einiger Zeit unvermindert weiterfließt, s. Abb. 77. Diese *Speicherzeit* T_s errechnet sich zu $T_s = A \ln F$, wobei A eine Funktion der Transistorenkennwerte (Grenzfrequenz, Stromverstärkung) ist. F ist der Faktor, der den Überschuß des Basisstromes, der vorher zur Sättigung führte, kennzeichnet. Erst nach Ablauf dieser Zeit beginnt

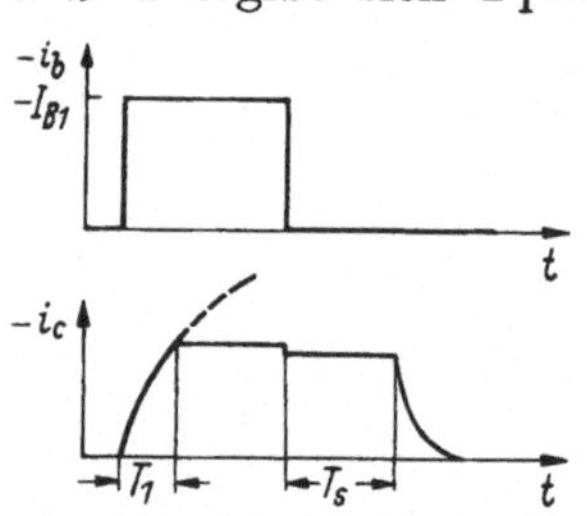

Abb. 77. Verhalten bei Stromsteuerung mit Sättigung.

der Kollektorstrom abzuklingen, wobei von nun an die Vorgänge gleich wie in Abb. 75 sind; die Zeitkonstante dieses Teils der Signalform ist also $1/\omega_g'$.

Im Falle der *Spannungssteuerung* ergeben sich auch hier andere Verhältnisse, indem an der Basis größere Ströme zur Verfügung stehen. Abb. 78 veranschaulicht die entstehenden Signalformen. Wir nehmen an, im ausgeschalteten Zustand sei an der Basis eine positive Spannung U_0 angelegt. Beim Einschalten sind die Vorgänge ähnlich wie in Abb. 76, doch ist die Anstiegszeit T kürzer, da die ansteigende Exponentialfunktion von i_c gegen einen Wert strebt, der höher als der tatsächlich sich einstellende Kollektorstrom ist. Beim Ausschalten müssen die Ladungsträger der Basis abgeführt werden. Dadurch, daß die Basis auf eine gegenüber dem Emitter positive Spannung geführt wird, helfen sowohl Emitter als auch Kollektor mit, diese Träger zu entfernen. Die Speicherzeit T_s wird kürzer als bei der Stromsteuerung; sie beträgt

$$T_s = A \ln F \frac{1+G}{1+FG} \tag{35}$$

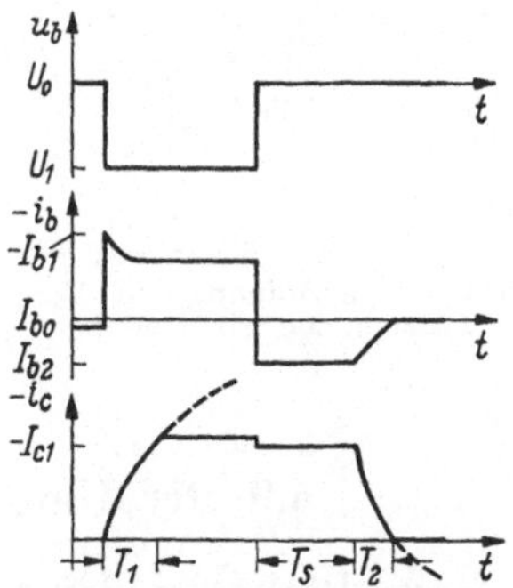

Abb. 78. Verlauf von Basis- und Kollektorstrom bei Spannungssteuerung mit Sättigung.

A und F sind die gleichen Größen wie auf S. 70, G ist das Verhältnis I_{b2}/I_{b1} (F und G sind positiv). Der während der Speicherzeit fließende umgekehrte Basisstrom I_{b2} verkürzt T_s. Nach Ablauf der Speicherzeit beginnen Basis- und Kollektorstrom abzuklingen. Die Zeitkonstante dieses Abklingens ist $1/\omega_g'$, doch strebt die Exponentialkurve des Kollektorstromes nicht gegen Null, sondern gegen $+I_{c1} F G$. Dadurch ergibt sich für die Ausschaltzeit T_2:

$$T_2 = \frac{1}{\omega_g'} \ln\left(1 + \frac{1}{FG}\right) \tag{36}$$

Für $G = 0$ (keine Stromumkehr in der Basis) ist $T_2 = \infty$, weil sich dann die Kurve asymptotisch der Abszissenachse nähert.

Aussteuerung für kurze Schaltzeiten. Aus dem Dargelegten geht hervor, daß kurze Anstiegs- und Abfallzeiten erreicht werden, wenn ein großes Angebot an Basisstrom zur Verfügung steht; anderseits wird die Speicherzeit verlängert, wenn während der Dauer des Impulses der Basisstrom größer ist, als er minimal sein müßte, um den verlangten Kollektorstrom zu erzeugen. Große Ströme und gleichzeitig eine Herabsetzung der Speicherwirkung erhält man, wenn man den Transistor nur während des Öffnens und Sperrens übersteuert, im geöffneten Zustand dagegen nur den erforderlichen Basisstrom fließen läßt. Das läßt sich dadurch erreichen, daß man zur Aussteuerung eine Quelle konstanter Spannung wählt und in Serie dazu ein *RC*-Glied schaltet, s. Abb. 79. Der Kondensator C wird so gewählt, daß seine Ladung etwa gleich groß wie die Ladung der Minderheitsträger in der Basis wird (s. S. 60 f.). Diese beträgt $Q = I_b/\omega_g' = I_c/\omega_g$. Wenn der Eingangsimpuls die Amplitude $-U_i$ hat, so erreicht die Ladung von C den Wert $U_i\,C$; also sollte ungefähr $C \approx I_b/U_i\,\omega_g' = 1/R\,\omega_g'$ gewählt werden. Dieses Ergebnis läßt sich auch so deuten: Das Glied RC bildet zusammen mit $g_D\,C_D$ (s. Abb. 74) einen Spannungsteiler, der richtig kompensiert ist, wenn $RC = C_D/g_D$ (r_b ist außer acht gelassen.) — Für R sollte ein so großer Wert eingesetzt werden, daß der für den verlangten Kollektorstrom erforderliche Basisstrom nicht wesentlich überschritten wird, das heißt, daß keine wesentliche Sättigung eintritt.

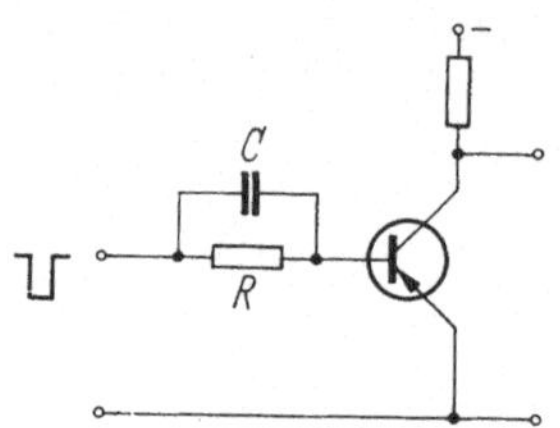

Abb. 79. Anordnung zur Verkürzung der Schaltzeiten.

Literatur: [*7*, *10*, *17*].

5.9 Der Umgang mit Transistoren und Dioden

Der Praktiker, der den Umgang mit Elektronenröhren gewohnt ist, wird finden, daß die Arbeit mit Transistoren wesentlich mehr Vorsicht beansprucht, und daß scheinbar geringfügige Verstöße gegen die bestehenden Regeln oft zu einer Zerstörung von Transistoren, die sich sehr kostspielig auswirken kann, führen. Nachfolgend sind die einfachsten dieser Regeln aufgezählt [*62*]. Sie gelten sinngemäß auch für Dioden.

Halbleiterelemente sind in bezug auf drei Arten von Beanspruchungen empfindlicher als Röhren: Mechanische, thermische und elektrische.

Mechanische Einwirkungen. Viele Transistoren und fast alle Dioden sind in Glasgehäuse eingeschmolzen. Es muß vermieden werden, daß die Anschlußdrähte unmittelbar an der Glaseinschmelzung abgebogen werden. Das führt infolge mechanischer Beanspruchungen zu Sprüngen im Glas, die nicht sichtbar sind, die aber zu einer Zerstörung führen. Wenn eine Abwinkelung nahe der Einschmelzung unumgänglich ist, so faßt man den abzuwinkelnden Draht mit einer Flachzange direkt am Glas, ohne dieses jedoch zu berühren, und führt die Biegung auf der dem Glas abgewendeten Seite durch. Der Einbau hat so zu erfolgen, daß das Gehäuse keinen Zugspannungen unterworfen wird, auch dann nicht, wenn sich die Unterlage infolge der Wärmeausdehnung etwas verziehen sollte. Das gilt besonders für Dioden, bei denen die zwei Anschlüsse meistens an beiden Enden eines Glasröhrchens herausgeführt sind.

Thermische Einwirkungen. Germanium-Transistoren dürfen auch im nicht eingeschalteten Zustand (also während Einbau und Lagerung) nicht über 90 °C erwärmt werden. Um beim Einlöten eine stärkere Erwärmung zu vermeiden, ist es am besten, die Lötung möglichst ans Ende des Zuleitungsdrahtes zu verlegen. Andernfalls — und das ist um so wichtiger, je näher die Lötstelle an der Einschmelzung liegt — sollen die Anschlußdrähte mit einer kalten Flachzange, am besten mit Kupferbacken, zwischen Lötstelle und Glaskörper gefaßt werden, damit eine ausreichende Wärmeableitung erfolgt. Es ist zweckmäßig, mit einem nicht zu kleinen und gut warmen Lötkolben zu arbeiten, da infolge der höheren Wärmekapazität dieses Kolbens die Lötung schneller vonstatten geht.

Besondere Regeln haben sich für die Tauchlötung von gedruckten Schaltungen herausgebildet; bei diesem Prozeß erwärmt sich die Druckplatte stark und gibt auch nach dem Herausheben aus dem Bad noch Wärme an den Transistor ab. Die Entfernung der Lötbadoberfläche vom Preßteller des Transistors darf nicht kleiner als 5 mm sein. Die Tauchzeit darf 3 bis 5 s betragen, die Temperatur des Bades 230 bis 250 °C. Nach dem Herausnehmen aus dem Bad soll der ganze Bauteil durch Anblasen mit einem kalten Luftstrom abgekühlt werden. Mehrmaliges Tauchen mit kurzen Pausen ist zu vermeiden.

Elektrische Einwirkungen. Da Transistoren für niedrige Spannungen angelegt sind, ist auch beim Einbau und bei Reparaturarbeiten darauf zu achten, daß die Grenzwerte nicht überschritten werden. Wenn gelötet wird, während die Betriebsspannungen eingeschaltet sind, kann ein unbeabsichtigter Kurzschluß, den der Kolben zwischen zwei benachbarten Klemmen erzeugt, innert Sekundenbruchteilen viele Transistoren zerstören. Aber auch ohne Speisespannungen können Überlastungen entstehen, nämlich dann, wenn der Lötkolben Masseschluß aufweist. Ist die Schaltung, an der gearbeitet wird, geerdet, so fließen vom Netz über den Kolben zur Erde Ströme, die zu Zerstörungen führen, auch wenn der Masseschluß relativ hochohmig ist. Zu beachten ist, daß sogar die normale Kapazität zwischen Kolben und Heizelement unzulässig große Ströme erzeugen kann. Zur Abhilfe kann man entweder den Kolben erden oder die Schaltung von der Erde abtrennen. Ein verläßlicher Schutz besteht auch darin, daß man die Zuleitungen zu den Transistoren während der Lötung durch einen Drahtbügel kurzschließt.

6. Elektronenröhren

Elektronenröhren sind in ihrem Verhalten viel einfacher zu überblicken als Halbleiterdioden und Transistoren. Da die meisten auf dem Gebiet der elektronischen Impulstechnik tätigen Personen mit Elektronenröhren recht gut vertraut sind, ist dieses Kapitel kurz gefaßt; sein Schwerpunkt liegt auf der Beschreibung der nichtlinearen Eigenschaften.

6.1 Dioden

Vakuumdioden werden sehr selten verwendet; sie kommen nur dann zum Einsatz, wenn ein extrem hoher Sperrwiderstand verlangt wird. Die Behandlung ihrer Kennlinie ist aber trotzdem gerechtfertigt, weil sich die Gitter-Kathodenstrecke in Trioden und Pentoden in den Fällen, wo Gitterstrom fließt, ähnlich wie eine Diode verhält, und solche Betriebszustände kommen sehr häufig vor.

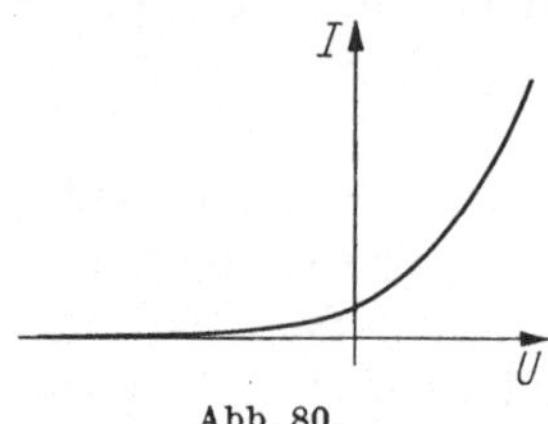

Abb. 80. Kennlinie einer Vakuumdiode.

Eine ideale Diode ist definiert als ein Zweipol mit einer Strom-Spannungs-Kennlinie nach Abb. 42a. Die wirkliche Kennlinie einer Vakuumdiode verläuft nach Abb. 80. Für $U \leqq 0$ fließt immer noch ein positiver Strom, der durch die Elektronen, die mit einer gewissen Geschwindigkeit aus der glühenden Kathode austreten, getragen wird. Aus der Maxwellschen Geschwindigkeitsverteilung errechnet sich für dieses Gebiet:

$$I = I_0 \, e^{U/U_T} \tag{37}$$

U_T ist die Temperaturspannung kT/e. Da die Kathodentemperatur etwa 1000 °K beträgt, ist U_T etwa gleich 90 mV. Für positive U beginnt die Raumladung in der Umgebung der Kathode wirksam zu werden, und die Kurve nähert sich der Form $U^{3/2}$. Abb. 81 zeigt die gemessene Kennlinie einer Diode, eingezeichnet in ein halblogarithmisches Koordinatensystem. Insoweit die Kurve gerade ist, ist Gl. (37) genau erfüllt. In den meisten Fällen trifft das für $U \leqq 0$ mit sehr guter Näherung zu. Das Abbiegen der Kurve nach unten kennzeichnet den Übergang in den $U^{3/2}$-Bereich.

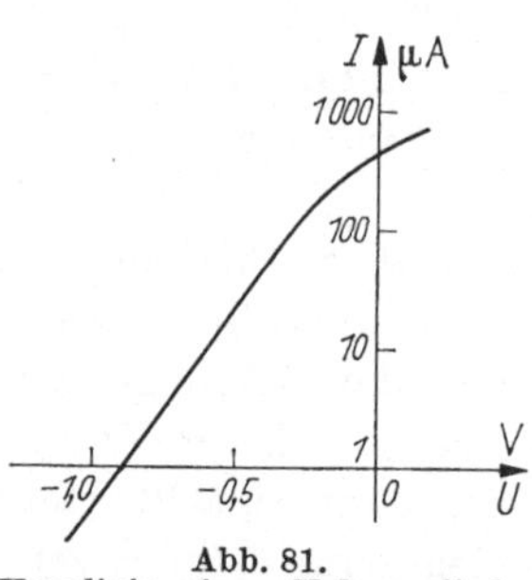

Abb. 81. Kennlinie einer Vakuumdiode bei kleinen Spannungen.

Aus Abb. 80 ist ersichtlich, daß man von einem „Knick" im eigentlichen Sinn nicht sprechen kann; es handelt sich um eine Kurve mit kontinuierlich veränderlicher Krümmung. Auch ist es nicht sinnvoll, einen „Punkt größter Krümmung" zu definieren, da die Lage dieses Punktes davon abhängt, in welchem Maßstab die Kurve aufgezeichnet ist. In praktischen Schaltkreisen ist man aber trotzdem gezwungen, mit dem Begriff des Knicks zu arbeiten. Abb. 82 zeigt eine häufig gebrauchte Schaltung. Die Beziehung zwischen U_1 und U_2 ist für größere U_1 sowohl auf der negativen als auf der positiven Seite linear; nur in der Umgebung des Nullpunktes ist die Kurve gekrümmt. Der gekrümmte Teil erstreckt sich über einen U_1-Bereich von etwa 0,6 V. Als Lage des Knicks kann man den Schnittpunkt der beiden Geraden bezeichnen. Je nach der Diode findet sich dieser Punkt zwischen etwa —0,25 und —0,75 V. Sie ist stark abhängig von der Kathodentemperatur; praktisch kann man annehmen, daß sich der Knick für eine Erhöhung der Heizspannung von 10% um etwa 0,1 V nach links verschiebt. Im Verlauf der Lebensdauer der Röhre oder bei Ersatz der Röhre durch eine andere gleichen Typs kann eine Verschiebung um 0,25 V eintreten.

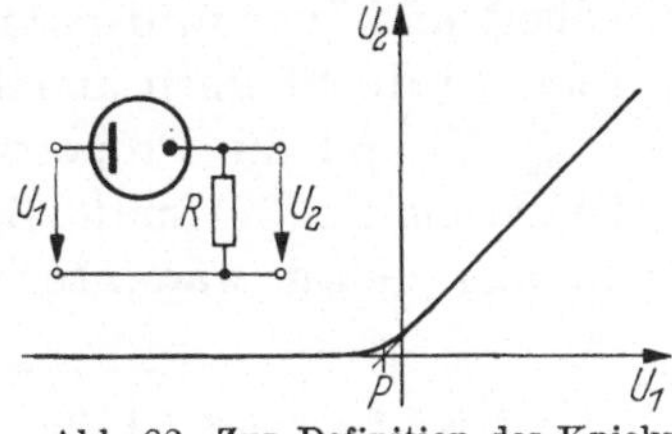

Abb. 82. Zur Definition des Knicks einer Diode (Punkt P).

Parallel zur Diode liegt ein Widerstand, der durch die Isolation gegeben ist. Durch guten Aufbau kann er auf viele $G\,\Omega$ erhöht werden. Darüber hinaus besteht zwischen Kathode und Anode eine Kapazität, die naturgemäß sehr stark von der Größe des Elektrodensystems abhängt; 5 pF ist ein häufiger Wert.

6.2 Trioden

Als Beispiel einer Triode betrachten wir die Röhre E88CC. Wie es für Trioden niedriger Leistung allgemein üblich ist, enthält ein Glaskolben zwei getrennte Systeme; nur die Anschlüsse des Heizfadens sind gemeinsam. Alle Angaben, die gemacht werden, beziehen sich jedoch auf ein einzelnes System.

Zwischen Gitterspannung U_g, Anodenspannung U_a und Anodenstrom I_a bestehen Beziehungen, die durch das Kennlinienfeld von Abb. 83 beschrieben werden können. Für kleine Signale lassen sich zwischen diesen drei Größen drei Differentialquotienten definieren, die *Steilheit* S, der *Durchgriff* D und der *Innenwiderstand* R_i:

$$S = \left.\frac{\partial I_a}{\partial U_g}\right|_{U_a = \mathrm{const}}$$

$$D = \left.\frac{\partial U_g}{\partial U_a}\right|_{I_a = \mathrm{const}}$$

$$R_i = \left.\frac{\partial U_a}{\partial I_a}\right|_{U_g = \mathrm{const}}$$

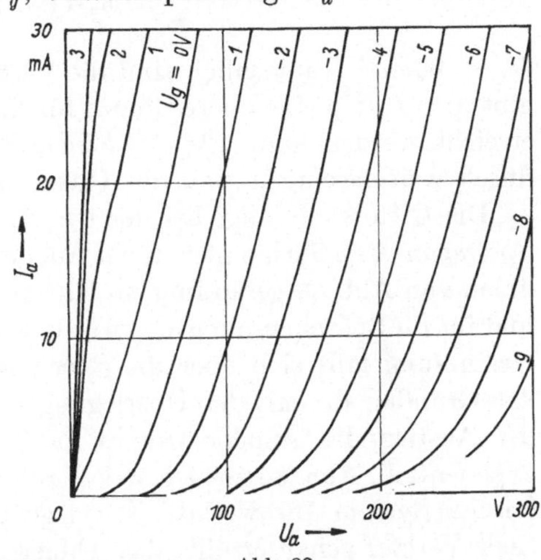

Abb. 83.
Kennlinienfeld der Röhre E88CC (ein System).

Aus den Definitionen geht hervor, daß $S\,D\,R_i = 1$. Die Größen hängen vom Arbeitspunkt ab. Abb. 84 vermittelt ihren Verlauf in Abhängigkeit von I_a. Der Durchgriff, der hauptsächlich durch die Geometrie des Elektrodensystems bestimmt wird, ist einigermaßen konstant, während Steilheit und Innenwiderstand stark vom Strom abhängen. Für kleine Ströme ist die Steilheit annähernd proportional zum Anodenstrom, also $S = I_a/K$, und die Proportionalitätskonstante K ist hier etwa gleich 0,4 V. Wenn Gl. (37) für die Beziehung zwischen Anodenstrom und Gitterspannung gültig wäre, so wäre K gleich der Temperaturspannung

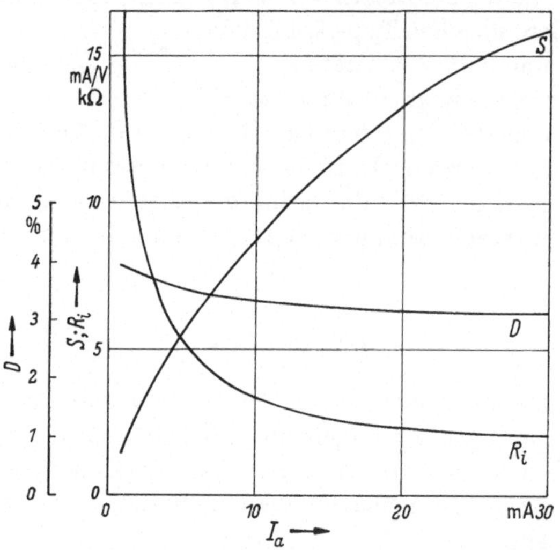

Abb. 84. Steilheit, Durchgriff und Innenwiderstand der Röhre E88CC (ein System). $U_a = 150$ V.

$U_T = 90$ mV. Tatsächlich sind die Verhältnisse komplizierter, doch ergibt $S < I_a/U_T$ eine obere Grenze für die Steilheit, die mit keiner Röhre erreicht werden kann [*22*]. (*Kleinere* Steilheiten lassen sich natürlich durch weitmaschigen Bau des Gitters immer erzeugen.)

Die Gitterspannung, bei der der Anodenstrom gesperrt wird, heißt *Sperrspannung*. Sie hängt von der Anodenspannung ab. Wären die Kennlinien von Abb. 83 geradlinig, so hätten sie die Form $I_a = S(U_g + D U_a)$, und für die Sperrspannung U_{gs} würde gelten $U_{gs} = -D\,U_a$. Infolge der Krümmung läßt sich aber die Sperrspannung nicht genau definieren. Aus Gründen, die mit den Überlegungen auf S. 74 verwandt sind, erfolgt der Anstieg des Anodenstromes in der Umgebung des Sperrpunktes exponentiell. Abb. 85 zeigt den Verlauf, eingetragen in ein halblogarithmisches System. Insoweit die Kurve geradlinig verläuft, ist der exponentielle Verlauf genau erfüllt; das Abbiegen nach unten kennzeichnet den Übergang in den aktiven Teil der Kennlinie, der bei etwa 10 μA beginnt.

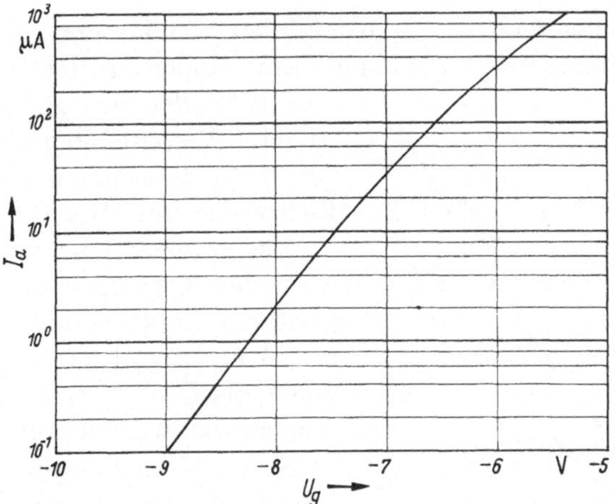

Abb. 85. Verlauf des Anodenstromes in der Nähe des Sperrpunktes für die Röhre E88CC (ein System). $U_a = 150$ V.

Sobald das Gitter gegenüber der Kathode positiv wird, beginnt es — wie die Anode einer Diode — Strom zu führen. Abb. 86 zeigt die gemessenen Gitterstromkennlinien einer E88CC. Es ist ersichtlich, daß die leitende Gitter-Kathodenstrecke einer solchen Röhre näherungsweise durch einen Widerstand von etwa 300 Ω dargestellt werden kann (außer für kleine Gitterspannungen), und daß diese Kurven relativ wenig von der Anodenspannung abhängen. — Auch bei der Gitterspannung 0 fließt noch ein endlicher Gitterstrom, wie aus der Diodenkennlinie von Abb. 80 hervorgeht. Wenn ein Gitterwiderstand verwendet wird, so bewirkt dieser Strom, daß sich die Gitterspannung in negativer Richtung verschiebt, ein Effekt, der oft nicht vernachlässigt werden darf.

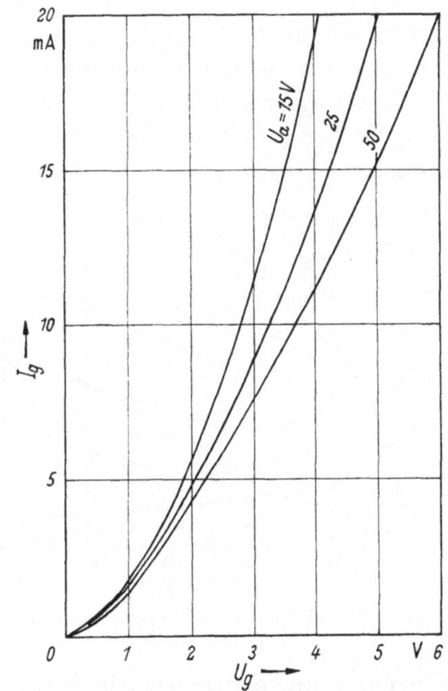

Abb. 86. Verlauf des Gitterstromes bei der Röhre E88CC (ein System).

Bei negativen Gitterspannungen kann der Gitterstrom seine Richtung umkehren. Dieser umgekehrte Strom wird durch Ionen des Restgases, das sich im Vakuum befindet, getragen; er ist von Röhre zu Röhre stark veränderlich. Normalerweise beträgt er kleine Bruchteile eines μA.

Mehrere Eigenschaften der Kennlinien von Trioden sind stark von der Kathodentemperatur abhängig. Eine Änderung der Heizspannung von 10% hat die gleiche Wirkung wie eine Verschiebung des Potentials der Kathode gegenüber den anderen Elektroden um etwa 0,1 V.

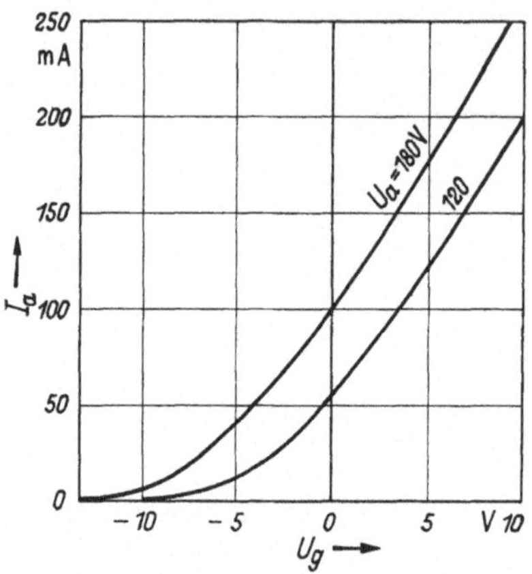

Abb. 87. Kennlinien der Röhre 5687 (ein System). Man beachte, daß die Steilheit beim Durchgang durch $U_g = 0$ V keine Änderung erfährt.

Für gewisse Schaltungen wünscht man das Verhalten der Röhre bei positiven Gitterspannungen zu kennen. Abb. 87 zeigt zwei U_g-I_a-Kennlinien bis $U_g = +10$ V. Hier ist besonders die Feststellung wichtig, *daß die Steilheit beim Übergang zu positiven Gitterspannungen keine Änderung erfährt*. Die oft gehegte Auffassung, die Steilheit nehme ab, sobald Gitterstrom fließt, ist also unrichtig[1]. — Für noch stärkere positive Gitterspannungen nehmen sowohl Anodenstrom als auch Gitterstrom erhebliche Werte an. Abb. 88 zeigt als Beispiel ein solches Kennlinienfeld.

Das *frequenzabhängige Verhalten* einer Triode läßt sich durch die Angabe der drei Teilkapazitäten C_{gk}, C_{ga} und C_{ak} beschreiben. Diese Kapazitäten werden durch die Raumladung in der Umgebung der Kathode beeinflußt und sind daher bis zu einem gewissen Grade vom Arbeitspunkt abhängig, doch ist es in den meisten Fällen zulässig, sie als konstant anzunehmen. Für die Röhre E 88 CC wird angegeben:

$$C_{gk} = 3{,}1 \text{ pF},$$
$$C_{ga} = 1{,}4 \text{ pF},$$
$$C_{ak} = 0{,}18 \text{ pF};$$

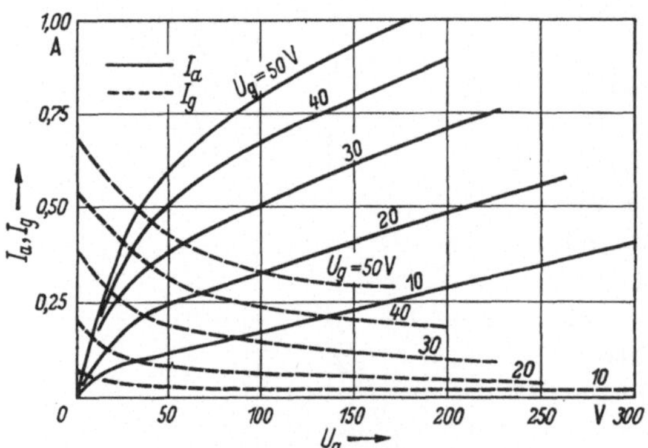

Abb. 88. Kennlinien der Röhre 5687 (ein System) bei stark positivem Gitter.

hinzu treten noch Kapazitäten gegenüber dem Heizfaden und der innern Abschirmung. Eine weitere Frequenzabhängigkeit entsteht durch die Laufzeit der Elektronen, doch braucht diese bei Impulsschaltungen nicht in Berücksichtigung gezogen zu werden.

[1] Natürlich nimmt die Steilheit *scheinbar* ab, wenn dem Gitter ein großer Widerstand vorgeschaltet wird, s. Abb. 127, Feld 11.

6.3 Pentoden

Die Beziehung zwischen Gitterspannung und Anodenstrom sind bei Pentoden ungefähr dieselben wie bei Trioden. Die vorkommenden Steilheiten liegen im gleichen Bereich, und für das Verhalten in der Umgebung des Sperrpunktes gilt im Prinzip Abb. 85. Hingegen ist die Abhängigkeit des Anodenstromes von der Anodenspannung völlig verschieden. Abb. 89 zeigt als Beispiel die Kurven für die Röhre E80F. Auffallend ist das „Knie", das bei allen Pentoden auftritt und das hier zwischen 0 und 50 V liegt. Es kennzeichnet den Übergang von hohem (2 MΩ) zu niedrigem Innenwiderstand (3 kΩ). Wenn die Röhre mit einer Ohmschen Last R arbeitet, so besteht für einen Arbeitspunkt P, der unterhalb des Knies liegt, weitgehende Unabhängigkeit von der Gitterspannung. Für kleine Anodenspannungen verhält

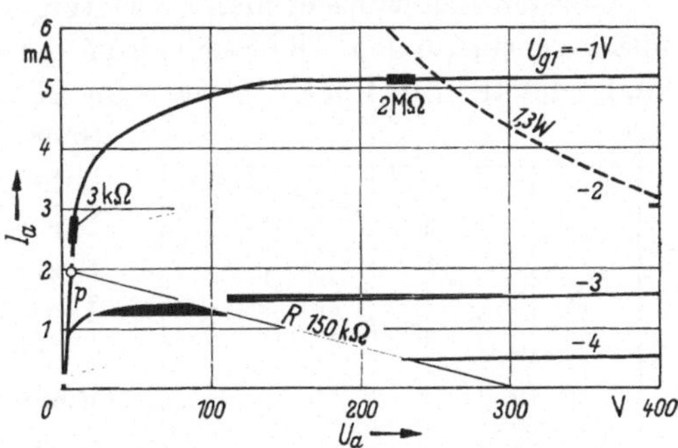

Abb. 89. Kennlinien der Pentode E80F.

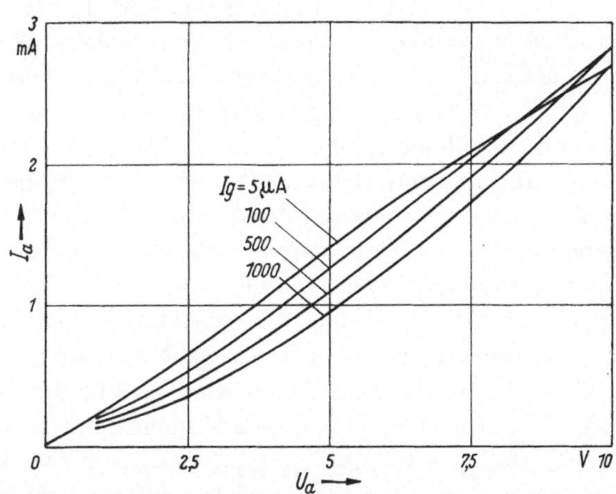

Abb. 90. Kennlinien der Pentode E80F bei niederen Anodenspannungen und konstantem Gitterstrom. U_{g2} = 100 V.

sich die Röhre ähnlich wie eine Triode, s. Abb. 90. Dieser Bereich, den man oft als den Zustand der Sättigung bezeichnet, wird meistens mit schwach positivem Gitter betrieben; dann fließt ein Gitterstrom, der durch die Größe eines vorgeschalteten Gitterwiderstandes bestimmt wird. Daher sind die Kurven für konstanten Gitterstrom und nicht für konstante Gitterspannung aufgezeichnet. Man beachte, daß für steigenden Gitterstrom der Anodenstrom kleiner wird, weil die Gesamtemission annähernd konstant bleibt und nur deren Verteilung auf Gitter und Anode beeinflußt wird. Erst bei Anodenspannungen über etwa 10 V kehren sich die Verhältnisse um.

Gelegentlich wünscht man als weitere steuernde Elektrode das Bremsgitter zu verwenden. Die Steilheiten, die sich dadurch erreichen lassen, sind sehr klein (0,1 mA/V), wie Abb. 91 zeigt, und für die vollständige Sperrung des Anodenstroms sind hohe negative Spannungen nötig. Nur Spezialröhren haben eine größere Bremsgittersteilheit, z. B. 6AS6 mit 1 mA/V.

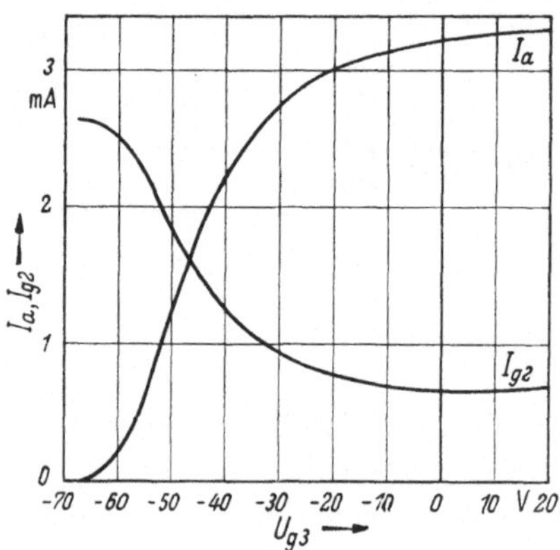

Abb. 91. Anodenstrom und Schirmgitterstrom der Pentode E80F in Abhängigkeit der Bremsgitterspannung. $U_a = 200$ V, $U_{g2} = 100$ V, $U_{g1} = -2$ V.

Das Schirmgitter wird kaum als steuernde Elektrode verwendet, doch ist seine Spannung oft variabel, so daß man den Einfluß dieser Spannung auf den Schirmgitter- und den Anodenstrom kennen sollte. Das System Kathode-Steuergitter-Schirmgitter kann als Triode betrachtet werden und hat einen Durchgriff wie eine solche (E80F: 0,04); entsprechend dem kleinen Schirmgitterstrom ist jedoch der Innenwiderstand dieser Triode hoch (100 kΩ), die Steilheit klein (0,25 mA/V).

Im Zusammenhang mit dem Schirmgitter bestehen weitere Abhängigkeiten: Der Schirmgitterstrom hängt von der Anodenspannung ab, und zwar sinkt er bei steigender Anodenspannung, was den Charakter eines negativen Widerstandes hat. Der Anodenstrom steigt mit steigender Schirmgitterspannung. Die zwei dadurch entstehenden Differentialquotienten werden von den Herstellern selten angegeben oder gar garantiert, doch ist ihre Kenntnis in gewissen Fällen wichtig. Für die E80F wurde bei $U_a = 200$ V, $U_{g2} = 100$ V, $U_{g1} = -2$ V gemessen: $I_a = 3{,}15$ mA, $I_{g2} = 0{,}65$ mA, $\partial I_a/\partial U_{g2} = 67\ \mu$A/V, $\partial I_{g2}/\partial U_a = -0{,}24\ \mu$A/V.

Im Zusammenhang mit dem Bremsgitter interessiert in gewissen Schaltungen die Abhängigkeit des Schirmgitterstromes von der Bremsgitterspannung, s. Abb. 91. Die negative Steilheit $\partial I_{g2}/\partial U_{3g}$ (hier etwa $-50\ \mu$A/V) hat den Charakter eines negativen Widerstandes und gibt Anlaß zum sogenannten Transitron-Oszillator.

Das *frequenzabhängige Verhalten* wird durch die Kapazitäten zwischen den Elektroden beschrieben; zwischen 5 Elektroden gibt es 10 Teilkapazitäten. Von praktischer Bedeutung in der Impulstechnik sind aber nur C_{ak} und C_{gk}, wobei mit dem Index g das Steuergitter gemeint ist. C_{ag} ist infolge der abschirmenden Wirkung des Schirmgitters außerordentlich klein, und die übrigen Kapazitäten fallen betrieblich kaum ins Gewicht. Für die Röhre E80F wird angegeben: $C_{ak} = 7{,}3$ pF, $C_{gk} = 5$ pF, $C_{ag} = 0{,}025$ pF.

7. Lineare Impulsverstärker

In diesem Kapitel befassen wir uns mit Verstärkern, die die eingegebenen Impulse bezüglich Spannung oder Leistung verstärken, ihre Form aber möglichst unverändert lassen. Das bedeutet, daß die Verstärker linear sein müssen, das heißt, die Signale am Ausgang müssen in ihrer Amplitude proportional zu den Signalen am Eingang sein. Ferner müssen möglichst alle Frequenzkomponenten, die im Signal vorkommen, mit gleicher Verstärkung und mit verschwindender (oder frequenzproportionaler) Phasenverschiebung übertragen werden. Die letzteren Bedingungen lassen sich aber nicht vollständig erfüllen; kein Verstärker hat ein frequenzunabhängiges Verhalten.

Das Kapitel behandelt solche Verstärker, die als linear betrachtet werden können, und untersucht ihre Abweichungen vom idealen Frequenzverhalten. Entsprechend der für das Buch gewählten Darstellung wird jedoch dieses Verhalten nicht im Frequenzbereich, sondern im Zeitbereich studiert. Abschn. 7.1 definiert die Veränderungen, die ein Impuls erleiden kann; Abschn. 7.2 und 7.3 behandeln Verstärker mit Transistoren und Abschn. 7.4 bis 7.7 solche mit Röhren. In Abschn. 7.8 sind einige Regeln formuliert, die dazu verhelfen sollen, das Verhalten von mehrstufigen Verstärkern zu erfassen. Sie haben sowohl für Transistoren als auch für Röhren Gültigkeit.

Für den Bau von Impulsverstärkern in Fernsehempfängern, Oszillographen, Radargeräten und dergleichen werden zur Zeit noch vorwiegend Röhren verwendet. Daher wurden die Abschnitte über Röhren — besonders die Pentode (Abschn. 7.7), die die Grundlage zu den mehrstufigen Verstärkern liefert — bedeutend ausführlicher gestaltet als jene über Transistoren, und die Theorie des Verhaltens einer Stufe in Emitterschaltung (Abschn. 7.2) ist im wesentlichen auf die Röhrenschaltung zurückgeführt.

7.1 Allgemeine Begriffe

Ein linearer Verstärker wird dadurch vollständig beschrieben, daß man für sinusförmige Schwingungen aller Frequenzen den Verstärkungsfaktor und die Phasenverschiebung angibt. Für den Praktiker, der mit Impulsen arbeitet, ist jedoch diese Darstellung nur beschränkt nützlich, da man aus ihr nur mit erheblichen Rechnungen finden kann, wie ein Impuls übertragen wird. Es ist daher oft einfacher, zu studieren, wie durch den Verstärker die verschiedenen Merkmale eines Impulses verändert werden.

Man denkt sich am Eingang des Verstärkers einen Impuls u_1 mit unendlich steilen Flanken und geeigneter Dauer angelegt, s. Abb. 92a. Am Ausgang entsteht ein veränderter Impuls u_2, an dem nun die folgenden vier Eigenschaften untersucht werden: *Anstiegszeit, Überschwingen, Dachabfall, Verzögerung.*

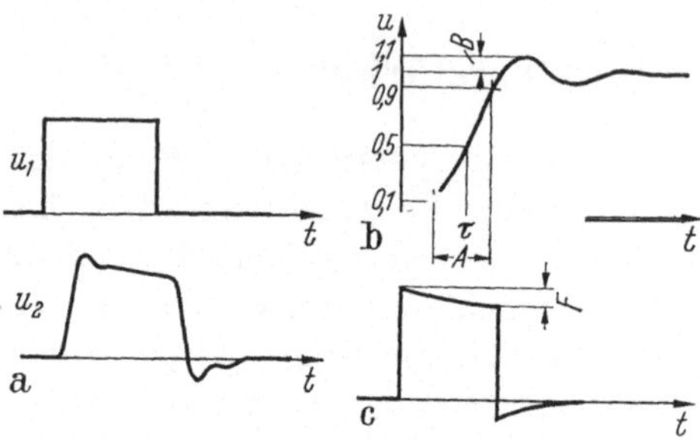

Abb. 92. a) Übertragung eines Impulses durch einen Verstärker, b) Anstiegszeit A, Überschwingen B und Verzögerung τ. In der Abbildung ist $B = 10\%$. c) Dachabfall F. In der Abbildung ist $F = 15\%$.

Anstiegszeit. Die Anstiegszeit (s. Abb. 92b) wurde auf S. 3 definiert als die Zeit, die die ansteigende Flanke braucht, um von 10% auf 90% ihres Endwertes anzusteigen. Es wäre nicht angängig, als Fixpunkte 0% und 100% zu wählen, da einerseits ein schwacher, kaum meßbarer Anstieg schon vor dem praktisch bedeutsamen Teil der Flanke eintreten kann, und da anderseits der Endwert — infolge exponentiellen Anstiegs nach Abb. 7b — erst nach unendlich langer Zeit erreicht wird. Hingegen liegt in der Wahl der Zahlen 10% und 90% etwas rein Willkürliches, und man hätte sich ebensogut beispielsweise auf 5% und 95% einigen können; diese Tatsache muß man sich immer vergegenwärtigen, wenn man mit Formeln, die die Anstiegszeit enthalten, arbeitet. Doch hat sich die gewählte Vereinbarung in der Praxis als sehr zweckmäßig erwiesen, und es zeigt sich, daß gewisse Näherungsformeln eine besonders einfache Form annehmen.

Praktische Bedeutung der Anstiegszeit. Von großer Bedeutung ist die Frage, wie klein für eine gegebene Anwendung die Anstiegszeit gemacht werden muß. Für Meßinstrumente läßt sich folgende Überlegung anstellen: Ein Verstärker, der etwa einen Oszillographen speist, muß den zu beobachtenden Vorgang möglichst getreu wiedergeben. Dieser Vorgang möge ein Impuls mit der Anstiegszeit A_0 sein. Wenn nun der Verstärker ebenfalls die Anstiegszeit A_0 hat, so entsteht (nach S. 104) eine resultierende Anstiegszeit, die um 50% länger ist, was nicht als eine getreue Wiedergabe bezeichnet werden kann. Ein Verstärker mit $A_0/2$ ergibt 11% Verlängerung, $A_0/5$ ergibt 2%. Somit kann man sagen, daß — je nach der verlangten Genauigkeit — der Verstärker 2- bis 5mal schneller als der betrachtete Vorgang sein muß.

In Fernsehempfängern und anderen Anwendungen, in denen ein modulierter, bewegter Kathodenstrahl vorkommt, besteht ein Zusammenhang zwischen der erwünschten Anstiegszeit und dem Durchmesser des Leuchtflecks, s. Abb. 93. Es hat nämlich keinen Sinn, die Anstiegszeit wesentlich kürzer zu machen als die Zeit, die der Fleck braucht, um seine eigene Breite d zu durchlaufen, da eine weitere Verkürzung einen Mehraufwand bedeuten würde, der keinen praktischen Nutzen ergibt. Man setzt also ungefähr $A = d/2v$, wenn v die Strahlgeschwindigkeit ist; in einem Fernsehempfänger ist beispielsweise $A = 80$ ns (mit $d = 0{,}5$ mm, $v = 3000$ m/s).

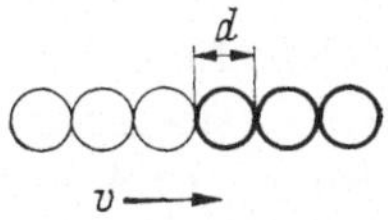

Abb. 93. Anstiegszeit, Strahlbreite d und Strahlgeschwindigkeit v. Dargestellt ist eine Schwarz-Weiß-Kante.

Überschwingen. In vielen Verstärkern schwingt das Ausgangssignal zunächst über den Endwert hinaus und erreicht denselben erst nach dem Abklingen einer gedämpften Schwingung, s. Abb. 92b. Das Überschwingen wird in Prozenten vom Endwert gemessen.

Dachabfall. Fast alle Impulsverstärker ergeben bei Impulsen, die hinreichend lang sind, ein Verhalten nach Abb. 11b oder 11c, das heißt, das Impulsdach ist nicht horizontal, sondern fallend. Der Dachabfall F wird in Prozenten vom Anfangswert gemessen, s. Abb. 92c. Man beachte, daß der Dachabfall von Impulsen, die wie in Abb. 92a sowohl Überschwingen als auch Dachabfall aufweisen, nicht leicht gemessen werden kann, da nicht ohne weiteres zu erkennen ist, welche Höhe als „Anfangswert" betrachtet werden muß. Jedenfalls ist die durch das Überschwingen entstandene Überhöhung hier nicht einzuschließen. — Das Vorhandensein eines Dachabfalles rührt daher, daß der Verstärker die Gleichstromkomponente nicht (oder nur abgeschwächt) überträgt.

Verzögerung. Zwischen Impulsflanke am Eingang und am Ausgang des Verstärkers liegt eine Verzögerung τ. Als Meßpunkt wählt man den Augenblick, da die Flanke 50% ihres Endwertes erreicht, s. Abb. 92b. (In der Abbildung ist angenommen, die unendlich steile Flanke am Eingang erfolge zur Zeit $t = 0$.) In vielen praktischen Anwendungen, beispielsweise in einem Fernsehempfänger, hat die Verzögerung eine geringe Bedeutung, da die zeitliche Lage des Ausgangssignals keine Rolle spielt.

Zusammenhang zwischen Anstiegszeit und Bandbreite. Ausnahmsweise stellen wir hier eine Betrachtung an, die uns in den Frequenzbereich führt. Von Breitbandverstärkern ist oft die Bandbreite Δf angegeben, und es interessiert den Benützer, welche Anstiegszeiten A sich damit erreichen lassen. Die obere Grenze des Bandes ist diejenige Frequenz, bei der die Verstärkung um 3 db abgefallen ist. Die untere Grenze wollen wir als sehr niedrig annehmen, so daß Δf praktisch gleich der oberen Grenzfrequenz ist. Dann gilt:

$$\Delta f\, A = 0{,}35 \ldots 0{,}45 \qquad (38)$$

Es ist überraschend, daß diese Gleichung für die meisten praktisch gebauten Impulsverstärker Gültigkeit hat; daher kommt ihr größte Bedeutung zu. Aus ihr kann man etwa ablesen, daß die Anstiegszeit eines Verstärkers von 10 MHz Bandbreite zwischen 35 und 45 ns liegt.

Gl. (38) läßt sich noch weiter präzisieren: Für Verstärker mit kleinem Überschwingen ($B \leqq 5\%$) gilt die Zahl 0,35. An Hand des gewöhnlichen RC-Tiefpasses läßt sich der Fall von $B = 0$ leicht nachprüfen (S. 21): Die Anstiegszeit beträgt $A = 2{,}2\, RC$, die Grenzfrequenz $\Delta f = 1/2\pi\, RC$, also ist $\Delta f\, A = 2{,}2/2\pi = 0{,}35$. Mit steigendem Überschwingen wird die Zahl größer, die Anstiegszeit also länger, und bei etwa $B = 10\%$ ist 0,45 erreicht. (Die Begründung dafür ist, daß bei Verstärkern mit Überschwingen der Frequenzverlauf oberhalb Δf steiler abfällt, daß also oberhalb Δf weniger Anteile für die Verkürzung der Flanke zur Verfügung stehen.) Der ideale Tiefpaß, der bis Δf konstante Verstärkung, darüber vollständige Sperrung aufweist — ein nicht realisierbares, aber mathematisch leicht zu erfassendes System — ergibt $B = 9\%$ und $\Delta f\, A = 0{,}44$.

Die wiedergegebenen Überlegungen betreffen die Anstiegszeit, sagen aber nichts über die Impulsdauer aus. Es ist jedoch wichtig, einen Anhaltspunkt über den Zusammenhang zwischen *Impulsdauer* und *Bandbreite* zu gewinnen. Der kürzeste mögliche Impuls, den ein Verstärker abgeben kann, entsteht dann, wenn man am Eingang ein unendlich schmales, unendlich hohes Signal anlegt (Delta-Impuls). Da dieses Signal der Differentialquotient der Sprungfunktion ist, muß auch am Ausgang der Differentialquotient auf die Antwortfunktion der Sprungfunktion entstehen, und es ist leicht ersichtlich, daß die Dauer eines solchen Impulses ungefähr gleich der Anstiegszeit des Verstärkers ist. Somit gilt für die Dauer A des kürzesten möglichen Impulses Gl. (38). Andererseits kann man fordern, daß der eingangsseitige Impuls nicht unendlich kurz ist, sondern eine gewisse Breite hat, und daß diese Breite am Ausgang einigermaßen genau wiedergegeben werden soll. Dann muß der Ausgangsimpuls aus einer Anstiegszeit A, einer Abfallzeit A und einem Dach von der Dauer von beispielsweise 0,3 A bestehen. So erhalten wir aus Gl. (38), unter Verwendung der Zahl 0,35, für die Impulsdauer T:

$$\Delta f\, T = 1 \tag{39}$$

Diese Beziehung ist denkbar leicht zu memorieren.

7.2 Emitterschaltung

Für das Studium des linearen Impulsverstärkers in Emitterschaltung verwenden wir das vereinfachte Ersatzschema von Abb. 68a (s. S. 63). Das Vorhandensein von C_c führt zu einer bedeutenden Erschwerung in der Betrachtungsweise, da Eingangs- und Ausgangskreis nicht getrennt betrachtet werden können.

Ersatzschaltbild. Abb. 94a zeigt das Ersatzschaltbild, zusammen mit der Quelle u_i, die den Innenwiderstand R_1 hat, und der Last R_l. Zur Erinnerung sei wiederholt, daß einzelne der Eigenschaften des Ersatzschemas stark vom Arbeitspunkt abhängen; insbesondere gilt $g_D = I_b/U_T(1-\alpha)$ und $C_c \sim U_c^{-\frac{1}{2}}$ (I_b ist der Basis-Gleichstrom, U_c die Kollektor-Gleichspannung, U_T die Temperaturspannung 26 mV).

Die nachfolgende Behandlung, die von BRUUN vorgeschlagen wurde [*36*], beruht darauf, daß man C_c wegläßt und dafür C_D entsprechend vergrößert, s. Abb. 94b. Dadurch entsteht ein Ersatzschaltbild, in dem Eingang und Ausgang unabhängig betrachtet werden können. Infolge des MILLER-Effektes (s. S. 91) darf allerdings C_c nicht einfach zu C_D hinzugezählt werden; vielmehr ist C_c noch mit dem Faktor $1+V$ zu multiplizieren, wo V das Verhältnis u_c/u_{bi} ist. Mit $C_D = 1{,}22\, g_D/\omega_g'$ [Gl. (31), S. 62], $u_c = i_c R_l = \beta\, i_b R_l$ und $u_{bi} = i_b/g_D$ erhält man $V = \beta R_l g_D$ und:

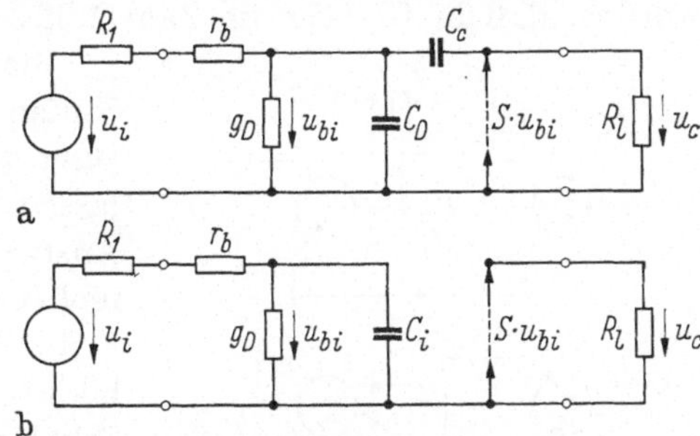

Abb. 94. a) Ersatzschaltbild eines Transistors in Emitterschaltung mit Quelle und Last, b) Vereinigung von C_c und C_D zu C_i.

$$C_i = 1{,}22\, g_D/\omega_g' + (\beta_0 g_D R_l + 1)\, C_c \tag{40}$$

β_0 ist der Wert von β bei Gleichstrom. Setzt man $V \gg 1$, so entsteht:

$$C_i = \frac{g_D}{\omega_g'} K \quad \text{mit} \quad K = 1{,}22 + \beta_0\, \omega_g' R_l C_c \tag{41}$$

Genau betrachtet müßte in Abb. 94b parallel zu R_e noch eine Kapazität von ungefähr C_c geschaltet werden, doch läßt sich diese meist vernachlässigen.

Anstiegszeit. Das Netzwerk auf der Eingangsseite von Abb. 94b entspricht Fall 4.1 in Abb. 25; die Zeitkonstante ist RC_i mit

$$R = \frac{R_1 + r_b}{g_D(R_1 + r_b) + 1} \tag{42}$$

und die resultierende Anstiegszeit wird

$$A = 2{,}2\, RC_i \tag{43}$$

Je nach der Konstruktion des Transistors variiert dieses Produkt in weitesten Grenzen, und man findet (mit $R_1 \ll r_b$) Werte von 10 μs oder mehr für einen Niederfrequenz-Transistor und Werte von 10 ns oder weniger für die schnellsten Hochfrequenz-Transistoren. Bemerkenswert ist, daß C_D immer wesentlich größer ist als C_c. Das bedeutet, daß die

Vergrößerung der Eingangskapazität durch den MILLER-Effekt nicht bedeutend ist, im Gegensatz zu den Verhältnissen bei Trioden (s. S. 91).

Es ist noch darauf hinzuweisen, daß infolge der Diffusionseffekte der Anstieg der Signalform nicht genauso erfolgt, wie es dem Ersatzschema von Abb. 94a entsprechen würde; vielmehr verstreicht, bevor die Ausgangsspannung überhaupt anzusteigen beginnt, eine Wartezeit. Diese ist jedoch kurz gegenüber A und ist angenähert dadurch berücksichtigt worden, daß in Gl. (41) die Zahl 1,22 statt 1 vorkommt.

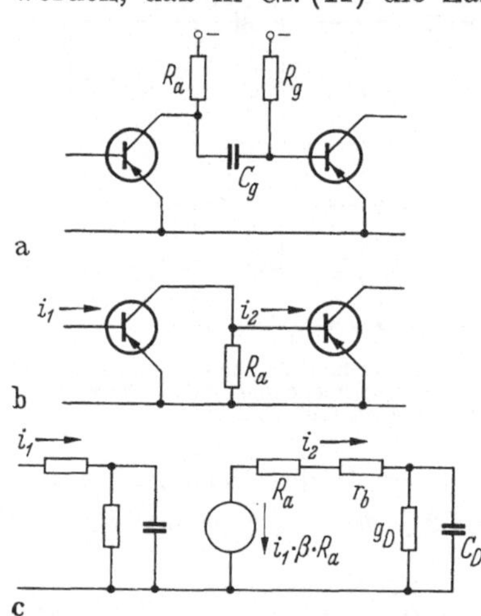

Abb. 95. a) Kopplung zweier Stufen, b) Weglassung der Gleichstromquellen und des Koppelkondensators, c) Ersatzschaltbild dazu.

Die Kopplung von Stufen. Um zwei Stufen zu koppeln, wird die Schaltung von Abb. 95a verwendet. Wir lassen zunächst C_g und R_g, die die Anstiegszeit und die Verstärkung nicht beeinflussen, weg und erhalten b). Unter Verwendung des Ersatzschaltbildes von Abb. 94b ergibt sich die Schaltung Abb. 95c, wobei anstatt der Stromquelle eine Spannungsquelle $i_1 \beta R_a$ eingesetzt wurde. In dieser Stufe betrachten wir nun die Stromverstärkung $V_i = i_2/i_1$. Unter der Annahme, daß $(R_a + r_b) \ll 1/g_D$, ergibt sich $i_2 = i_1 \beta R_a g_D$, also

$$V_i = \beta R_a g_D \tag{44}$$

Für die Anstiegszeit haben wir angegeben $A = 2{,}2\,RC_i$, wobei sich unter der getroffenen Annahme eines kleinen $(R_a + r_b)$ der Ausdruck für R vereinfacht zu $R = R_a + r_b$.
C_i wird aus Gl. (41) entnommen. Wir erhalten:

$$A = 2{,}2\,R\,C_i = \frac{2{,}2\,g_D\,F\,(R_a + r_b)}{\omega_g'} \tag{45}$$

Jetzt nehmen wir an, die Anstiegszeit A sei vorgegeben, und fragen, wie groß die erreichbare Stromverstärkung ist. Zu diesem Zweck eliminieren wir g_D aus Gl. (44) und (45) und lösen nach V_i auf:

$$V_i = \frac{A\,R_a\,\beta\,\omega_g'}{2{,}2\,(1{,}22 + \beta\,\omega_g'\,R_a\,C_c)\,(R_a + r_b)} \tag{46}$$

Es zeigt sich, daß dieser Ausdruck für ein bestimmtes R_a maximal wird. Durch Differenzieren findet man, daß — bei vorgegebener Anstiegszeit — die größte Verstärkung erreicht wird mit

$$R_a = \sqrt{\frac{1{,}22\,r_b}{\beta\,\omega_g'\,C}} \tag{47}$$

Setzt man diesen Wert in Gl. (46) ein, so ergibt sich folgende größtmögliche Verstärkung:

$$V = \frac{A\,\beta\,\omega_g'}{2{,}684\cdot\left(1+\sqrt{\frac{r_b\,C_e\,\beta\,\omega_g'}{1{,}22}}\right)^2} \tag{48}$$

Die erreichbare Verstärkung ist proportional zur Anstiegszeit; läßt man größere Anstiegszeit zu, so kann auch die Verstärkung vergrößert werden.

Diese Beziehungen gelten, wie erwähnt, für $(R_a + r_b) \ll 1/g_D$. Ist eine lange Anstiegszeit zulässig, so kann R_a groß gewählt werden, und diese Bedingung ist nicht mehr erfüllt. Für $R_a \gg 1/g_D$ erhält man die maximal mögliche Stromverstärkung β_0 und die Anstiegszeit $A = 2{,}2\,K/\omega_g'$. In den Fällen, wo weder $(R_a + r_b)$ noch $1/g_D$ vernachlässigt werden kann, werden die Ausdrücke komplizierter, da g_D nicht eliminiert werden kann.

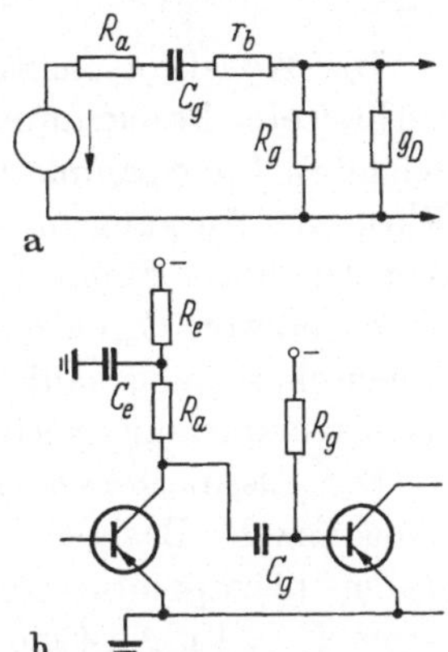

Abb. 96. a) Ersatzschema für niedere Frequenzen, b) Kompensation des Dachabfalles mit R_e und C_e.

Durch die Verwendung von Induktivitäten kann die Anstiegszeit noch etwas verkürzt werden. Für die Berechnung solcher Schaltungen wird auf die Spezialliteratur verwiesen [*18*].

Dachabfall. Der Dachabfall geht aus dem Verhalten der Verstärkerstufe bei niederen Frequenzen hervor, für welche sich das Ersatzschema von Abb. 96a ergibt. Unter der Annahme, daß $(R_a + r_b) \ll 1/g_D$ und $1/g_D \ll R_g$, ergibt sich als Zeitkonstante des fallenden Impulsdaches C_g/g_D; somit beträgt der Dachabfall $F = T\,g_D/C_g$, wenn die Impulsdauer T ist.

Der Dachabfall läßt sich teilweise kompensieren, indem man in die Kollektorzuleitung ein *RC*-Glied schaltet, das dafür sorgt, daß für niedere Frequenzen die Verstärkung größer ist als für mittlere, s. Abb. 96b. Dieses Glied verursacht einen Dach*anstieg*. Wenn man R_e und C_e so dimensioniert, daß der anfängliche Anstieg gleich steil ist wie der anfängliche Abfall infolge C_g, so entsteht ein Impulsdach mit horizontaler Anfangstangente. Das bedeutet, daß bei vorgegebenem, zulässigem Dachabfall bedeutend längere Impulse übertragen werden können. Für die Berechnung siehe [*18*].

Gegenkopplung. Zur Stabilisierung des Arbeitspunktes ist es in praktischen Schaltungen immer nötig, in die Emitterleitung einen Widerstand einzuschalten, der in gewissen Fällen durch einen Kondensator überbrückt wird. Dadurch wird das Frequenzverhalten beeinflußt; durch geeignete Dimensionierung der Kapazität kann die Anstiegszeit auf Kosten der Verstärkung verkürzt werden. Diese Zusammenhänge sind in [*18*] und [*36*] beschrieben.

Transistorpaare. Es gibt mehrere Schaltungen, in denen zwei Transistoren zu einem Paar kombiniert sind, um größere Ströme oder größere Leistungen zu erzeugen. Solche Anordnungen kommen hauptsächlich im Schalterbetrieb (also mit übersteuerten Transistoren) vor und sind daher in Kap. 10 (s. S. 140ff.) beschrieben; doch sind einzelne von ihnen auch in linearen Impulsverstärkern anwendbar.

7.3 Die Kollektorschaltung (Emitterfolger)

Die Kollektorschaltung (vgl. Abb. 58c) wird, in Anlehnung an die verbreitete Bezeichnung „Kathodenfolger", oft als *Emitterfolger* bezeichnet. Die Spannungsverstärkung dieser Schaltung ist nahezu gleich Eins, die Ausgangsimpedanz ist sehr niedrig, die Eingangsimpedanz dagegen hoch. Somit kann der Emitterfolger als Impedanzwandler bei unveränderter Signalspannung Verwendung finden und wird in dieser Eigenschaft auch häufig gebraucht. Mit dieser Betriebsart ist eine Leistungsverstärkung verbunden.

Die *Ausgangsimpedanz* des Emitterfolgers ist gleich wie die Eingangsimpedanz der Basisschaltung. Als Richtwert dafür kann man $r_i = U_T/I_e$ setzen (Temperaturspannung $U_T = 26$ mV, s. S. 60), beim Emitterstrom $I_e = 1$ mA ist sie somit 26 Ω. Die Eingangsimpedanz dagegen ist hoch und hängt stark vom Transistor und vom Lastwiderstand ab.

Konstruktion der Kennlinien. Abb. 97 zeigt als Beispiel einen Emitterfolger mit vorgeschaltetem Spannungsteiler. Die Konstruktion der Kennlinien ist in Abb. 98 veranschaulicht. Aus den Kurven geht die niedrige Ausgangsimpedanz der Schaltung hervor; sie ist aber — im Gegensatz zu den Verhältnissen im Kathodenfolger — nicht unabhängig von der Eingangsimpedanz, also von R_1 und der Impedanz der treibenden Quelle. Daher sind die Kurven sowohl für $R_1 = 0$ als auch $R_1 = 1\,\text{k}\Omega$ eingezeichnet.

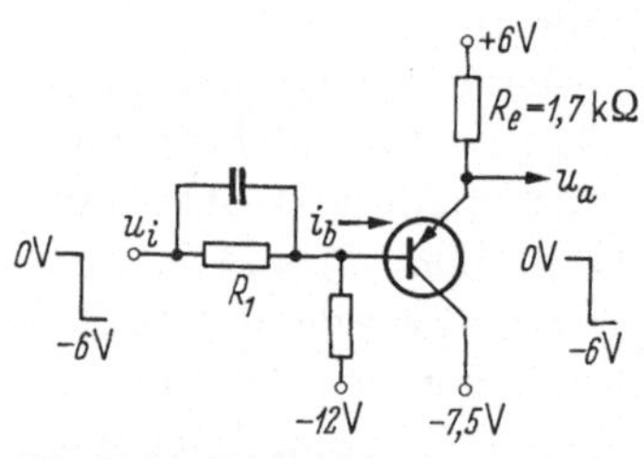

Abb. 97. Emitterfolger mit vorgeschaltetem Spannungsteiler.

Gegenüber der Basis ist das Signal am Emitter um etwa 0,5 V in positiver Richtung verschoben; der Spannungsteiler dient dazu, um an der Ausgangsklemme den gleichen Pegel wie an der Eingangsklemme herzustellen.

Neigung zu Schwingungen. Eine Eigenschaft des Emitterfolgers, die sich besonders mit Hochfrequenztransistoren außerordentlich störend bemerkbar macht, ist seine Neigung zu Schwingungen [*47*]. Sie tritt dann auf, wenn die Last einen kapazitiven Anteil hat, s. Abb. 99. Es läßt sich zeigen, daß die Eingangsimpedanz dieser Schaltung ebenfalls einen kapazitiven Anteil besitzt, und daß sie komplex ist. Der Imaginärteil ist kapazitiv, und der Realteil kann in einem bestimmten Frequenzbereich negativ werden, sofern $\omega_g\, RC$ wesentlich größer als 1 ist, was bei

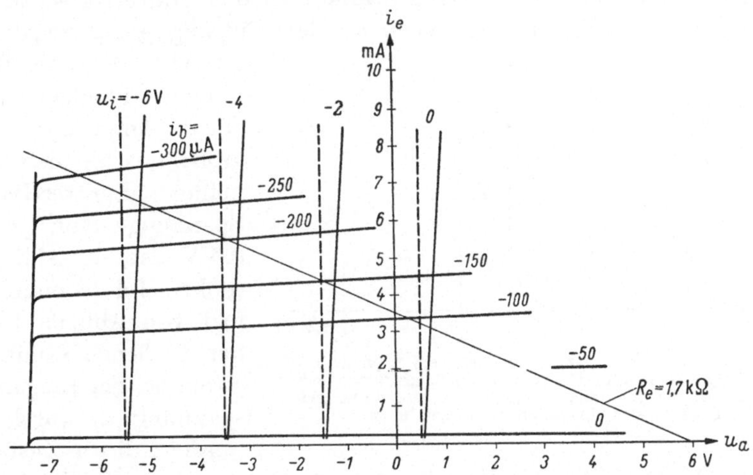

Abb. 98. Kennlinien des Emitterfolgers von Abb. 97. Die Kurven des konstanten u_i sind für $R_1 = 0$ (gestrichelt) und $R_1 = 1$ kOhm (ausgezogen) eingezeichnet.

Hochfrequenztransistoren leicht eintreten kann. Wenn nun die Quelle, die diese Schaltung treibt, eine induktive Impedanz besitzt (beispielsweise infolge einer langen Zuleitung), und wenn diese Impedanz irgendwo im kritischen Frequenzbereich den gleichen Betrag wie der kapazitive Anteil der Eingangsimpedanz annimmt, so sind die Bedingungen für ungedämpfte Schwingungen gegeben. Diese Schwingungen können unterdrückt werden, indem man einen Widerstand, der größer als der negative Realteil der Eingangsimpedanz sein muß, in Serie zum Kollektor oder zur Basis schaltet. Die richtige Größe dieses Widerstandes hängt von der Belastung des Emitterfolgers ab; es ist daher schwierig, eine einheitliche Schaltung zu schaffen, die beliebig an viele verschiedene Lasten angeschlossen werden kann.

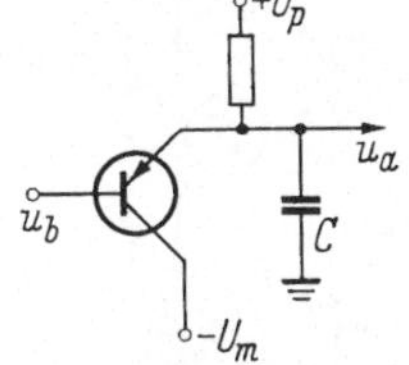

Abb. 99. Emitterfolger mit kapazitiver Last. Der Lastwiderstand ist R.

Aber auch ohne induktive Quellenimpedanz ist der Emitterfolger schwingungsfähig, sofern $\omega_g\, R'C$ in einem gewissen Bereich liegt ($1/R' = 1/R + 1/r_b$) [63]. Diese Schwingungen können ebenfalls durch einen zusätzlichen Widerstand unterdrückt werden.

Impulsverhalten bei kapazitiver Last. Ähnlich wie der Kathodenfolger hat auch der Emitterfolger die Eigenschaft, bei großen Impulsamplituden, sofern er kapazitiv belastet ist, die steigende und die fallende Flanke nicht gleich zu übertragen, da er (im Falle des *pnp*-Transistors) bei der steigenden Flanke vorübergehend gesperrt wird. Dieser Fall kann auch dann eintreten, wenn der Transistor im stationären Zustand nicht übersteuert ist.

In der folgenden Betrachtung nehmen wir den Transistor selbst als frequenzunabhängig an und geben an den Eingang einen negativen Impuls mit unendlich kurzen Flanken und einer Amplitude, die größer als die betriebsmäßige Emitter-Basis-Spannung von etwa 0,5 V ist, s. Abb. 100 (links). Im Kennlinienfeld von Abb. 98 kann der fließende Emitterstrom bei der Eingangsspannung u_1 abgelesen werden; dieser Zustand ist als Punkt *1* in Abb. 100 eingetragen. Springt nun die Eingangsspannung auf u_2, so beginnt sofort ein hoher Strom zu fließen (Punkt *2*), der die Kapazität C in kurzer Zeit auf die neue Spannung umlädt, was zum Punkt *3* führt. Dieser Punkt wird mit der Zeitkonstanten $R_a\,C$ angenähert, also sehr schnell, da R_a (Ausgangsimpedanz des Emitterfolgers) klein ist. Wenn aber die Eingangsspannung wieder auf u_1 zurückspringt, so wird der Transistor gesperrt (Punkt *4*), weil der Emitterstrom nur zu Null wird, seine Richtung aber nicht umkehren kann. C kann jetzt nur noch durch den Widerstand R aufgeladen werden; das ergibt eine mit der Zeitkonstante RC gegen U_p strebende Signalform oder angenähert einen linearen Anstieg mit der Anstiegsgeschwindigkeit U_p/RC. Das ist der schnellste mögliche Anstieg in positiver Richtung. Erst bei Erreichung von Punkt 5 (etwa 0,5 V vor dem Endwert) beginnt der Transistor wieder zu leiten. Die nun folgende Signalform strebt mit

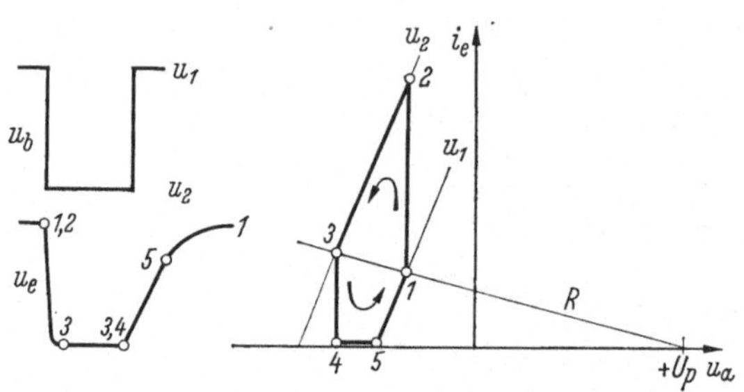

Abb. 100. $u_a - i_e$-Feld eines Emitterfolgers nach Abb. 97. Die kräftig ausgezogene Kurve wird im Gegenuhrzeigersinn durchlaufen; die Nummern entsprechen den numerierten Punkten der eingezeichneten Signalform.

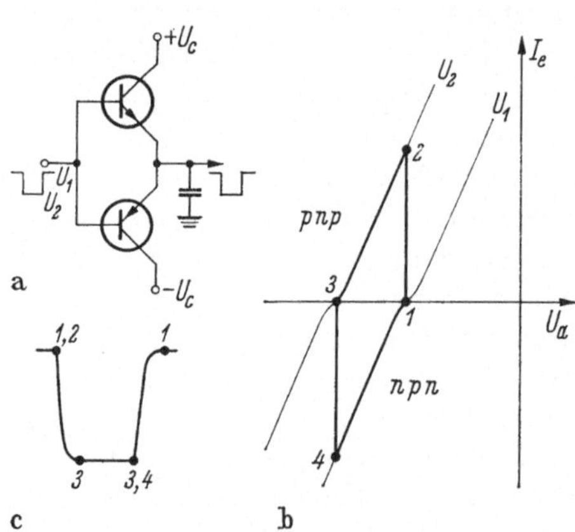

Abb. 101.
a) komplementäre Emitterfolger, b) $u_a - i_e$-Feld. Die kräftig ausgezogene Kurve wird im Gegenuhrzeigersinn durchlaufen. c) Signalform am Ausgang.

der Zeitkonstanten $R_a C$ exponentiell gegen U_1 und führt auf Punkt *1* zurück.

Zusammenfassend läßt sich sagen: Die Ungleichheit von fallender und steigender Flanke tritt dann ein, wenn der angelegte Impuls eine Amplitude von mehr als etwa 0,5 V und eine Anstiegsgeschwindigkeit von mehr als U_p/RC aufweist (s. Abb. 99).

Diese Unsymmetrie in der Schnelligkeit der zwei Flanken ist oft unerwünscht. Sie kann durch Kombination eines *pnp*- mit einem *npn*-Transistor vermieden werden, s. Abb. 101 a. Der *pnp*-Transistor übernimmt jetzt die Stromlieferung bei der fallenden, der *npn*-Transistor bei der steigenden Flanke, und die im kombinierten U_a-I_e-Feld durchlaufene Kurve ist in b) eingezeichnet. Eine wichtige Eigenschaft dieser Schaltung ist, daß der Ruhestrom durch den Lastwiderstand gleich Null gemacht werden kann. — Man beachte, daß durch diese Kombination von zwei Transistoren die Neigung zu Schwingungen nicht beseitigt wird.

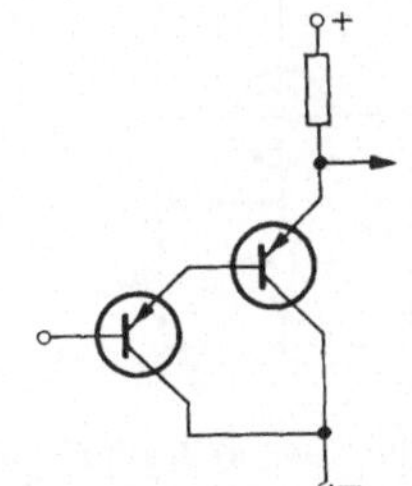

Abb. 102. Kettenschaltung zweier Emitterfolger zur Erhöhung der Eingangsimpedanz.

Manchmal wünscht man einen Emitterfolger mit besonders kleinem Eingangsstrom (besonders hoher Eingangsimpedanz). Wenn man zwei Emitterfolger nach Abb. 102 in Kette schaltet, so reduziert sich der Eingangsstrom gegenüber der einfachen Schaltung um den Faktor β, was eine große Verbesserung bedeutet.

7.4 Der Anodenverstärker

Die einfachste Verstärkerschaltung mit Trioden ist der Anodenverstärker, s. Abb. 103. Die Verstärkung ist $u_2/u_1 = V = -\mu\, R/(R + R_i) = -S\, R'$ (R' ist die Parallelschaltung von R und R_i). Für $R \ll R_i$ nähert sich $-V$ dem Wert SR, für $R \gg R_i$ dem Wert μ, doch steht der Wahl $R \gg R_i$ die Tatsache entgegen, daß zur Erreichung eines hinreichenden Anoden-Ruhestromes eine hohe Speisespannung nötig ist, was zu einer hohen Verlustleistung in R führt. Die Ausgangsimpedanz ist gleich R'.

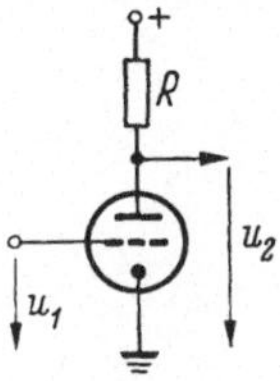

Abb. 103. Anodenverstärker.

Für Impulsschaltungen liegt die hervorstechende Eigenschaft des Anodenverstärkers in der Eingangskapazität. Am Gitter erblickt man zunächst die Gitter-Kathodenkapazität C_{gk}; dazu kommt aber die um den Faktor $1 + V$ vergrößerte Anoden-Gitterkapazität C_{ag}. Die Vergrößerung um $1 + V$ bezeichnet man als *Miller-Effekt.* Sie kann auf ganz erhebliche Werte führen; mit $C_{ag} = 2$ pF, $V = 24$ ergibt sich 50 pF. Eingangsseitig muß also ein bedeutender kapazitiver Strom aufgebracht werden, und es ist daher schwierig, kurze Anstiegszeiten zu erreichen.

7.5 Der Kathodenfolger

Eine weitere lineare Verstärkerschaltung mit Trioden ist der Kathodenfolger. Die bekannte Theorie der Elektronenröhren gibt zu Abb. 104a das Ersatzbild b). Die Röhre stellt sich als Spannungsquelle mit der Spannung $U_1 \mu/(1+\mu)$ und dem Widerstand $R_i/(1+\mu)$ dar. Die Verstärkung $\mu/(1+\mu)$ ist also etwas kleiner als 1 (z. B. 0,98 für $\mu = 49$); man kann somit nicht von einem eigentlichen Verstärker sprechen, es sei denn, man beziehe sich mit dem Ausdruck „Verstärker" auf die Leistungsverstärkung. Diese Zahl gilt für Leerlauf ($R = \infty$).

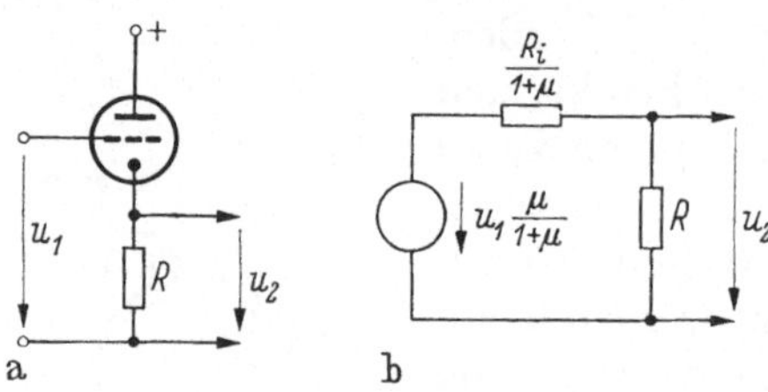

Abb. 104. a) Kathodenfolger, b) Ersatzschema.

Andernfalls ist die Verstärkung $V = \mu R/[(1+\mu) R + R_i]$ oder angenähert $1/(1 + 1/SR)$. Für die Berechnung des Ausgangswiderstandes läßt sich (da $\mu \gg 1$) angenähert $R_i/\mu = 1/S$ setzen. Da S für die meisten verwendeten Trioden in der Gegend von 5 mA/V liegt, kann 200 Ω als Richtwert für den Ausgangswiderstand eines Kathodenfolgers angesehen werden. Dabei ist angenommen, daß $R \gg 1/S$. Ein Kathodenfolger hat somit einen sehr kleinen Ausgangswiderstand.

Für größere Aussteuerungen wünscht man die Kurve, die die Beziehung zwischen u_1 und u_2 herstellt, zu kennen. Diese muß aus dem U_a-I_a-Kennlinienfeld konstruiert werden; ein Beispiel zeigt Abb. 105. Anstatt

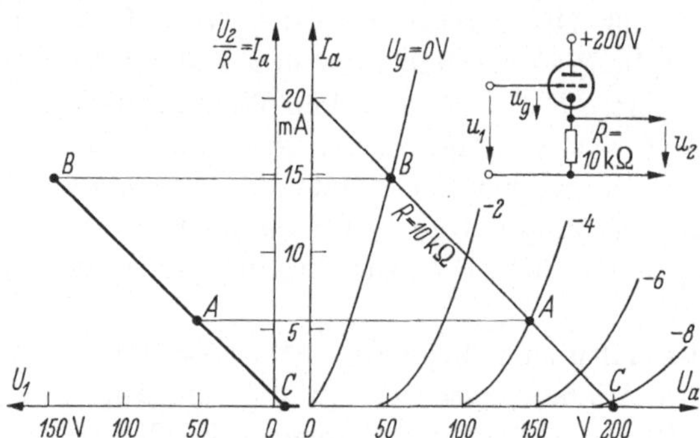

Abb. 105. Konstruktion der Kennlinie eines Kathodenfolgers mit der Röhre E88CC (ein System).

u_2 wird man zunächst $u_2/R = I_a$ an die Ordinatenachse anschreiben. Das neue Koordinatensystem wird neben das U_a-I_a-System gesetzt; den

Abszissenwert u_1 zu einem gegebenen Punkt A erhält man als $u_1 = u_g + u_2$. Aus der Kurve sind einige Tatsachen ersichtlich, die für den Kathodenfolger von Bedeutung sind. Erstens verläuft die Beziehung zwischen den Punkten B (Einsatz des Gitterstromes) und C (Gitter-Sperrpunkt), also über einen Bereich von 153 V, sehr linear, obwohl das U_a-I_a-Kennlinienfeld selbst gekrümmt ist. Allgemein haben Kathodenfolger einen sehr großen Aussteuerungsbereich, in welchem sie linear arbeiten. Dieser Aussteuerungsbereich erstreckt sich — bezogen auf Erdpotential — hauptsächlich in positiver Richtung. Der Einsatz des Gitterstromes bei B bedeutet nicht unbedingt eine Begrenzung des Arbeitsbereiches; falls die treibende Quelle in der Lage ist, diesen Strom zu liefern, bleibt die Kurve auch über B hinaus geradlinig.

Besonders wichtig ist die Tatsache, daß der Kathodenfolger eine kleine Eingangskapazität besitzt. Die Anoden-Gitterkapazität C_{ag} tritt unverändert in Erscheinung; dagegen wird die Gitter-Kathodenkapazität C_{gk} um den Faktor $1 - V$ reduziert, wobei V die effektive Verstärkung ist. Eine bedeutende Verkleinerung von C_{ag} erreicht man durch die Verwendung einer Pentode; allerdings ist dann dafür zu sorgen, daß die Spannung zwischen Schirmgitter und Kathode konstant bleibt (z. B. mittels eines Kondensators zwischen diesen beiden Elementen), da sonst C_{g2g1} die gleiche Rolle übernehmen würde wie C_{ag} in der Triode.

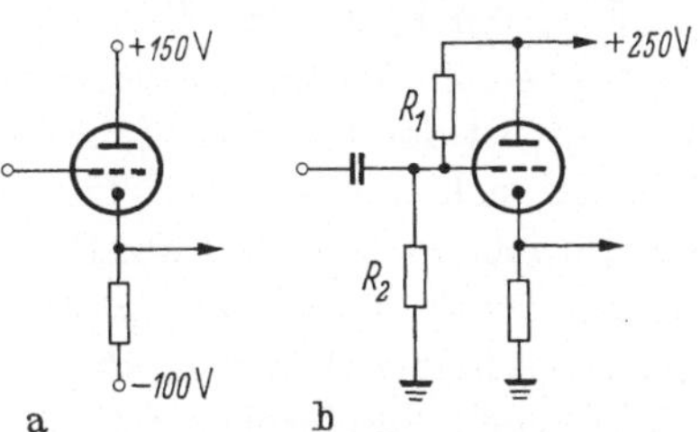

Abb. 106. Erzeugung des richtigen Arbeitspunktes.

Im praktischen Betrieb wird man für die richtige Lage des Arbeitspunktes in einem Kathodenfolger sorgen müssen. Wenn das Eingangssignal gegenüber Erde sowohl positiv als negativ wird, so muß der Kathodenwiderstand an eine negative Spannung (z. B. —100 V) geführt werden, s. Abb. 106a. Ist das Gitter durch einen Kondensator gespeist, so kann ihm anderseits auch eine positive Vorspannung gegeben werden (b); hier ist der effektive, am Eingang wirksam werdende Gitterwiderstand gleich der Parallelschaltung von R_1 und R_2.

Die Eigenschaften des Kathodenfolgers lassen sich wie folgt zusammenfassen: Niedrige Eingangskapazität; niedrige Ausgangsimpedanz; Verstärkung nahezu unabhängig von den Eigenschaften der Röhre; lineare Signalübermittlung; keine Phasenumkehr; Verstärkung nahezu gleich Eins; großer Aussteuerungsbereich.

An dieser Stelle ist noch die Phasenumkehrstufe zu erwähnen, s. Abb. 107, die die Kombination eines Anodenverstärkers und eines Kathodenfolgers darstellt. Sie wird dann verwendet, wenn ein Signal gleichzeitig mit positivem und mit negativem Vorzeichen gebraucht wird.

Da die beiden Widerstände R gleich sind, sind auch die an ihnen entstehenden Signale gleich groß, und — abgesehen vom Gleichstrompegel — gilt $u_1 = -u_2$. Die Verstärkung dieser Stufe ist $\mu R/[(2+\mu) R + R_i]$, also annähernd gleich wie beim Kathodenfolger.

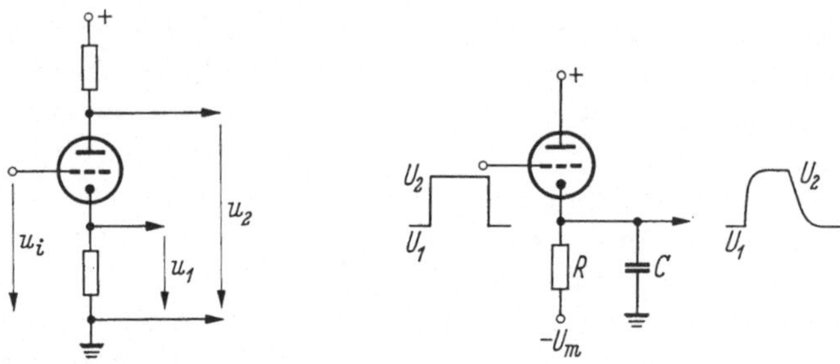

Abb. 107. Phasenumkehrstufe. Die Widerstände sind gleich R.

Abb. 108. Kathodenfolger mit kapazitiver Last.

Schließlich sei das Verhalten des Kathodenfolgers bei kapazitiver Last betrachtet. Als Ersatzbild kann unverändert Abb. 104b verwendet werden; ist der Kathodenfolger mit der Kapazität C belastet, so verhält er sich wie ein RC-Tiefpaß mit der Anstiegszeit $2{,}2\,C/S$, und ein Impuls wird nach Abb. 19b wiedergegeben. *Das gilt allerdings nur, solange bei der fallenden Flanke der Gitter-Sperrpunkt nicht erreicht wird.* Sonst verhält sich der Kathodenfolger als nichtlineare Schaltung, was nachfolgend beschrieben ist. Wenn am Eingang ein positiver Impuls kurzer Anstiegszeit und großer Amplitude angelegt wird (s. Abb. 108), so kann die Ausgangsklemme diesem Anstieg nicht augenblicklich folgen, da für die Aufladung von C eine endliche Zeit nötig ist. Somit wird kurzzeitig das Gitter gegenüber der Kathode positiv sein, das heißt, es fließt Gitterstrom. Sofern die Quelle in der Lage ist, diesen Strom aufzubringen, ändert sich dadurch nichts, da die Steilheit S der Röhre (und damit ihr Ausgangswiderstand) im Gitterstromgebiet ungefähr den gleichen Wert hat wie im Arbeitsbereich. Mithin wird die Impulsflanke am Ausgang mit der Zeitkonstante C/S gegen U_2 streben, die Anstiegszeit ist also auch hier $2{,}2\,C/S$. Bei der fallenden Flanke wird hingegen die Röhre — sofern der Spannungssprung größer als die Gitter-Sperrspannung ist — gesperrt. C kann jetzt nur durch R aufgeladen werden, und die größte mögliche Abfallgeschwindigkeit ist $-U_m/RC$. Erst wenn der Anodenstrom wieder einsetzt (also einige Volt vor Erreichen von U_1) wird die Ausgangsimpedanz wieder $1/S$, und der Rest der Impulsflanke strebt nun mit der Zeitkonstanten C/S gegen U_2. — Zusammenfassend läßt sich sagen: Die Ungleichheit von steigender und fallender Flanke tritt dann ein, wenn der angelegte Impuls größer als die Gitter-Sperrspannung ist und eine Anstiegsgeschwindigkeit von mehr als U_m/RC hat.

7.6 Triodenpaare

Es gibt zahlreiche Möglichkeiten, zwei Trioden zusammenzuschalten. Viele davon können in einfacher Weise als zweistufige Verstärker betrachtet und behandelt werden. In andern ist es jedoch nötig, die zwei Trioden als eine Einheit aufzufassen; dieser Fall liegt besonders dann vor, wenn zwei Röhren einen gemeinsamen Kathodenwiderstand haben oder wenn eine Röhre als Kathodenwiderstand oder als Anodenwiderstand einer andern wirkt. Solchen Fällen ist dieser Abschnitt gewidmet.

Kathodengekoppelter Verstärker. Die Kombination von Abb. 109a erzeugt aus einem Signal u_1 ein Paar von erdsymmetrischen Signalen u_{a1}, u_{a2}. Diese Schaltung wird in der englischen Sprache oft als „long-tailed pair" oder „paraphase inverter" bezeichnet. Bei gleichen Anodenwiderständen R ist die Verstärkung V für das zwischen beiden Anoden gemessene Ausgangssignal $V = \mu\, R/(R_i + R)$, zwischen einer Anode und Erde etwa halb so groß. Die beiden Anodenspannungen sind nicht exakt symmetrisch; die Abweichung ist gering, wenn $R_k \gg (R_i + R)/(\mu + 1)$.

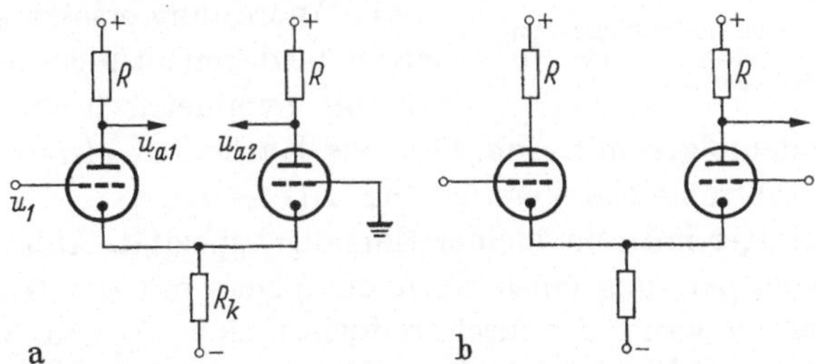

Abb. 109. Kombinierte Stufen. a) kathodengekoppelter Verstärker, b) Differenzverstärker.

Exakte Symmetrie läßt sich erreichen, wenn man $R_1 \neq R_2$ macht, oder wenn man das Gitter der rechten Röhre nicht an Erde legt, sondern vom Abgriff eines zwischen den beiden Anoden liegenden Spannungsteilers her steuert. Diese Schaltung kann dazu dienen, um von Eintakt- auf Gegentaktdarstellung überzugehen; gegenüber Abb. 107 besteht der Vorteil größerer Verstärkung und gleicher Ausgangswiderstände.

Die kathodengekoppelten Verstärker haben den Vorteil kleiner Eingangskapazität (ähnlich wie Kathodenfolger) und eignen sich daher gut für schnelle Impulsflanken.

Differenzverstärker. An der rechten Anode von Abb. 109b entsteht eine Spannung, die annähernd proportional zur Differenz der beiden Eingangsspannungen ist. (Diese Schaltung wird oft „Differentialverstärker" genannt, was aber fälschlicherweise auf den Prozeß des Differenzierens hindeutet.) Gleichphasige Signale am Eingang werden nicht ganz unterdrückt, aber gegenüber den gegenphasigen um den Faktor $1 + R/R_i$ abgeschwächt. Die Verstärkung ist sinngemäß gleich wie in a). Der Anodenwiderstand der linken Röhre kann auch weggelassen werden. Diese Schaltung kann dazu dienen, um von Gegentakt- auf Eintaktdarstellung überzugehen.

Ersatz des Kathodenwiderstandes durch eine Röhre. Eine Röhre mit Kathodenwiderstand R und positiver, fester Gitterspannung U_b (s. Abb. 110a) führt einen Strom $(U_b - U_g)/R$. Wenn U_b groß gegenüber der Gitter-Kathodenspannung U_g gewählt wird, so ist dieser Strom weitgehend unabhängig von der Anodenspannung, das heißt, an der Anode erblickt man eine Stromquelle mit hohem Innenwiderstand. Dieser beträgt $R_a = R_i + (\mu + 1) R \approx \mu R$. Beispielsweise mit $R = 20\ \text{k}\Omega$, $U_b = 100\ \text{V}$ und $\mu = 50$ entsteht eine Stromquelle von 5 mA mit $R_a = 1\ \text{M}\Omega$. Der Kathodenwiderstand in Abb. 109a und b kann durch eine solche Anordnung ersetzt werden und macht beide Schaltungen nahezu vollständig symmetrisch. Ein gewöhnlicher Kathodenfolger mit Abb. 110a als Kathodenwiderstand erreicht nahezu die größtmögliche Verstärkung $\mu/(1 + \mu)$.

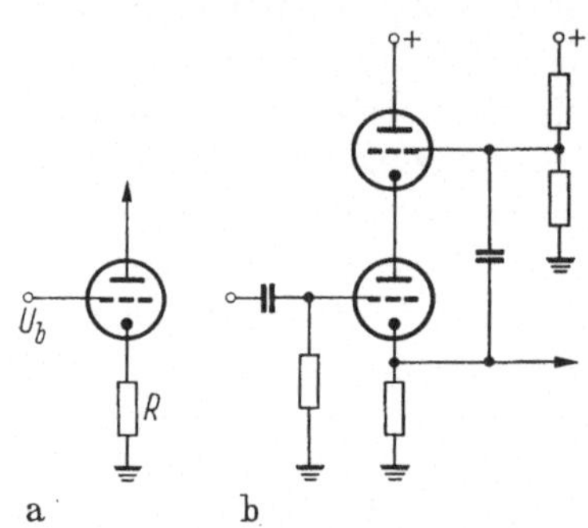

Abb. 110. a) Röhre als hoher Widerstand, b) Kathodenfolger mit sehr kleiner Eingangskapazität.

Kathodenfolger mit sehr kleiner Eingangskapazität. Abb. 110b zeigt, wie die Anodenspannung eines Kathodenfolgers mit der Kathode mitgesteuert werden kann. Dadurch reduziert sich C_{ag} um den Faktor $1 - V$, woraus sich eine sehr kleine Eingangskapazität ergibt. Wenn man eine zusätzliche Verstärkerstufe zwischen die untere und die obere Röhre schaltet, so kann — über einen begrenzten Frequenzbereich — die Eingangskapazität zu Null gemacht werden.

Zusätzliche Literatur: Gruhle [*6*] beschreibt viele weitere kombinierte Schaltungen und gibt Formeln für die Verstärkungen und Impedanzen nebst Literaturhinweisen.

7.7 Impulsverstärker mit Pentoden

Pentoden unterscheiden sich von Trioden durch kleineren Durchgriff, größeren Innenwiderstand und kleinere Gitter-Anoden-Kapazität. Die Unterschiede sind so groß, daß bezüglich ihres Verhaltens als Impulsverstärker eine andere Betrachtungsweise verwendet werden muß, indem die Ausgangsimpedanz nicht durch die Röhre, sondern nur durch den Anodenwiderstand bestimmt ist. Außerdem werden wir — da Pentoden hauptsächlich in mehrstufigen Verstärkern Verwendung finden — die Koppelglieder zwischen zwei Stufen mit einbeziehen.

Ersatzbild einer Verstärkerstufe. Abb. 111a zeigt eine Pentoden-Verstärkerstufe einschließlich der Kopplung zur nachfolgenden Stufe. C_a besteht aus der Anoden-Kathoden-Kapazität der ersten Röhre und der Kapazität des Sockels und der Verdrahtung; C_i ist die Gitter-Kathoden-Kapazität der nachfolgenden Röhre, wozu ebenfalls die zusätzlichen Kapazitäten hinzuzuzählen sind. Diese beiden Kapazitäten sind punktiert gezeichnet, um anzudeuten, daß es sich nicht um eingebaute Kondensatoren, sondern um Eigenschaften der Röhren und der Schaltkreise handelt. (Die Anoden-Gitter-Kapazität ist so klein, daß sie normalerweise nicht in Berücksichtigung gezogen zu werden braucht.)

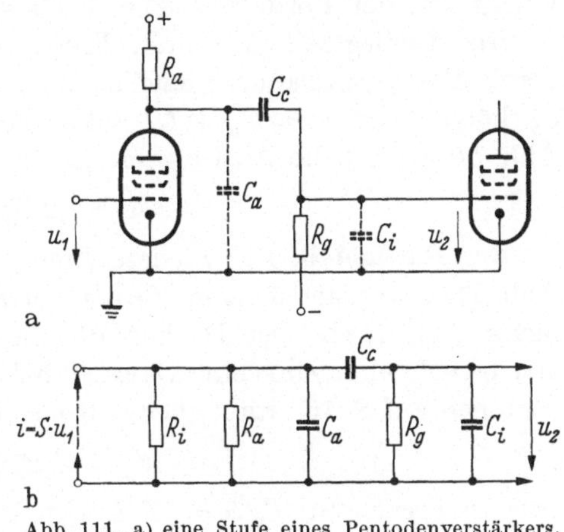

Abb. 111. a) eine Stufe eines Pentodenverstärkers, b) Ersatzbild dazu.

Wenn wir im folgenden von Eigenschaften (z. B. Anstiegszeit, Dachabfall) *einer Stufe* sprechen, so meinen wir damit immer die Übertragung von einem Gitter zum nächsten. Das Ersatzschema einer Stufe zeigt Abb. 111b. Die Röhre ist in bekannter Weise durch die Stromquelle $S u_1$ und den parallelgeschalteten Innenwiderstand R_i dargestellt; parallel dazu liegt R_a, und die nachfolgenden Schaltelemente sind unverändert übernommen.

In einer praktisch ausgeführten Schaltung würden etwa folgende Werte vorkommen: $S = 5$ mA/V, $R_i = 1$ MΩ, $R_a = 1$ kΩ, $C_a = 5$ pF,

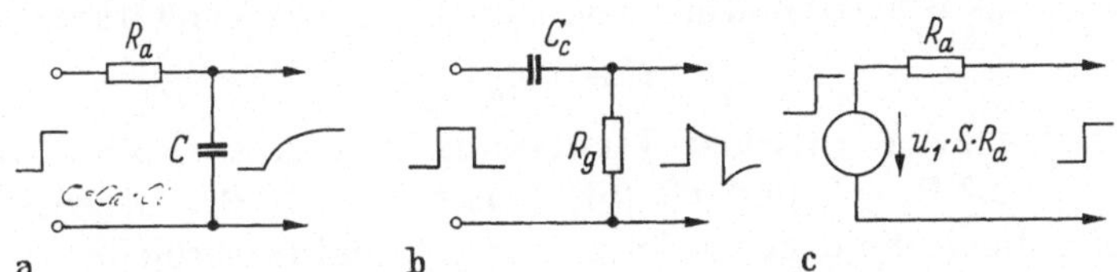

Abb. 112. Vereinfachungen: a) hohe, b) niedere, c) mittlere Frequenzen.

$C_i = 10$ pF, $C_2 = 0{,}2\,\mu$F, $R_g = 1$ MΩ. Daraus ist zunächst ersichtlich, daß R_i gegenüber R_a immer vernachlässigt werden kann. Weiterhin lassen sich drei Frequenzgebiete unterscheiden: hohe Frequenzen, bei denen das Verhalten durch C_a und C_i bestimmt wird; niedere Frequenzen, bei denen das Verhalten durch C_c bestimmt wird; mittlere Frequenzen, bei denen alle Kapazitäten vernachlässigt werden dürfen. In den Zeitbereich übertragen, bestimmt das Verhalten bei hohen Frequenzen die

Beschaffenheit der Flanke, das Verhalten bei niederen Frequenzen den Dachabfall; die mittleren Frequenzen entsprechen dem Impulsdach nach vollendetem Anstieg, jedoch bevor der Abfall bemerkbar wird. Diese drei Bereiche werden wir nacheinander betrachten, s. Abb. 112. In diesen Ersatzschaltbildern ist die Röhre durch eine Spannungsquelle mit der Spannung $u_1 S R_a$ und dem Innenwiderstand R_a dargestellt, was gleichwertig mit der Form von Abb. 111b ist.

Die Anstiegszeit. Für hohe Frequenzen läßt sich C_c in Abb. 111b vernachlässigen. Dadurch entfällt auch R_g (weil $R_g \gg R_a$), und C_a und C_i können zu $C = C_a + C_i$ zusammengefaßt werden. Es verbleibt Abb. 112a, und die Anstiegszeit A errechnet sich zu:

$$A = 2{,}2 R_a C \tag{49}$$

Der Dachabfall. Für niedere Frequenzen lassen sich C_a und C_i in Abb. 111b vernachlässigen; ferner entfällt R_a, weil $R_a \ll R_g$. Es verbleibt Abb. 112b. Der Dachabfall eines Impulses läßt sich allerdings erst berechnen, wenn seine Dauer T bekannt ist. Wie sich aus den Darlegungen auf S. 16 ergibt, berechnet sich der Dachabfall F_g zu:

$$F_g = T / R_g C_c \tag{50}$$

oder in Prozenten: $F_g\% = (T/R_g C_c) \cdot 100\%$. Dabei ist Bedingung, daß $T \ll R_g C_c$, die aber ohnehin erfüllt sein muß, wenn der Verstärker die Impulse unverändert übertragen soll. Sie bedeutet, daß man mit einem Verstärker nicht beliebig lange Impulse übermitteln kann, sondern nur solche, die kurz gegen $R_g C_c$ sind. Beispiel: $R_g C_c = 0{,}2$ s, $T = 4$ ms, ergibt $F_g = 2\%$.

Die Verstärkung. Die Amplitude des Ausgangsimpulses nach Beendigung der Anstiegszeit bestimmt die Verstärkung der Stufe. In diesem Zeitbereich können alle Kapazitäten vernachlässigt werden, und es ergibt sich das Ersatzschaltbild von Abb. 112c. Die Verstärkung ist:

$$V = S R_a \tag{51}$$

Zusammenhang zwischen Verstärkung und Anstiegszeit. Gl. (49) lautet $A = 2{,}2\, R_a \cdot C$, und Gl. (51) lautet $V = S \cdot R_a$. Dividiert man die zweite durch die erste, so kürzt sich R_a, und es verbleibt:

$$\frac{V}{A} = \frac{S}{2{,}2C} \tag{52}$$

Sieht man von den Streukapazitäten ab, so ist dieser Quotient nur noch eine Eigenschaft der Röhre, nicht der gewählten Schaltelemente[1]. Das

[1] Betrachtet man Abb. 111a, so erkennt man, daß sich S auf die erste Röhre bezieht, während der Hauptanteil von C von der zweiten Röhre herrührt. Die folgenden Überlegungen enthalten die Annahme, beide Röhren seien gleich, was deshalb gerechtfertigt ist, weil die meisten Impulsverstärker viele gleichartige Stufen haben.

bedeutet, daß die Anstiegszeit nur auf Kosten einer geringeren Verstärkung verkleinert werden kann, und daß umgekehrt eine größere Verstärkung auch eine längere Anstiegszeit mit sich bringt. Eine Vergrößerung des Quotienten kann nur von der Röhrenseite her kommen. Die Röhre E810F hat einen Quotienten $S/C = 2\pi \cdot 250\,\text{MHz}$, und es ist unwahrscheinlich, daß darüber hinaus noch wesentliche Verbesserungen möglich sind. Verlangt man von einer solchen Stufe eine Anstiegszeit von $A = 10$ ns, so beträgt die größte mögliche Verstärkung $V = 7$; mit $A = 100$ ns kann $V = 70$ erreicht werden. — Bei Trioden ist C infolge der hohen dynamischen Eingangskapazität (s. S. 91) viel größer, daher sind sie für Impulsverstärker kurzer Anstiegszeit völlig ungeeignet.

Induktive Kompensation. Die angeführten Zusammenhänge zwischen Verstärkung und Anstiegszeit beziehen sich auf die einfachste Schaltung von Abb. 111a, in der in der Anodenleitung nur ein Ohmscher Widerstand liegt, und es taucht die naheliegende Frage auf, ob es möglich ist, durch die Verwendung von induktiven Gliedern bei unveränderter Verstärkung eine kürzere Anstiegszeit zu erhalten. Tatsächlich läßt sich eine solche Verbesserung erreichen, doch bleibt sie in relativ bescheidenen Grenzen; bei gleichbleibender Verstärkung kann die Anstiegszeit mit einer einfachen Schaltung etwa auf die Hälfte, mit komplizierteren Schaltungen etwa auf das 0,4-fache reduziert werden. Diese Verbesserung ist in einer einzelnen Stufe nicht allzu bedeutend, macht sich aber bei mehrstufigen Verstärkern doch stark bemerkbar.

Die einfachste Schaltung ist in Abb. 113 gezeigt. Man bezeichnet die Zufügung einer Induktivität in Serie zu R_a als „Kompensation". Es entsteht ein gedämpfter Schwingkreis mit den Parametern L, C und R_a. (C hat die gleiche Bedeutung wie in Abb. 112a.) Wir definieren die Größe $Q = \frac{1}{R}\sqrt{\frac{L}{C}}$. (Bei einem schwach gedämpften Kreis wäre Q gleich dem Gütefaktor; hier arbeiten wir aber in der Umgebung des aperiodischen Grenzfalles, also mit sehr starken Dämpfungen, so daß von einem Gütefaktor nicht gesprochen werden kann.) Die entstehenden Anstiegsflanken für verschiedene Q sind in Abb. 113 gezeigt. Dabei ist R_a (also auch die Verstärkung) konstant gehalten, ebenso C, das ja eine Eigenschaft der Röhre ist, und die Veränderung von Q kommt durch verschieden große L zustande. Es ist ersichtlich, daß mit steigendem L die Anstiegszeit kleiner wird. Tab. 2 gibt die

Tab. 2. *Verkürzung der Anstiegszeit A/A_0 und Überschwingen B für einige Werte von Q*

Q	A/A_0	B%
0	1,00	0
0,25	0,93	0
0,5	0,70	0
0,75	0,49	9
1,0	0,46	32

Anstiegszeit A, bezogen auf den Wert A_0 für die unkompensierte Schaltung. $Q = 0$ ist der normale, unkompensierte Fall mit $L = 0$ und ergibt $A/A_0 = 1$, also $A = 2{,}2\ RC$. $Q = 0{,}5$ ist der aperiodische Grenzfall und entspricht dem größten Wert von L, der noch kein Überschwingen ergibt. Bei größeren Q entsteht Überschwingen; mit $B = 32\%$ bei $Q = 1$ dürfte das Maximum des praktisch Brauchbaren bereits überstiegen sein. Aus der Tabelle geht die approximative, einfache Regel

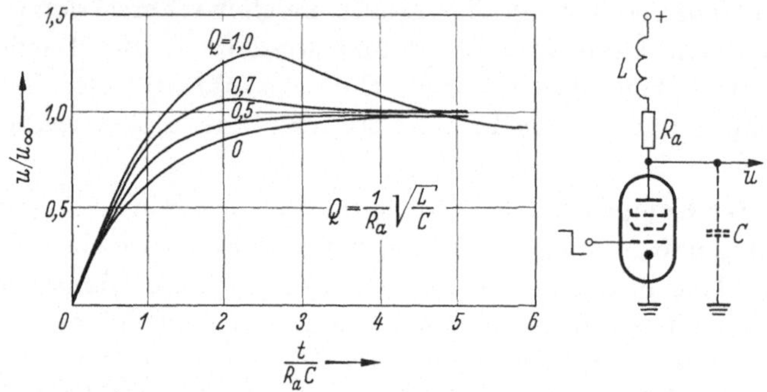

Abb. 113. Verhalten einer kompensierten Verstärkerstufe.

hervor, daß die Anstiegszeit halbiert werden kann, wenn man ein 10%iges Überschwingen in Kauf nimmt, und daß dazu ungefähr $L = R_a^2\, C/2$ sein muß.

Es gibt viele weitere Schaltungen, die auf Kosten eines zusätzlichen Materialaufwandes eine Verbesserung ermöglichen. Diese Verbesserun-

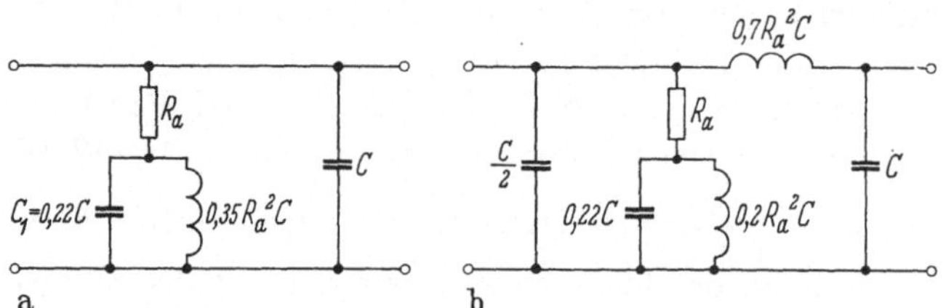

Abb. 114. Zwei verbesserte Kopplungs-Netzwerke.

gen sind sehr bescheiden und machen sich daher erst in mehrstufigen Verstärkern bemerkbar. Zwei davon sind in Abb. 114 gezeigt. Diese Schaltungen sind als Vierpole aufgezeichnet; links ist die Quelle (also der Anodenkreis der ersten Stufe), rechts der Verbraucher (also der Gitterkreis der folgenden Stufe) anzuschließen. a) geht aus Abb. 113 in einfachster Weise durch Parallelschaltung von C_1 zur Induktivität hervor. Mit den angegebenen Werten ergibt sich $A/A_0 = 0{,}59$ und $B = 1\%$. Diese Schaltung ist deshalb besonders interessant, weil es oft möglich ist, C_1 durch die Anordnung der Bauteile und Leitungen darzustellen, ohne daß dafür ein zusätzlicher Kondensator aufgewendet werden muß.

Eine weitere, merkliche Verbesserung ist mit Zweipolen nicht mehr möglich, doch ergeben sich viele neue Varianten, sobald man auf Vierpole übergeht; b) zeigt ein Beispiel, welches $A/A_0 = 0{,}45$ und $B = 1\%$ ergibt. A_0 ist dabei nicht als $A_0 = 2{,}2\, RC$, sondern als $A = 2{,}2\, R\,(C + C/2)$ definiert; denn Anoden- und Gitterkapazität erscheinen hier getrennt, während sie in Abb. 114a zu C zusammengefaßt sind. Diese Schaltung geht von der Annahme aus, daß sich Anoden- zu Gitterkapazität wie 1 : 2 verhalten. Wenn das nicht der Fall ist, so müssen auch die übrigen Schaltelemente neu dimensioniert werden. Mehrere andere Vierpole sind in [*13*] angegeben. Der Abgleich solcher Schaltungen ist wesentlich schwieriger als im Falle des Zweipols von Abb. 114a; sie werden daher nur ausnahmsweise verwendet.

Kondensatoren in Kathode, Schirmgitter und Anodenzuleitung. Eine vollständige Verstärkerstufe mit einer Pentode zeigt Abb. 115. R_k und C_k dienen zur Erzeugung der Gittervorspannung, R_s und C_s der Schirmgitterspannung; R_e und C_e bilden eine Siebung der Speisespannung und verhindern, daß die Stufen eines Verstärkers über die Anoden-Speiseleitung miteinander gekoppelt sind. Bei hohen Frequenzen können die neu eingeführten Kapazitäten als Kurzschlüsse betrachtet werden; somit bleibt die Anstiegszeit unverändert. Bei niederen Frequenzen entstehen jedoch zusätzliche Zeitkonstanten, die sich auf den Dachabfall auswirken. Streng genommen müßte man sie alle, zusammen mit R_g und C_c, gemeinsam betrachten, was aber unüberwindlich kompliziert wäre. Da wir uns auf kleine Werte des Dachabfalles (also auf getreue Nachbildung der Impulse) beschränken, ist die Annahme zulässig, daß die vier Effekte einander gegenseitig nicht beeinflussen, und daß die Dachabfälle getrennt errechnet und dann algebraisch addiert werden dürfen.

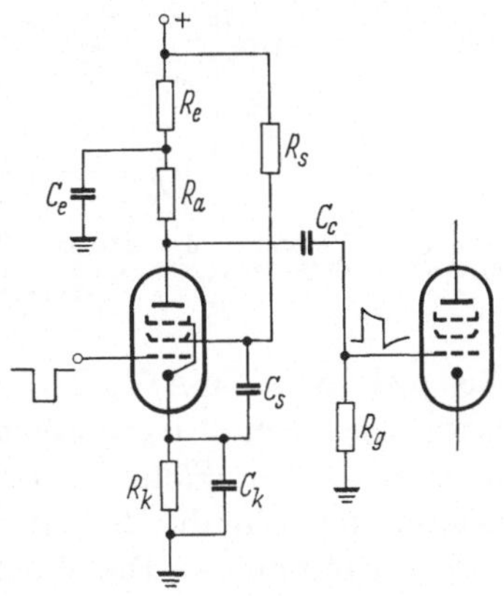

Abb. 115. Vollständiges Schema einer Verstärkerstufe.

Alle diese Kapazitäten können im ersten Augenblick als Kurzschlüsse betrachtet werden; somit beträgt die Verstärkung dieser Stufe anfänglich $S R_a$ (s. S. 98). Nach unendlich langer Zeit verhält sich jedoch die Schaltung so, wie wenn die Kondensatoren nicht vorhanden wären, und die Ausgangs-Signalform strebt mit einer gewissen Zeitkonstanten auf diesen Wert zu. Der entstehende Dachabfall F hängt von der Dauer des angelegten Impulses ab.

Die Wirkung von R_k und C_k ist demnach wie folgt: Denkt man sich C_k weg, so entsteht eine Gegenkopplung um den Faktor $1 + SR_k$, das heißt, die Verstärkung ist um diesen Faktor verkleinert. Nach unendlich langer Zeit strebt also das Impulsdach gegen einen $(1 + SR_k)$-mal kleineren Wert, s. Abb. 116a. Die Zeitkonstante dieses Abfalls ist $R_k\,C_k/(1 + SR_k)$. Die Tangente im Anfangspunkt schneidet die Abszissenachse im Punkt C_k/S. Somit ist die anfängliche Steilheit der Kurve, wenn wir die Flankenhöhe dimensionslos zu 1 normieren, gleich $-S/C_k$, und der Dachabfall bei einem Impuls von der Länge T wird gleich $F_k = T\,S/C_k$. Es ist bemerkenswert, daß R_k in dieser Formel nicht vorkommt. — Es zeigt sich, daß für lange Impulse sehr hohe Werte von C_k nötig werden.

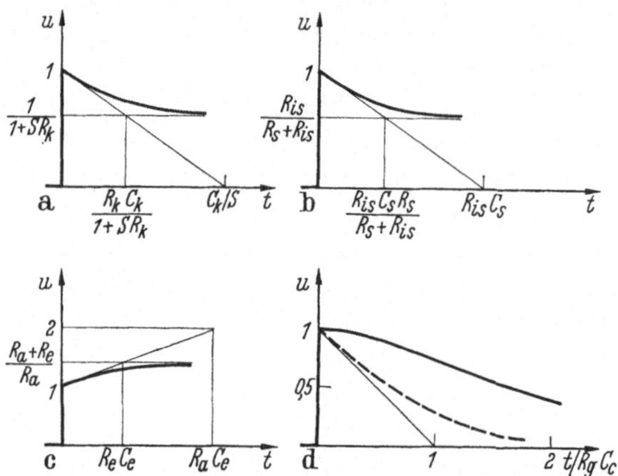

Abb. 116. Verhalten des Dachabfalles. a) Kathodenkapazität, b) Schirmgitterkapazität, c) Anoden-Entkopplungskapazität, d) Verlauf bei Kompensation durch $R_g\,C_c = R_a\,C_e$ (gestrichelt: ohne Kompensation).

Beispiel: $S = 5$ mA/V, $T = 1$ ms; wenn ein Dachabfall $F_k = 1\%$ zulässig ist, so muß $C_k = 500\,\mu$F sein. Diese Kapazität ist so groß, daß man in solchen Fällen manchmal auf die Überbrückung von R_k verzichtet und dafür die Reduktion der Verstärkung um den Faktor $1 + SR_k$ in Kauf nimmt. — Die Wirkung von R_k und C_k kann allerdings auch für einen zunächst ganz unerwarteten Zweck ausgenützt werden: Macht man nämlich durch die Wahl eines kleinen C_k den Dachabfall so schnell, daß sein Verlauf in die Größenordnung der Anstiegszeit kommt, so kann dadurch die Anstiegszeit verkürzt werden — wiederum auf Kosten der Verstärkung, die um den Faktor $1 + SR_k$ kleiner als mit großem C_k wird [*13*].

Die Wirkung von R_s und C_s läßt sich analog überblicken: Denkt man sich C_s entfernt, so variiert die Schirmgitterspannung in einer solchen Weise, daß die Verstärkung reduziert wird. Nach unendlich langer Zeit strebt also die Ausgangsspannung einem niedrigeren Wert zu, siehe Abb. 116b. Es läßt sich zeigen, daß die Tangente im Anfangspunkt die Abszissenachse im Punkt $R_{is}\,C_s$ schneidet. R_{is} ist der Innenwiderstand des Schirmgitters: $R_{is} = \partial U_{g2}/\partial I_{g2}$. Der Dachabfall bei der Impulsdauer T ist somit $F_s = T/R_{is} C_s$. Beispiel: $R_{is} = 10\,\text{k}\Omega$, $T = 1$ ms; wenn ein Dachabfall $F_s = 1\%$ zulässig ist, so muß $C_s = 10\,\mu\text{F}$ sein, ein Wert, der sich leicht realisieren läßt.

Die Wirkung von R_e und C_e ist hingegen gerade umgekehrt: Denkt man sich C_e entfernt, so ist der neue wirksame Anodenwiderstand gleich $R_a + R_e$, das heißt, die Verstärkung hat sich um den Faktor $(R_a + R_e)/R_a$ erhöht. Somit ergibt sich die Signalform von Abb. 116c. Die anfängliche Anstiegsgeschwindigkeit errechnet sich zu $1/R_a C_e$, wenn wir die Flankenhöhe dimensionslos zu 1 normieren. Wir haben hier nicht einen Dachabfall, sondern einen Dach*anstieg* vor uns, der sich als negatives F ausdrücken läßt: $F_e = -T/R_a C_e$.

Dieser Dachanstieg kann dazu verwendet werden, um einen aus anderer Ursache entstehenden Dachabfall wenigstens teilweise zu kompensieren. Beispielsweise wurde der von C_c und R_g herrührende Dachabfall zu $F_g = T/C_c R_g$ errechnet [Gl. (50)]. Wenn man nun $F_g = -F_e$ macht, so muß zwischen den Schaltelementen folgende Beziehung bestehen:

$$R_a C_e = R_g C_c$$

Als Ausgangsspannung entsteht dann eine Signalform mit horizontaler Anfangstangente, und die Impulsdauer, nach der ein Dachabfall von z. B. 10% erfolgt, ist ungefähr gleich $0{,}56\, R_g C_c$, im Gegensatz zu $0{,}1\, R_g C_c$ ohne Kompensation. Somit lassen sich bedeutend längere Impulse verarbeiten. — Man beachte, daß R_e in diesen Ausdrücken nicht vorkommt, ebensowenig R_s in den Ausdrücken für den Dachabfall infolge R_s und C_s.

7.8 Regeln für mehrstufige Verstärker

In den vorhergegangenen Abschnitten wurde beschrieben, wie ein Impuls durch eine Verstärkerstufe mit einem Transistor oder einer Röhre übertragen wird. Die Voraussetzung war dabei immer, daß der eingangsseitig angelegte Impuls ideale Form hat, das heißt, seine Anstiegszeit ist unendlich kurz und sein Dach zeigt keinen Abfall. Für die Behandlung mehrstufiger Verstärker muß diese Betrachtungsweise versagen, da die Forderung des idealen Eingangsimpulses nur für die erste Stufe erfüllt ist, während alle nachfolgenden Stufen mit Impulsen endlicher Anstiegszeit und endlichen Dachabfalls gespeist werden. Die exakte rechnerische Behandlung dieses Falls ist sehr schwierig. Hingegen lassen sich einige Regeln formulieren, die zwar nicht exakt sind, deren Genauigkeit aber für die meisten praktischen Zwecke genügt und die daher für den Entwerfer von Impulsverstärkern von größter Bedeutung sind.

Bevor diese Regeln formuliert werden, soll nochmals mit Nachdruck darauf hingewiesen werden, daß sie nur für *lineare Impulsverstärker* gelten. Schaltungen, in denen Schwellwerte oder Begrenzungen vorkommen, können auf diese Art nicht behandelt werden.

Anstiegszeit und Überschwingen. Die folgenden 3 Regeln befassen sich mit der Anstiegsflanke.

Satz 1. *Wenn die Anstiegszeiten der Stufen* $A_1, A_2, \ldots, A_n$ *sind und wenn die Stufen kein Überschwingen aufweisen, so ist die resultierende Anstiegszeit:*

$$A = \sqrt{A_1^2 + A_2^2 + \cdots + A_n^2} \tag{53}$$

Mit n gleichen Stufen, die die Anstiegszeit A_1 haben, ergibt sich $A = \sqrt{n}\, A_1$. — Dieser Satz stimmt allerdings nur für den Grenzfall großer Stufenzahl, während sich für kleine n erhebliche Abweichungen ergeben, wie folgende Aufstellung zeigt, wobei A nach einer exakten Formel unter Verwendung des Ersatzschemas von Abb. 112a berechnet wurde [*13*].

n	1	2	3	4	5	6	7	8	9	10
$\sqrt{n}$	1	1,4	1,7	2,0	2,2	2,45	2,65	2,8	3,0	3,2
A/A_1	1	1,5	1,9	2,2	2,5	2,8	3,0	3,3	3,45	3,6

Satz 1 gibt also für die Anstiegszeit zu günstige Werte.

Satz 2. *Das Überschwingen wächst bei der Kettenschaltung nicht merklich, falls es* $<2\%$ *ist; in diesem Fall gilt für die Anstiegszeit ebenfalls Satz 1.*

Satz 3. *Wenn das Überschwingen 5 bis 10% beträgt, so wächst es wie* $\sqrt{n}$. *Die Anstiegszeit steigt in diesem Fall weniger stark an als in Satz 1.*

Daraus geht hervor, daß in einem vielstufigen Verstärker das Überschwingen der einzelnen Stufen klein sein muß, da es sonst gesamthaft unzulässige Werte annehmen würde.

Verzögerung. Ein allgemein brauchbarer Satz über die Verzögerung läßt sich nur für die Stufe, die einen einfachen RC-Anstieg ergibt (siehe Abb. 112a), formulieren.

Satz 4. *Die Verzögerung der ersten Stufe beträgt 0,7* RC*; jede weitere Stufe gibt den Beitrag* RC.

Somit ist die Verzögerung eines n-stufigen Verstärkers gleich $(n - 0{,}3)\, RC$.

Dachabfall. Satz 5. *Die Dachabfälle addieren sich algebraisch, sofern ihre Summe klein gegen 1 ist.*

Da für eine getreue Impulsübertragung der gesamte Dachabfall ohnehin klein gegen 1 sein muß, ist die Einschränkung, daß die Summe klein sei, immer erfüllt. Sie ist gleichbedeutend mit der Bedingung, daß das Dach geradlinig (also nicht gekrümmt) sein muß.

8. Operationsverstärker

In diesem Kapitel wird eine besondere Klasse von gegengekoppelten Verstärkern betrachtet. Während normalerweise ein Verstärker dazu dient, ein vorhandenes Signal zu verstärken und dabei seine Form möglichst unverändert zu lassen, steht hier die Verstärkung nicht im Vordergrund; Eingangs- und Ausgangsamplitude unterscheiden sich nicht notwendigerweise voneinander. Die nachfolgend beschriebenen Verstärker üben vielmehr auf die angelegte Signalform einen *linearen Differentialoperator* aus. In dieser Hinsicht sind sie gleichwertig mit den *RC*- und *RL*-Gliedern, die in Kap. 3 besprochen wurden, mit dem Unterschied jedoch, daß das Ausgangssignal mit niederer Impedanz zur Verfügung steht, was einer Leistungsverstärkung gleichkommt. Solche Verstärker nennt man *Operationsverstärker*.

8.1 Prinzipschaltung

Abb. 117 zeigt die Schaltung, die den Operationsverstärkern zugrunde liegt. Den Kern bildet ein Verstärker mit dem Verstärkungsfaktor A, der als frequenzunabhängig betrachtet wird. Ferner ist seine Eingangsimpedanz als unendlich angenommen, das heißt, in die Eingangsklemme kann kein Strom fließen; die Ausgangsimpedanz dagegen ist klein. Dieser Verstärker ist in der gezeichneten Art mit den Impedanzen z_1 und z_2, die eine Gegenkopplung bilden, versehen. Diese Impedanzen können reell oder komplex sein.

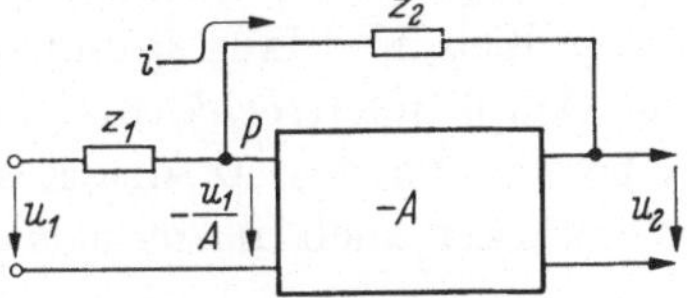

Abb. 117. Operationsverstärker.

Wir suchen nun die Beziehungen zwischen der Eingangsspannung u_1 und der Ausgangsspannung u_2. Die Spannung an der Eingangsklemme P des Verstärkers muß $-u_2/A$ sein; da dort kein Strom abgezweigt wird, muß durch z_1 und z_2 der gleiche Strom i fließen. Es lassen sich die zwei Gleichungen aufstellen:

$$u_1 + \frac{u_2}{A} - i\,z_1 = 0, \qquad u_2 + \frac{u_2}{A} + i\,z_2 = 0$$

Durch Elimination von i ergibt sich

$$u_2 = \frac{-\frac{z_2}{z_1} u_1}{1 + \frac{1}{A}\left(1 + \frac{z_2}{z_1}\right)} \tag{54}$$

Wenn nun $A \gg 1$ (was als Voraussetzung angenommen wurde), so vereinfacht sich dieser Ausdruck zu

$$u_2 = -\frac{z_2}{z_1} u_1 . \tag{55}$$

Wie es für den Fall starker Gegenkopplung bekannt ist, verschwinden die Eigenschaften des eigentlichen Verstärkers, und das Verhalten der Schaltung hängt nur noch von den passiven Elementen z_1 und z_2 ab. — Gl. (55) soll nun weiter untersucht werden. Sie beruht auf der Annahme, A sei unendlich; die Konsequenzen des endlichen A sind auf S. 107 beschrieben.

Die Gleichung läßt sich auch auf eine andere, einfache und elegante Art herleiten: Wenn die Verstärkung A unendlich ist, so muß — solange die Ausgangsspannung endlich bleibt — die Spannung an der Eingangsklemme P Null sein. Anderseits wird dort kein Strom abgezweigt. Somit wird also die Verbindungsstelle P der Impedanzen z_1 und z_2 auf Erdpotential festgehalten, ohne daß ein Strom entnommen wird. Diese Sachlage ist symbolisch in Abb. 118 angedeutet. Wir bezeichnen den Punkt P als *virtuelle Erde*. Da nun in z_1 und z_2 der gleiche Strom fließen muß, läßt sich Gl. (55) aus der Abbildung direkt ablesen. — Diese Darstellung gibt Anlaß zu einer sehr anschaulichen Vorstellung: z_1 und z_2 bilden zusammen eine Schaukel (Wippe) von der Art, die aus einem horizontalen Balken besteht, welcher gelenkig gelagert ist. P ist das Gelenk, und die Längen der beiden Arme sind z_1 und z_2. Wenn man links nach unten drückt, so geht die rechte Seite nach oben, und falls z_1 und z_2 reelle Impedanzen (Widerstände) sind, ist das Amplitudenverhältnis gleich $-z_2/z_1$. In Anlehnung an die englische Übersetzung des Ausdruckes „Schaukel" wird dieser gegengekoppelte Verstärker auch als *see-saw-Schaltung* bezeichnet.

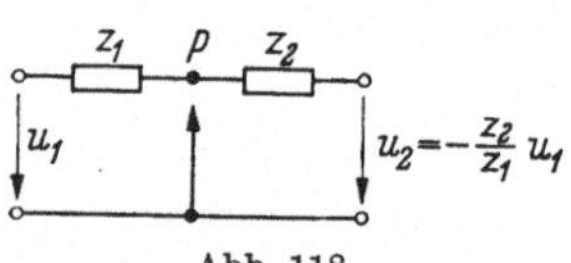

Abb. 118. Prinzip der „virtuellen Erde".

8.2 Komplexe z_1 und z_2

Die beiden Impedanzen in Abb. 118 können komplex sein. Von besonderem Interesse sind die Fälle, die auf einfache Kombinationen von R und C beschränkt bleiben, s. Abb. 24b. Da es 4 solche Fälle gibt, entstehen für z_2/z_1 16 verschiedene Kombinationen, von denen einige in Abb. 119 gezeigt sind, nebst den Ausgangs-Signalformen, die entstehen, wenn am Eingang ein normiertes Signal angelegt wird. In den meisten Fällen ist dafür der Spannungssprung gewählt worden, und zwar in negativer Richtung, da dann — infolge der Vorzeichenumkehr — ein positives Ausgangssignal entsteht. In einzelnen Fällen hat aber die Schaltung differenzierenden Charakter. Das würde bedeuten, daß auf den Spannungssprung hin am Ausgang eine unendlich hohe Spitze entsteht (was natürlich an die Annahme geknüpft ist, die Verstärkung A sei unendlich). In solchen Fällen wählen wir als angelegte Prüffunktion das Integral des Spannungssprunges, also die linear ansteigende Spannung. Dann entsteht am Ausgang ebenfalls das Integral der Funktion, die auf den Spannungssprung hin entstanden wäre. — In der Abbildung ist die Ordinatenachse dimensionslos angenommen; die am Eingang angelegte Funktion hat die Höhe 1 (Sprung) bzw. die Anstiegsgeschwindigkeit α (linearer Anstieg; Dimension: s^{-1}). Wie in Abb. 25 ergeben sich auch hier insgesamt 16 Möglichkeiten; es bleibe dem Leser überlassen, die fehlenden 10 Fälle im Sinne einer Übungsaufgabe auszuarbeiten.

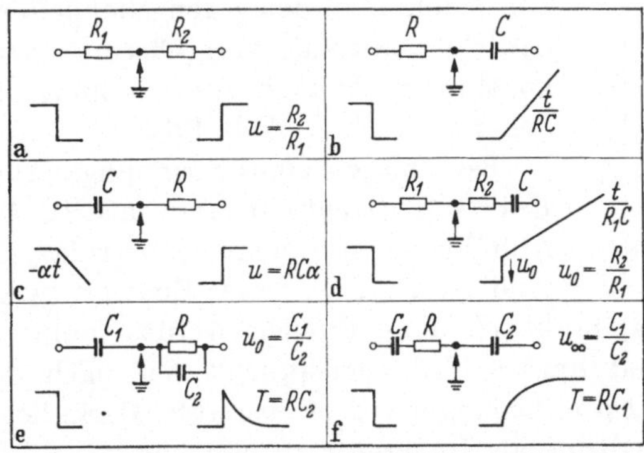

Abb. 119. Sechs Fälle der Schaltung von Abb. 118. Links Signalform am Eingang, rechts am Ausgang. Neben den linearen Signalformen sind die Anstiegsgeschwindigkeiten angeschrieben; übrige Bezeichnungen wie in Abb. 25. Die Eingangsspannung ist (außer in c) gleich -1.

Es ist ersichtlich, daß b) einer exakten Integration, c) einer exakten Differentiation entspricht. Der erstere Fall ist besonders wichtig und wird daher im folgenden Abschnitt getrennt behandelt.

8.3 Integratoren

Abb. 119b ergibt eine Integration des am Eingang angelegten Signals. Solange die Annahme $A = \infty$ für alle Frequenzen gültig ist, ist auch die Integration fehlerfrei, und es gilt:

$$u_2 = -\frac{1}{RC}\int u_1\,dt \tag{56}$$

In der Praxis kann natürlich diese Bedingung nicht erfüllt sein; im Hinblick auf die große Bedeutung dieser Schaltung lohnt sich eine nähere Betrachtung des Falles mit endlichem A.

Setzt man $z_1 = R$ und $z_2 = 1/j\,\omega\,C$ in Gl. (54) ein, so erhält man:

$$u_2 = \frac{-\dfrac{u_1}{j\,\omega\,RC}}{1 + \dfrac{1}{A} + \dfrac{1}{j\,\omega\,RCA}}$$

$1/A$ kann gegenüber 1 vernachlässigt werden. Mit $C' = C\,A$ ergibt sich:

$$u_2 = A\,u_1 \frac{-1}{1 + j\,\omega\,R\,C'} \tag{57}$$

Diese Gleichung beschreibt aber nichts anderes als den RC-Tiefpaß von Abb. 17, mit dem Unterschied, daß $C' = C\,A$ zu setzen ist und daß die Eingangsspannung $A\,u_1$ beträgt. Der Einbau von R und C in den gegengekoppelten Verstärkern bewirkt somit eine Vergrößerung sowohl der Zeitkonstanten als auch des Spannungsmaßstabes um den Faktor A, s. Abb. 120.

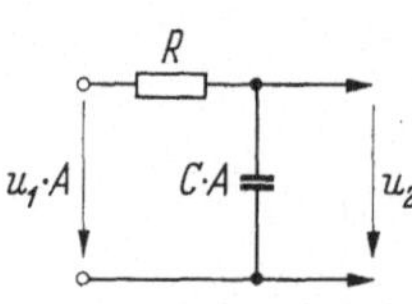

Abb. 120. Ersatzschaltbild eines Operationsverstärkers, der als Integrator geschaltet ist.

Bei Anlegen eines Spannungssprunges von der Höhe u_1 entsteht ein exponentieller Anstieg gemäß Abb. 18; der stationäre Endwert ist jedoch nicht u_1, sondern $A\,u_1$. Da dieser Endwert (wegen Sättigung des Verstärkers) praktisch nicht erreicht werden kann, wird nur der erste, annähernd lineare Teil beansprucht, der nach der Gleichung $u_2 = u_1\,t/RC$, also unabhängig von A, verläuft. Darin liegt die Berechtigung, die Schaltung als Integrator zu bezeichnen.

Im übrigen sind die auf S. 24 bei der Beschreibung der Quasi-Integration gemachten Bemerkungen anwendbar. Danach wird dann das annähernd richtige Integral gebildet, wenn die Zeit t, über die integriert wird, klein gegen ARC ist, und der relative Fehler liegt in der Größenordnung t/ARC.

Elektronische Integrieranlagen, welche gewöhnliche Differentialgleichungen lösen und dabei die Zeit als unabhängige Variable verwenden, arbeiten nach dem Prinzip von Abb. 117. Sie haben z. B. $A = 50000$, $R = 1\,\mathrm{M}\Omega$, $C = 1\,\mu\mathrm{F}$. Dann wird $u_2 = u_1\,t/RC$ mit $RC = 1$ s. Das bedeutet, daß die lineare ansteigende Flanke, die entsteht, wenn man am Eingang einen Sprung von 1 V anlegt, nach 1 s die Höhe von 1 V erreicht. Das Produkt ARC beträgt 50000 s, und über eine Laufzeit von 25 s ergibt sich ein relativer Fehler in der Größenordnung von $25/50000 = 0{,}5\,^0/_{00}$. In Impulsschaltungen hat man oft viel kürzere Laufzeiten und braucht dementsprechend kleinere Verstärkungen; oft genügt eine einzige Röhre, wie auf S. 112 gezeigt ist.

8.4 Addition

Der Operationsverstärker eignet sich sehr gut zur Addition von Signalen. Zu diesem Zweck wird die Schaltung von Abb. 121a verwendet. Aus der Bedingung, daß der Knotenpunkt auf Erdpotential festgehalten wird und daß gleichzeitig die Summe der zufließenden

Ströme verschwinden muß, läßt sich leicht ablesen: $u_1/z_1 + u_2/z_2 + u_3/z_3 + u_a/z_a = 0$ oder

$$u_a = -z_a\left(\frac{u_1}{z_1} + \frac{u_2}{z_2} + \frac{u_3}{z_3}\right)$$

Es läßt sich also nicht nur eine Addition der angelegten Signale ausführen, sondern jeder Eingang kann noch mit einem frei wählbaren Gewicht versehen werden. Sind die z komplex mit verschiedenem Phasenwinkel, so sind die Gewichte ebenfalls komplex. Sind alle z gleich, so entsteht eine gewöhnliche Addition: $u_a = -(u_1 + u_2 + u_3)$. Dabei können Widerstände oder Kapazitäten verwendet werden; praktisch wird man allerdings meistens Widerstände wählen.

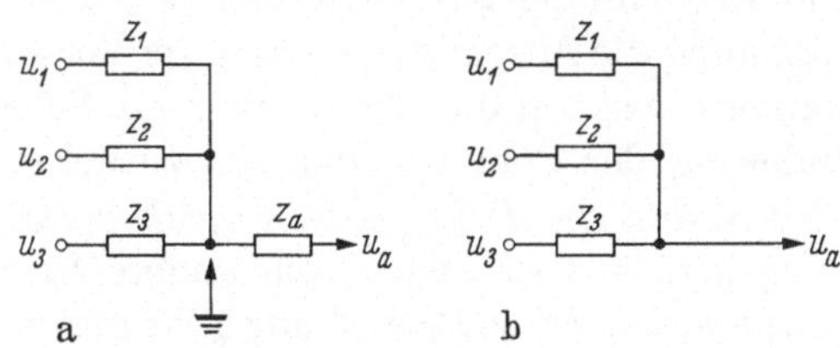

Abb. 121. Schaltungen zur Addition von Signalen: a) mit Verstärker, b) ohne Verstärker.

Signale lassen sich auch ohne Verstärker addieren, s. Abb. 121b. Dazu braucht es nur drei Impedanzen, also beispielsweise drei Widerstände. Für diese Schaltung gilt:

$$u_a = -z\left(\frac{u_1}{z_1} + \frac{u_1}{z_2} + \frac{u_3}{z_3}\right) \quad \text{mit} \quad \frac{1}{z} = \frac{1}{z_1} + \frac{1}{z_2} + \frac{1}{z_3}$$

Diese Schaltung hat aber den bedeutenden Nachteil, daß sie nicht rückwirkungsfrei ist. Das bedeutet, daß an den Eingangsklemmen Signale auftreten, die von den andern Eingangsklemmen herrühren. Abb. 121a ist demgegenüber vollständig rückwirkungsfrei. Außerdem ist in b) mit der Addition immer auch eine Abschwächung verbunden; sind alle z gleich, so gilt $u_a = -(u_1 + u_2 + u_3)/3$. Die Abschwächung ist um so ausgeprägter, je mehr Eingänge verwendet werden.

8.5 Die Schaltung des Verstärkers

Zur Erreichung einer großen Genauigkeit muß A sehr groß gewählt werden, z. B. $A = 50000$. Über solche Verstärker existiert eine reichhaltige Literatur (siehe z. B. [*8*]); auf ihren Bau wird hier nicht weiter eingegangen. In den Fällen, wo die zu verarbeitenden Signale auch in bezug auf ihren Gleichstrompegel richtig übertragen werden müssen — und das ist bei Integrieranlagen der Fall — muß der Verstärker gleichstromgekoppelt sein. In diesem Zusammenhang soll hier eine grundsätzliche Frage wenigstens gestreift werden. Es wurde auf S. 106 bemerkt, daß bei hinreichend großem A das Verhalten der Schaltung von Abb. 117 nur noch von den passiven Elementen z_1 und z_2, jedoch nicht mehr vom Verstärker abhängt. Das bedeutet aber nur, daß Änderungen von A keinen Einfluß haben; solche Änderungen können von Nichtlinearitäten, Alterung der Elemente oder Schwankungen der Speisespannungen herrühren. Voraussetzung ist dabei immer, daß bei verschwindender Eingangsspannung die Ausgangsspannung ebenfalls verschwindet. Bei Gleichstromverstärkern ist das aber keineswegs der Fall: Die Erscheinung der *Drift* bewirkt, daß bei festgehaltener Eingangsspannung die Ausgangsspannung im Verlaufe von Minuten oder Stunden wandert, was auf die Erwärmung von Schaltelementen und auf die Veränderung der Speisespannungen zurückzuführen ist. Es ist wichtig zu wissen, *daß die Drift durch Gegenkopplung nicht behoben werden kann*. Hingegen läßt sie sich durch andere Stabilisierungsmaßnahmen kompensieren [*8*]. Diese Bemerkung gilt selbstverständlich auch für einstufige Verstärker, doch hat hier die Drift wegen der geringeren Genauigkeit solcher Schaltungen weniger Bedeutung.

Einstufige Verstärker. Mit einer einzelnen Pentode lassen sich Verstärkungen von 100 oder mehr erreichen. Somit bietet schon ein einstufiger Verstärker die Möglichkeit, die Schaltung von Abb. 117 zu realisieren und dabei eine Genauigkeit zu erreichen, die für viele Zwecke genügt.

Bei einem einstufigen Verstärker ist die Eingangsklemme das Gitter, die Ausgangsklemme die Anode. Diese zwei Klemmen sind auf verschiedenem Gleichstrompotential. Wenn z_2 in Abb. 117 nicht gleichstromdurchlässig ist (Kondensator), so ist der Potentialunterschied ohne Bedeutung. Ist anderseits z_2 in der Lage, Gleichstrom zu übermitteln, so

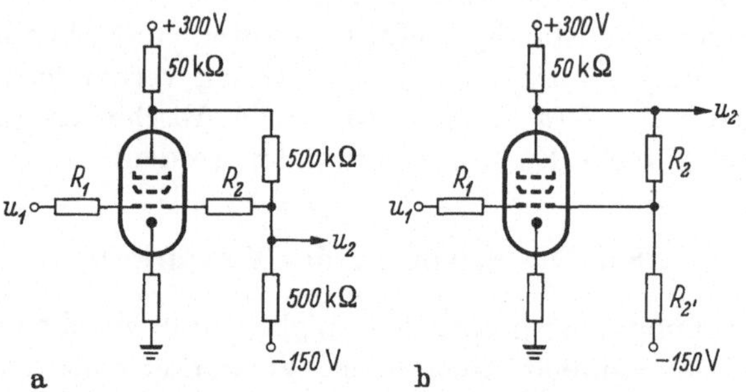

Abb. 122. Zwei Schaltungen für den einstufigen Operationsverstärker.

müssen besondere Maßnahmen getroffen werden, damit das Gitter seine Vorspannung beibehält. Abb. 122 zeigt zwei Möglichkeiten. R_1 und R_2 sind die Widerstände, die die Gegenkopplung verursachen; es gilt $u_2/u_1 = R_2/R_1$. In a) wird die Schirmgitterspannung so justiert, daß $u_2 = 0$ V, wenn $u_1 = 0$ V; b) hat einen Widerstand weniger, dafür ist aber u_2 auf einem positiveren Potential. (An Stelle von R_2 ist hier der Wert der

Parallelschaltung von R_2 und R_2' in die Gleichung einzusetzen.) Damit der Arbeitspunkt der Röhre richtig liegt, setzt man ungefähr $R_2 = R_2'$. In beiden Schaltungen sorgt der Kathodenwiderstand für die richtige Ruhe-Gitter-Vorspannung.

Mit $R_1 = R_2$ (praktisch wird man etwa 1 MΩ wählen) ist die Verstärkung V nahezu -1. Aus Gl. (54) liest man genauer ab: $V = -A/(A+2)$. Außerdem läßt sich zeigen, daß die Ausgangsimpedanz sehr niedrig ist; im Fall b) beträgt sie $2/S$, wobei S die Steilheit bedeutet. Die Schaltung verhält sich somit ganz ähnlich wie ein Kathodenfolger, mit dem einzigen Unterschied, daß die Verstärkung negativ ist.

Kathodenfolger als Ausgangsstufe. Eine erhebliche Reduktion der Ausgangsimpedanz entsteht, wenn man als Ausgangsstufe einen Kathodenfolger hinzuschaltet, s. Abb. 123a. Der Spannungsteiler R_1,

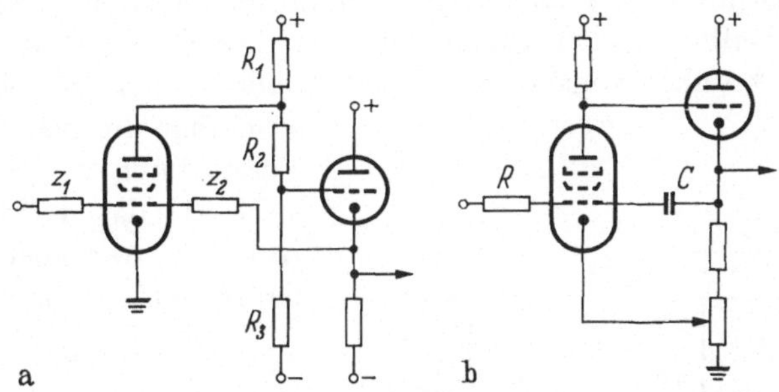

Abb. 123. Zwei Schaltungen mit Kathodenfolger als Ausgang.

R_2, R_3 ist nötig, wenn z_2 gleichstromdurchlässig ist; andernfalls kann man die Anode der Pentode direkt mit dem Gitter des Kathodenfolgers verbinden, wie Abb. 123b am Beispiel des Integrators zeigt ($z_1 = R$, $z_2 = 1/j\,\omega\,C$). Diese zweite Ausführung zeigt außerdem noch eine Besonderheit: Die Kathode der Pentode ist nicht an Erde, sondern an einen Abgriff des Kathodenwiderstandes der Triode geführt. Das entspricht einer positiven Rückkopplung, die den Verstärkungsfaktor A des nicht gegengekoppelten Verstärkers erhöht. Man kann den Punkt erreichen, bei dem $A = \infty$ ist; dann führt die Schaltung eine exakte Integration aus. Geht man über diesen Punkt hinaus, so kehrt A sein Vorzeichen um, ohne daß der gegengekoppelte Verstärker seine Stabilität verliert. — Diese Rückkopplung bringt eine Verbesserung des Integrators mit sich, hat aber, wie alle Schaltungen ihrer Art, den Nachteil, daß die Abhängigkeit von den Röhrendaten vergrößert wird.

Verstärker mit Transistoren. Der Bau von Operationsverstärkern mit Transistoren ist schwierig. Dafür sind drei Gründe verantwortlich: Erstens haben Transistoren niedrige Eingangsimpedanz, was der Forderung der „virtuellen Erde“ entgegensteht; hohe Eingangsimpedanz läßt sich nur mit Kunstschaltungen erreichen (beispielsweise *pnp*- und *npn*-Transistor mit parallelgeschalteten Eingängen), die stark temperatur- und alterungsabhängig sind. Zweitens ist in mehrstufigen Verstärkern die Drift (Wanderung des Gleichstrompegels) schwer zu beherrschen. Drittens ist die zulässige Spannungsamplitude am Ausgang kleiner als bei Röhren, was die Genauigkeit reduziert. Zwar gibt es Verstärker mit Transistoren in Integrieranlagen, doch ist ihr Entwurf als ein ausgesprochenes Spezialgebiet zu betrachten, weshalb wir auf eine Beschreibung verzichten. Hinweise auf die Literatur finden sich in [*21*, S. 1218] und in [*43*].

8.6 Der Miller-Integrator

Mit $z_1 = R$, $z_2 = 1/j\,\omega\,C$ entsteht ein Integrator, s. Abb. 124a. Eine Ausführung mit einem einstufigen Verstärker ist in b) gezeigt. Diese Schaltung heißt „MILLER-Integrator", da ihre Wirkung auf dem MILLER-Effekt beruht, wonach die Gitter-Anoden-Kapazität einer Röhre scheinbar um den Faktor der Verstärkung vergrößert wird, s. S. 91; das deckt sich mit Abb. 120, wo anstatt C die Größe AC erscheint. Es gilt $u_2 = \frac{1}{RC}\int u_1\,dt$, mit den Einschränkungen, die auf S. 107f. erläutert wurden.

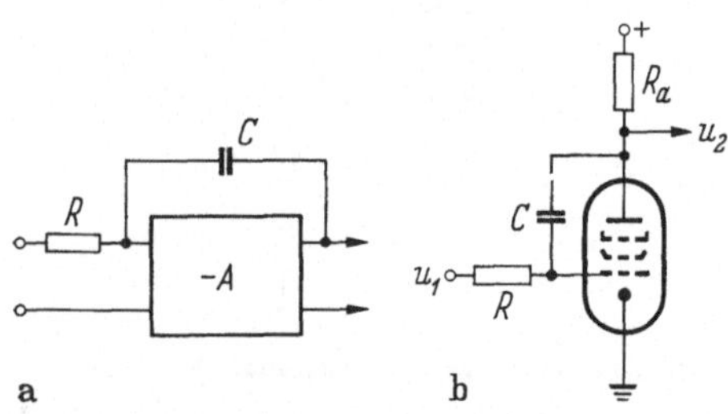

Abb. 124. Schaltung des MILLER-Integrators.

An Stelle des MILLER-Integrators verwendet man oft eine scheinbar ganz andere Schaltung, die als *Bootstrap-Integrator* bezeichnet wird, s. Abb. 125c. Sie beruht auf einem Kathodenfolger, der die Spannung zwischen Gitter und Kathode konstant hält und daher durch R einen konstanten Strom fließen läßt (sofern u_1 konstant ist), welcher C linear auflädt. Diese Anordnung hat den Nachteil, daß keine der Klemmen von u_1 geerdet ist. Doch wird die Schaltung meistens dazu verwendet, um linear ansteigende Signalformen zu erzeugen; in diesem Fall ist u_1 eine konstante Spannung, und der Nachteil fällt nicht ins Gewicht, indem u_1 durch einen geladenen Kondensator dargestellt werden kann, der immerhin so groß sein muß, daß sich seine Spannung während des Vorganges nicht wesentlich ändert[1].

[1] Der Ausdruck „Bootstrap" (Stiefelstrippe) rührt davon her, daß der Fußpunkt der konstanten Spannung u_1 durch ihre eigene Wirkung hochgehoben wird. Das erweckt die Vorstellung eines Mannes, der sich selbst an seinen Stiefelstrippen emporhebt.

Obwohl MILLER- und Bootstrap-Integrator bei oberflächlichem Besehen ganz verschieden sind, handelt es sich doch um die gleiche

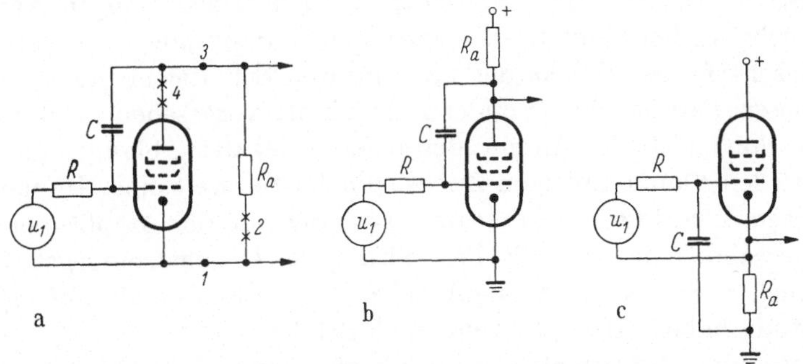

Abb. 125. a) gemeinsamer Ursprung von MILLER- und Bootstrap-Integrator: Erdung bei *1*, Anodenbatterie bei *2* führt zur MILLER-Schaltung (b); Erdung bei *3*, Anodenbatterie bei *4* führt zur Bootstrap-Schaltung (c).

Schaltung, wie Abb. 125 zeigt. Der Unterschied liegt nur in der Wahl des Erdpunktes und der Lage der Anodenbatterie.

9. Nichtlineare Verformung

Nachdem in Kap. 3, 7 und 8 lineare Schaltungen beschrieben worden sind, werden in diesem Kapitel die Grundlagen zur nichtlinearen Schaltungstechnik bereitgestellt. Fast alle elektronischen Impulsschaltungen machen von Nichtlinearitäten maßgebend Gebrauch, und daher werden die hier eingeführten Begriffe in allen nachfolgenden Kapiteln verwendet werden.

9.1 Die nichtlinearen Prozesse

Die wichtigsten nichtlinearen Operationen, die an Signalformen ausgeübt werden, lassen sich unter dem Begriff der *Selektion* zusammenfassen. Darunter verstehen wir die *Auswahl von Teilen einer Signalform nach gewissen, vorgegebenen Gesichtspunkten*. Die Selektion impliziert also die Verwendung eines Schalters, der eine Signalform abwechselnd durchläßt und sperrt. Erfolgt die Auswahl nach Maßgabe der momentanen Amplitude, so spricht man von *Amplitudenselektion*. Ein Beispiel dafür ist die Begrenzung, s. Abb. 126a. Erfolgt die Auswahl dagegen zu

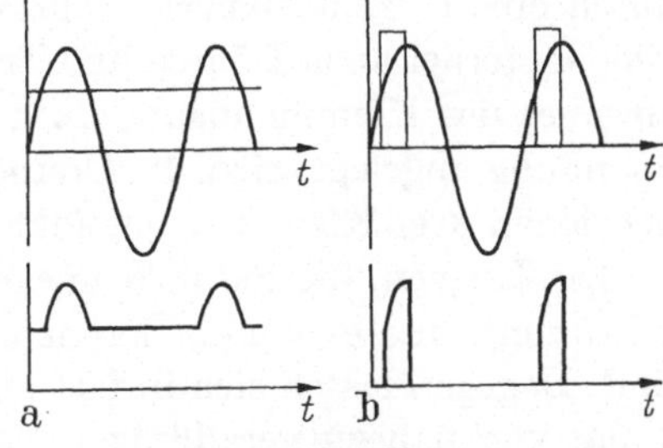

Abb. 126.
a) Amplitudenselektion, b) Zeitselektion.

vorgegebenen Zeitintervallen, so liegt *Zeitselektion* vor, s. Abb. 126b; die Zeitintervalle sind durch Impulse, also durch eine weitere Signalform, markiert. — Die Zeitselektion braucht besondere Schaltungen, wenn die zu verarbeitenden Signalformen sehr kleine Amplitude — gemessen an der Unschärfe des Knicks der nichtlinearen Schaltelemente — haben. Für diesen Fall ist ein besonderer Abschnitt vorgesehen (s. S. 130ff.).

Ein Sonderfall der Amplitudenselektion ist das Abfangen einer exponentiellen Flanke mit dem Zweck, die Anstiegszeit eines Impulses zu verkürzen, s. S. 139f. Zwei Operationen, die mit der Amplitudenselektion verwandt sind, sind die Festhaltung des Gleichstrompegels („d. c. restoring", s. S. 118ff.) und die Anzeige, wann zwei Signalformen gleiche Amplitude haben (Komparation, s. S. 121ff.).

Eine andere Art von nichtlinearer Verformung ist die Erzeugung eines Impulses aus einer ansteigenden Flanke; darüber ist in diesem Kapitel ein kurzer Abschnitt aufgenommen (s. S. 132f.). Dagegen betrachten wir die Arbeitsweise von Multivibrator und Sperrschwinger nicht als Verformung einer bestehenden, sondern als Erzeugung einer neuen Signalform und behandeln sie daher in getrennten Kapiteln.

9.2 Übersicht über die nichtlinearen Schaltelemente

Nichtlineare Schaltelemente sind solche, in denen die Beziehungen zwischen Spannungen und Strömen durch Kurven beschrieben werden, welche keine Geraden sind. Obwohl die Physik eine unüberblickbare Mannigfaltigkeit von solchen Bauteilen zur Verfügung stellt, beruht doch die überwiegende Mehrzahl der nichtlinearen elektronischen Schaltungen aus Halbleiterdioden, Transistoren, Trioden und Pentoden. Wir beschränken uns daher auf die Darstellung dieser Elemente. In diesem Abschnitt nehmen wir an, die Bauteile seien frequenzunabhängig, so daß sie durch die Angabe ihres Verhaltens bei Gleichstrom vollständig beschrieben sind.

Zunächst muß zwischen *Zweipolen* und *Dreipolen* unterschieden werden. Zweipole werden durch ihre Spannungs-Strom-Charakteristik, also durch eine einzelne Kurve, vollständig beschrieben. Dazu gehören die Dioden, ferner auch Röhren und Transistoren, sofern man annimmt, daß an eines der Klemmenpaare ein konstanter Strom oder eine konstante Spannung angelegt wird. In Dreipolen betrachtet man Abhängigkeiten, bei denen drei Klemmen beteiligt sind.

Die Kurven, die die nichtlinearen Bauteile beschreiben, sind immer gekrümmt, und es kommt kaum vor, daß Teile davon exakt geradlinig sind. Dagegen lassen sich in fast allen Fällen Abschnitte starker Krümmung von nahezu geradlinigen Stücken unterscheiden, und es ist oft möglich, die Kennlinien durch Streckenzüge recht gut anzunähern.

Dadurch wird die rechnerische Behandlung vieler elektronischer Schaltungen überhaupt erst möglich; denn die gekrümmten Kurven müßten durch irgendwelche analytischen Ausdrücke approximiert werden, mit denen ein Rechnen oft sehr umständlich wäre.

Betrachtet man die durch Streckenzüge approximierten Kennlinien, so findet man, daß sie in *einfach geknickte* und *doppelt geknickte* Kurven zerfallen. Abb. 127 zeigt, nach diesen Gesichtspunkten geordnet, die wichtigsten Nichtlinearitäten der elektronischen Schaltungstechnik.

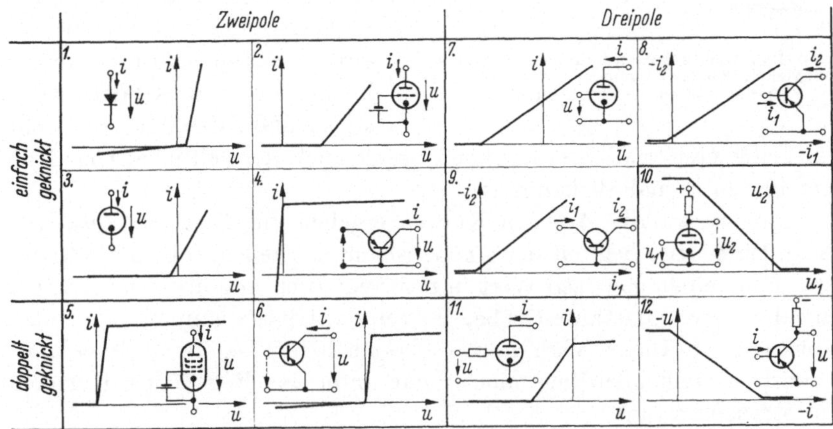

Abb. 127. Einige der wichtigen Nichtlinearitäten. Nr. *7*, *10* und *11* gelten sowohl für Trioden als auch für Pentoden.

Diese Zusammenstellung ermöglicht es dem Entwerfer einer Schaltung, die für seine Zwecke geeignete Nichtlinearität herauszusuchen. Die Kurvenbilder sind rein qualitativ aufzufassen; so ist beispielsweise in Nr. 1 der Sperrstrom der Diode gegenüber dem Durchlaßstrom zu groß gezeichnet, um den allgemeinen Verlauf deutlicher hervortreten zu lassen. Auch ist selbstverständlich bei den Röhren der Spannungsmaßstab ein ganz anderer als bei den Transistoren. Die Knicke sind durchweg als Ecken gezeichnet, während sie in Wirklichkeit abgerundet sind; in einzelnen Fällen sind sie schärfer, in andern weniger scharf, und für Schaltungen, die eine hohe Präzision erreichen sollen, müssen diese Unterschiede unbedingt berücksichtigt werden. Sie sind in Kap. 4, 5 und 6 dargelegt.

Dreipole können nicht durch eine einzelne Kurve, sondern nur durch eine Kurvenschar beschrieben werden. In Abb. 127, Nr. 7 bis 12, ist aus der Schar jeweils eine Kurve herausgegriffen und aufgezeichnet.

Hysterese. Durch die Zusammenschaltung von nichtlinearen, aktiven Elementen entstehen Kurven mit Hysterese; ein Beispiel ist die SCHMITT-Schaltung, siehe Abb. 172 und 174. Es gibt jedoch Schaltelemente, die an sich — also ohne zusätzliche Schaltkreise — ein Verhalten aufweisen, das von der Vergangenheit abhängt, was gleichbedeutend mit Hysterese ist. Am wichtigsten sind die magnetischen Materialien; Abb. 128a zeigt den Zusammenhang zwischen H (Feldstärke) und B (Induktion) in einem Magnetkern. Solche Kerne spielen als Speicher für digitale Informationen eine wichtige Rolle. Zu beachten ist, daß die Größe, die weiter verwendet wird, in den meisten Anwendungen nicht B, sondern dB/dt ist, so daß diese Art von Nichtlinearität erst erfaßt werden kann, wenn auch der zeitliche Ablauf der beteiligten Signale bekannt ist.

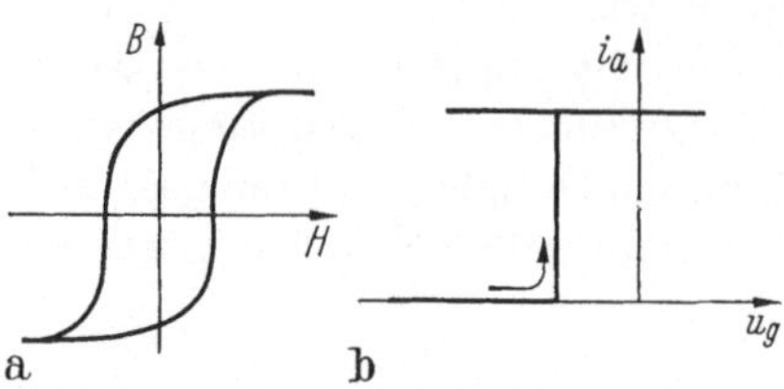

Abb. 128. Nichtlineare Kennlinien, die eine Abhängigkeit von der Vergangenheit kennzeichnen: a) Magnetkern, b) Thyratron-Röhre.

Eine verwandte Art von Kurven ergeben die *Thyratron-Röhren*, s. Abb. 128b. Hier beginnt der Anodenstrom zu fließen, sobald die Gitterspannung einen gewissen Wert in positiver Richtung überschreitet, und hat dann eine konstante Größe, die von der Gitterspannung nicht mehr abhängig ist. Dieses Verhalten — das auch für *Thyratron-Transistoren* zutrifft — fällt allerdings nicht mehr unter den Begriff der Hysterese im strengeren Sinn.

9.3 Amplitudenselektion

Abb. 129 veranschaulicht vier Begrenzerschaltungen mit Dioden. Die Spannung der Batterie gegenüber der gemeinsamen Klemme sei positiv und habe den Wert U, die Eingangsspannung sei u_1, die Ausgangsspannung u_2. Für a) und d) gilt dann $u_2 = u_1$, wenn $u_1 \leqq U$, sonst $u_2 = U$; für b) und c) gilt $u_2 = u_1$, wenn $u_1 \geqq U$, sonst $u_2 = U$. a) und d) bewirken also eine Begrenzung nach oben, b) und c) nach unten. a) und b) arbeiten mit Parallel-Diode, c) und d) mit Serien-Diode. Im allgemeinen ist die Serien-Diode zu bevorzugen, und zwar aus zwei Gründen: Erstens besteht für die Übermittlung des nicht begrenzten Teils der Signalform eine niederohmige Verbindung vom Eingang zum Ausgang, und zweitens befindet sich in Serie zur Spannungsquelle ein Widerstand, das heißt, man ist nicht darauf angewiesen,

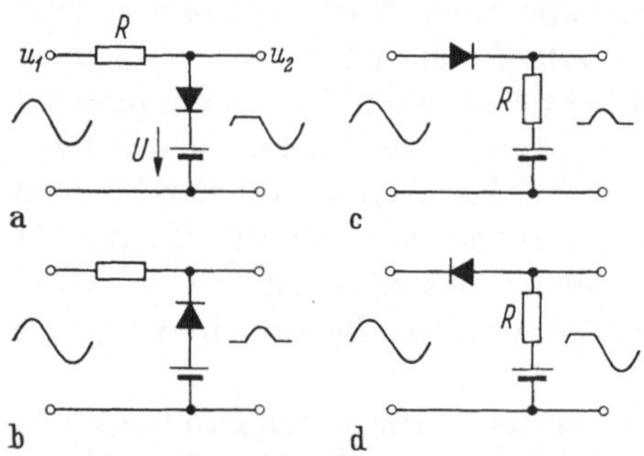

Abb. 129. Vier Begrenzerschaltungen.

eine Spannungsquelle verschwindenden Innenwiderstandes zu haben. Praktisch kann sie durch einen Spannungsteiler dargestellt werden, s. Abb. 130a. Wenn anderseits die Begrenzung auf Erdpotential erfolgt ($U = 0$), so läßt sich auch die Paralleldiode (Abb. 129a und b) gut verwenden; in diesem Fall ist der Ausgang während der begrenzten Teile der Signalform niederohmig.

Die Begrenzung der Schaltungen von Abb. 129 ist allerdings nicht vollkommen, indem die Teile der Signalform, die abgeschnitten werden sollten, doch noch übermittelt werden, wenn auch um einen Faktor geschwächt, der von R und R_s bzw. R_f abhängt (R_s ist der Sperrwiderstand, R_f der Durchlaßwiderstand der Diode). R muß klein gegenüber R_s und groß gegenüber R_f gewählt werden.

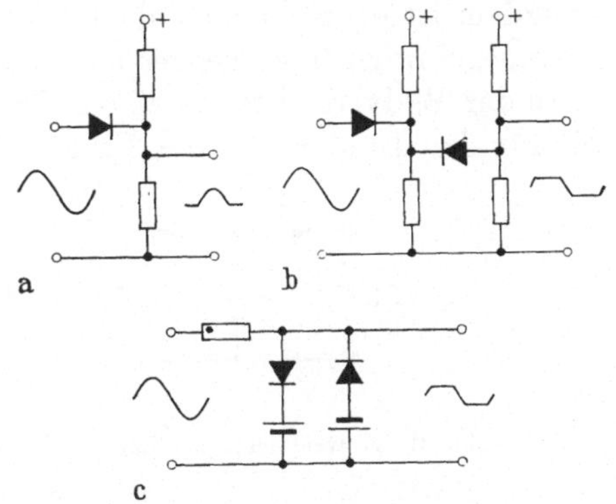

Abb. 130. a) praktische Ausführung von Abb. 129c), b) und c) doppelseitige Begrenzer.

Falls Schaltungen großer Genauigkeit gebaut werden sollen, so dürfen die Dioden nicht als ideal betrachtet werden; vielmehr ist das Ersatzbild von Abb. 42c zu verwenden, und die Spannungsquelle von 0,25 V ist mit zu berücksichtigen. Diese Spannungsquelle ist abhängig von der Temperatur. Die dadurch entstehenden Schwankungen sind prozentual um so kleiner, je größer die Amplituden der vorkommenden Signalformen sind; somit ist man in Präzisionsschaltungen bestrebt, mit großen Amplituden (z. B. 100 V) zu arbeiten, was die Verwendung von Transistoren ausschließt.

Wenn schnell ansteigende Flanken wiedergegeben werden sollen, so darf die Ausgangskapazität nicht vernachlässigt werden. In dieser Hinsicht ist die Schaltung mit Serien-Diode überlegen (Abb. 129c und d). Wenn der Durchlaßwiderstand der Diode 50 Ω und die nachfolgende Kapazität 20 pF ist, so ergibt sich eine Zeitkonstante von 1 ns. Im Fall der Parallel-Diode (Abb. 129a und b) geht dagegen der Widerstand R in die Zeitkonstante ein, der im Interesse einer guten Begrenzung groß gegenüber dem Durchlaßwiderstand der Diode gewählt werden muß.

Eine doppelseitige Begrenzung wird mit Abb. 130b und c erreicht.

Transistoren, Trioden und Pentoden geben ebenfalls Anlaß zu Begrenzern, s. Abb. 127, Nr. 7, 8 und 9. Auch die doppelt gekrümmte Charakteristik von Nr. 10 wird häufig für einen zweiseitigen Begrenzer verwendet. Für negative Amplituden des Eingangssignals erfolgt die Begrenzung durch den Sperrpunkt der Triode, für positive durch die Gitter-Kathodenstrecke nach dem Prinzip von Abb. 129a. Für den

Durchlaßwiderstand der Gitter-Kathodenstrecke ist nach Abb. 86 etwa 500 Ω einzusetzen. Weitere Begrenzer mit Transistoren und Röhren haben gleichzeitig verstärkende Eigenschaft und sind daher in Kap. 10 behandelt.

9.4 Festhalten des Gleichstrompegels

Viele Impulsverstärker sind Wechselstromverstärker, das heißt, sie sind nicht in der Lage, den Gleichstrompegel eines Signals zu übermitteln. Trotzdem ist es in vielen Fällen erforderlich, am Ausgang den Gleichstrompegel in einer vorgegebenen Weise festzulegen[1]. So muß beispielsweise der Bildverstärker in einem Fernsehempfänger ein Signal liefern, das für den Dunkelwert des Bildes den richtigen Pegel besitzt.

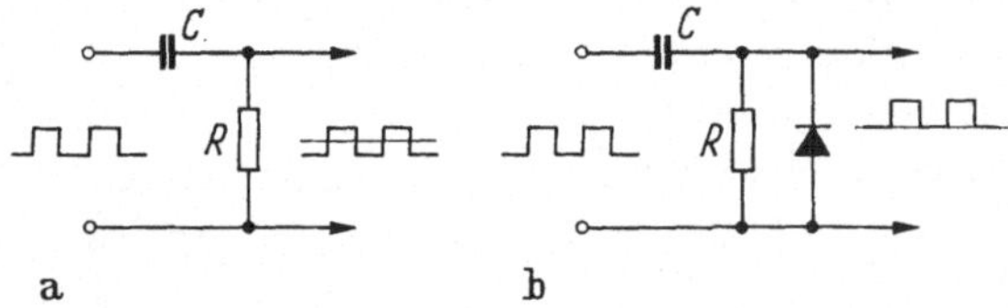

Abb. 131. a) Wechselstrom-Kopplung, b) Festhaltung des Gleichstrompegels.

Leitet man ein Signal durch den RC-Hochpaß nach Abb. 131a (der als Ersatzbild für einen Verstärker betrachtet werden kann), so stellt sich der Gleichstrompegel am Ausgang so ein, daß der zeitliche Mittelwert der Spannung gleich Null wird; denn durch C kann im Mittel kein Gleichstrom fließen. Wenn jedoch zwischen die Ausgangsklemmen eine Diode geschaltet wird, so verhindert diese, daß das Ausgangssignal negativ wird; der Kondensator wird so aufgeladen, daß die negativen Extrema der Signalform auf Nullpotential festgehalten werden, sofern die Diode ideal ist, das heißt, sofern sie verschwindenden Durchlaßwiderstand hat. Zwar gilt immer noch, daß der Strom durch C im Mittel gleich Null ist; doch sind Strom und Spannung am Ausgang infolge der Diode nicht mehr proportional, und die *mittlere Spannung* an den Ausgangsklemmen ist nicht mehr Null. Vielmehr werden die negativen Extrema als Maß für den Gleichstrompegel genommen. Diese Art, den Gleichstrompegel am Ausgang eines Wechselstromverstärkers wiederherzustellen, hat zur Voraussetzung, daß im Signal ein gewisser Wert als „Ruhewert" bevorzugt ist, und daß gegenüber ihm nur positive Spannungen vorkommen.

Nichtperiodische Signalform. Abb. 132 veranschaulicht die Vorgänge, die sich abspielen, wenn die Signalform nicht periodisch ist; als Beispiel

[1] In der englischen Sprache wird dieser Vorgang mit *d. c. restoring* oder *clamping* bezeichnet.

ist angenommen, daß in einer gleichmäßigen Impulsfolge ein einzelner Impuls höhere Amplitude hat. Als Ruhepegel ist, wie in Abb. 131 b, die negative (untere) Grundlinie gewählt. Abb. 132 a zeigt, daß auch die nichtperiodischen Vorgänge richtig übermittelt werden, sofern die Grundlinie nicht unterschritten wird. Andernfalls tritt eine plötzliche, starke

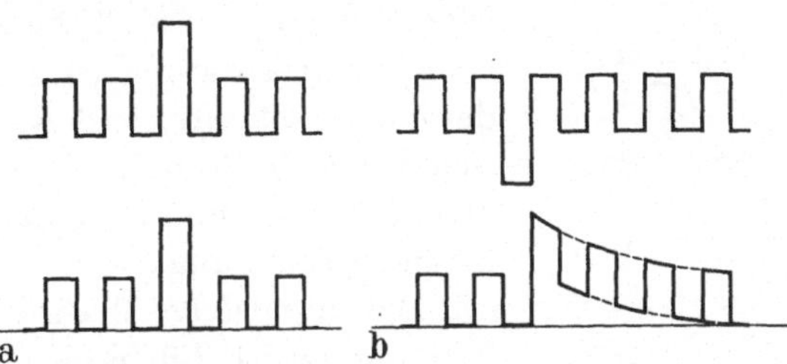

Abb. 132. Verhalten der Schaltung von Abb. 131 b bei nicht periodischer Signalform; oben: Eingang, unten: Ausgang. a) richtige Übertragung, b) verfälschte Übertragung.

Aufladung des Kondensators auf (b), und der stationäre Zustand wird erst mit der Zeitkonstanten RC wieder angenähert.

Jede Triode und Pentode verkörpert in ihrem Gitterkreis die Schaltung von Abb. 131 b (jedoch mit umgekehrter Diode, s. Abb. 133), da die Gitter-Kathodenstrecke als Diode aufzufassen ist. Wenn im Laufe eines Signals ein sehr hoher positiver Impuls erscheint, so beginnt Gitterstrom zu fließen, und es spielen sich (mit umgekehrtem Vorzeichen) die Vorgänge von Abb. 132 b ab; die Röhre ist während längerer Zeit gesperrt, was in den meisten Fällen nicht zulässig ist. Verstärker, die starke Übersteuerung erfahren und sofort wieder einsatzbereit sein müssen, sind immer so auszulegen, daß die übersteuernden Signale negatives Vorzeichen haben.

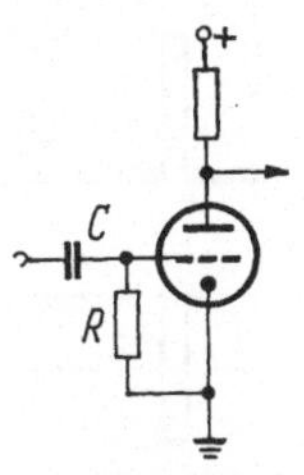

Abb. 133. Kondensatorgekoppelte Verstärkerstufe.

Gittervorspannung durch Gitterstrom. In Röhren-Verstärkerstufen, die eine periodische oder annähernd periodische Signalform verarbeiten, läßt sich die Schaltung von Abb. 133 zur Erzeugung der Gittervorspannung verwenden. Die Ladung von C stellt sich so ein, daß am Gitter in bezug auf Erde nur negative Spannungswerte vorkommen, und die durch R abfließende Ladung wird durch Gitterstrom ersetzt. Das Produkt RC muß groß gegenüber der Periode sein. Es ist zu beachten, daß die Gittervorspannung abklingt, sobald das Steuersignal aufhört. — Eine Klemme von R liegt am Gitter. Die andere kann nicht nur an Erde, sondern auch an die positive Speisespannung oder an die andere Seite des Kondensators gelegt werden; die drei Möglichkeiten sind praktisch gleichwertig. Diese Art der Gittervorspannung findet besonders in Oszillatoren Verwendung, da sie eine bequeme Amplitudenbegrenzung ergibt.

Reale Diode. Bisher wurde durchwegs angenommen, die Diode habe verschwindenden Widerstand in Durchlaßrichtung; dadurch wird verhindert, daß die Ausgangsspannung negativ wird, da sonst durch die Diode ein unendlicher Strom fließen müßte. Praktisch hat aber jede Diode den endlichen Durchlaßwiderstand R_f und den endlichen Sperrwiderstand R_s. Diese Tatsache zwingt zu einer Neuüberprüfung der Vorgänge. Unter der Voraussetzung, daß $R \ll R_s$, ergeben sich für Abb. 131 b die Ersatzschaltungen von Abb. 134 a und b, je nachdem, ob die Ausgangsspannung positiv oder negativ ist. Die Impulsfolge c) wird verformt, wie in d) gezeigt ist. Für positive Spannungen ist die Zeitkonstante RC, für negative $R_f C$. Die Impulse erfahren also einen Dachabfall von der Größe τ/RC, wenn τ die Impulslänge ist; um den gleichen Betrag wird die fallende Flanke negativ, und diese Spitze klingt mit der viel kürzeren Zeitkonstanten $R_f C$ ab.

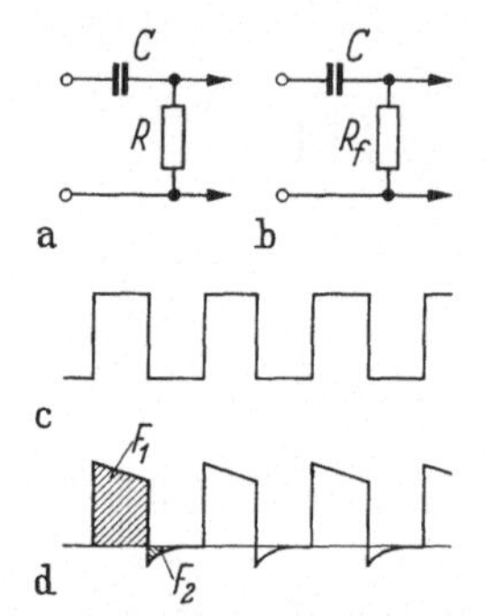

Abb. 134. a) und b) Ersatzschaltung für Abb. 131 b, c) und d) Übermittlung einer Impulsfolge.

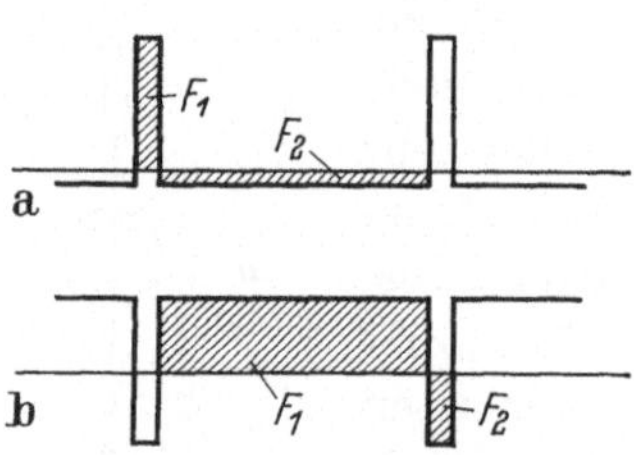

Abb. 135. Gleichstrompegel bei kurzen Impulsen. a) positive, b) negative Impulse. In beiden Fällen gilt $F_1 : F_2 = R : R_f$.

Von großer praktischer Bedeutung ist, daß sich die Flächen über der Nullinie zu jenen unter der Nullinie verhalten wie die Widerstände; es gilt also $F_1 : F_2 = R : R_f$. Das hat besondere Konsequenzen, wenn es gilt, den Gleichstrompegel schmaler Impulse festzuhalten, s. Abb. 135. Für positive Impulse erfolgt eine sehr genaue Festhaltung auf dem Impulsboden (a). Bei negativen Impulsen dagegen würde die Schaltung versuchen, die Spitze auf Erdpotential festzuhalten; da jedoch F_2 einen gewissen Bruchteil von F_1 darstellen muß, müssen die Impulse, wenn sie hinreichend schmal sind (beispielsweise 1 μs bei einem Intervall von 1 ms), erheblich negativ werden. Daraus folgt, daß es nicht möglich ist, die Spitzen schmaler Impulse für die Festhaltung des Gleichstrompegels zu verwenden.

Periodisches Festhalten. Die bisher beschriebenen Schaltungen legen das Gleichstrompegel einer Signalform auf Grund ihrer eigenen Eigenschaften fest, indem ihre negativen Extremalwerte das Erdpotential definieren. Manchmal stellt sich aber die Aufgabe, zu gewissen, vorgegebenen Zeiten das Ausgangssignal eines wechselstromgekoppelten Verstärkers auf Nullpotential zu führen, unabhängig von der verarbeiteten Signalform. Dazu eignet sich die Schaltung von Abb. 136. Sie benötigt zu den Zeiten, da der Pegel festgehalten werden soll, ein Paar von synchronen und gleich großen Impulsen, von denen der eine negativ, der andere positiv sein muß; diese machen die Dioden leitend und bringen die Ausgangsklemme mit niederer Impedanz auf Erdpotential. R' und C' sorgen dafür, daß die Schaltimpulse den richtigen Gleichstrompegel besitzen. Während der übrigen Zeiten sind die Dioden nichtleitend, und die Schaltung verhält sich wie ein gewöhnlicher RC-Hochpaß. — Eine eingehendere Analyse dieser Anordnung findet sich in [13].

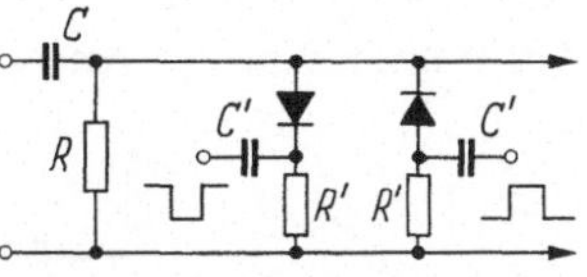

Abb. 136. Schaltung zur periodischen Rückführung des Pegels auf Nullpotential.

9.5 Komparatoren

Komparatoren dienen dazu, um anzuzeigen, wann zwei vorgegebene Signalformen gleichen Momentanwert haben; dieser Zeitpunkt wird durch einen Impuls oder einen Spannungssprung markiert. An der Erhaltung der ursprünglichen Signalformen besteht also kein Interesse, lediglich der Zeitpunkt ihrer Gleichheit ist von Bedeutung.

Das häufigste Beispiel ist, daß eine Sägezahnspannung u_1 mit einer konstanten (oder langsam variierenden) Spannung u_2 verglichen wird, s. Abb. 137. Auf diese Art wird eine Spannung u_2 in ein proportionales Zeitintervall τ verwandelt, was in der Funkortung eine fundamentale Operation ist. Die gleiche Schaltung kann zur Erzeugung einer Impulsbreitenmodulation verwendet werden, indem ein Impuls gleichzeitig mit dem Sägezahn beginnt und im Augenblick der Gleichheit endet.

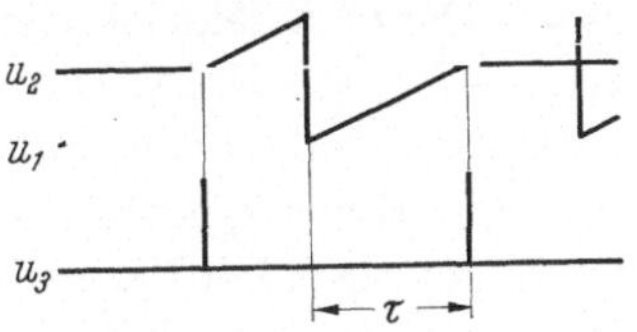

Abb. 137. Wirkung eines Komparators. u_3 gibt die Gleichheit von u_1 und u_2 an.

Wenn anderseits u_1 eine Sinusschwingung ist und u_2 ihre Nullinie darstellt, so erhält man Zeitmarken, die von der Sinusschwingung her synchronisiert sind.

Schließlich kann auch u_1 eine stochastisch variierende Signalform sein, beispielsweise ein Rauschen oder das Signal eines Partikelzählers; der Komparator zeigt dann an, wann und wie oft der vorgegebene Pegel u_2 überschritten wird, was die Funktion eines Amplitudenspektrographen ergibt.

Begrenzer als Komparatoren. Eine einfache Begrenzerschaltung nach Abb. 129c, verbunden mit einem nachfolgenden Impulsformer, erfüllt die Bedingungen für einen Komparator, s. Abb. 138a. An der Kathode der Diode steigt die Spannung erst, wenn der Sägezahn den Pegel u_2 erreicht hat; $R_1 C_1$ differenziert dieses Signal, $R_2 C_2$ führt eine zweite Differentiation aus und gibt am Ausgang einen Impuls von der Form, die in Abb. 15 und 36 gezeigt ist. Diese Schaltung hat allerdings ihre Grenzen. Wie auf S. 32 dargelegt ist, ist die anfängliche Steilheit des Ausgangsimpulses gleich jener des Sägezahnes multipliziert mit dem Verstärkungsfaktor der Röhre; somit lassen sich nicht beliebig scharfe Impulse erzeugen. — An Stelle der Diode kann auch der Gittersperrpunkt einer Triode zur Begrenzung verwendet werden, s. Abb. 138b. Diese Schaltung besitzt größere Verstärkung und ergibt daher eine steilere Anstiegsflanke beim Impuls. Hier ist zu beachten, daß eine Änderung von u_2 gleichzeitig die Anodenspannung ändert; dadurch wird die Lage des Gittersperrpunktes beeinflußt. Dieser Effekt ist gleichbedeutend mit einem Ersatz von u_2 durch $u_2(1 - D)$, wo D der Durchgriff der Röhre ist.

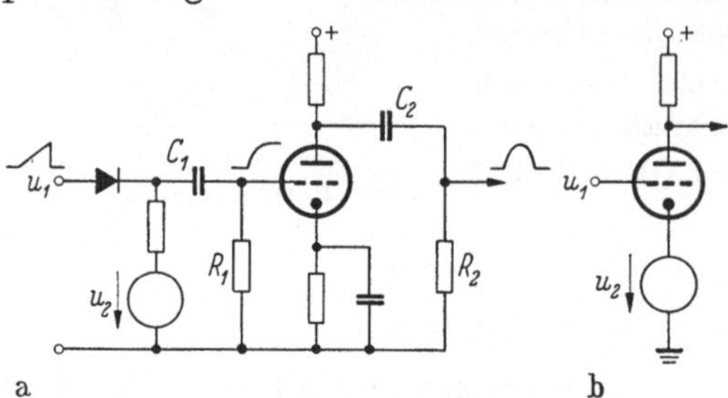

Abb. 138. a) Komparator mit Diode. Der Zeitpunkt der Gleichheit von u_1 und u_2 wird angezeigt. b) Komparator mit Triode (auch hier muß eine doppelte Differentiation nachfolgen).

Diese Schaltungen funktionieren nur dann gut, wenn die Amplitude des Sägezahnes u_1 groß ist gegenüber dem Spannungsbereich, in welchem der Knick des nichtlinearen Elementes einen abgerundeten Verlauf zeigt (bei Dioden einige Zehntelvolt). Andernfalls wird der Augenblick der Gleichzeitigkeit ungenau markiert. Mit Transistorverstärkern ist diese Bedingung infolge der niederen zulässigen Spannungen schwierig zu erfüllen, und daher ist in Transistorschaltungen die erreichbare Genauigkeit enger begrenzt als in Röhrenschaltungen.

Regenerative Komparatoren. Sehr steile Anstiegsflanken lassen sich erst erreichen, wenn man den Ausgangsimpuls auf regenerativem Weg erzeugt. Eine leistungsfähige Schaltung ist der *Multiar*, der weiter unten behandelt wird. Auch die SCHMITT-Schaltung (s. S. 157ff.) eignet sich zu diesem Zweck; eine Komparator-Schaltung zeigt Abb. 139. Hier ist die Sägezahnspannung u_1 durch einen Kondensator C an das Gitter der linken Röhre gekoppelt, deren mittleres Potential durch u_2 bestimmt wird. Zum Zeitpunkt der Gleichheit entsteht am Ausgang nicht ein Impuls, sondern ein Spannungssprung. Damit diese Schaltung richtig funktioniert, muß das Produkt RC groß gegenüber

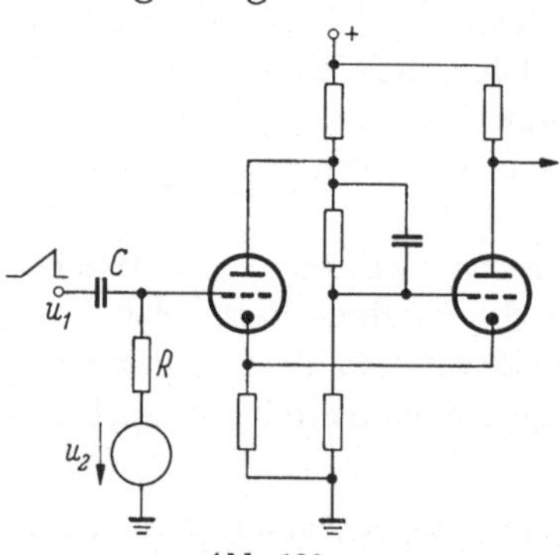

Abb. 139. SCHMITT-Schaltung als Komparator.

der Periode von u_1 sein, und anderseits darf u_2 nur in Zeiträumen, die gegenüber RC groß sind, verändert werden.

Der Multiar. Ein besonders nützlicher regenerativer Komparator hat den Namen „Multiar" erhalten[1]. Der eigentliche Amplitudenvergleich wird, wie in Abb. 138a, durch eine Diode vollzogen; doch erzeugt der einsetzende Diodenstrom einen rückgekoppelten Prozeß, der einen kräftigen Impuls zur Folge hat. Abb. 140 zeigt einen Multiar. (Als Röhre wird meistens eine Pentode verwendet, deren Schirmgitterspannung gegen Erde konstant gehalten wird.) Im Ruhezustand ($u_1 > u_2$) ist die Röhre leitend; es fließt durch den großen Widerstand R_g ein Gitterstrom, und die Anodenspannung u_a ist niedrig. Wenn nun u_1 kleiner (oder u_2 größer) wird, so beginnt zum Zeitpunkt der Gleichheit die Diode zu leiten, was am Gitter — und damit auch an der Kathode — ein negatives Signal zur Folge hat. Durch den Impulsübertrager entsteht eine Rückkopplung, die das Gitter stark negativ werden läßt und den Anodenstrom vollständig unterbricht. (Bedingung für diesen Vorgang ist allerdings, daß der Übertrager ein Übersetzungsverhältnis $ü > 1$ besitzt, das heißt, auf der Gitterseite müssen mehr Windungen sein als auf der Kathodenseite; denn die als Kathodenfolger wirkende Röhre vermittelt ja keine Spannungsverstärkung. Praktisch erweist sich etwa $ü = 2$ als zweckmäßig.)

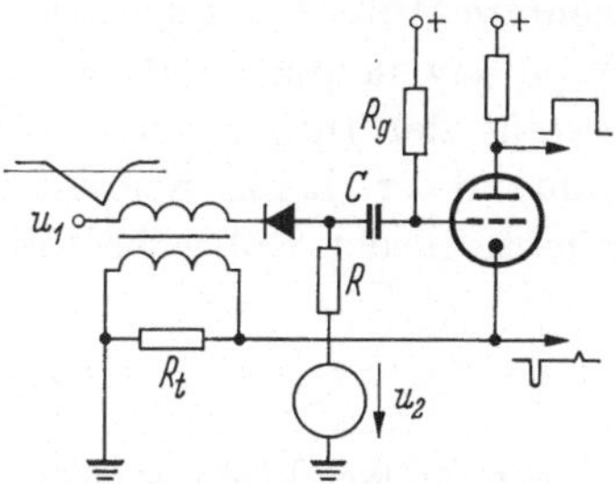

Abb. 140. Multiar als Komparator für u_1 und u_2. u_1 ist eine fallende Sägezahnspannung, u_2 ist als konstant angenommen.

Die Unterbrechung des Anodenstromes bewirkt, daß der Übertrager eine Schwingung ausführt, deren Frequenz von seiner Hauptinduktivität und den beteiligten Kapazitäten abhängt. R_t soll so gewählt werden, daß diese Schwingung kritisch gedämpft wird; dann entsteht an der Kathode ein einzelner negativer Impuls, der dem Verhalten eines kritisch gedämpften Schwingkreises entspricht. Gleichzeitig wird die Anode positiv.

Während dieser kurzen Zeit hat sich die Ladung von C nicht ändern können. Das Gitter wird nun wieder positiver, und zwar mit einer Zeitkonstanten, die sich aus C_g (Gitterkapazität der Röhre und der Verdrahtung) und der Parallelschaltung von R und R_g errechnet. Wegen der Kleinheit von C_g ist dieser Verlauf schnell; jedoch wird — da u_1 eine fallende Signalform ist — gleichzeitig die Kathode der Diode negativer, und wenn die Schaltung richtig dimensioniert ist, so wird verhindert,

[1] Multiar = *multi-r* (*r* für *range* = Distanz). Die Schaltung wurde entwickelt, um in der Funkortung Distanzmarken für mehrere verschiedene Distanzbereiche zu erzeugen.

daß das Gitter den Sperrpunkt nochmals erreicht. Somit wird die Röhre nicht mehr leitend, solange u_1 fällt. Erst wenn u_1 wieder ansteigt und gleich u_2 wird, schaltet sich die Röhre wieder ein. Dieser Vorgang erfolgt ohne Rückkopplung und ist daher weniger präzis. Die fallende Flanke an der Anode ist langsamer, und der an der Kathode entstehende Impuls ist nur klein.

Zusammenfassend sei festgehalten, daß der Multiar ein einfacher und präzis arbeitender Komparator ist, der im Augenblick der Gleichheit von u_1 und u_2 einen negativen Impuls erzeugt. Einer seiner Vorteile ist die hohe Eingangsimpedanz für u_1, die es gestattet, von einer Quelle her mehrere Multiare zu speisen. — Man beachte, daß der Mechanismus der Impulserzeugung nicht der gleiche ist wie beim Sperrschwinger. Hier besteht der Impuls aus einer gedämpften harmonischen Schwingung, während er beim Sperrschwinger ausschließlich durch nichtlineare Effekte in der Röhre bestimmt wird.

9.6 Zeitselektion

Die Zeitselektion gehört zu den wichtigsten und häufigsten Operationen der Impulstechnik. Elektronische Rechenanlagen bestehen (mit Ausnahme des Speicherwerkes) größtenteils aus Zeitselektoren. Solchen Schaltungen kommt daher eine erhebliche Bedeutung zu, und es darf als eine glückliche Fügung bezeichnet werden, daß sie sich mit so einfachen Mittel verwirklichen lassen.

Ein Zeitselektor ist eine Schaltung, die Teile einer Signalform auswählt, wobei diese Auswahl zu vorgegebenen Zeiten geschieht. Man kann das als einen Schalter betrachten, der nach einem vorgegebenen Programm ein- und ausgeschaltet wird. In digitalen Schaltungen wird dafür der Name „Gatter" gebraucht. Im wesentlichen sind also die Ausdrücke *Schalter* und *Gatter* synonym mit *Zeitselektor*. In der Meßtechnik der Kernphysik kommt außerdem der Ausdruck *Koinzidenzschaltung* vor, indem ein Impuls am Ausgang die Gleichzeitigkeit zweier Impulse an den Eingängen anzeigt. Durch geeignete Umkehrung von Polaritäten kann fast jedes der gezeigten Gatter auch in eine *Antikoinzidenzschaltung* verwandelt werden, welche durch einen Impuls an einem zweiten Eingang *gesperrt* wird. Die Worte *Schalter, Gatter, Koinzidenzschaltung* und *Antikoinzidenzschaltung* kennzeichnen somit alle die gleichen Zeitselektionsschaltungen.

Kein Schalter ist ideal; jede Anordnung ist mit Mängeln und Grenzen behaftet, und der Entwerfer muß daher von den vielen sich anbietenden Möglichkeiten jene wählen, deren Nachteile mit der Lösung der gestellten Aufgabe verträglich sind. Abb. 141 mag veranschaulichen, wie verschiedenartig die Eigenschaften eines Schalters sein können. a) zeigt einen von

Hand betätigten, mechanischen Kontakt. Vorteile: im geschlossenen Zustand unveränderte Übermittlung jeder Signalform mit praktisch unbegrenzt kurzer Anstiegszeit, im offenen Zustand praktisch vollständige Sperrung; Nachteile: Betätigung von Hand ist umständlich und langsam. b) illustriert eine häufig verwendete Schaltung mit einem Paar von Dioden. Vorteile: Übermittlung von Impulsen bis zu Bruchteilen von Mikrosekunden Anstiegszeit, schnelles Ein- und Ausschalten, einfacher Aufbau; Nachteile: nur positive Impulse verwendbar, unvollständige Sperrung im ausgeschalteten Zustand, Belastung der Quellen durch einen Ruhe-Gleichstrom.

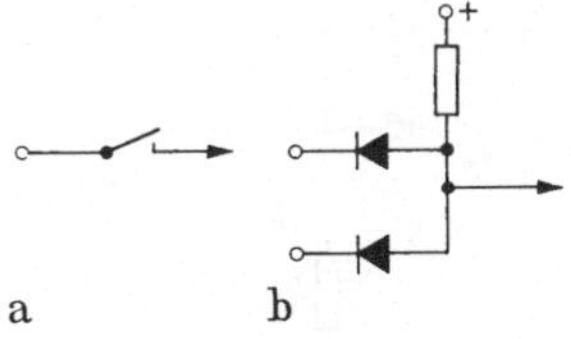

Abb. 141. Zwei Beispiele von Schaltern.

Aus Abb. 141 geht eine weitere, interessante Tatsache hervor: Jeder Schalter hat zwei Eingänge, von denen einer die schaltende Funktion ausführt, der andere die zu übermittelnde Signalform entgegennimmt. In b) sind beide völlig gleichberechtigt. In diesem Fall ist es gleichgültig, welchen Eingang man als den schaltenden und welchen als den geschalteten bezeichnen will. In vielen Gattern sind die Eingänge nicht gleichberechtigt (z. B. in Abb. 142c, d, e), insbesondere haben sie verschiedene Zeitkonstanten. Man pflegt dann denjenigen Eingang, der die größere Zeitkonstante hat, als den zu bezeichnen, der das Gatter ein- und ausschaltet.

In den folgenden Abbildungen werden wir den schaltenden Eingang mit dem Symbol einer ansteigenden (oder abfallenden) Flanke versehen, die vom ausgeschalteten in den eingeschalteten Zustand überführt, während wir den Eingang für die zu übermittelnde Signalform mit dem Zeichen eines Impulses andeuten. Dieser Impuls wird in den meisten Beispielen als positiv angenommen; die meisten Schalter verarbeiten nur Impulse einer Polarität. (Dagegen ist das schaltende Signal in den einen Fällen positiv, in den andern negativ.) Die analoge Version für negative Impulse läßt sich leicht durch Umkehren der Dioden und durch Vertauschen von *npn*- und *pnp*-Transistoren herleiten.

Schalter mit Dioden. Abb. 142a veranschaulicht den einfachsten Diodenschalter, der ausgedehnte Verwendung findet. Digitale Rechenanlagen bestehen vorwiegend aus dieser Anordnung. Um ihre Funktion zu untersuchen, mögen zunächst die Dioden als ideal betrachtet werden (unendlicher Sperrwiderstand, unendlicher Durchlaßleitwert). Dann ist die am Ausgang entstehende Spannung gleich der negativeren der beiden Eingangsspannungen: $u_3 = \text{Min}\ (u_1, u_2)$. Nehmen wir nun an, die Impulse u_1 hätten ihre Ruhespannung bei 0 V. Solange die Schaltspannung u_2 gleich 0 V ist, ist der Schalter gesperrt; wird sie positiv, so werden alle Impulse, die nicht größer sind als die Schaltspannung, unverändert übertragen. Der zeitliche Ablauf zeigt ein ungleiches Verhalten für die steigende und die fallende Flanke, s. Abb. 142b. Für die Darstellung der steigenden Flanke am Ausgang steht zur Aufladung der Streukapazität C nur der Strom U/R zur Verfügung, und die entstehende Anstiegsgeschwindigkeit ist U/RC Volt pro Sekunde. Die Anstiegszeit für einen Impuls von der Höhe U_0 wird somit $\tau = U_0\, RC/U$. (Diese Überlegung gilt für den Fall, daß U wesentlich größer ist als U_0; sonst hat die Flanke exponentielle Form, und die Anstiegszeit wird länger. Für $U < U_0$ läßt sich der Impuls überhaupt nicht mehr übermitteln.) Für schnellen Impulsanstieg ist daher ein hoher Strom U/R nötig. Im Ruhezustand muß dieser Strom durch die Quelle von u_1 oder u_2 — je nachdem, welche negativer ist — übernommen werden; darin liegt der große Nachteil dieses Gatters. Will man beispielsweise bei $U_0 = 5$ V und $C = 20$ pF eine Anstiegszeit von 50 ns erreichen, so ergibt sich ein Ruhestrom von $U/R = 2$ mA, der durch die Quellen aufgebracht werden muß.

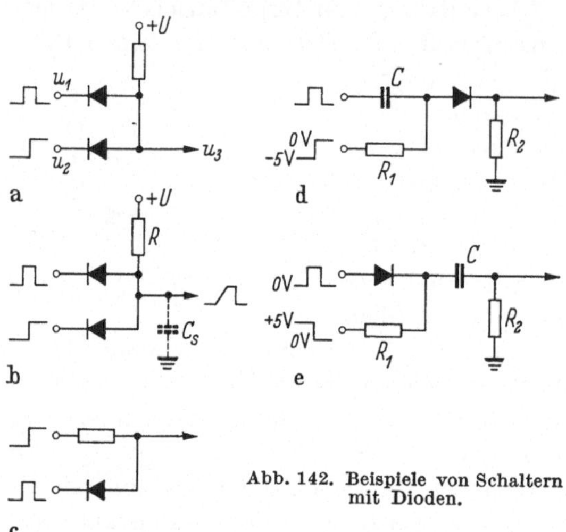

Abb. 142. Beispiele von Schaltern mit Dioden.

Berücksichtigt man schließlich, daß die Dioden einen endlichen Sperrwiderstand R_s und einen endlichen Durchlaßwiderstand R_f besitzen, so findet man, daß bei eingeschaltetem Gatter die Signale um den Faktor $1/(1 + R_f/R)$ gedämpft werden, während bei ausgeschaltetem Gatter die Sperrung keine vollständige ist, indem der Anteil R_f/R_s doch noch durchgeleitet wird. Diese Effekte — besonders der letztere — sind aber meistens bedeutungslos.

In Anordnungen, wo es auf kurze Anstiegszeit nicht ankommt, kann man auf die zusätzliche Spannungsquelle $+u$ überhaupt verzichten und nach Abb. 142c vorgehen. Die Anstiegszeit ist hier bedeutend länger, doch entfällt der Ruhestrom (was sich auf den Leistungsverbrauch auswirkt), und der Materialaufwand ist geringer.

Abb. 142d und e zeigen zwei Schalter, die darauf beruhen, daß im ein- und ausgeschalteten Zustand der Kondensator C verschiedene Ladung hat. Dieser muß für den Schaltprozeß umgeladen werden, was sich in d) mit der Zeitkonstanten $R_1\, C$, in e) mit der Zeitkonstanten $(R_1 + R_2)C$ abspielt. Während des Impulses wird die Spannung des Kondensators als konstant betrachtet. Die Höhe des Impulses darf die Amplitude des Schaltsignals (im Beispiel 5 V) nicht übersteigen. Die Anstiegszeit des Ausgangsimpulses ist beliebig kurz, während der Abfall mit der Zeitkonstanten $R_2 C_s$ behaftet ist, wobei C_s die am Ausgang gedachte Streukapazität bedeutet. In e) verursacht der Prozeß des Ein- und Ausschaltens am Ausgang eine störende Spitze, die um so kleiner ist, je kleiner R_2 gegenüber R_1 gewählt wird.

Mehrfache Schalter mit Dioden. Abb. 143a ist aus Abb. 142d hergeleitet und zeigt eine Anordnung, in der zwei (oder auch mehr) Eingänge A und B durch den schaltenden Eingang S eingeschaltet werden. Die Impulse A und B werden nicht addiert, sondern superponiert. In der Ausdrucksweise der BOOLEschen Algebra (s. S. 238f.) führt dieser Schaltkreis die Operation $S(A \vee B)$ aus. Eine andere Funktion verwirklicht Abbildung 143b. Hier entsteht nur dann ein positives Ausgangssignal, wenn alle drei Eingänge positiv sind; das entspricht der BOOLEschen Funktion ABC. In dieser Anordnung ist es nicht mehr sinnvoll, schaltende und geschaltete Signale zu unterscheiden, indem alle Eingänge gleichberechtigt sind.

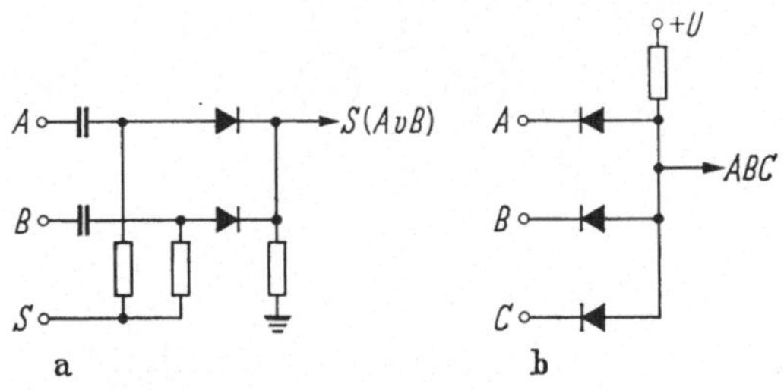

Abb. 143. Zwei mehrfache Gatter.

Schalter mit Transistoren und Röhren. Der häufigste Transistor-Schalter ist in Abb. 144a gezeigt. Vom Impulseingang aus gesehen arbeitet der Transistor in Basisschaltung; dieser Eingang ist also niederohmig und muß dementsprechend auch von einer niederohmigen Quelle aus gespeist sein. Der Schalteingang dagegen sieht den Transistor in Emitterschaltung und hat daher höhere Impedanz. Im ausgeschalteten Zustand muß die schaltende Spannung einige Zehntelvolt positiver als die Impulse sein, damit der Transistor den Sperrbereich nicht verläßt. Die am Ausgang entstehenden Impulse sind positiv; für das zeitliche Verhalten dieser Schaltung wird auf S. 68ff. verwiesen. — Der Nachteil niedriger Eingangsimpedanz am Emitter kann behoben werden, indem man denselben durch den Emitter eines zusätzlichen Transistors treibt, siehe Abb. 144b. Der rechte Transistor verkörpert den Schalter, während der linke als Emitterfolger arbeitet und den linearen Bereich nicht zu verlassen braucht. In dieser Schaltung haben beide Eingänge hohe Impedanz, ohne daß die Arbeitsgeschwindigkeit beeinträchtigt wird. Allgemein ermöglichen emittergekoppelte Transistorpaare große Geschwindigkeiten, da diese Art der Kopplung mit sehr kurzen Zeitkonstanten behaftet ist.

Falls höhere Signalspannungen zur Anwendung kommen, so müssen Röhren verwendet werden. Abb. 144c und d zeigt die Anordnungen,

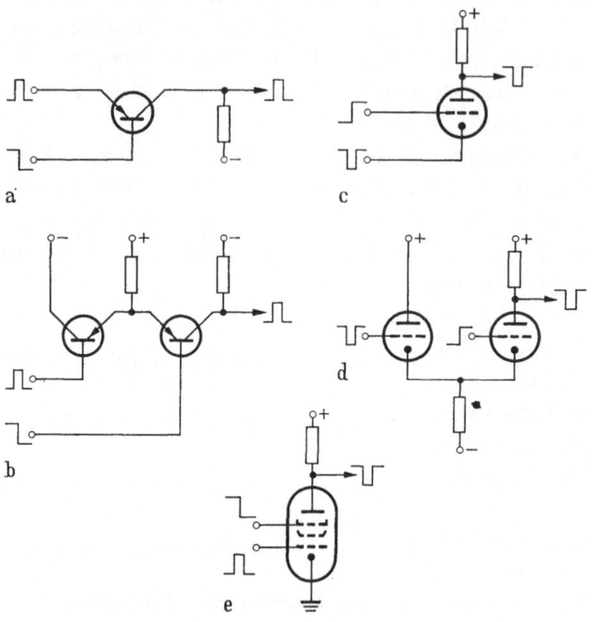

Abb. 144. Beispiele von Schaltern mit Transistoren und Röhren.

die analog zu a) und b) sind. e) zeigt einen weiteren, häufig vorkommenden Schalter mit einer Pentode; mit 0 V am Bremsgitter ist das Gatter eingeschaltet, während es durch eine hinreichend stark negative Spannung ausgeschaltet wird. Für diese Anwendung wählt man vorzugsweise eine Röhre hoher Bremsgittersteilheit (s. S. 80).

Schwellwert-Schalter. Eine besondere Art von Gattern entsteht dadurch, daß schaltende und geschaltete Signalformen zuerst algebraisch addiert werden; die so entstehende Summe wird auf einen Amplitudendiskriminator geleitet, der das entstandene Signal nur weiterleitet, wenn es eine gewisse Schwelle überschreitet. Dieses Prinzip zeigt Abb. 145a, unter Verwendung eines Begrenzers nach Abbildung 129b. Solange die schaltende Signalform —5 V beträgt, wird der Impuls nicht zum Ausgang weitergeleitet (vorausgesetzt, daß seine Amplitude 5 V nicht über-

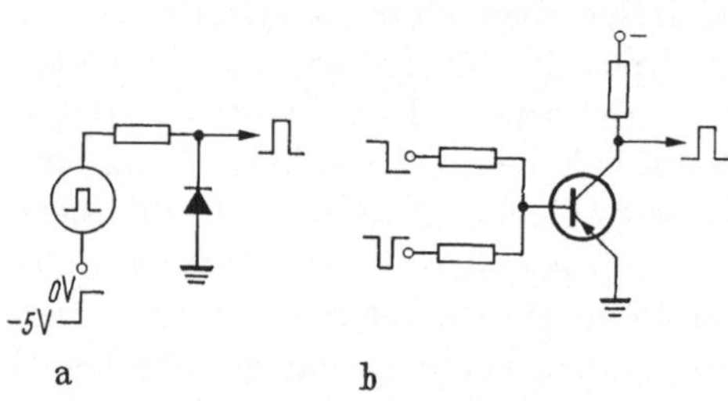

Abb. 145. Zwei Schwellwert-Schalter.

schreitet). Die Addition der zwei Signale erfolgt hier durch Serienschaltung. Das bedeutet, daß eines von ihnen aus einer erdfreien Quelle stammen muß, wofür praktisch nur ein Übertrager in Betracht kommt. Wenn ein solcher ohnehin vorhanden ist, so bedeutet das keinen Nachteil. Dieser Fall liegt beispielsweise vor, wenn der Impuls einem Sperrschwinger entnommen wird. Andernfalls kann man die beiden Signale nach dem Prinzip von Abb. 121b in Form von Strömen addieren und die Schwelle wieder mit einer Diode, oder nach Abb. 145b mit einem Transistor bilden. Dieser Schaltkreis ist gleichzeitig ein Gatter und ein Verstärker. Er besitzt nur einen Transistor und zwei Widerstände und ist daher außerordentlich wirtschaftlich. Aus diesem Grund wird er in digitalen Rechenanlagen überall dort, wo nicht größte Geschwindigkeit verlangt wird, ausgiebig verwendet. Die Beschränkung der Geschwindigkeit rührt davon her, daß es nicht zulässig ist, die Widerstände mit einem Kondensator zu überbrücken, wie es auf S. 72 angedeutet ist.

9.7 Impulsdehnung

Für gewisse Zwecke, beispielsweise für die genaue Ausmessung der Amplituden, ist es oft wünschenswert, den Maximalwert einer Signalform zu dehnen, also für eine gewisse Zeit zu speichern. Dabei beträgt die verlangte Speicherzeit einige Mikrosekunden bis höchstens Millisekunden. (Für Sonderzwecke werden allerdings Zeiten von Sekunden oder gar Minuten verlangt.) Fast alle solchen Impulsdehner (für die man oft den englischen Namen *pulse stretcher* braucht) arbeiten nach dem Prinzip von Abb. 146a. Der Kondensator C wird über die Diode D bis

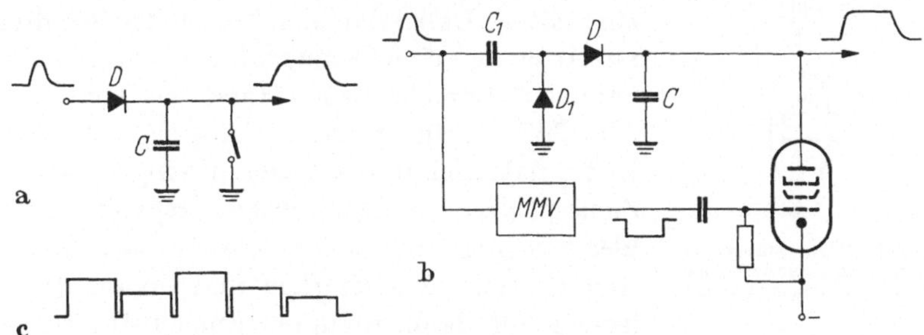

Abb. 146. Impulsdehner: a) Prinzip, b) praktische Ausführung (MMV = monostabiler Multivibrator), c) Signalform am Ausgang.

zum Spitzenwert der Impulsamplitude aufgeladen und behält seine Ladung, bis er durch den Schalter wieder entladen wird. Praktisch wird dieser Schalter nicht ideal sein; er besteht aus einer Röhre oder einem Transistor und besitzt sowohl in ausgeschaltetem wie auch in eingeschaltetem Zustand einen endlichen Widerstand. Das bedeutet, daß das Dach des erzeugten Impulses etwas abfällt (die Dehnungszeit ist also begrenzt) und daß beim Ausschalten die Ladung von C nicht unmittelbar auf Null geht.

Eine praktische Ausführung zeigt Abb. 146b. C_1 und D_1 sorgen zunächst dafür, daß der Ruhepegel immer auf 0 V festgehalten wird (vgl. Abb. 131a). Ein ankommender Impuls lädt durch D den Kondensator C auf den Spitzenwert auf, betätigt aber gleichzeitig den monostabilen Multivibrator *MMV*, der die Pentode für eine gewisse Zeit sperrt. Somit ist die Ausgangsklemme freigegeben, und der gespeicherte Amplitudenwert läßt sich ablesen. Nach Ablauf seiner Speicherzeit klappt *MMV* zurück, die Pentode wird leitend und die Ausgangsspannung kehrt auf 0 V zurück. — Falls die Impulse in regelmäßigen Zwischenräumen eintreffen, wird man die Speicherzeit etwas kürzer als das Impulsintervall wählen und erhält dann am Ausgang eine Signalform nach Abb. 146c. Diese Schaltung wird gelegentlich als *box-car detector* bezeichnet[1].

Mehrere weitere Impulsdehner finden sich in [*6*].

9.8 Schalter für kleine Signale

Alle Schalter, die im vorhergehenden Abschnitt beschrieben wurden, haben zwei wichtige Beschränkungen gemeinsam: Erstens verarbeiten sie nur Impulse einer Polarität, und zweitens müssen dieselben eine gewisse Mindesthöhe haben, die bei Verwendung von Dioden oder Transistoren etwa 1 V beträgt, bei Röhren wesentlich mehr. Oft entsteht die Notwendigkeit, kleine Signale, die sich nach Bruchteilen von Volt bemessen, ein- und auszuschalten. Dabei darf der Prozeß des Schaltens am Ausgang keine Störsignale hervorrufen. Das kann am einfachsten an Hand der Pentode in Abb. 147 gezeigt werden. An sich wäre diese Röhre natürlich in der Lage, im eingeschalteten Zustand (also mit der Bremsgitterspannung 0 V) kleine Signale, die zudem positiv oder negativ sein können, zu verstärken und weiterzuleiten, jedoch nur dann, wenn ein Anoden-Ruhestrom fließt; dieser Ruhestrom setzt ein, sobald die Röhre eingeschaltet wird. Man erhält somit in der Ausgangsspannung beim Ein- und Ausschalten einen Sprung, der um vieles größer als das Nutzsignal ist. In vielen Fällen ist das unzulässig, da nachfolgende Verstärkerstufen während zu langer Zeit gesättigt werden könnten. Dasselbe gilt für alle Schwellwert-

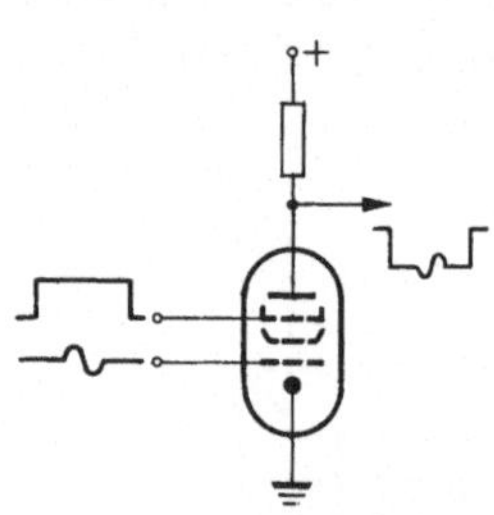

Abb. 147. Unerwünschter Schaltvorgang, der dem Ausgangssignal überlagert ist.

[1] *Box-car* = geschlossener Güterwagen. Abb. 146c erinnert an einen Güterzug, der aus solchen Wagen zusammengesetzt ist.

gatter, was sich am leichtesten an Abb. 145a nachprüfen läßt. Hier müßte, damit kleine Signale übermittelt werden, die schaltende Signalform etwas positiv werden, was sofort auch die Ausgangsspannung positiv machen würde.

Es müssen also Schaltkreise gefunden werden, die den Durchgang eines Signals ohne störenden Ausgleichsvorgang ein- und ausschalten und die auch solche Signale verarbeiten, die eine Amplitude haben, welche klein gegenüber der Breite des Knicks der verwendeten Dioden ist. Die nächstliegende Anordnung ist die in 148a gezeigte. Im eingeschalteten Zustand fließt durch die Dioden ein Gleichstrom, der so groß ist,

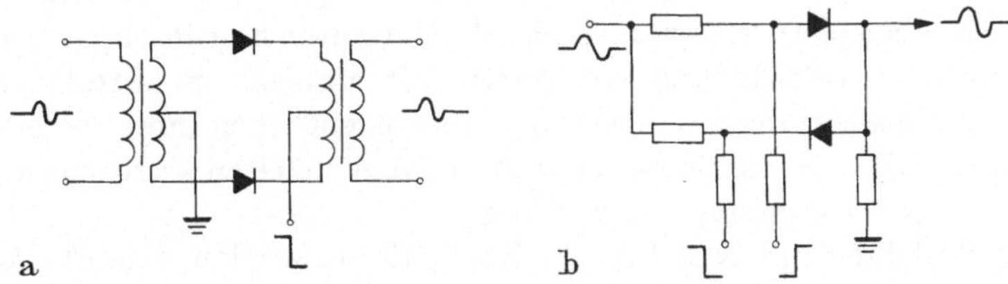

Abb. 148. Zwei Schalter für kleine Signale.

daß der Arbeitspunkt weit vom Knick entfernt ist, so daß ein niedriger Durchlaßwiderstand entsteht. Durch die Übertrager fließt ebenfalls ein Gleichstrom, dessen Wirkung aber durch die symmetrische Mittelanzapfung aufgehoben wird. Diese Schaltung hat zwei Mängel. Erstens ist die Bandbreite (Abstand zwischen kleinster und größter übertragener Frequenz), die mit Übertragern erreicht wird, für viele Fälle ungenügend. Zweitens ist die Symmetrie eines Übertragers nie vollkommen, so daß vom Schaltsignal doch ein kleiner Anteil am Ausgang erscheint; somit sind die Nutzsignale, die verarbeitet werden können, nicht beliebig klein.

Viel einfacher ist Abb. 148b. Dieser Schalter ist durch Kombination von zwei Gliedern nach Abb. 142d entstanden; er benötigt zwei schaltende Signale, ein positives und ein negatives. Unter der Voraussetzung, daß beide genau gleichzeitig eintreffen und genau gleiche Amplitude haben, entsteht am Ausgang kein störender Vorgang. (Man beachte die Ähnlichkeit mit Abb. 136.) Eine Analyse dieses Gatters findet sich in [*13*], wo noch weitere Schaltungen angegeben sind, die den Vorteil geringerer Dämpfung besitzen.

Die Schaltungen von Abb. 148 werden als Schalter für kleine Signale bezeichnet; der Ausdruck „kleine Signale" gilt aber nur für den links gezeichneten Eingang, während die schaltende Spannung 1 V bis mehrere Volt Amplitude haben muß. Mit Halbleiterelementen, die bei Zimmertemperatur arbeiten, oder mit Röhren lassen sich grundsätzlich keine Schalter bauen, die mit Schaltspannungen von 0,1 V oder weniger auskommen; denn das Schalten bedingt eine Verschiebung auf einer gekrümmten Kennlinie zwischen zwei Punkten, die wesentlich verschiedene Eigenschaften besitzen. Nun sind aber die Kennlinien so beschaffen, daß sich wesentliche Krümmungen erst beim Durchlaufen von Spannungen, die groß gegen kT/e sind, ergeben (s. S. 6f.), und dieser Wert beträgt 26 mV für Halbleiterelemente und 90 mV für Röhren. Daher ist es prinzipiell unmöglich, beispielsweise digitale Rechenanlagen zu entwerfen, die bei Zimmertemperatur mit Signalen von 0,1 V oder weniger arbeiten.

9.9 Bildung von Impulsen mit passiven Elementen

Oft stellt sich die Aufgabe, aus einer steigenden (oder fallenden) Flanke, die beispielsweise von einem Multivibrator herrühren oder auch Teil einer Sinusschwingung sein kann, mit einfachsten Mitteln einen Impuls herzuleiten, der zur Auslösung eines eigentlichen Impulserzeugers verwendet wird. Nachfolgend sind zwei Möglichkeiten dazu sowie ein Verfahren zur Umpolung beschrieben.

Impulsbildung mit *RC*. Ein RC-Hochpaß verwandelt eine Flanke in einen Anstieg mit nachfolgendem exponentiellem Abfall, s. Abb. 8. Wenn nur die Spitze dieses Vorganges verwendet wird, so entsteht ein impulsähnliches, dreieckiges Signal. Die Schaltung von Abb. 149a kann dazu

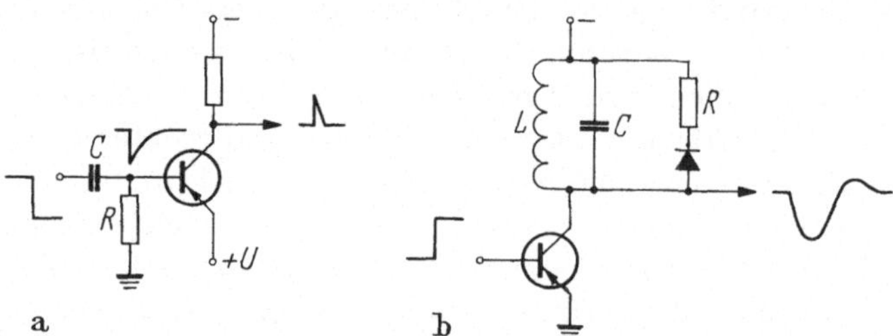

Abb. 149. Zwei Schaltungen zur Bildung von Impulsen aus einer Flanke.

dienen. Zunächst erfolgt mit dem Hochpaß eine Quasi-Differentiation. Der Transistor ist durch $+U$ so vorgespannt, daß er nur während der Spitze des Signals leiten wird und demgemäß am Ausgang einen positiven Impuls abgibt. Dessen Dauer (Breite am Fußpunkt) richtet sich nach dem Produkt RC und dem Pegel der Begrenzung. Die steigende Flanke verursacht am Ausgang keinen Impuls, da sie den Transistor nicht aus dem Sperrbereich herausführt.

In der Praxis wird die angelegte Flanke eine endliche Anstiegszeit haben, und der Hochpaß wird ein Signal nach Abb. 15 erzeugen. Je nach dem Verhältnis dieser Anstiegszeit zu RC erhält dadurch der Ausgangsimpuls eine mehr oder weniger symmetrische, oben abgerundete Form.

Impulsbildung mit *RLC*. Abb. 149b veranschaulicht einen Transistor mit einem Schwingkreis in der Kollektorleitung. Zunächst fließt ein hoher

Kollektorstrom I_0. Wenn nun eine positive Flanke an der Basis zur Sperrung führt, so beginnt der Schwingkreis mit einer Frequenz $f = 1/2\pi\sqrt{LC}$ zu schwingen; die Amplitude $\hat{u}$ ist $\hat{u} = I_0\sqrt{L/C}$. Es kann jedoch nur eine halbe Schwingung stattfinden; sobald die Ausgangsklemme negativ gegenüber der Speisespannung wird, beginnt die Diode zu leiten, und der Widerstand R dämpft den Kreis. Durch die Wahl $R = \sqrt{L/4C}$ erhält man aperiodische Dämpfung, was dem Zustand schnellsten Abklingens entspricht. Man erhält also am Kollektor einen negativen Impuls, der die Form einer halben Sinusschwingung und die Dauer $T = \pi\sqrt{LC}$ besitzt, mit nachfolgendem leichtem Überschwingen. Dieses Überschwingen hat die Amplitude $\hat{u}/e \approx 0{,}37\hat{u}$.

Über die Dimensionierung von L und C ist folgendes zu sagen: Das Produkt LC ist durch die verlangte Impulsdauer gegeben. Die Amplitude ist — bei gegebenem Ruhestrom I_0 — um so größer, je kleiner C. Da man die verlangte Amplitude mit möglichst kleinem I_0 erreichen möchte, macht man C so klein als möglich, das heißt, man beschränkt sich auf die Kapazität der Spule, der Verdrahtung und des Transistors und baut überhaupt keinen eigentlichen Kondensator ein. Bezeichnet man diesen Wert als C und verlangt man, daß die Impulsamplitude $\hat{u}$ betrage, so läßt sich L aus den gegebenen Gleichungen eliminieren, und man erhält für die Impulsdauer $T = \pi\hat{u}\,C/I_0$. Also lassen sich desto kürzere Impulse erzeugen, je größer man I_0 wählt. Beispiel: $\hat{u} = 6$ V, $C = 20$ pF, $I_0 = 4$mA ergibt $T \approx 100$ ns.

Die abfallende Flanke wird ebenfalls einen Impuls ergeben, allerdings von kleinerer Amplitude, da der Schwingkreis von Anfang an kritisch gedämpft ist; die Amplitude ist $\hat{u}/e \approx 0{,}37\,\hat{u}$.

Umpolung. Die Umkehrung des Vorzeichens eines Impulses kann von einer passenden Verstärkerstufe besorgt werden. Wenn die Form des

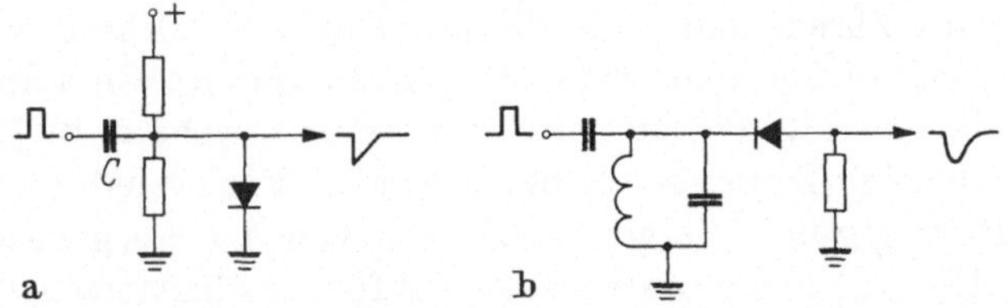

Abb. 150. Zwei Schaltungen zur Umpolung von Impulsen.

Impulses jedoch unwichtig ist und wenn eine zeitliche Verzögerung in Kauf genommen werden kann, so eignen sich die Schaltungen von Abb. 150 gut. In a) lädt der positive Impuls den Kondensator C auf, und die abfallende Flanke wird dann auf den Ausgang übertragen. In b) wird durch den Impuls der Schwingkreis angestoßen und gibt eine Halbschwingung ab.

10. Verstärkerstufen im Schalterbetrieb

In diesem Kapitel werden Verstärkerstufen behandelt, die — wie ein mechanischer Kontakt — nur zwei Betriebszustände besitzen[1]. Sie eignen sich zur Verstärkung von Impulsen, sofern von denselben nur der Zeitpunkt des Anfangs und des Endes von Bedeutung ist, nicht aber die Form und die Amplitude. Ein solcher Verstärker wird also im Idealfall Rechteckimpulse abgeben. Immerhin ist eine unendlich kurze Anstiegszeit nie zu erreichen, und daher bildet das Studium des Übergangsverhaltens den Hauptteil der Theorie der Verstärker im Schalterbetrieb.

Eines der wichtigsten Merkmale solcher Verstärker ist, daß die steigende und die fallende Flanke von Impulsen verschiedene Zeitkonstanten haben, da sich die Transistoren und Röhren im eingeschalteten und im ausgeschalteten Zustand ungleich verhalten. Im Prinzip liegen somit die Verhältnisse von Abb. 35 (S. 31) vor.

Transistoren und Röhren im Schalterbetrieb bilden die Grundlage fast aller Impulsschaltungen. Multivibratoren, Flipflops, Sperrschwinger, Zähler und digitale Schaltungen beruhen auf dieser Betriebsart. Die in diesem Kapitel beschriebenen Prinzipien und Verfahren haben daher *für alle nachfolgenden Teile des Buches fundamentale Bedeutung.*

10.1 Transistoren im Schalterbetrieb

Das Übergangsverhalten eines Transistors, der sprunghaft zwischen Sperrung und Sättigung hin- und hergeschaltet wird, ist eng mit den physikalischen Vorgängen im Transistor selbst verknüpft und ist daher in Kap. 5 (s. S. 65 ff.) beschrieben worden. Hier wird hauptsächlich die Wechselwirkung des Transistors mit dem äußern Schaltkreis betrachtet. Immerhin darf nicht verschwiegen werden, daß sich die Effekte, die vom Transistor herrühren, und jene, die durch den Schaltkreis verursacht werden, nicht immer getrennt behandeln lassen; für diese Zusammenhänge muß auf die Spezialliteratur verwiesen werden, siehe z. B. [*17*].

Außer den im Transistor selbst liegenden Eigenschaften rührt der stärkste Beitrag zum Übergangsverhalten von der Ausgangskapazität C her. In Abb. 151a sind die Verhältnisse für die Emitterschaltung dargestellt. Beim Einschalten steigt der Ausgangsimpuls mit einer Geschwindigkeit an, die vom Stromangebot I des Transistors abhängt: $du_2/dt = I/C$. Beim Ausschalten dagegen wird der Transistor gesperrt, und die Signalform wird nur durch R und C bestimmt; ihre Zeitkonstante ist RC, ihre maximale Anstiegsgeschwindigkeit U/RC. Wenn C gegeben ist, so kann

---

[1] In der Hochfrequenztechnik wird der Schalterbetrieb auch als „Betrieb der Klasse C“ bezeichnet.

man diese Geschwindigkeit nur dadurch vergrößern, daß man U/R vergrößert. Dieser Wert ist gleich dem Kollektorstrom im eingeschalteten Zustand und ist durch die höchstzulässige Verlustleistung des Transistors begrenzt.

In der Kollektorschaltung liegen die Verhältnisse anders, s. Abb. 151b. Für kleine Signale hat der Transistor die Ausgangsimpedanz R_a, die

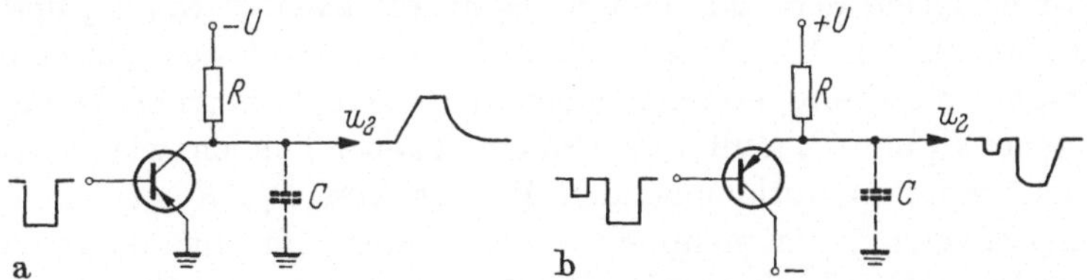

Abb. 151. Transistorstufen mit kapazitiver Last. a) Emitterschaltung, b) Kollektorschaltung mit kleinem und großem Signal.

sehr niedrig ist (s. S. 88). Somit sind Anstiegs- und Abfallzeit gleich $2{,}2\,R_a\,C$. Infolge der Kleinheit von R_a sind diese Zeiten kurz; daher eignet sich die Kollektorschaltung gut, um über einer kapazitiven Last schnelle Impulse zu erzeugen. Das gilt jedoch nur, solange der Transistor nicht gesperrt wird. Wenn nämlich der Impuls an der Basis so schnell ansteigt, daß der Emitterstrom aussetzt, dann wird der Anstieg nur noch durch R und C bestimmt, und die größte Anstiegsgeschwindigkeit ist U/RC. Der Quotient U/R ist, wie vorher, durch die Verlustleistung begrenzt. *Daraus folgt, daß für große Signale die Kollektorschaltung nicht schneller ist als die Emitterschaltung.* (Siehe auch S. 90.)

Gleichstrommäßige Dimensionierung. Abgesehen vom Übergangsverhalten bietet schon die rein gleichstrommäßige Dimensionierung selbst

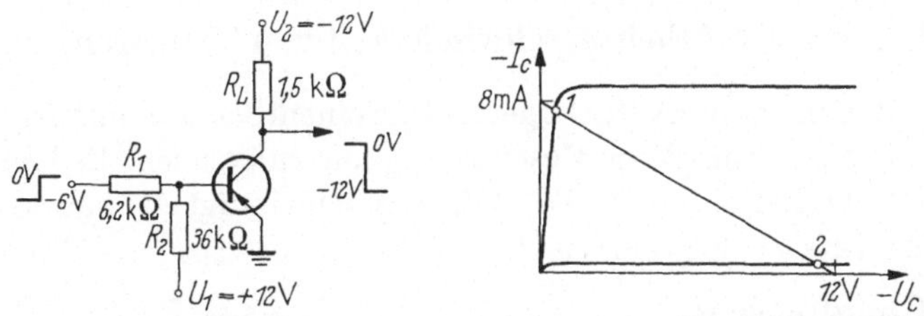

Abb. 152. Gleichstromgekoppelter Transistorverstärker im Schalterbetrieb.

einer einfachen Transistorschaltung etwelche Probleme dar, besonders wenn es sich um die Entwicklung eines kommerziellen Produktes handelt, wo alle Toleranzen mit zu berücksichtigen sind. Als Beispiel ist ein einfacher Verstärker in Emitterschaltung gewählt, wie er etwa als Negator in einer digitalen Rechenanlage vorkommt, s. Abb. 152. Um über die Größenordnungen eine konkrete Vorstellung zu vermitteln, sind hier für alle Spannungs- und Widerstandswerte Zahlen eingesetzt.

Im eingeschalteten Zustand (Eingangsklemme auf -6 V) ist der Transistor gesättigt, und der Kollektor hat eine ganz schwach negative Spannung (Punkt *1*). Jetzt muß der hierzu erforderliche Basisstrom ermittelt werden. Die Größen, die zu seiner Bestimmung nötig sind, können nicht als feste Werte betrachtet werden, sondern sind alle mit Toleranzen behaftet. Zunächst müssen wir den größtmöglichen Kollektorstrom kennen. Er ist gleich dem Quotienten des Maximalwertes von U_2 und des Minimalwertes von R_L. Dieser Strom, dividiert durch den Minimalwert der Stromverstärkung, ergibt den erforderlichen Basisstrom. Der Spannungsteiler R_1 und R_2 muß diesen Strom abgeben können, wiederum mit den ungünstigsten vorkommenden Werten von R_1, R_2, U_1 und der Eingangsspannung von nominell -6 V. Anderseits muß dieser Spannungsteiler auch in der Lage sein, den Transistor auszuschalten (Punkt *2*). Der dazu erforderliche Strom ist der Wert von I_{c0} bei der höchsten vorkommenden Betriebstemperatur, welche ihrerseits von der höchsten vorkommenden Umgebungstemperatur und von der Kollektorverlustleistung abhängt. Er muß auch bei den ungünstigsten Werten von R_1, R_2 und U_1 zur Verfügung stehen. Der im ausgeschalteten Zustand fließende Kollektorstrom ist durch die positive Basisspannung bestimmt und muß aus Kurven nach Abb. 70 abgelesen werden. Die in Abb. 152 eingezeichnete Lage von Punkt *2* gilt für den Fall, daß der Ausgang der Schaltung unbelastet ist. Tatsächlich sind aber immer ein oder mehrere Spannungsteiler von der Art R_1, R_2 angeschaltet, die die Tendenz haben, die Ausgangsspannung positiver zu machen. Es muß spezifiziert werden, wie weit diese Belastung gehen darf; dadurch werden die Bedingungen der Dimensionierung weiter verschärft.

10.2 Erhöhung der Arbeitsgeschwindigkeit von Transistor-Schaltern

Oft wird man vor die Aufgabe gestellt, in einem Schalter mit gegebenem Transistortyp größtmögliche Geschwindigkeit zu erzielen. Es lohnt sich, zunächst festzuhalten, daß die Arbeitsgeschwindigkeit hauptsächlich durch vier Effekte begrenzt ist:

1. α-Grenzfrequenz,
2. Laufzeit im Transistor,
3. Ladungsträgerspeicherung im gesättigten Transistor,
4. Kapazitäten des Transistors und der Schaltung.

Grenzfrequenz und Laufzeit sind fundamentale, dem Transistor innewohnende Schranken, die durch kein Mittel überschritten werden können. Wenn eine Schaltung so ausgelegt ist, daß ihre Geschwindigkeit durch diese beiden Effekte bestimmt wird, so ist aus dem gegebenen Transistor das Maximum herausgeholt worden. Der Entwerfer muß sich daher darauf konzentrieren, die Wirkung der Speicherung und der Kapazitäten möglichst zu reduzieren.

Speicherung. Die Speicherung von Ladungsträgern im Basisraum ist eine Erscheinung von größter Wichtigkeit, die auf den Entwurf aller Impulsschaltungen, in denen der Transistor in die Sättigung geht, einen maßgebenden Einfluß ausübt. Physikalische Ursache und vereinfachte rechnerische Behandlung sind auf S. 46 beschrieben worden. In diesem Abschnitt gehen wir auf die schaltungstechnischen Maßnahmen ein, die die nachteiligen Effekte der Sättigung vermeiden oder doch abschwächen können.

Es ist naheliegend, das Sättigungsgebiet überhaupt zu vermeiden, indem man verhindert, daß die Kollektorspannung einen gewissen Wert unterschreitet. Für den einfachsten Schalter kann das mit einer Diode nach Abb. 153a erreicht werden; b) zeigt die so entstandene Lastlinie und die Arbeitspunkte. Allerdings ist diese Schaltung nur von beschränktem Nutzen, da die Ladungsträgerspeicherung einfach vom Transistor auf die Diode verschoben worden ist, wobei immerhin Hochfrequenzdioden bei gegebenem Strom wesentlich kleinere Ladungsmengen speichern als Transistoren.

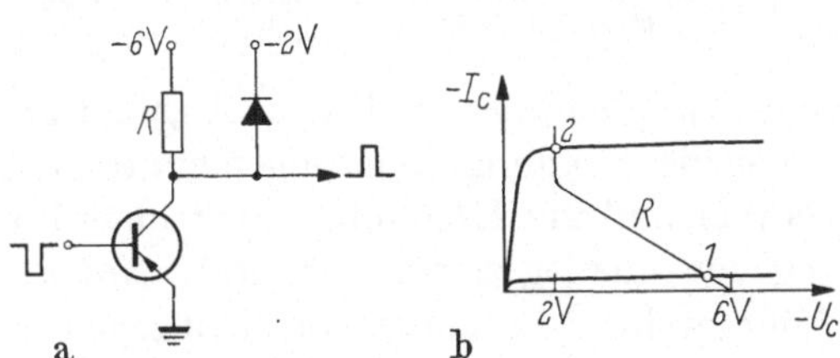

Abb. 153. a) Vermeidung der Sättigung mittels einer Diode, b) Lastlinie und Arbeitspunkte *1* und *2*.

Wirksamer ist die Begrenzung des Kollektorstromes mittels einer gegengekoppelten Schaltung, s. Abb. 154a. Sobald die Kollektorspannung hinreichend klein wird, beginnt die Diode zu leiten und verhindert dadurch, daß sich der Basisstrom weiter vergrößert. Auf diese Art erfolgt die Begrenzung des Kollektorstromes durch einen viel kleineren Diodenstrom als in Abb. 153, so daß die Ladungsträgerspeicherung in der Diode weniger in Erscheinung tritt. Abb. 154b zeigt eine etwas weniger wirksame Anordnung, die aber einen Widerstand einspart. Diese Schaltung ist in [*17*] näher beschrieben.

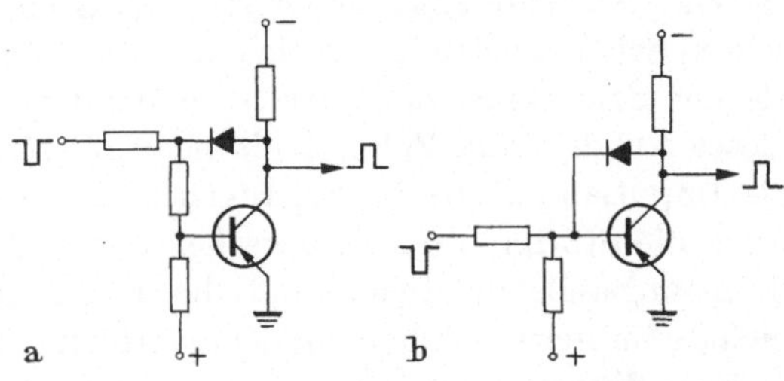

Abb. 154.
Begrenzung der Kollektorspannung durch Gegenkopplung.

Gleichstrommäßig betrachtet, ist der Betrieb des Transistors im Sättigungsgebiet ein großer Vorteil, weil der Arbeitspunkt klar definiert ist, ohne daß zusätzliche Schaltmittel aufgewendet werden müssen. Um das Verlassen der Sättigung zu beschleunigen, läßt sich — besonders wenn eine Quelle niederer Impedanz zur Verfügung steht — die Schaltung von Abb. 79 verwenden. *R* verhindert, daß der Transistor zu stark gesättigt wird; *C* bewirkt, daß die gespeicherte Ladung schnell abgeführt wird. Dieses Mittel zur Erhöhung der Arbeitsgeschwindigkeit ist einfach und wirksam, und daher wird selten auf seine Anwendung verzichtet. An Stelle der Kapazität kann auch eine Induktivität verwendet werden, s. Abb. 155a [*17*].

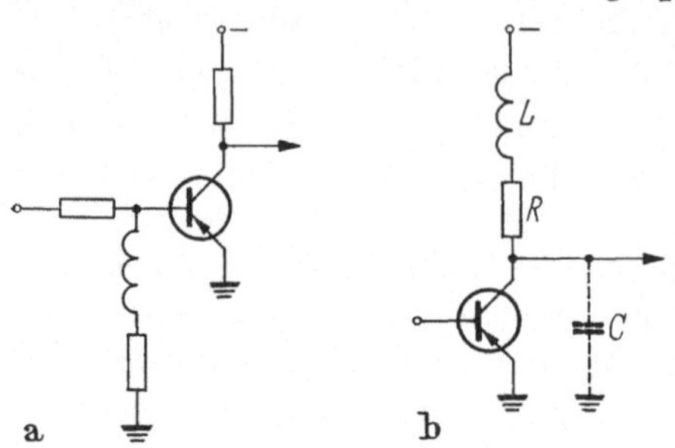

Abb. 155. Verwendung von Induktivitäten: a) Reduktion der Speicherzeit, b) Beschleunigung des Anstiegs.

Kapazitäten. Sowohl der Transistor (s. S. 61ff.) als auch die Verdrahtung haben Kapazitäten, die bei Spannungssprüngen umgeladen werden müssen. Da das Angebot an Strom nicht unbegrenzt ist, können diese Ladungsänderungen nur mit einer gewissen Geschwindigkeit ablaufen, und eine Erhöhung des Stromes bringt immer auch eine Verkürzung der Anstiegszeiten. Dadurch wird aber gleichzeitig die Leistung erhöht, welcher in Transistorschaltungen enge Grenzen gezogen sind.

Die Anstiegszeiten sind proportional zur Impulsamplitude *U*, und in Fällen, wo man dieselbe frei wählen kann, wird man sie möglichst klein halten. Immerhin sind dieser Tendenz Grenzen gesetzt; denn um einen echten Schalterbetrieb zu erzielen, müssen die Impulse wesentlich größer als der Spannungsabfall der leitenden Emitter-Basis-Strecke sein. Da dieser Abfall einige Zehntelvolt beträgt, ist es praktisch nicht möglich, die Impulsamplitude im Schalterbetrieb unter etwa 1 V zu reduzieren. Auch die Störimpulse, die zwischen den Erdungspunkten verschiedener Schaltungsteile entstehen und die wegen ihrer niederohmigen Natur nicht eliminiert werden können, verbieten die Verwendung von ganz kleinen Signalpegeln.

Unabhängig von der Größe der Signale ist es ein Vorteil, in die Kollektorleitung eine Induktivität zu legen, s. Abb. 155b, welche die Kapazität *C* kompensiert (s. S. 100). Die Bemessung von *L* folgt allerdings nicht unbedingt denselben Regeln wie in Breitbandverstärkern, doch ist *L* auch hier größenordnungsmäßig gleich $R^2 C$ zu setzen.

Selbstverständlich ergibt jede Reduktion von *C* eine Verbesserung. Zu den Maßnahmen, die eine Verkürzung der Anstiegszeit anstreben, gehört daher auch die Verkleinerung von *C* durch Nachschalten einer Stufe mit kleiner Eingangskapazität, beispielsweise eines Emitterfolgers. Der Anteil von *C*, der im Transistor selbst liegt, läßt sich allerdings dadurch nicht beseitigen; doch kann er klein gehalten werden, indem man das Gebiet niederer Kollektorspannungen vermeidet, s. Abb. 69. Diese Regel ist eine verschärfte Formulierung der Bedingung, wonach keine Sättigung eintreten darf.

Das Abfangen einer exponentiellen Flanke. Ein besonders häufig verwendetes Mittel, im Schalterbetrieb den unerwünschten Effekt der Ausgangskapazität abzuschwächen, besteht im „Abfangen". Dieser Vorgang ist ein Sonderfall der Amplitudenbegrenzung mit dem Zweck, die Anstiegszeiten zu verkürzen.

Ein gewöhnlicher Schalter ergibt am Ausgang die Signalform von Abb. 156a. Wenn ihre Zeitkonstante $RC = T$ ist, so ist die Anstiegszeit

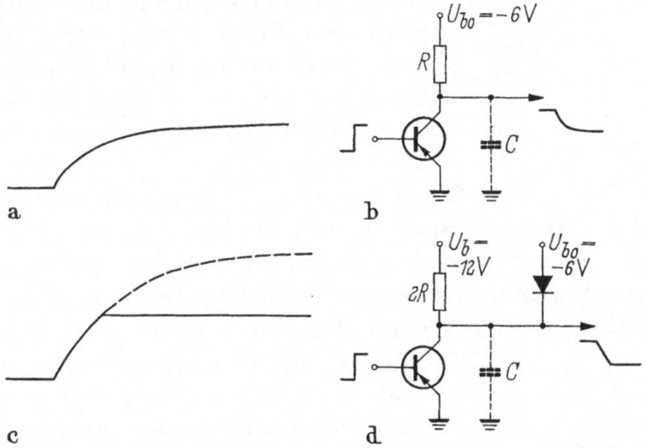

Abb. 156. Verbesserung der Anstiegszeit durch Abfangen der Kollektor-Signalform.

(10% bis 90% des Endwertes) gleich $A_0 = 2{,}2\ T$. Tatsächlich ist aber die Zeit, die es braucht, bis der Endwert erreicht ist, unendlich lang. Man hat daher oft ein Interesse daran, diesen Prozeß abzukürzen, indem man den langsam verlaufenden Schlußteil der Signalform abschneidet (c). Begrenzt man beispielsweise die Amplitude auf 50%, so tritt eine Beendigung des Anstiegs ein, bevor die exponentielle Signalform vollständig durchlaufen ist. Damit aber die Amplitude (die sich aus der Aufgabe, die die Schaltung erfüllen muß, ergibt) trotzdem erhalten bleibt, muß die Batteriespannung von U_{b0} auf $U_b = 2\,U_{b0}$ erhöht werden (d). Ferner muß man, da der maximale Kollektorstrom durch die Eigenschaften des Transistors gegeben ist und daher nicht vergrößert werden darf, den Kollektorwiderstand von R auf $2\,R$ erhöhen. Das Abfangen geschieht durch eine Diode, die mit der Spannung U_{b0} verbunden ist. Die Zeit*konstante* der neuen Schaltung hat sich von RC auf $2\,RC$ verdoppelt; die *Anstiegszeit* A hat sich, wie man ausrechnen kann, halbiert. Die *anfängliche Anstiegsgeschwindigkeit* hingegen ist nicht größer geworden; sie ist nach wie vor gleich U_{b0}/T. Die neue Schaltung hat den großen Vorteil, daß der gesamte Prozeß des Anstiegs nun nicht mehr unendlich lange dauert, sondern nach endlicher Zeit abgeschlossen ist.

Tab. 3 zeigt, welche Anstiegszeiten A entstehen, wenn die Batteriespannung von U_{b0} auf U_b erhöht und die Kollektor-Signalform bei U_{b0} abgefangen wird. Unter A_0 verstehen wir $A_0 = 2{,}2\ T$. Im Grenzfall $U_b = \infty$ erhält man einen linearen Anstieg mit der Geschwindigkeit U_{b0}/T, und die Anstiegszeit (10% bis 90%) wird gleich 0,8 T, was 2,75mal kürzer ist als $A_0 = 2{,}2T$. Man sieht, daß schon eine Erhöhung um 20% einen wesentlichen Gewinn bringt, und daß es anderseits kaum lohnend ist, über $U_b/U_{b0} = 2$ hinauszugehen. — Wichtig ist, daß durch dieses Verfahren die am Transistor auftretenden Spannungen nicht erhöht werden.

Tabelle 3. *Verkürzung der Anstiegszeit von A_0 auf A durch Erhöhung der Batteriespannung von U_{b0} auf U_b und Abfangen bei U_{b0}*

U_b/U_{b0}	A/A_0
1,0	1,0
1,2	0,71
1,5	0,58
2	0,50
4	0,42
∞	0,36

Abb. 157 zeigt eine Schaltung mit einer doppelten Gegenkopplung, die sowohl das Abfangen als auch die Vermeidung der Sättigung besorgt. Die Diode D_1 begrenzt nach dem Prinzip von Abb. 156b die fallende Flanke, jedoch hier mittels einer Gegenkopplung, was zwei Vorteile in sich schließt: Erstens ist der zur Begrenzung erforderliche Diodenstrom kleiner, was zu einer geringeren Sperrträgheit führt, und zweitens wird im Transistor das Gebiet vollständiger Sperrung, welches nach Abb. 69 mit niedriger Grenzfrequenz behaftet ist, vermieden. Die Diode D_2 reduziert die Sättigung, wie in Abb. 154a gezeigt wurde.

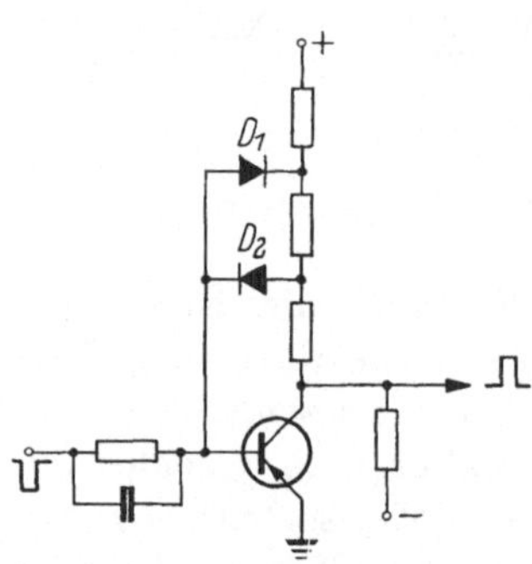

Abb. 157. Doppelte Gegenkopplung in einem Schalter. D_1 vermeidet Sperrung, D_2 reduziert die Sättigung.

Infolge seines im Vergleich zur erzielten Wirkung sehr bescheidenen Aufwandes wird das Abfangen in Schaltungen, die auf kurze Anstiegszeiten hinzielen, sehr häufig verwendet, und zwar sowohl mit Transistoren als auch mit Röhren.

10.3 Leistungsstufen mit Transistorpaaren

In größeren Systemen, die aus Impulsschaltungen bestehen, besonders in digitalen Rechenanlagen, ergibt sich oft die Notwendigkeit von Verstärkerstufen, die einen großen Strom abgeben können, sei es um eine ohmische Last zu speisen, sei es, um an einer kapazitiven Last kurze Anstiegszeiten zu erreichen. Dieser Abschnitt beschreibt einige Schaltungen, die zu diesem Zweck entworfen wurden und die aus einer Kombination von zwei Transistoren bestehen.

Nicht komplementäre Paare. Abb. 158 zeigt drei Leistungsschaltungen. In der ersten (a) ist die Stromverstärkung zwischen Eingang und Ausgang sehr groß; sie ist nahezu gleich dem Produkt der Stromverstärkungen der beiden Transistoren in Emitterschaltung. Daher ist die Eingangsimpedanz auch bei großer Belastung sehr hoch. Ein weiterer Vorteil ist,

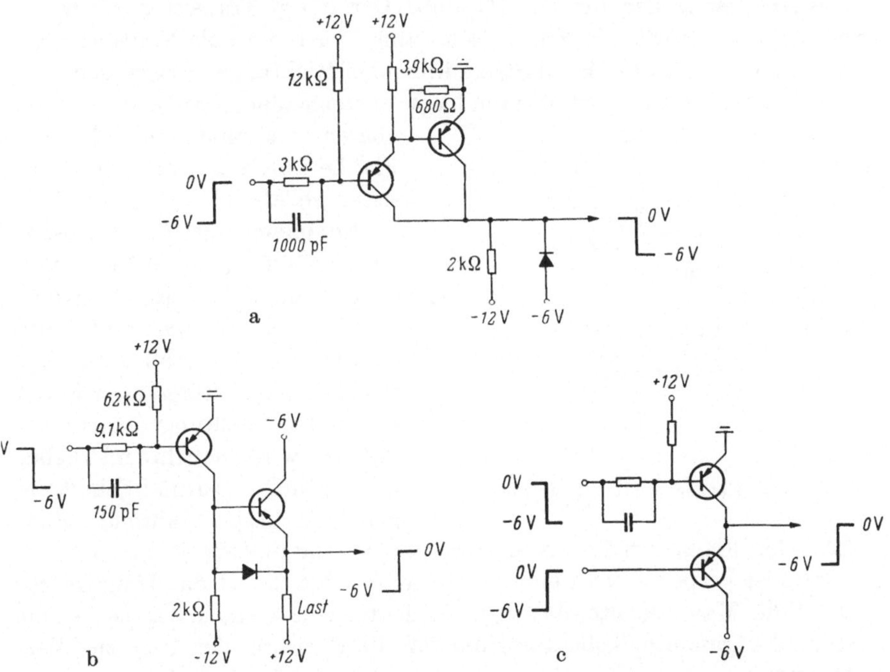

Abb. 158. Drei Leistungsschaltungen mit Transistorpaaren.

daß der zweite Transistor nicht ins Sättigungsgebiet getrieben wird, weil in ihm die Spannung zwischen Basis und Kollektor nie kleiner werden kann als die Spannung zwischen Emitter und Kollektor beim ersten Transistor. Der erste Transistor gelangt zwar ins Sättigungsgebiet, aber mit einem relativ schwachen Emitterstrom, so daß die gespeicherte Ladung nicht sehr groß ist. Der Eingangskreis ist so bemessen, daß beide Transistoren gesperrt sind, wenn die Eingangsspannung 0 V beträgt. Ist sie -6 V, so sind beide Transistoren leitend, und ihre Kollektorströme summieren sich am Ausgang. Diese Schaltung wird verwendet, wenn eine Last mit großen Strömen und schneller Anstiegszeit gespeist werden muß, wobei gleichzeitig die Eingangsimpedanz hoch ist. Die Zeit der fallenden Flanke am Ausgang bestimmt sich aus der RC-Zeitkonstante der Last. Die Diode verhilft dazu, diese Zeit zu verkürzen.

Die zweite Leistungsschaltung, s. Abb. 158b, eignet sich ebenfalls für kapazitive Lasten. Sie ist in der Lage, der Last große Ströme beiden Vorzeichens zuzuführen. Während der ansteigenden Flanke wird dieser Strom durch die Diode geliefert, während der fallenden Flanke durch den als Emitterfolger wirkenden zweiten Transistor.

Der Kreis von Abb. 158c benötigt sowohl das positive Eingangssignal als auch dessen Umkehrung und eignet sich daher besonders gut als Ausgangsverstärker für ein Flipflop. Der obere Transistor wirkt als normaler Verstärker in Emitterschaltung, der untere als Emitterfolger. An kapazitive Lasten kann Strom in beiden Richtungen abgegeben werden; dieser Strom wird während der ansteigenden Flanke durch den oberen, während der fallenden Flanke durch den unteren Transistor geliefert.

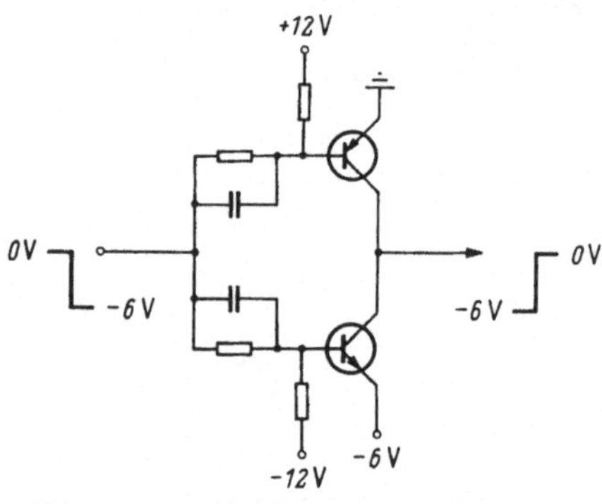

Abb. 159. Komplementäres Transistorpaar.

Komplementäre Paare. Besonders einfache und schöne Schaltungen entstehen durch Kombination eines *pnp*- und eines *npn*-Transistors. Abb. 159 zeigt zwei komplementäre Transistoren in Emitterschaltung. Diese Anordnung wird nach ihrem Urheber gelegentlich SZIKLAI-Schaltung benannt [*61*]. Während einer fallenden Flanke ist der obere Transistor leitend und speist die Last, der untere ist gesperrt; während der steigenden Flanke ist das Umgekehrte der Fall. Man beachte, daß kein Kollektorwiderstand nötig ist; somit steht der gesamte Kollektorstrom für die Speisung der Last zur Verfügung.

In die gleiche Familie gehört der komplementäre Emitterfolger, der auf S. 90 beschrieben wurde.

10.4 Verstärker mit Begrenzung

Die wichtigste Verstärkerschaltung mit Begrenzung ist die *Schmitt-Schaltung*. Sie ist schaltungstechnisch und in bezug auf ihr Übergangsverhalten eng mit dem Flipflop verwandt; daher ist ihre Besprechung in Kap. 11 aufgenommen worden, s. S. 157ff. Diese aus Gründen des didaktischen Aufbaus erfolgte Verlegung darf aber die Tatsache nicht verwischen, daß die SCHMITT-Schaltung in erster Linie als begrenzender Verstärker gebraucht wird und als solcher außerordentlich nützlich ist.

Die Schaltung von Abb. 127, Fall 11, stellt einen zweiseitig begrenzenden Verstärker dar. Sie hat allerdings den Nachteil, daß die Eingangsimpedanz bei Einsatz des Gitterstromes eine Änderung erfährt, und daß der Widerstand in der Gitterleitung zusammen mit der MILLER-Kapazität längere Anstiegszeiten zur Folge hat. Beide Effekte vermeidet die kathodengekoppelte Schaltung von Abb. 160a. Wenn die Eingangsspannung gegenüber U stark negativ ist, so ist die linke Röhre gesperrt; ist sie gegenüber U stark positiv, so wirkt die linke Röhre als Kathodenfolger,

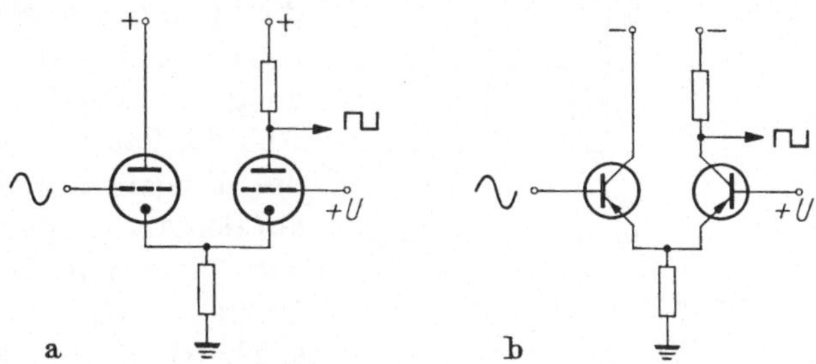

Abb. 160. Zweiseitig begrenzende Verstärker.

und die rechte ist gesperrt. Im Zwischengebiet wirkt die Schaltung als linearer Verstärker ohne Vorzeichenumkehr. Diese Schaltung besitzt, wie alle kathodengekoppelten Schaltungen, kurze Zeitkonstanten, weil die Eingangskapazität niedrig ist und weil die Kopplung zwischen den Stufen niedere Impedanz besitzt. Die analoge Schaltung mit Transistoren zeigt Abb. 160b. Ganz allgemein ist zu sagen, daß *kathodengekoppelte und emittergekoppelte Schaltungen besonders kurze Anstiegszeiten ergeben.*

10.5 Röhren im Schalterbetrieb

Das Übergangsverhalten von Trioden, die im Schalterbetrieb arbeiten, ist viel einfacher zu überblicken als dasjenige von Transistoren, weil die Röhren durch die statischen Kennlinien und die drei Teilkapazitäten vollständig beschrieben werden, während sich die Prozesse im Transistor in jedem Fall nur approximativ erfassen lassen.

Dieser Abschnitt befaßt sich mit widerstandsgekoppelten Verstärkerstufen; die Kopplung mit Impulsübertragern ist auf S. 192ff. beschrieben.

Anodenverstärker. Abb. 161 zeigt eine Verstärkerstufe im Schalterbetrieb. C_{ga} ist die Gitter-Anoden-Kapazität der Röhre, C_0 die Kathoden-Anoden-Kapazität zusammen mit den übrigen Ausgangskapazitäten. Am Gitter sei ein Impuls angelegt, der die Röhre vom Sperrbereich zur Gitterspannung 0 V und wieder zurück führt. Zunächst betrachten wir das Verhalten unter Weglassung von C_{ga} (Signalform u_2). Die Ausgangsspannung sinkt von $+U$ auf einen Wert, der aus der Kennlinie für die Gitterspannung 0 V und den Anodenwiderstand R_a abgelesen wird. Die Zeitkonstante dieses Abfalls ist $T_1 = RC_0$, wobei R die Parallelschaltung von R_i (Innenwiderstand) und R_a ist. Am Ende des Impulses erfolgt wieder der Anstieg auf $+U$, diesmal mit der Zeitkonstanten $T_2 = R_a C_0$. Es ist offensichtlich, daß $T_2 > T_1$. Die Anstiegszeiten sind also 2,2 T_1 bzw. 2,2 T_2.

Berücksichtigt man nun zusätzlich die Kapazität C_{ga}, so ergibt sich die Signalform u_2'. Ein Teil der Flanken am Eingang wird kapazitiv direkt an den Ausgang übertragen. Für diese Übertragung gilt das Schema von Abb. 25, Fall 2.4. Die Flanke des Eingangsimpulses wird auf den Ausgang übertragen, wird aber um den Faktor $C_{ga}/(C_{ga} + C_0)$ reduziert. Beispiel: Höhe des Eingangsimpulses 50 V, $C_{ga} = 1,5$ pF, $C_0 = 6$ pF; die entstehenden Spitzen haben eine Höhe von 10 V. Es handelt sich also um einen Effekt von beträchtlicher Größe. — Für die Zeitkonstanten T_1 und T_2 ist anstatt C_0 der Wert $C_0 + C_{gk}$ zu setzen; da aber der zusätzliche Beitrag von C_{gk} hier nicht viel ausmacht, bleiben die Flanken praktisch unverändert.

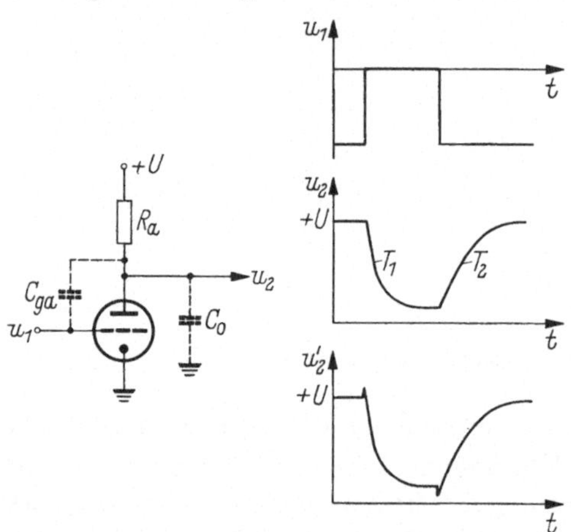

Abb. 161. Wirkungsweise eines Anodenverstärkers im Schalterbetrieb. u_2 ohne, u_2' mit Berücksichtigung von C_{ga}.

Oft verwendet man Pentoden an Stelle von Trioden. Das führt zu den folgenden zwei Änderungen: Erstens ist $R \gg R_a$, so daß beide Impulsflanken gleich werden, $T_1 = T_2 = R_a C_0$. Zweitens ist C_{ga} so klein, daß die Spitzen in u_2' vernachlässigt werden können.

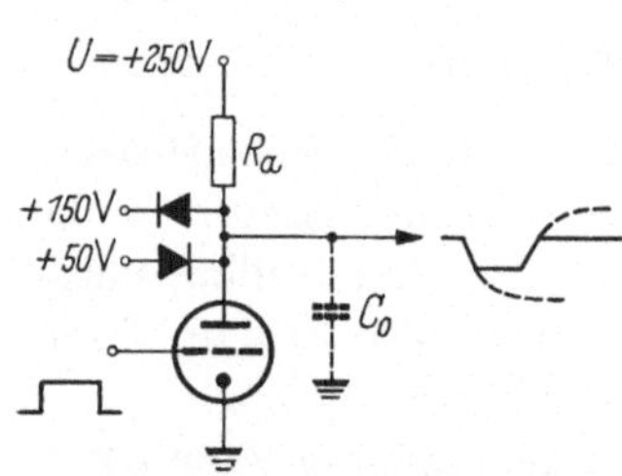

Abb. 162. Beidseitiges Abfangen der Impulsflanken.

In jedem Fall kann mit dem Verfahren des Abfangens mittels einer Diode (s. Abb. 156) die Anstiegszeit verkürzt werden. Will man sowohl die fallende als auch die steigende Flanke beschleunigen, so braucht es zwei Dioden und zwei zusätzliche Spannungsquellen, s. Abb. 162. Die Verkürzung der Anstiegszeiten erfolgt um einen Faktor, der maximal 2,75 erreichen kann; dieser Fall tritt ein, wenn U und R_a (bei konstanten Quotienten U/R_a) sehr groß gemacht werden. Dagegen kann dadurch die *anfängliche Steilheit* der Flanken nicht vergrößert werden; sie beträgt I/C_0 Volt pro Sekunde, wobei I der zur Aufladung von C_0 verfügbare Strom ist. Dieser Strom ist durch die Verlustleistung der Röhre begrenzt, und sein höchstzulässiger Wert wird durch das Verfahren des Abfangens nicht beeinflußt.

Etwas anders liegen die Verhältnisse, wenn die Quelle durch ein RC-Glied an das Gitter gekoppelt ist, s. Abb. 163. Hier betrachten wir einen Ausschnitt aus einer unendlich langen, periodischen Impulsfolge von der Höhe U_0; diese Höhe sei so groß, daß die Röhre in den Sperrbereich getrieben wird. — Wir beginnen die Analyse mit der fallenden Flanke, die mit der Gitterspannung $u_g = 0$ V beginnt und bis $-U_0$ geht. Danach wird die Gitterspannung exponentiell gegen 0 V ansteigen. Wenn der Zwischenraum τ zwischen den Impulsen klein gegen $R_g C$ ist, so beträgt der Anstieg $U_0 \tau / R_g C$. Danach erfolgt die steigende Impulsflanke. Sie hat wieder die Höhe u_0, und zwar nicht nur auf der Seite der Quelle, sondern auch am Gitter. Somit wird das Gitter positiv mit der Spannung $U_0 \tau / R_g C$, und es fließt ein Anodenstrom, der aus den Kennlinien unter Berücksichtigung von R_a abzulesen ist, sofern die Daten für positives Gitter angegeben sind. Diese positive Gitterspannung klingt mit der Zeitkonstanten $R_l C$ ab. R_l ist der Widerstand des leitenden Gitters und kann, je nach Röhre, beispielsweise 300 Ω betragen (s. Abb. 86). Mit der gleichen Zeitkonstanten strebt der Anodenstrom (und damit auch u_2) dem Wert für $u_g = 0$ V zu.

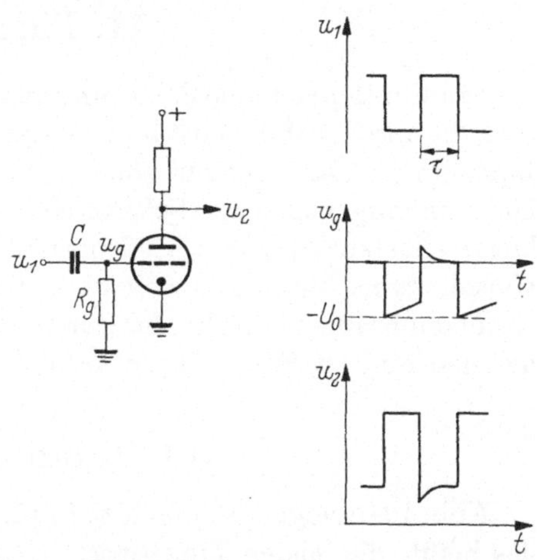

Abb. 163. Wirkungsweise eines Anodenverstärkers im Schalterbetrieb mit zeitweiligem Gitterstrom.

In dieser Betrachtung wurde die Wirkung der Ausgangskapazität und der Gitter-Anoden-Kapazität (s. Abb. 161) nicht berücksichtigt. Es ist sehr schwierig, alle Effekte gleichzeitig zu betrachten; doch erhält man durch getrennte Auswertung und nachherige Superposition ein recht gutes Bild der entstehenden Signalform, das freilich nicht als mathematisch exakt bezeichnet werden kann.

Kathodenfolger. Im Schalterbetrieb mit kapazitiver Last C bedarf der Kathodenfolger einiger Erläuterungen. Seine Ausgangsimpedanz ist ungefähr $1/S$, wenn S die Steilheit ist. Mit einer Röhre E88CC lassen sich also 100 Ω erreichen oder, durch Parallelschaltung der zwei Systeme in einem Glaskolben, sogar nur 50 Ω. Die Anstiegszeiten am Ausgang werden also durch die Zeitkonstante C/S, die sehr kurz ist, bestimmt. Das gilt jedoch nur, solange die Röhre nicht gesperrt wird, worauf auf S. 94

hingewiesen wurde. Sperrung tritt bei großen negativen Flanken ein. In diesem Fall ist die Anstiegsgeschwindigkeit nur durch C und den verfügbaren Strom bestimmt und ist somit *gleich groß wie beim Anodenverstärker*. Es ist sehr wichtig zu beachten, daß bei einem starken negativen Spannungssprung der Kathodenfolger gegenüber dem Anodenverstärker keine Vorteile aufweist.

11. Flipflops

Ein Flipflop[1] ist eine Schaltung aus zwei Transistoren oder zwei Röhren, die zwei stabile Zustände besitzt. Das Flipflop ist ein wichtiger Baustein in der elektronischen Impuls- und Rechentechnik. Für die Umsteuerung von einer Schaltstellung zur andern braucht es nur ein kurzes Tastsignal von verhältnismäßig kleiner Leistung, welches den Umschaltvorgang nur so weit nach der gewünschten Richtung in Gang zu setzen braucht, bis ihn der innere Rückkopplungsmechanismus übernehmen und zu Ende führen kann.

11.1 Statisches Verhalten

Abb. 164a zeigt die einfachste Flipflop-Schaltung. Sie ist symmetrisch, das heißt, die beiden Transistoren und die beiden Spannungsteiler sind

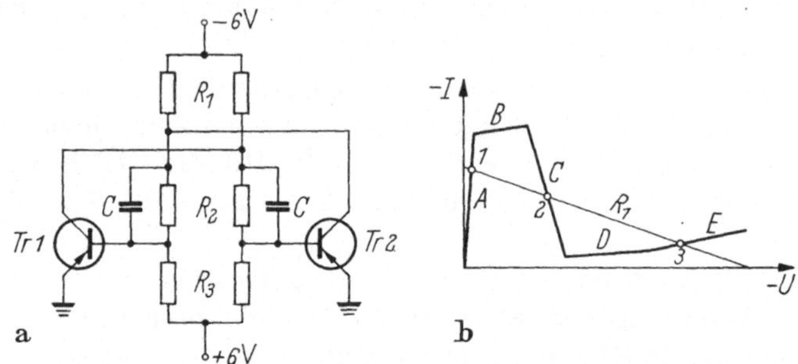

Abb. 164. a) Grundschaltung des Flipflops, b) Kennlinie der Impedanz, wenn man R_1 auf einer Seite entfernt, *1, 2, 3* sind die Gleichgewichtslagen.

gleich. Qualitativ läßt sie sich wie folgt beschreiben: Nehmen wir zunächst an, *Tr 2* sei gesperrt. Da in ihm kein Kollektorstrom fließt, wird der Strom in der Basis von *Tr 2* nur durch die drei Widerstände bestimmt. Diese

[1] Das Flipflop wird oft als „bistabiler Multivibrator" bezeichnet. In der englischsprachigen Literatur findet man auch die Namen *binary, trigger pair, toggle* und (nach den Erfindern) *Eccles-Jordan trigger*. Der Name „bistabiler Multivibrator" ist nicht sehr anschaulich, da doch das Wort „Vibrator" den Begriff des freien Schwingens impliziert. Wir verwenden daher durchweg den Ausdruck „Flipflop".

sind so zu dimensionieren, daß in diesem Fall die Basis negativ wird, so daß ein gewisser Basisstrom zustande kommt. Dadurch fließt in *Tr 2* auch ein Kollektorstrom, der im linken Spannungsteiler die Verbindung von R_1 und R_2 — verglichen mit dem rechten — positiver werden läßt. Diese Spannungsänderung überträgt sich durch den Spannungsteiler $R_2 - R_3$ auf die Basis von *Tr 1* und macht diese positiv, so daß der Transistor gesperrt wird. Damit ist die ursprünglich getroffene Annahme der Sperrung bestätigt. — Es zeigt sich, daß diese Lage stabil ist. Da die Schaltung völlig symmetrisch aufgebaut ist, hätte die gleiche Überlegung auch unter der Annahme, *Tr 2* sei gesperrt, durchgeführt werden können. Das Flipflop hat also zwei stabile Zustände, und es hängt von der Vorgeschichte ab, welcher von beiden eingenommen wird. — Die Kondensatoren dienen dazu, die Umschaltgeschwindigkeit nach dem Prinzip von Abb. 79 zu erhöhen.

Man kann das Flipflop als zweistufigen Verstärker betrachten, dessen Ausgang zum Eingang rückgekoppelt ist. Bistabilität tritt nur dann ein, wenn die Verstärkung ohne Rückkopplung wenigstens an einer Stelle des Arbeitsbereichs den Wert $+1$ überschreitet, was leicht zu erreichen ist.

Die stabilen Zustände lassen sich quantitativ am besten auf graphischem Weg ermitteln. Zu diesem Zweck denkt man sich den Widerstand R_1 auf einer Seite — etwa der rechten — entfernt und zeichnet das Strom-Spannungs-Diagramm auf, das an dem so entstehenden Klemmenpaar ermittelt wird, s. Abb. 164b. Es besteht aus 5 Abschnitten *A* bis *E*, für die die folgenden Betriebsbedingungen gelten (Sp = Sperrgebiet, Arb = Arbeitsgebiet, Sätt = Sättigung):

	A	*B*	*C*	*D*	*E*
Tr 1	Sätt	Arb	Arb	Sp	Sp
Tr 2	Sp	Sp	Arb	Arb	Sätt

Angenähert kann jeder Abschnitt als geradlinig betrachtet werden. (Zwischen *D* und *E* entsteht kein wesentlicher Knick.) Das Wiedereinsetzen von R_1 wird durch die Gerade angedeutet. Es entstehen drei Schnittpunkte *1, 2, 3,* von denen der mittlere eine labile Gleichgewichtslage kennzeichnet, die im praktischen Betrieb nicht eingenommen werden kann. *1* und *3* liegen in Abschnitt *A* bzw. *E*, das heißt, ein Transistor ist jeweils gesättigt. R_1 hätte auch so gewählt werden können, daß die Gerade durch Abschnitt *B* und *D* geht, womit die Sättigung vermieden wird. — Die Berechnung dieser Kurve wird dadurch vereinfacht, daß R_2 und R_3 stets viel größer sind als R_1. Somit braucht zur Berechnung des Spannungsabfalls an R_1 nur der Kollektorstrom in Berücksichtigung gezogen zu werden. Beispiele für ein praktisches Flipflop: $R_1 = 1\,\mathrm{k}\Omega$, $R_2 = 6{,}8\,\mathrm{k}\Omega$, $R_3 = 24\,\mathrm{k}\Omega$, Speisespannungen ± 6 V. An den Kollektoren treten dann in den zwei stabilen Zuständen Spannungen von ungefähr -5 V bzw. 0 V auf.

In Wirklichkeit ist allerdings die Dimensionierung eines Flipflops komplizierter, besonders dann, wenn man verlangt, daß unter betrieblichen Bedingungen ein Maximum an Sicherheit erreicht wird. Für einen solchen Entwurf müssen folgende Gesichtspunkte mit einbezogen werden: Schwankungen der Speisespannungen; Toleranzen der Widerstände (vorzugsweise mindestens 5%); Exemplarstreuung der Transistoren; Temperaturabhängigkeit der Transistoren; Belastung durch Tast- und Ausgangsschaltung. Setzt man für alle diese Einflüsse den ungünstigsten Fall ein, so findet man, daß es nicht einfach ist, Werte zu finden, die noch Bistabilität mit hinreichender Sicherheit gewährleisten. Diese Gesichtspunkte sind in [*17*] ausführlich dargelegt.

Ausgangsschaltung. Ein Flipflop hat natürlich nur einen Sinn, wenn seine Schaltstellung abgelesen und weitergeleitet werden kann. Diese Weiterleitung erfolgt meistens durch Verwendung der Spannung am Kollektor. Auch die Basisspannung könnte abgelesen werden, doch ist am Kollektor infolge des kleinen R_1 die Impedanz niedriger, so daß ein größerer Strom entnommen werden darf, ohne daß die Stabilität des Flipflops verlorengeht.

Abb. 165 veranschaulicht die vier häufigsten Ausgangsschaltungen. Die links gezeichnete Klemme wird am Kollektor des einen Flipflop-Transistors angeschlossen. a) und b) zeigen einen Verstärker in Emitter- bzw. Kollektorschaltung; der erste wird verwendet, wenn eine zusätzliche Spannungsverstärkung erwünscht ist, der zweite vermittelt eine niedrigere Ausgangsimpedanz. Oft wünscht man die Stellung eines Flipflops

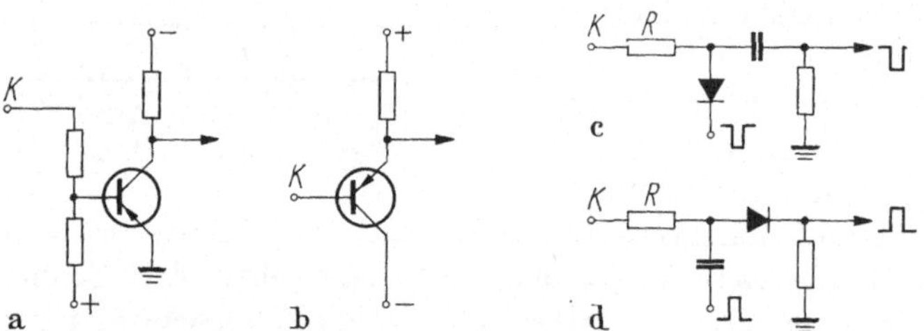

Abb. 165. Vier Ausgangsschaltungen für das Flipflop. Die mit K bezeichnete Klemme wird am Kollektor eines Flipflop-Transistors angeschlossen.

mit Impulsen abzufühlen, derart, daß in der einen Stellung ein Impuls, in der andern kein Impuls abgegeben wird. Dazu eignen sich die Impulsgatter c) und d) (vgl. auch Abb. 142d und e). Das erste ist für negative, das zweite für positive Impulse aufgezeichnet, doch sind bei beiden auch die umgekehrten Vorzeichen möglich. Je größer R gewählt wird, desto geringer wird die Belastung des Flipflops (und damit die Beeinträchtigung seiner Stabilität), desto länger wird aber die Zeit, die nach dem Umschalten verstreicht, bis die Ablesung durch den Impuls vorgenommen werden kann.

Sehr oft wünscht man die Angabe über die Schaltstellung eines Flipflops an zwei Leitungen zu haben, die komplementäre Information vermitteln. In diesem Fall werden zwei gleichartige Ausgangsschaltungen eingesetzt und an beiden Kollektoren angeschaltet. Kommt ein Impulsgatter zur Verwendung, so ist die Impulsquelle natürlich für beide Seiten gemeinsam.

Anzeige. Gelegentlich ist es erwünscht, daß die Schaltstellung eines Flipflops optisch zur Anzeige gebracht wird — sei es im Lampenfeld eines Bedienungspultes oder einer Frontplatte, sei es in der Verdrahtung, um die Fehlersuche zu erleichtern. Dazu eignen sich sowohl Glimmlampen als auch Glühlampen. In Zählern, die als Laboratoriums-Meßinstrumente verwendet werden, findet man hauptsächlich Glimmlampen, in digitalen Rechenanlagen oft auch Glühlampen.

Um eine Glimmlampe zuverlässig zu zünden und zu löschen, ist ein Hub von etwa 25 V erforderlich. Solche Flipflops lassen sich bauen, doch wirkt sich ein so großer Spannungssprung auf die Schaltgeschwindigkeit nachteilig aus. Besser ist es, wenn für jede Lampe ein getrennter Transistor als Spannungsverstärker vorgesehen wird.

Glühlampen können nicht in den Flipflopkreis direkt eingeschaltet werden, da die verfügbaren Leistungen meistens zu klein sind; vielmehr muß auch hier für den Betrieb jeder Lampe ein gesonderter Transistor als Verstärker vorgesehen werden, und zwar wählt man Glühlampen mit den Betriebsdaten von beispielsweise 10 V, 15 mA. Diese Lampen werden mit einer Glühfadentemperatur betrieben, die wesentlich niedriger als der übliche Wert ist. Dadurch wird die Lebensdauer bedeutend erhöht, so daß vom Standpunkt der Betriebssicherheit nichts gegen Glühlampen einzuwenden ist.

11.2 Tastung

Den Prozeß, in welchem ein Flipflop von einer Schaltstellung in die andere gebracht wird, bezeichnet man als Tastung. (Gelegentlich findet man auch die Verben *setzen* oder *triggern*.) Funktionell sind zwei verschiedene Verfahren der Tastung zu unterscheiden. Nach dem ersten sind zwei Eingangsklemmen vorhanden; ein Impuls an der einen verbringt das Flipflop in eine, ein Impuls an der andern in die andere Stellung. Von mehreren aufeinanderfolgenden Impulsen an derselben Klemme sind somit alle außer dem ersten unwirksam. Man bezeichnet das als *asymmetrische Tastung*. Wenn anderseits nur eine Eingangsklemme vorhanden ist, so spricht man von *symmetrischer Tastung*. In diesem Fall setzt eine Folge von Impulsen das Flipflop abwechselnd in die eine und die andere Stellung. Diese Betriebsart, die als *Untersetzer* bezeichnet wird, ist auf S. 152 behandelt.

Der Impuls, der die Umschaltung vollzieht, wird an der Basis angelegt. Der Kollektor ist hierfür weniger geeignet, da er eine niedrigere Impedanz aufweist und daher mehr Energie benötigen würde. Um das Umschalten zu bewirken, braucht es entweder am leitenden Transistor einen positiven oder am gesperrten Transistor einen negativen Impuls, der so lange dauern muß, bis der Umschaltvorgang wenigstens teilweise vollzogen ist.

Abb. 166 zeigt zwei Schaltungen, wovon sich a) für negative, b) für positive Impulse eignet. Zu den wichtigsten Aufgaben jeder Tastschaltung gehört die Trennung von Impulsquelle und Flipflop zu den Zeiten, da kein Impuls eintrifft, und die Vermeidung einer Beeinflussung durch einen Impuls, der das Flipflop in die Schaltstellung setzen möchte, in welcher es sich bereits befindet. Die sauberste Lösung ist die Verwendung eines eigentlichen Impulsgatters zwischen Impulsquelle und Basis. Abb. 166 verwendet die Gatter von Abb. 165c bzw. d, die bewirken, daß nur die Basis des ausgeschalteten (Abb. 166a) bzw. des eingeschalteten (b) Transistors von einem Impuls erreicht werden kann; sie werden vom Kollektor ein- und ausgeschaltet, und zwar wird in a) der gegenüberliegende, in b) der eigene Kollektor verwendet.

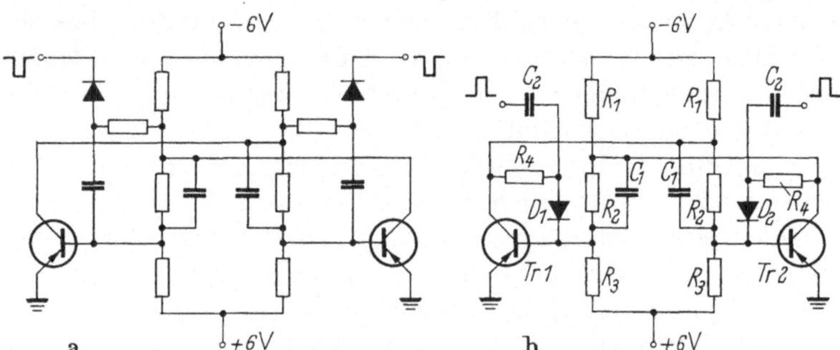

Abb. 166. Zwei Schaltungen zur Tastung eines Flipflops.

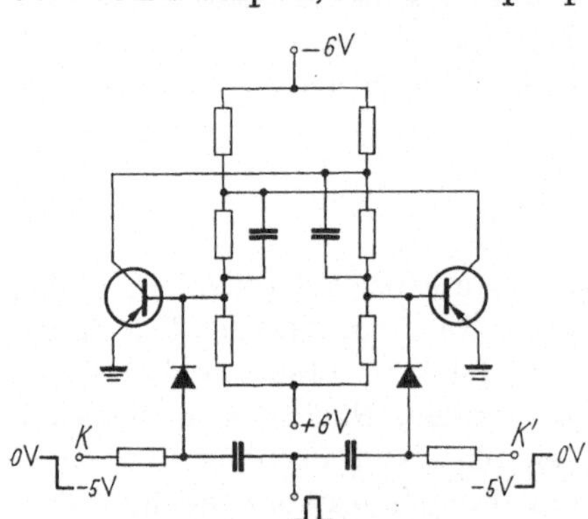

Abb. 167. Tastung eines Flipflops, gesteuert durch ein anderes Flipflop, dessen Kollektoren bei *K* und *K'* angeschlossen werden.

Manchmal wünscht man es zu erreichen, daß ein Tastimpuls die in einem ersten Flipflop enthaltene Information an ein zweites weitergibt, das heißt, der Impuls soll bewirken, daß das zweite Flipflop in die gleiche Stellung wie das erste gesetzt wird. Die aus Abb. 166b hergeleitete

Schaltung von Abb. 167 leistet das. Die freien Enden werden nicht an die eigenen Kollektoren, sondern an jene des ersten (steuernden) Flipflops angeschlossen (das nicht eingezeichnet ist). Die Spannungen an diesen Widerständen bestimmen dann, auf welche Seite der Impuls das Flipflop setzen soll.

11.3 Umschaltverhalten

Ein strenges Erfassen des dynamischen Verhaltens eines Flipflops ist sehr schwierig, da schon das Verhalten der Transistoren selbst nur angenähert beschrieben werden kann; hinzu kommt noch die Rückkopplung, die die Analyse eines Schaltkreises immer bedeutend erschwert. Wir geben hier lediglich eine Aufzählung der Effekte, die das Umschaltverhalten bestimmen. Eine ausführlichere Berechnung vermittelt [*17*].

Wir wählen die Schaltung von Abb. 166b. Zunächst sei *Tr1* gesättigt, *Tr2* gesperrt. In diesem Fall leitet D_1, weil in *Tr1* der Kollektor etwas positiv gegenüber der Basis ist. Der Tastimpuls schaltet nun *Tr1* aus, indem er die Basis positiv macht. Der Kollektorstrom wird, wie aus Abb. 78 hervorgeht, in zwei Stufen auf Null gehen; es verstreicht die Speicherzeit T_s [Gl. (35)] und die Abfallzeit T_2 [Gl. (36)]. Mindestens während dieser Zeit muß der Tastimpuls an der Basis erhalten bleiben, also muß C_2 hinreichend groß sein. (Die Zeitkonstante wird durch C_2, den Impulsquellen- und den Diodenwiderstand bestimmt.)

Währenddem der Kollektorstrom fällt, wird die Kollektorspannung schnell negativ und schaltet *Tr2* nach einer Zeit, die kurz gegen T_2 ist, ein. Die Zeit, die vom Beginn des Einschaltens bis zum Beginn der Sättigung verstreicht, nennen wir T_3. Der weitere Abfall der Kollektorspannung von *Tr1* erfolgt dann etwa mit einer Zeitkonstanten, die sich aus C_1 und der Parallelschaltung von R_1 mit R_2 errechnet. Mit der gleichen Zeitkonstanten fällt der Basisstrom von *Tr2* auf seinen stationären Wert ab; während dieser Zeit besteht bei *Tr2* ein variabler Grad der Sättigung. Bis zur Erreichung des stationären Zustandes muß sich noch der linke Kondensator C_1 umladen; das geschieht mit einer Zeitkonstanten von ungefähr $T_4 = R_2 C_1$. Damit *Tr1* auch nach Ende des Impulses gesperrt bleibt, muß T_4 mindestens von der Größenordnung T_3 sein.

Damit ist gezeigt, daß während der Umschaltzeit ein unmittelbarer Rückkopplungsmechanismus kaum auftritt, weil in der Regel *Tr1* durch den Tastimpuls bereits gesperrt ist, bevor *Tr2* über C_1 Einfluß gewinnt. Die gesamte Umschaltzeit setzt sich also zusammen aus $T_s + T_2 + T_3$. Der Vorgang ist aber erst als abgeschlossen zu betrachten, wenn beide C_1 umgeladen sind. Für eine Umladung auf 90% wird $2{,}3\,T_4$ beansprucht. Für die gesamte Schaltzeit T_0 gilt also

$$T_s + T_2 + 2{,}3\,T_4 < T_0 < T_s + T_2 + T_3 + 2{,}3\,T_4$$

Bezüglich der Kombination $R_4 C_2$ besteht die Forderung, daß sich C_2 in der Zeit zwischen dem Ende des letzten und dem Beginn des folgenden Tastimpulses hinreichend (z. B. auf 90%) umladen kann. Bezeichnen wir diese Zeit mit τ, so gilt $2{,}3 R_4 C_2 < \tau$.

11.4 Untersetzer

Betreibt man ein Flipflop mit nur einem einzigen Tasteingang in der Weise, daß der erste Impuls das Flipflop in eine, der zweite in die andere Schaltstellung verbringt, so spricht man von einem Untersetzer, weil eine Halbierung der Frequenz stattgefunden hat; die rechteckige Signalform an den Kollektoren hat eine Frequenz, die halb so groß wie jene der Tastimpulse ist.

Beide Schaltungen von Abb. 166 eignen sich als Untersetzer, indem man in einfachster Weise die beiden Impulseingänge zusammenschließt. Die Impulsgatter sorgen dafür, daß der Tastimpuls nur auf die Basis desjenigen Transistors gelangt, an dem die Umschaltung vollzogen werden soll [in a) ist es der gesperrte, in b) der leitende], und für das Umschaltverhalten gelten die gleichen Überlegungen wie auf S. 151.

Hingegen ist hier auf einen grundsätzlichen funktionellen Unterschied hinzuweisen: Im Gegensatz zur asymmetrischen Schaltung, in welcher ein an einer bestimmten Stelle eingegebener Impuls das Flipflop auf eine eindeutig vorgegebene Seite setzt, hängt hier der Schaltzustand, in welchen übergegangen wird, *von der Vorgeschichte ab*. Während des eigentlichen Umschaltens muß daher aus prinzipiellen Gründen diese Vorgeschichte irgendwo gespeichert sein. In Abb. 166 wird diese Aufgabe durch die vier Kondensatoren übernommen. Es ist demnach unmöglich, einen Untersetzer zu bauen, ohne Kapazitäten (oder Induktivitäten) vorzusehen — und zwar dienen diese nicht nur der Erhöhung der Arbeitsgeschwindigkeit, sondern machen den Betrieb überhaupt erst möglich.

Verwendet man einen Untersetzer, um die Tastimpulse für einen weitern Untersetzer zu erzeugen, so entsteht eine Untersetzung um einen Faktor 4. Solche Anordnungen bezeichnet man als Zähler; sie sind in Kap. 17 beschrieben.

11.5 Erhöhung der Arbeitsgeschwindigkeit

Verschiedene Mittel existieren, um die Schaltgeschwindigkeit und die Schaltfrequenz eines Flipflops zu erhöhen. In erster Linie sind die Kondensatoren C in Abb. 164a zu erwähnen. Auf sie wird man kaum je verzichten; selbst wenn die verlangte Geschwindigkeit nur bescheiden ist, gestatten sie es, die vorgegebenen Schaltzeiten mit Transistoren niedrigerer Grenzfrequenz — die weniger kostspielig sind — zu erreichen, so daß ihre Verwendung eine Ersparnis bedeutet. Darüber hinaus lassen sich viele der auf S. 136ff. angedeuteten Verfahren anwenden, besonders die Begrenzung der Sättigung (Abb. 154), Induktivitäten im Kollektorkreis (Abb. 155b) und Abfangen (Abb. 156).

Abb. 168 veranschaulicht zwei weitere Anordnungen, die die Arbeitsgeschwindigkeit eines gegebenen Transistors in einem Flipflop erhöhen können. a) zeigt die Zwischenschaltung von Emitterfolgern, die wegen ihrer niedrigen Ausgangsimpedanz den Zustand der Spannungssteuerung

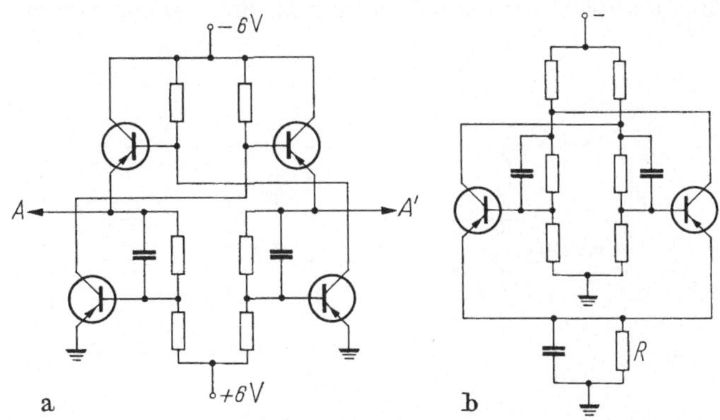

Abb. 168. a) Kopplung des Flipflops mittels Emitterfolgern, b) Vermeidung der Sättigung durch richtige Dimensionierung von R.

besser verwirklichen (s. S. 71). Als Ausgangsklemmen für die Steuerung anderer Schaltungen verwendet man hier die Punkte niederer Impedanz A und A'. In b) ist die zweite (positive) Spannungsquelle ersetzt durch den Widerstand R. Wird R so gewählt, daß die Gleichspannungen gleich groß wie in der gewöhnlichen Schaltung von Abb. 164a werden, so ist die Funktion dieselbe. Es ist jedoch zu beachten, daß R eine Gegenkopplung bewirkt, die die Tendenz hat, bei der Schwankung der Widerstandswerte und der Eigenschaften des leitenden Transistors den Kollektorstrom konstant zu halten. Das kann so ausgenützt werden, daß man diesen Kollektorstrom auf einen Wert begrenzt, der nicht in die Sättigung hineinführt, wodurch natürlich die Umschaltgeschwindigkeit erhöht wird, ohne daß der Vorteil eines stabilen Kollektorstromes verlorengeht.

Abb. 168 a und b können auch kombiniert werden, indem man sowohl die Kopplung mit Emitterfolgern als auch die Vermeidung der Sättigung mittels R verwendet. Dadurch entsteht eine weitere Verkürzung der Schaltzeit.

11.6 Flipflop mit Röhren

Abb. 169 zeigt zwei Flipflops mit Elektronenröhren. a) ist die einfachste Schaltung, die keiner weiteren Erläuterung bedarf, indem die für Transistoren auf S. 146f. gegebene Erklärung auch hier anwendbar ist.

Man wird die Spannungsteiler so dimensionieren, daß die Gitterspannung der leitenden Röhre leicht positiv ist; dadurch wird der Anodenstrom unabhängig von kleinen Schwankungen in den Widerstandswerten. In b) ist die zweite Spannungsquelle durch den Widerstand R ersetzt. Er bewirkt gleichzeitig eine Gegenkopplung, die den Anodenstrom der leitenden Röhre konstant zu halten trachtet. In dieser Schaltung ist es besser, die Teile so zu dimensionieren, daß die Gittervorspannung der leitenden Röhre leicht negativ ist. — R ist absichtlich nicht durch eine Kapazität überbrückt; dadurch wird ein Tastimpuls, der auf ein Gitter gelangt,

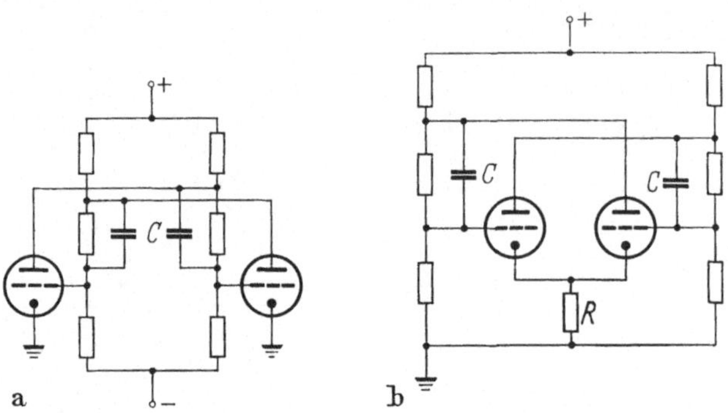

Abb. 169. Zwei Flipflops mit Elektronenröhren.

nicht nur über den Anoden-, sondern auch über den Kathodenkreis auf die andere Röhre geleitet, was das Umschaltverhalten verbessert.

Die statische Dimensionierung dieser Schaltung ist in der Literatur ausführlich behandelt worden, siehe z. B. [*13*, *59*]. Je größer man den Spannungshub an Gitter und Anode wählt, desto unempfindlicher ist das Flipflop gegenüber Abweichungen in den Daten der Bauteile und Speisespannungen sowie gegenüber Störsignalen, desto größer ist aber die zum Tasten nötige Energie und desto kleiner ist die erreichbare Schaltfrequenz.

Tastung. Wegen der unterschiedlichen Impedanz- und Spannungsverhältnisse sind die zum Tasten verwendeten Anordnungen für Röhren verschieden von jenen für Transistoren; ausführliche Zusammenstellungen finden sich in [*7*] und in [*13*].

Grundsätzlich kann ein Umschalten des Flipflops nur durch ein Signal, das ans Gitter gelangt, eingeleitet werden. Ein an die Anode gebrachter Tastimpuls muß also, bevor er wirksam wird, zuerst durch den Spannungsteiler gehen, der eine Abschwächung auf etwa die Hälfte verursacht. Somit sind die Gitter empfindlicher als die Anoden. Am empfindlichsten ist das Gitter der leitenden Röhre, weil sich diese im Gebiet maximaler Verstärkung befindet. Die nichtleitende Röhre befindet sich dagegen im Sperrbereich, und ein Impuls muß, bis er sich überhaupt bemerkbar machen kann, eine gewisse Mindestamplitude erreichen. Das beste Verfahren ist also jenes, das mit einem negativen Impuls am leitenden Gitter arbeitet; am zweitbesten ist ein negativer Impuls an der nichtleitenden Anode.

Wir betrachten zunächst die *asymmetrische Tastung*, also den Fall, in welchem zwei Eingangsklemmen vorhanden sind, wovon jede das Flipflop in eine bestimmte Stellung schaltet. Abb. 170 zeigt drei Beispiele. Das eigentliche Flipflop ist nicht eingezeichnet; die mit A und G bezeichneten Anschlüsse gehen an die Anode bzw. das Gitter einer der Flipflop-Röhren. Die zuverlässigste Anordnung zeigt a), wo zum Tasten eine besondere Triode verwendet wird. Die negative Vorspannung ihres

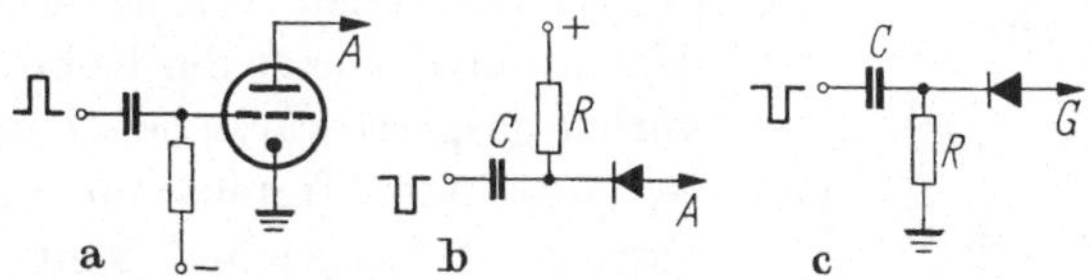

Abb. 170. Drei Verfahren zur Tastung eines Flipflops. A bedeutet Verbindung zur Anode, G zum Gitter einer Flipflop-Röhre.

Gitters ist so groß, daß sie normalerweise gesperrt ist; der positive Impuls macht die Röhre leitend und verursacht dadurch am Anodenwiderstand des Flipflops einen negativen Impuls. Die Verwendung der zusätzlichen Triode bewirkt, daß der Tastimpuls nur minimale Energie haben muß und daß in den Pausen die Tastleitung vom Flipflop völlig isoliert ist. In der Schaltung b) ist R an die gleiche Spannungsquelle angeschlossen, die auch das Flipflop speist. Somit ist die Diode, wenn die Röhre, an welche sie angeschlossen ist, leitet, in Sperrichtung vorgespannt, und der Impuls hat (falls er nicht zu groß ist) keine Wirkung. Ist aber die Röhre gesperrt, so besitzt die Diode fast gar keine Vorspannung und leitet daher den negativen Impuls weiter. Ganz analog arbeitet die Schaltung c). In b) und c) muß die Zeitkonstante RC so klein sein, daß sich in den Pausen zwischen den Impulsen der Ladungsverlust von c), der über die Diode erfolgt, ausgleichen kann.

Für die *symmetrische Tastung* gilt auch hier, wie auf S. 152 erläutert wurde, die Tatsache, daß mindestens ein Energiespeicher vorhanden sein muß, der während des Umklappvorgangs bestimmt, in welcher Richtung der Vorgang zu Ende gehen soll. Wenn man zur Erhöhung der Arbeitsgeschwindigkeit die Kapazitäten C in Abb. 169 hinzufügt, so können die Kondensatoren diese Funktion erfüllen, indem sie bei Beginn des Umklappvorgangs verschieden geladen sind und sich erst nach Beendigung desselben vollständig umladen. Alle drei Schaltungen von Abb. 170 eignen sich zur symmetrischen Tastung, indem man einfach die Eingänge beider Seiten miteinander verbindet.

Eine Folge von Impulsen wird das Flipflop abwechselnd in die eine und die andere Stellung schalten, wobei die wichtige Forderung erfüllt bleibt, daß Impulse der falschen Polarität keinen Einfluß haben. (Diese Bedingung ist besonders in Zählern wichtig, wo am Tasteingang abwechselnd positive und negative Impulse erscheinen, s. S. 218.)

Eine weitere, häufige Form der symmetrischen Tastung zeigt Abb. 171. Sie hat den Vorteil geringen Materialaufwandes, doch lassen sich nicht die gleichen Arbeitsgeschwindigkeiten erreichen wie mit den Verfahren von Abb. 170. Der Tastimpuls bewirkt ein sofortiges Sperren beider Röhren. Wenn die Spannung am Punkt P wieder ansteigt, so wird wegen der verschiedenen Ladung der beiden Kondensatoren C zuerst die Röhre leitend, die vorher gesperrt war, wonach das Umschalten stattfindet. Impulse mit falschem (also positivem) Vorzeichen sind zwar nicht ganz wirkungslos, doch ist die Schaltung gegenüber ihnen weniger empfindlich, und es ist zum Umschalten eine größere Amplitude erforderlich. Infolge ihrer Einfachheit ist diese Anordnung für Zähler geringer Geschwindigkeit sehr beliebt.

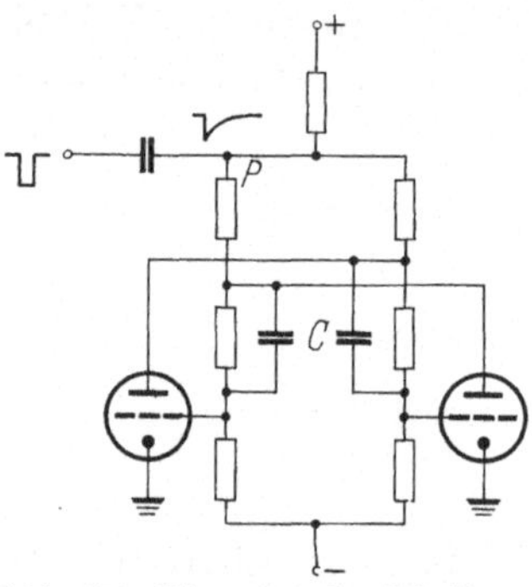

Abb. 171. Eine einfache Schaltung zur symmetrischen Tastung.

Das Umschaltverhalten. Die Vorgänge während des Umschaltens sind nicht einfach zu erfassen, da sie sich im nichtlinearen Bereich der Röhren abspielen. Immerhin sind die Verhältnisse bedeutend weniger verwickelt als bei Transistoren, da das frequenzabhängige Verhalten der Röhren durch Kapazitäten allein beschrieben werden kann. Eine Analyse zeigt, daß das Umschalten nach einer Exponentialfunktion mit positivem Exponenten $\exp(t/T)$ vor sich geht, deren Zeitkonstante ungefähr gleich $T = C/a\,S$ ist [*13*]. Hierbei ist C die Kapazität, die an der Anode gemessen wird und die aus Anoden-Erd-Kapazität und einem Anteil des Überbrückungskondensators besteht (s. Abb. 169); a ist der Abschwächungsfaktor des Anoden-Gitter-Spannungsteilers und beträgt meistens etwa 0,5, und S ist die Steilheit der Röhren. Beispielsweise mit $C = 30$ pf, $a = 0{,}5$, $S = 6$ mA/V ergibt sich $T = 10$ ns. Mit dieser Zeit*konstanten* spielt sich die Umschaltung ab. Wie lange der eigentliche Umschaltvorgang dauert, hängt stark davon ab, wie große Teile der Exponentialfunktion durchlaufen werden müssen; die Dauer ist jedenfalls ein Mehrfaches von T, beispielsweise das Fünffache. — Nach erfolgter Umschaltung müssen, bevor das Flipflop für eine neue Operation bereit ist, alle vorhandenen Kondensatoren umgeladen werden. Das geschieht mit individuellen Zeitkonstanten, die sich leicht ermitteln lassen. — Ein graphisches Verfahren zur Berechnung des Umschaltens hat KOHN angegeben [*53*].

Erhöhung der Geschwindigkeit. Soll die Umschaltgeschwindigkeit gesteigert werden, so muß man in erster Linie die zum Umschalten erforderliche Energie verkleinern oder, mit anderen Worten, die Stabilität der Gleichgewichtslagen verringern. Das geschieht durch Verkleinern der Anodenwiderstände und bedeutet, daß in der Kurve von Abb. 164b (welche nicht nur für Transistoren, sondern analog auch für Röhren gezeichnet werden kann) Punkt *1* nach oben, Punkt *3* nach unten rückt. Damit trotzdem die Bistabilität erhalten bleibt, müssen die Toleranzen der Widerstände und Speisespannungen eingeschränkt werden, und für die schnellsten Flipflops sind Widerstandstoleranzen von 1% vorgeschrieben. Als weitere Maßnahme wird die Anoden-Signalform durch ein Paar von Dioden beidseitig begrenzt, beispielsweise nach unten auf 70 V, nach oben auf 90 V. Dadurch wird nicht nur die Anstiegszeit der Anodenspannung verkürzt; der verkleinerte Hub hat vielmehr noch zwei weitere Effekte zur Folge: Erstens müssen sich die Kondensatoren im Spannungsteiler auf weniger hohe Spannungsdifferenzen umladen, und zweitens verkleinert sich die dynamische Eingangskapazität am Gitter der Röhren, so daß diese Kondensatoren ebenfalls kleiner gemacht werden können. Schließlich kann man dazu übergehen, Pentoden statt Trioden zu verwenden, und die Signalform am Gitter kann in negativer Richtung mittels einer Diode auf −2 V beschränkt werden (in positiver Richtung erfolgt die Begrenzung durch den Gitterstrom). Dadurch rückt die Röhre nie in den Sperrbereich. Mit allen diesen Maßnahmen gelangt man bis zu einer Schaltfrequenz von etwa 10 MHz [*13*]. Ein so hochgezüchtetes Flipflop ist nicht nur teurer als eine einfachere Schaltung, sondern verbraucht auch mehr Leistung und beansprucht mehr Wartung.

Anzeige. Oft wünscht man mittels einer Glimmlampe eine optische Anzeige über die Stellung des Flipflops zu vermitteln. Die Lampe wird zwischen die Anode und eine geeignete Gleichspannungsquelle geschaltet. Falls der Hub an der Anode kleiner als etwa 25 V ist, so bereitet der Betrieb allerdings Schwierigkeiten, da die Differenz zwischen Zünd- und Löschspannung zusammen mit den Toleranzen nicht unter diesen Wert reduziert werden kann. Eine Verbesserung entsteht, wenn man der Speisespannung der Glimmlampe eine 50 Hz-Wechselspannung von etwa 15 V doppelter Scheitelspannung (dieser Wert entspricht der Differenz zwischen Zünd- und Löschspannung) überlagert. Die am meisten verwendeten Lampen haben eine Brennspannung von etwa 60 V und einen Strom von etwa 0,5 mA.

11.7 Schmitt-Schaltung

Die SCHMITT-Schaltung kann als ein Flipflop mit verschiebbarem Arbeitspunkt aufgefaßt werden. An Hand von Abb. 164b läßt sich die Funktion so erklären, daß die Gerade gegenüber der gekrümmten Kurve durch eine äußere Spannung nach oben oder nach unten verschoben wird, so daß nur entweder die Gleichgewichtslage *1* oder die Gleichgewichtslage *3* existiert. Lediglich in einem begrenzten Zwischenbereich sind drei Schnittpunkte vorhanden. Beim Verschwinden eines Schnittpunktes erfolgt ein sprunghaftes Umschalten.

Die SCHMITT-Schaltung verwendet allerdings nicht die gewöhnliche Flipflop-Schaltung, sondern baut sich auf dem zweistufigen Verstärker von Abb. 160 auf, der positive Verstärkung aufweist. Rückkopplung des Ausgangs auf den Eingang mittels eines Spannungsteilers führt zur SCHMITT-Schaltung, wobei der Arbeitspunkt an der noch freien Klemme durch die Spannung E eingestellt wird. Wie alle emittergekoppelten bzw. kathodengekoppelten Schaltungen besitzt die SCHMITT-Schaltung kürzere Zeitkonstanten, als wenn mit den gleichen Bauteilen die Kopplung am Kollektor bzw. an der Anode angeschlossen wäre.

Schmitt-Schaltung mit Transistoren. Abb. 172a zeigt die einfache Schaltung. Der Kondensator C ist nicht unerläßlich, beschleunigt aber das Umschalten. Die Funktion läßt sich wie folgt beschreiben: Wenn *Tr 1* nicht leitet (also u_1 nur schwach negativ gegenüber Erde ist), so arbeitet *Tr 2* als Emitterfolger, das heißt, der Emitter ist um etwa 0,5 V positiver als die Spannung, die sich am Punkt A infolge des Spannungsteilers R_1, R_2, R_3 einstellt. Die Ausgangsspannung u_2 nimmt ungefähr den gleichen

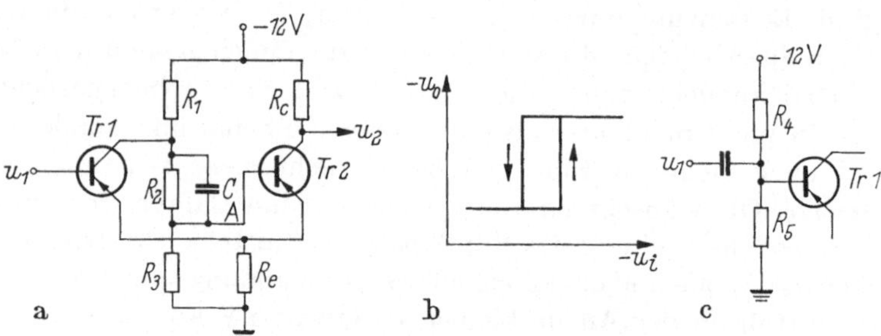

Abb. 172. SCHMITT-Schaltung. a) Schaltung, b) Hysteresekurve, c) Festlegung des Arbeitspunktes mittels R_4 und R_5 bei Wechselstromkopplung.

Wert an, sofern *Tr 2* im Sättigungsgebiet arbeitet. Macht man nun u_1 negativer, so beginnt bei einer Spannung, die ungefähr gleich der Spannung bei A ist, *Tr 1* zu leiten. Durch die Wirkung der Rückkopplung wird dadurch gleichzeitig *Tr 2* gesperrt, indem der Punkt A eine bedeutend kleinere negative Spannung annimmt. Um die SCHMITT-Schaltung wieder in die ursprüngliche Stellung zurückzuschalten, muß u_1 bedeutend positiver gemacht werden, nämlich so weit, als bis die *neue* Spannung bei A ungefähr erreicht ist. Die Beziehungen zwischen u_1 und u_2 zeigt Abb. 172b. Es entsteht eine Hysterese, und innerhalb eines gewissen Bereiches hängt u_2 nicht nur von u_1, sondern auch von der Vorgeschichte ab.

Von der Hysterese selbst wird allerdings in der SCHMITT-Schaltung meistens kein Gebrauch gemacht; ihre große Nützlichkeit liegt vielmehr in der Tatsache, daß die Ausgangsspannung nur zwei verschiedene Werte annehmen kann, unabhängig von der Eingangsspannung. Die SCHMITT-Schaltung ist ein Verstärker in dem Sinne, als die Ausgangsamplitude größer als die Eingangsamplitude sein kann; trotzdem ist in allen Arbeitspunkten mit Ausnahme des Umklappunktes die Verstärkung gleich Null. Diese Tatsache ist in Impulssystemen von großer Bedeutung, denn sie bewirkt, daß kleine Störungen nicht weitergeleitet werden. Abb. 173 zeigt, wie eine beliebige Signalform in eine Rechteckform von genau definierter Amplitude verwandelt wird. Die ursprüngliche Impulsform geht verloren. Lediglich die Zeiten, zu denen die der Umklappung entsprechenden Spannungswerte durchlaufen werden, bleiben erhalten; gerade diese Information ist in Impulszählern, digitalen Rechenanlagen und bei Schaltungen, die eine Impuls-Lage- oder Breitenmodulation verwenden, als einzige von Bedeutung.

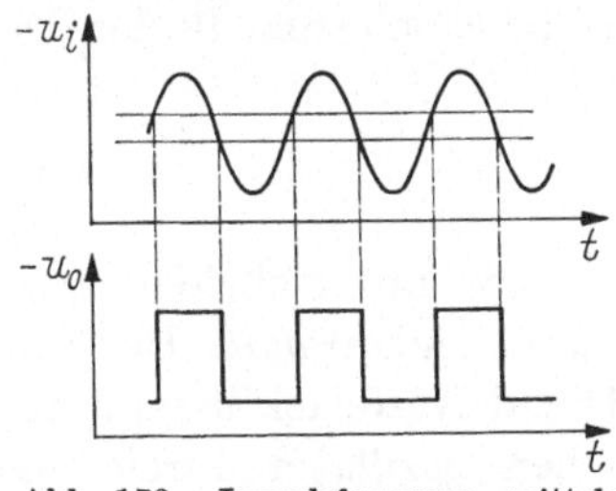

Abb. 173. Impulsformung mittels der SCHMITT-Schaltung.

Wie oben erwähnt, macht man vom Vorhandensein der Hysterese keinen Gebrauch. Oft hat man sogar ein Interesse, die Breite der Hystereseschleife möglichst zu verkleinern. Das geschieht durch Verkleinern von R_1 oder durch einen zusätzlichen Widerstand in der Emitterzuleitung von *Tr1* oder *Tr2*.

Eine wichtige Eigenschaft der SCHMITT-Schaltung ist, daß der Kollektor von *Tr2* am Rückkopplungsweg nicht beteiligt und daher kapazitiv nicht belastet ist. Somit ergeben sich an diesem Punkt sehr kurze Anstiegszeiten. Anderseits kann man an diesem Kollektor eine kapazitive Last anschließen, ohne daß der eigentliche Umklappvorgang dadurch verlangsamt wird. Impulse umgekehrten Vorzeichens lassen sich am Kollektor von *Tr1* entnehmen. Immerhin ist seine Spannung, sofern dieser Transistor leitet, nicht unabhängig von u_i. — Sofern die SCHMITT-Schaltung mit der Schaltung, die sie speist, durch eine Kondensatorkopplung verbunden ist, so müssen zusätzliche Widerstände den Arbeitspunkt festlegen, s. Abb. 172c. Der Mittelwert der Basisspannung wird hier durch R_4 und R_5 bestimmt. — Dimensionierungsvorschriften für die SCHMITT-Schaltung mit Transistoren finden sich in [*63*].

Schmitt-Schaltung mit Röhren. Abb. 174 zeigt die entsprechende Schaltung mit Röhren.

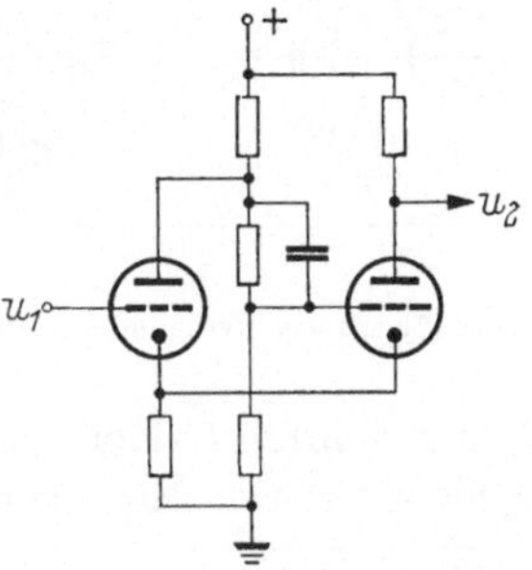

Abb. 174. SCHMITT-Schaltung mit Röhren.

Gegenüber der Ausführung mit Transistoren hat sie den Vorzug, daß die Eingangsimpedanz viel höher ist und daß am Ausgang ohne Schwierigkeiten Impulse von 200 V Höhe erreichbar sind. Nach den Bemerkungen, die zum Transistor-Schaltkreis gemacht wurden, ist hier nichts mehr beizufügen, außer vielleicht der Feststellung, daß man auch hier an der Ausgangsklemme sehr kurze Anstiegszeiten erzielt, weil diese Klemme durch keinen Rückkopplungsweg belastet ist. — Angaben über die Dimensionierung finden sich in [7] und in [13].

12. Multivibratoren

Man unterscheidet drei Arten von Multivibratoren: *Astabile, monostabile* und *bistabile*. Der *astabile Multivibrator* ist ein *Relaxationsoszillator*. Dieser Ausdruck besagt, daß die Frequenz nicht wie bei einem harmonischen Oszillator durch einen Schwingkreis, sondern durch einen nach dem Gesetz $\exp(-t/T)$ verlaufenden Entladungsvorgang bestimmt wird. Der *monostabile Multivibrator*, oft auch „Univibrator" genannt, hat eine stabile Stellung; auf einen äußeren Einfluß hin wird er in eine andere Schaltstellung versetzt und kehrt nach einer Relaxationszeit wieder in die Ausgangslage zurück. Der Ausdruck „*bistabiler Multivibrator*" ist synonym mit „Flipflop" und kennzeichnet eine Schaltung mit zwei stabilen Lagen. Das Flipflop ist in Kap. 11 behandelt worden; Kap. 12 befaßt sich mit astabilen und monostabilen Multivibratoren.

12.1 Astabiler Multivibrator mit Röhren

Die einfache Multivibrator-Schaltung von Abb. 175 erzeugt eine rechteckige Signalform an der Anode und einen Sägezahn am Gitter. Das Verhalten dieses Schaltkreises läßt sich besonders gut überblicken und ist daher im folgenden numerisch durchgerechnet, als Beispiel dafür, wie eine nichtlineare Schaltung durch Aufteilung in Zeitabschnitte, während derer sich die Bauteile linear verhalten, rechnerisch erfaßt werden kann[1].

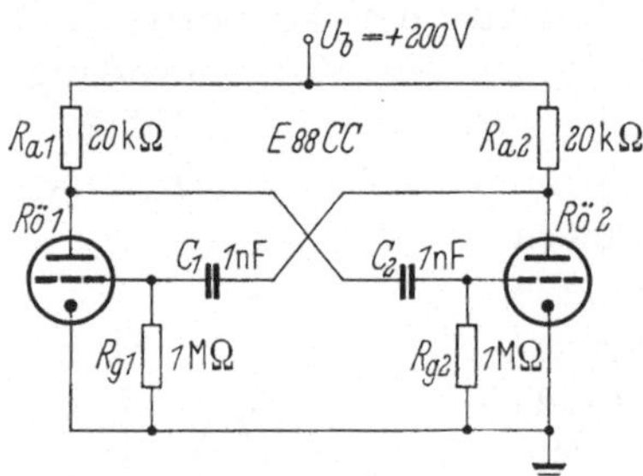

Abb. 175. Frei schwingender Multivibrator.

Die entstehenden Signalformen sind in Abb. 176 gezeigt. u_g und u_a kennzeichnen Gitter- bzw. Anodenspannung. Als Röhre wählen wir die E88CC, deren Eigenschaften aus Abb. 83—86 hervorgehen.

[1] Eine noch wesentlich ausführlichere rechnerische Behandlung findet sich in [15].

Zu Beginn unserer Betrachtung müssen wir annehmen, daß g_2 stark negativ ist und sich mit einer gewissen Zeitkonstanten dem Erdpotential nähert. (Es wird sich später zeigen, daß dieser Zustand tatsächlich im Arbeitszyklus vorkommt.) Dann ist *Rö 2* gesperrt und u_{a2} ist 200 V; u_{g1} ist 0 V, und wenn man in Abb. 83 für $U_b = 200$ V und $R_a = 20$ kΩ die Lastlinie einzeichnet, so erhält man $i_{a1} = 8$ mA, $u_{a1} = 40$ V. Nach einer gewissen Zeit erreicht u_{g2} den Sperrpunkt von *Rö 2*; dieser liegt, wie aus Abb. 83 hervorgeht, bei $-8{,}5$ V für die Anodenspannung von 200 V. Die Sperrspannung von $-8{,}5$ V bezeichnen wir als $-U_s$. In diesem Augenblick beginnt ein Anodenstrom zu fließen. Der Abfall der Anodenspannung überträgt sich auf g_1, der dadurch entstehende Anstieg von u_{a1} überträgt sich wieder auf g_2, und diese Rückkopplung bewirkt, daß sich der Prozeß sehr schnell abspielt; nach kurzer Zeit ist *Rö 1* vollständig gesperrt. Es gilt nun, den Betriebszustand von *Rö 2* zu dieser Zeit t_1 zu ermitteln. Die Klemmen von C_2 waren vorher auf $+40$ V bzw. $-8{,}5$ V, der Kondensator war also auf 48,5 V aufgeladen. In der kurzen Zeit des Umklappens konnte sich die Ladung nicht ändern. Somit gilt das Ersatzschema von Abb. 177 a. r_g ist der Widerstand des leitenden Gitters; parallel dazu ist R_{g2}, welcher vernachlässigt werden kann. An diesem Gitter liegt nun eine Spannung von $200 - 48{,}5 \approx 150$ V über einen Widerstand von 20 kΩ, was einem Gitterstrom von 7,5 mA entspricht. Aus Abb. 86 ergibt sich für diesen Strom und die (geschätzte) Anodenspannung von 10 V die Gitterspannung $u_{g2} = +2{,}2$ V. Der Anodenstrom mit $R_{a2} = 20$ kΩ liest sich aus Abb. 83 zu $i_{a2} = 9{,}6$ mA ab, und die Anodenspannung wird

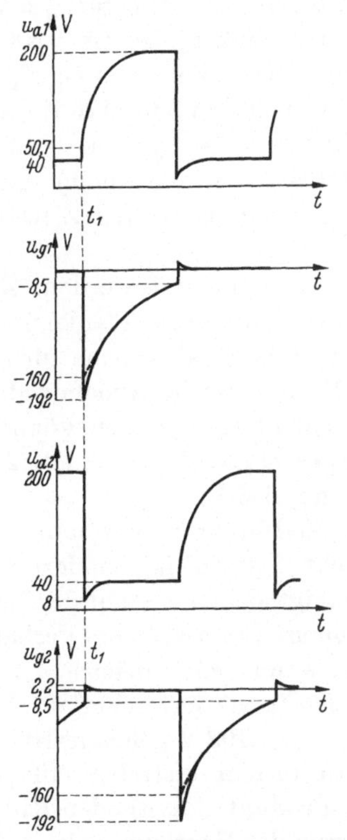

Abb. 176. Signalformen im Multivibrator von Abb. 175.

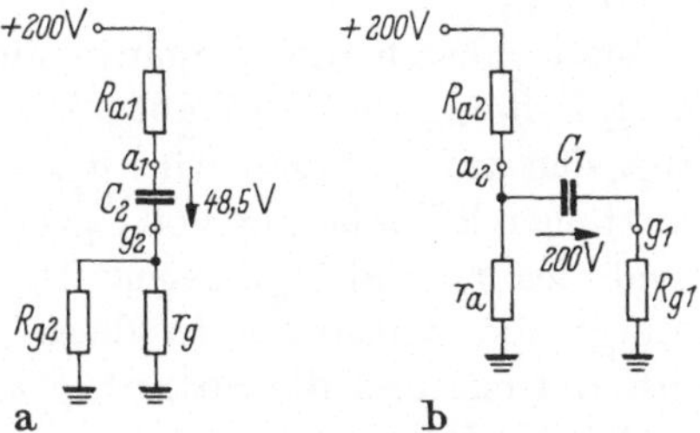

Abb. 177. Ersatzschaltungen für das Umladen von C_2 und C_1.

$u_{a2} = 8$ V. Das Gitter g_2 ist nun in verschwindend kurzer Zeit von $-8{,}5$ V auf $+2{,}2$ V gestiegen, also um 10,7 V, und um den gleichen Betrag muß die Spannung der Anode u_{a1} gestiegen sein, da, wie erwähnt, sich die Ladung von C_2 nicht ändern konnte. Somit ist jetzt $u_{a1} = 40 + + 10{,}7 = 50{,}7$ V, wie in Abb. 176 für die Zeit t_1 gezeigt ist. Nun beginnt sich C_2 umzuladen; dieser Prozeß erfolgt, wie Abb. 177a zeigt, über einen Widerstand von $20\,\mathrm{k}\Omega + r_g$. Aus Abb. 86 kann für r_g etwa 300 Ω abgelesen werden. Dieser Prozeß bewirkt, daß u_{a1} gegen $+200$ V und u_{g2} gegen 0 V strebt; die Zeitkonstante dieses Vorgangs ist $T_1 = (20\,\mathrm{k}\Omega + 300\,\Omega) \cdot 1\,\mathrm{nF} \approx 20\,\mu\mathrm{s}$. Diese Kurven sind in Abb. 176 für u_{a1} und u_{g2} nach dem Zeitpunkt t_1 eingezeichnet. — Da u_{g2} von $+2{,}2$ V auf 0 V fällt, ändert sich auch der Anodenstrom, und die Anodenspannung u_{a2} steigt von 8 V auf 40 V, und zwar ebenfalls mit der Zeitkonstanten T_1.

Jetzt müssen die Vorgänge am Gitter g_1 betrachtet werden. Zur Zeit t_1 fällt u_{a2} von 200 V auf 8 V, also um 192 V, und diese Flanke überträgt sich auf g_1. Somit wird $u_{g1} = -192$ V. Das Ersatzschema für die jetzt folgende Umladung von C_1 zeigt Abb. 177b. r_a ist der Anodenwiderstand. Da r_a und R_{a2} gegenüber R_{g1} vernachlässigt werden können, beträgt die Zeitkonstante dieses Vorganges $T_2 = R_{g1} C_1 = 1\,\mathrm{M}\Omega \times 1\,\mathrm{nF} = 1\,\mathrm{ms}$, und die Spannung u_{g1} geht gegen 0 V.

Bei der Berechnung von u_{g1} nach dem Zeitpunkt t_1 tritt nun eine Komplikation auf, indem u_{a2} zu Beginn nicht konstant ist, sondern mit der Zeitkonstanten T_1 von 8 V auf 40 V ansteigt. Somit besteht der Verlauf von u_{g1} aus zwei Exponentialfunktionen. Die richtigen Verhältnisse erhält man mit sehr guter Näherung, wenn man zunächst u_{g1} so berechnet, als sei u_{a2} nur bis auf 40 V gefallen (punktierter Verlauf, der bei $u_{g1} = -160$ V beginnt), und dann die von -192 V gehende Kurve mit der Zeitkonstanten T_1 gegen die punktierte Kurve streben läßt.

Die Spannung -160 V ist gleich dem Produkt des Anoden-Ruhestromes $i_a = 8$ mA mit R_a. Nach Abklingen der Vorgänge infolge T_1 wird also u_{g1} durch folgende Gleichung beschrieben:

$$u_{g1} = -i_a R_a \exp \frac{-t}{R_g C}$$

Die sprunghafte Umschaltung erfolgt, sobald u_{g1} die Sperrspannung U_s erreicht. Aus obiger Gleichung liest man leicht ab, daß dieser Fall zur Zeit $t = R_g C \ln (i_a R_a / U_s)$ eintreten wird. Dann spielen sich die gleichen Vorgänge wie zur Zeit t_1, jedoch mit vertauschten Seiten, ab.

Die gesamte Periode T eines Multivibrators besteht aus zwei solchen Vorgängen und hat somit die Dauer:

$$T = 2 R_g C \ln \frac{i_a R_a}{U_s} \tag{58}$$

Mit den Werten von Abb. 175 ergibt sich $T = 5{,}9$ ms, also eine Frequenz von 170 Hz. U_s ist die Gitter-Sperrspannung, i_a der Anoden-Ruhestrom. Diese beiden Größen sind in erster Näherung proportional zur Speise-Spannung U_b, somit ist die Frequenz des Multivibrators in erster Näherung unabhängig von U_b. Tatsächlich ist aber diese Näherung besonders für U_s infolge der Krümmung der Kurven am Fußpunkt in Abb. 83 sehr schlecht, und daher besitzt der Multivibrator eine ausgeprägte Spannungsabhängigkeit. U_s hängt außerdem von der Heizspannung und vom Alterungszustand der Röhre ab. Infolge dieser ungenügenden Frequenzstabilität ist daher der freilaufende Multivibrator nur beschränkt verwendbar. Seine große Bedeutung gewinnt er erst, wenn er durch eine äußere Quelle synchronisiert wird.

Rückführung des Gitters auf Anodenspannung. In Abb. 175 sind die Gitterwiderstände R_g geerdet. In der Praxis werden diese Widerstände aber meistens an die Anodenbatterie angeschlossen, s. Abb. 178. Dadurch strebt die Signalform des Gitters nicht gegen 0 V, sondern gegen +200 V, und die Kurve verläuft beim Durchlauf durch $-U_s$ viel steiler. Da dieser Durchlauf die Frequenz bestimmt, hat die Änderung zur Folge, daß Schwankungen im Wert von U_s viel weniger Einfluß ausüben, was die Stabilität verbessert. Der Ausdruck für T wird dann:

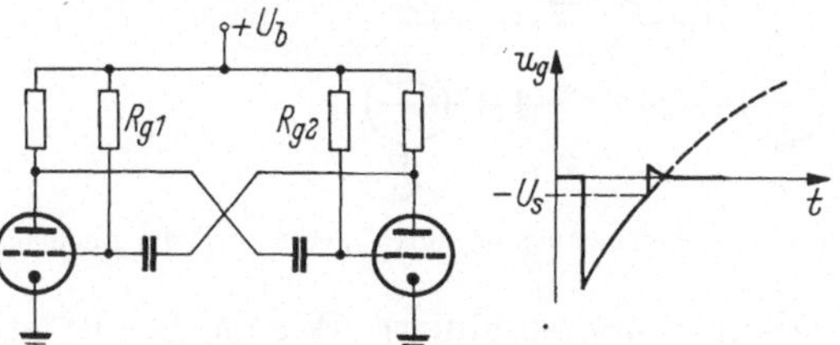

Abb. 178. Rückführung der Gitterableitwiderstände auf die Anodenspannung.

$$T = 2 R_g C \ln \frac{i_a R_a + U_b}{U_s + U_b} \tag{59}$$

Es ist ersichtlich, daß dieser Wert weniger stark von U_s abhängt als das Ergebnis von Gl. (58). In ganz grober Näherung kann man $i_a R_a = U_b$ und $U_s \ll U_b$ setzen. Dann ist der Bruchstrich gleich 2 und man erhält:

$$T \approx 2 R_g C \ln 2 \tag{60}$$

Die Schaltung von Abb. 178 ist jedoch nicht mehr brauchbar, wenn R_g so klein gemacht werden muß, daß die Gitter-Verlustleistung der Röhre zu groß wird, was unter etwa 10 kΩ eintreten wird.

Erhöhung der Geschwindigkeit. Die Geschwindigkeit der Schaltung von Abb. 175 hängt von $T_2 = R_g C$ ab. Somit wird die Schwingungsfrequenz erhöht, wenn man R_g oder C kleiner macht. Bedingung ist jedoch, daß vor Ablauf einer Halbperiode die Vorgänge infolge $T_1 = R_a C$ abgeklungen sind, da sonst die Anoden nie ihren stationären Spannungswert erreichen. Das bedeutet, daß $R_g > A \cdot R_a$ sein muß, wobei A ein geeigneter Faktor zwischen etwa 1 und 10 ist.

Für die Erhöhung der Geschwindigkeit sind nun der Verkleinerung sowohl von R_g als auch von C Grenzen gesetzt. R_g kann nicht unter den durch obige Ungleichung gesetzten Wert gehen; man muß also bestrebt sein, R_a möglichst klein zu wählen. Die Schranke dafür ist durch die Verlustleistung der Röhre gesetzt. C kann nur so weit verkleinert werden, daß sein Wert noch wesentlich größer als die dynamische Eingangskapazität der Röhren (Gitter-Anoden-Kapazität mal Verstärkung) ist. Bei einer gewöhnlichen Triode erreicht man die Größenordnung von $T_2 = 1\ \mu$s.

Eine Verbesserung ergibt das „Abfangen" der Anode, s. Abb. 179. Die Anoden-Batteriespannung wird erhöht auf U_b', der Anodenwiderstand auf R_a', bei gleichbleibendem Quotienten U_b'/R_a', und durch Dioden wird die Anodenspannung auf den ursprünglichen Wert U_b begrenzt. Dadurch hat sich die Belastung der Röhre nicht geändert, aber die langsamen Teile der Exponentialkurve sind eliminiert. Wie auf S. 140 berechnet wurde, gewinnt man dadurch im Grenzfall eines sehr hohen U_b' und sehr hohen R_a' einen Faktor von 2,75 in der Anstiegszeit, also eine sehr lohnende Verbesserung. Der gewonnene Vorteil wird erkauft durch höhere Verlustleistung in R_a' sowie die Notwendigkeit zweier Dioden und einer zusätzlichen Spannungsquelle.

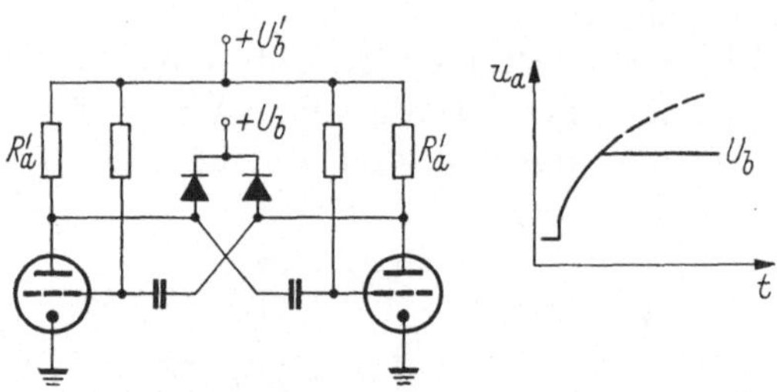

Abb. 179. Beschleunigung durch „Abfangen" der Anoden.

12.2 Der monostabile Multivibrator

Die Schaltung von Abb. 175 wird monostabil, wenn man in einfachster Weise den Ableitwiderstand eines Gitters (etwa R_{g2}) an eine Vorspannung $-U_c$ legt, die negativer als die Sperrspannung $-U_s$ ist, s. Abb. 180. Normalerweise ist *Rö 1* leitend, *Rö 2* gesperrt; dieser Zustand ist stabil, das heißt, ohne äußeren Einfluß bleibt er unverändert bestehen. Erst ein Tastimpuls vermag einen Vorgang auszulösen, dessen Ablauf an Hand von Abb. 176 erläutert werden kann. Der Impuls verursacht durch C_1 eine Sperrung von *Rö 1*, die erhalten bleibt, bis unter dem Einfluß der Umladung von C_1 durch R_{g1}

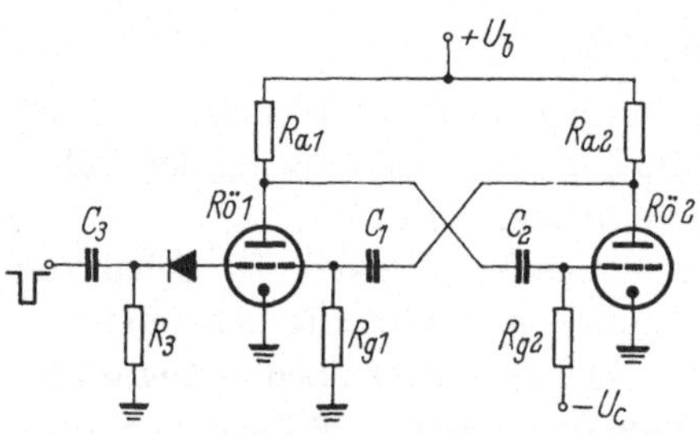

Abb. 180. Monostabiler Multivibrator.

die Umklappung eintritt. Der Unterschied gegenüber Abb. 176 besteht in der nun folgenden Phase darin, daß u_{g2} gegen die Spannung $-U_c$ strebt, die unterhalb des Sperrpunktes U_s liegt; somit verharrt die Schaltung jetzt bis zum nächsten Tastimpuls in Ruhe, nachdem an a_1 ein positiver Impuls von einer Dauer, die gleich der Hälfte von T in Gl. (58) ist, abgegeben wurde. — Die Rückführung von R_{g1} auf positive Spannung ergibt, ähnlich wie in Abb. 178, eine Verbesserung der Genauigkeit, mit welcher die Impulslänge eingehalten wird.

Über die Auslösung sind folgende Bemerkungen zu beachten, s. Abb. 180. Am empfindlichsten (also für die Auslösung am besten geeignet) ist das leitende Gitter g_1, wo ein negativer Impuls den Schaltvorgang einleitet. Die Diode trennt die Impulsquelle ab, solange g_1 negativ ist. Man kann auf die Diode auch verzichten; dann besteht jedoch die Gefahr, daß die Schlußflanke des Auslöseimpulses den Multivibrator vorzeitig zurückschaltet. Außerdem muß dann C_3 viel kleiner als C_1 sein. Solange *Rö 2* leitet, ist die Schaltung gegenüber Auslöseimpulsen (sofern ihre Amplitude nicht zu groß ist) ganz unempfindlich. — Eine negative Auslösung an der Anode von *Rö 2* ist fast gleichwertig, da von dort ein Impuls durch C_1 zuverlässig auf das Gitter von *Rö 1* gelangt. Auch eine positive Auslösung am Gitter von *Rö 2* ist möglich.

Kathodenkopplung. Der Multivibrator von Abb. 180 kann als ein zweistufiger Verstärker betrachtet werden, dessen Ausgang mittels Wechselstromkopplung an den Eingang rückgekoppelt ist. Als zweistufiger Verstärker eignet sich nun auch die kathodengekoppelte Schaltung von Abb. 160a; auch sie erfüllt die Bedingung, daß die Verstärkung positiv und größer als Eins sein muß. Durch Rückkopplung gelangt man so zum *kathodengekoppelten monostabilen Multivibrator* von Abb. 181a. Diese Schaltung wird viel häufiger verwendet als die anodengekoppelte, da sie die folgenden Vorteile aufweist: Die Kathodenkopplung von *Rö 1* auf *Rö 2* ist mit sehr kleinen Zeitkonstanten behaftet und erlaubt daher kurze Anstiegszeiten; die Anode von *Rö 2* ist nicht kapazitiv belastet und gibt daher einen praktisch rechteckigen Impuls ab; das Gitter von *Rö 1* besitzt konstante Spannung und kann daher zum Auslösen verwendet werden, ohne daß Rückwirkungen auf die Impulsquelle eintreten; durch die Vorspannung von g_1 läßt sich die Impulsdauer linear variieren, worauf weiter unten eingetreten wird.

Die Signalform zeigt Abb. 181b. Die aufgezeichneten Spannungen sind alle gegen Erde gemessen. Im Ruhezustand ist *Rö 1* gesperrt, *Rö 2* leitend. Wenn R_g groß ist (beispielsweise 1 MΩ), so läßt sich der Arbeitspunkt von *Rö 2* bestimmen, indem man die Gitter-Kathodenspannung gleich Null setzt. (Ist allerdings R_g klein, so wird die Gitter-Kathodenspannung merklich positiv; dann muß man den Arbeitspunkt zunächst schätzen und anschließend mittels der Kurven von Abb. 86

einen verbesserten Wert bestimmen.) Ein positiver Impuls an g_1 bewirkt, daß *Rö 1* leitend wird. Darauf wird a_1 negativer; durch C wird auch g_2 negativer, *Rö 2* wird gesperrt, und *Rö 1* bleibt leitend. Der Kathodenstrom wird durch die Spannung von g_1 bestimmt, die ihrerseits nur vom Spannungsteiler R_1, R_2 abhängt. Die Signalformen in Abb. 181 gehen von der Annahme aus, der Auslöseimpuls sei nur gerade so groß, daß er die Umschaltung einleitet, daß er aber den Vorgang im übrigen

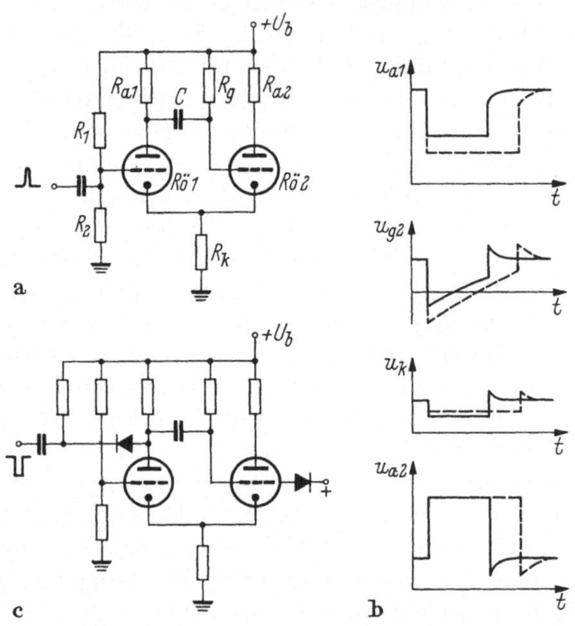

Abb. 181. a) kathodengekoppelter monostabiler Multivibrator, b) Signalformen für zwei verschiedene Werte von u_{g1} (alle Spannungen gegen Erde gemessen), c) Auslösung an der Anode und Fixierung des Arbeitspunktes von *Rö 2* mittels einer Diode.

nicht beeinflußt. Die Kapazität C beginnt sich nun mit der Zeitkonstanten $R_g C$ umzuladen (R_{a1} und der Innenwiderstand von *Rö 1* kann gegenüber R_g vernachlässigt werden), und sobald der Gitter-Sperrpunkt von *Rö 2* erreicht ist, erfolgt die Umschaltung in den Ruhezustand. – Aus dieser Betrachtung geht hervor, daß die durch R_1, R_2 erzeugte Vorspannung von g_1 negativer sein muß als die Spannung von g_2 im Ruhezustand; sonst werden beide Röhren gleichzeitig leitend, was die richtige Funktion verunmöglicht.

Nachdem nun die Funktion der Schaltung beschrieben worden ist, folgen einige Bemerkungen über weitere Eigenschaften. Eines der wichtigsten Merkmale ist die Tatsache, daß die Impulsdauer T durch Änderung der Vorspannung von g_1, die wir u_{g1} nennen, variiert werden kann, und daß die Beziehung $T(u_{g1})$ mit großer Genauigkeit linear ist. Eine

Änderung der Vorspannung beeinflußt die Impulsdauer aus zwei Gründen. Nehmen wir an, u_{g1} werde etwas positiver. Dann wird erstens beim Einschalten der Anodenstrom von *Rö1* etwas größer als ursprünglich, u_{a1} also etwas negativer, und der negative Sprung von u_{g2} wird größer (bei gleichbleibendem Anfangswert). Diese Änderung ist in Abb. 181b punktiert gezeichnet. Die exponentielle Signalform von u_{g2} beginnt also bei einem negativeren Wert. Zweitens ist aber auch ihr Ende beeinflußt; denn die Kathoden sind positiver, und daher wird *Rö2* erst bei einer positiveren Spannung von g_2 leitend. Diese Effekte bewirken beide eine Verlängerung des Impulses, und sie summieren sich so, daß in der Reihenentwicklung der Funktion $T(u_{g1})$ das quadratische Glied besonders klein wird. Macht man $R_{a1} = R_k$, so verschwindet dieses Glied sogar völlig, und erst die dritte Ordnung verursacht Abweichungen von der Linearität [*13*]. Diese Schaltung ist demnach ein guter Impuls-Längenmodulator; die Spannung an g_1 kann entweder von Hand mit einem Potentiometer, oder elektrisch von einem Verstärker her verändert werden. Für große Genauigkeit wird man allerdings die Auslösung nicht an diesem Gitter, sondern mit einem negativen Impuls an a_1 vornehmen, s. Abb. 181c.

Der Betriebspunkt von *Rö2* in Ruhestellung hängt stark von den Röhrendaten ab. Es empfiehlt sich daher, die Spannung von g_2 in positiver Richtung durch eine Diode zu begrenzen, s. Abb. 181c.

12.3 Synchronisation und Frequenzunterteilung

Auf S. 163 wurde darauf hingewiesen, daß der astabile Multivibrator eine schlechte Frequenzstabilität besitzt. Damit steht die Tatsache in unmittelbarem Zusammenhang, daß er sich leicht durch äußere Einflüsse synchronisieren läßt. Abb. 182a zeigt, wie am Gitter von *Rö1* von außen ein positiver Impuls angelegt werden kann. Solange diese Röhre leitend ist, hat dieser Impuls keinen Einfluß. Im gesperrten Zustand jedoch wird er bewirken, daß die Röhre vorzeitig leitend wird und daß somit der Multivibrator umschaltet. Abb. 182b zeigt die Signalform des Gitters. Die Impulse werden durch C_1 eingespeist. Damit dadurch die Funktion des Multivibrators nicht beeinträchtigt wird, muß C_1 wesentlich kleiner als C sein.

Mit fast gleichem Effekt können die positiven Impulse auch an der Anode von *Rö2* eingegeben werden; sie übertragen sich dann durch C auf das Gitter von *Rö1*. Ebenso kann man *negative* Impulse an das (leitende) Gitter von *Rö2* legen; diese werden verstärkt und erscheinen positiv an der Anode von *Rö2* und am Gitter von *Rö1*.

Es ist ersichtlich, daß es auf einfachste Weise möglich ist, mittels Impulsen die Periode eines Multivibrators abzukürzen. Eine *Verlängerung* ist weniger leicht zu erreichen. Man wird daher immer, wenn ein

Multivibrator durch eine äußere Quelle synchronisiert werden soll, seine eigene Periode etwas länger als nötig wählen.

Abb. 182c zeigt die Vorgänge, die entstehen, wenn die Synchronisationsimpulse eine solche Frequenz haben, daß während einer Halbperiode mehrere Impulse auftreten. Die ersten Impulse werden dann nicht in der Lage sein, das Gitter über den Sperrbereich hinauszuführen und bleiben somit wirkungslos. Erst nachdem die Gitterspannung genügend positiv geworden ist, wird ein Impuls die Umschaltung bewirken. Im

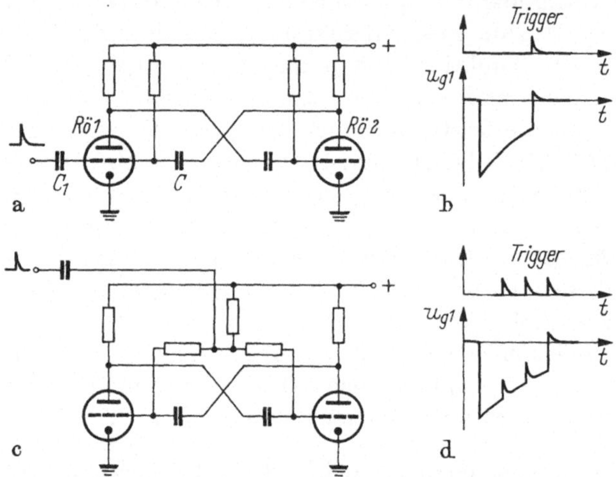

Abb. 182. a) synchronisierter Multivibrator, b) Wirkung des Synchronisationsimpulses am Gitter, c) und d) Frequenzunterteilung

gezeigten Beispiel entfallen auf jede Halbschwingung des Multivibrators 3 Impulse. Legt man mittels der Schaltung von Abb. 182d die Impulse an beide Gitter zugleich an, so entsteht eine Frequenzunterteilung um einen Faktor 6. — In dieser Anwendung müssen die Impulse eine genau vorgeschriebene Amplitude haben; denn jede Änderung ihrer Amplitude kann eine Änderung des Unterteilungsverhältnisses zur Folge haben. Dasselbe gilt für die Betriebsspannungen des Multivibrators. Die Abläufe werden um so kritischer, je größer das Unterteilungsverhältnis ist, und praktisch wird man im Interesse der Betriebssicherheit nicht höher als 10 gehen. Diese Einschränkung ist nicht störend, da man größere Verhältnisse (sofern sie keine Primzahlen sind) leicht durch die Aufspaltung in mehrere Faktoren verwirklichen kann.

12.4 Multivibratoren mit Transistoren

Abb. 183 zeigt den einfachen, kollektorgekoppelten Multivibrator und seine Signalformen. Für Geschwindigkeiten, bei denen die Speicherzeit im Transistor keine Rolle spielt, sind die Vorgänge genau entsprechend jenen im Röhren-Multivibrator. Wenn wir zunächst *Tr1* als gesperrt, *Tr2* als gesättigt betrachten, so ist ersichtlich, daß sich C_1 so umladen muß, daß u_{b1} negativer wird, bis *Tr1* zu leiten beginnt; dann erfolgt die durch Rückkopplung begünstigte Umschaltung. $-u_{c1}$ wird nahezu zu 0 (fällt also um nahezu E), und um den gleichen Betrag fällt auch $-u_{b2}$, erreicht also annähernd den Wert $-E$. Nun beginnt

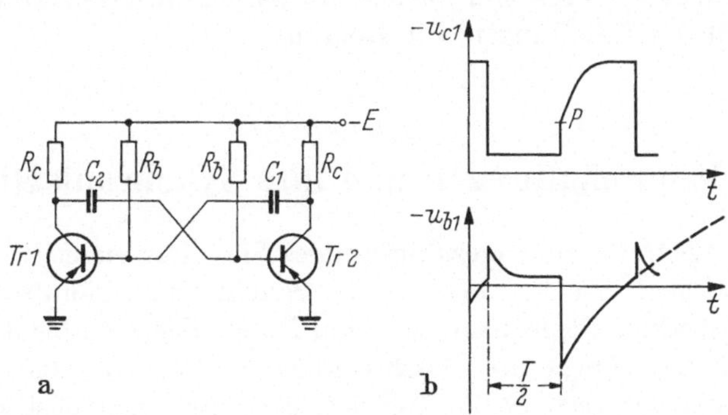

Abb. 183.
a) astabiler Multivibrator, b) Signalformen (die Spannungen sind gegen Emitter gemessen).

$-u_{b2}$ exponentiell mit der Zeitkonstanten $T_2 = R_b C_2$ anzusteigen. Approximativ gilt, daß der Anstieg von $-u_{b2}$ bei E beginnt, gegen $-E$ strebt, und daß bei 0 die Umschaltung erfolgt; also ist die halbe Schwingungsdauer $T/2 = R_b C_2 \ln 2$ [vgl. Gl. (60)]. Beim Umschalten wird *Tr1* wieder gesperrt, und $-u_{c1}$ steigt zunächst fast senkrecht bis zum Punkt P. Dieser Anstieg hängt von den Eigenschaften der Basis-Emitter-strecke von *Tr2* ab. Von P an wird C_2 mit der Zeitkonstanten $T_1 = C_2(R_c + r_i)$ umgeladen; r_i ist der Eingangswiderstand von *Tr 2*. Diese Zeitkonstante T_1 kann, verglichen mit T_2, nicht beliebig kurz gemacht werden; denn dazu müßte man R_c verkleinern, und dadurch wäre — bei gleichem Basisstrom, also gleichem R_b — der Transistor nicht mehr voll ausgesteuert. Für volle Aussteuerung muß nämlich annähernd $R_b/R_c = \beta$ sein. Setzt man etwa $\beta = 15$ und $R_c = r_i'$, so ergibt sich $T_1 = 2 C_2 R_c$ und $T_2 = R_b C_2 = 15 R_c C_2$, also $T_1 = 0{,}13\, T_2$, oder, verglichen mit der Impulsdauer: $T_1 \approx 0{,}2 \cdot T/2$.

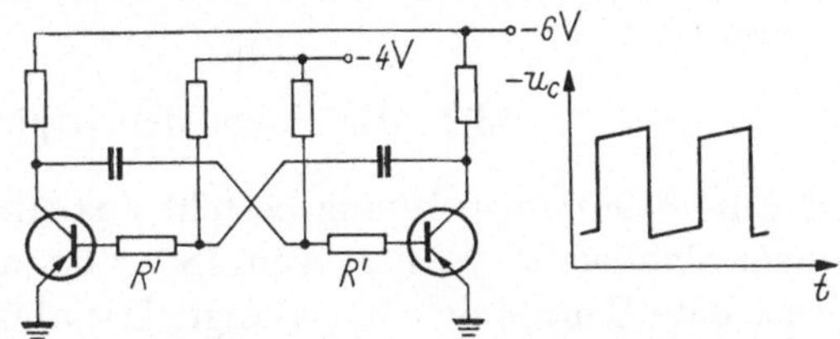

Abb. 184. Erzeugung steilerer Anstiegsflanken durch R'.

Eine steile Anstiegsflanke von u_c kann man jedoch erreichen, wenn man dafür sorgt, daß der Ladestrom für C_2 reduziert wird. Dann rückt der Punkt P weiter nach oben unter gleichzeitiger *Vergrößerung* von T_1.

Das wird durch Vorschalten eines Widerstandes R' zur Basis erreicht, s. Abb. 184. Für die Dimensionierung kann eine gesonderte Spannungsquelle -4 V nötig werden. In dieser Schaltung sind die Anstiegsflanken von $-u_c$ sehr steil [*63*]. — Eine sehr eingehende Analyse des Multivibrators mit Transistoren findet sich in [*16*].

Der Übergang von der beschriebenen Grundschaltung zu monostabilen Multivibratoren und solchen mit Synchronisation erfolgt analog wie im Fall der Schaltungen mit Röhren.

13. Kippschaltungen und ihre Synchronisation

Schaltungen, die ein sägezahnförmiges Signal erzeugen, nennt man *Kippschaltungen.* Signale dieser Art braucht man hauptsächlich in Elektronenstrahloszillographen, wo zum Zweck der Zeitablenkung dem Leuchtfleck eine konstante Geschwindigkeit erteilt werden soll. Das bedeutet, daß der ansteigende Teil des Sägezahns möglichst geradlinig sein muß, und die Lehre von den Kippschaltungen (auch Ablenkschaltungen genannt) enthält daher als wichtigsten Teil die Frage, wie dieser lineare Anstieg zu erzeugen ist.

Kathodenstrahlröhren mit elektrostatischer Ablenkung haben eine Ablenkempfindlichkeit von einigen Zehntelmillimetern pro Volt, brauchen also für vollständige Ablenkung 100 und mehr Volt. Solche Signale lassen sich mit Röhren viel leichter erzeugen als mit Transistoren; deshalb kommen in Ablenkschaltungen fast ausschließlich Elektronenröhren vor, und unsere Darstellung beschränkt sich daher auf Röhren.

13.1 Die Form der Kippspannung

Eine Sägezahnspannung besteht aus einem linear ansteigenden und einem abfallenden Teil, s. Abb. 185. Vom ansteigenden Teil wird möglichst gute Geradlinigkeit verlangt. Der abfallende Teil ist meistens uninteressant und kann beliebige Form haben, sofern er nicht allzu große Zeit in Anspruch nimmt; meistens ergibt sich die gezeigte Exponentialform. In gewissen Fällen, etwa im Fernsehen, ist allerdings eine möglichst kurze Dauer des abfallenden Teils erwünscht, was zusätzliche Maßnahmen bedingt. Besonders schwierig wird der Entwurf der Schaltung, wenn verlangt wird, daß der Abfall, verglichen mit dem Anstieg, nur verschwindend kurze Zeit beansprucht.

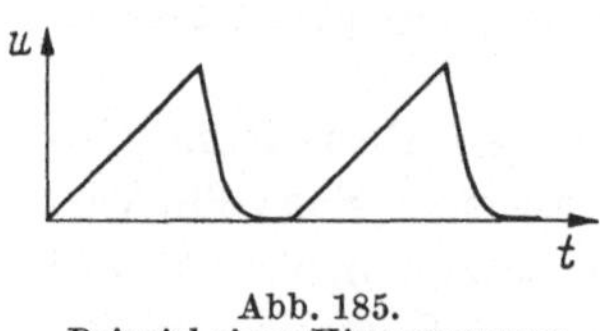

Abb. 185.
Beispiel einer Kippspannung.

Für den ansteigenden Teil verlangt man, wie erwähnt, möglichst gute Geradlinigkeit. Es ist nützlich, den Linearitätsfehler, also die Abweichung vom idealen Verlauf, in einer Zahl auszudrücken. Dazu gibt es verschiedene Möglichkeiten, je nachdem, ob man die *Position* oder die *Geschwindigkeit* des Leuchtflecks betrachtet.

Fast alle Ablenkschaltungen erzeugen die lineare Spannung mit Hilfe der Umladung eines Kondensators durch einen Widerstand und ergeben daher ein Signal von der Form $x = 1 - \exp(-t/T)$, welches von $x = 0$ bis $x = p$ durchlaufen wird, s. Abb. 186a. Dieses Signal ist nach oben gekrümmt. Der Linearitätsfehler läßt sich angeben, sobald bekannt ist, über wie lange Zeit, verglichen mit der Zeitkonstanten T, diese Exponentialform durchlaufen wird. Wir nehmen an, der Anstieg habe

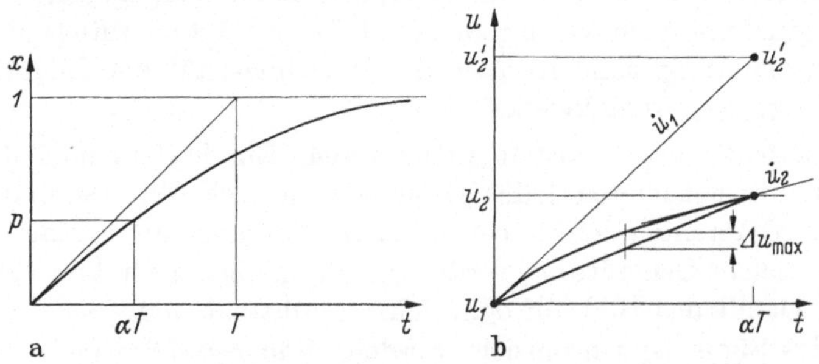

Abb. 186. Zur Definition des Linearitätsfehlers.

die Dauer αT und währe somit von der Zeit 0 bis zur Zeit αT. Gute Linearität ergibt sich nur, wenn $\alpha \ll 1$. Es gilt $\alpha = -\ln(1 - p)$ oder angenähert $\alpha = p$.

Eine erste Definition ε_1 des Linearitätsfehlers ergibt sich, indem man die maximalen Abweichungen des Leuchtflecks vom linearen Sollwert, bezogen auf die Gesamtauslenkung, berechnet, und zwar wird der Sollwert durch die Sehne beschrieben (s. Abb. 186b): $\varepsilon_1 = \Delta u_{\max}/u_2$. Eine zweite Definition ε_2 erhält man, indem man nicht die Sehne, sondern die Anfangstangente als Sollwert betrachtet: $\varepsilon_2 = (u_2' - u_2)/u_2'$. Diese zweite Definition ist dann von Interesse, wenn der Linearitätsfehler dadurch entstanden ist, daß eine exakt lineare Signalform durch einen *RC*-Hochpaß mit der Zeitkonstanten T geleitet wird, s. S. 19. Schließlich kann der Linearitätsfehler auch definiert werden, indem man die Geschwindigkeit des Leuchtflecks, die proportional zu $\dot{u} = du/dt$ ist, betrachtet und ihre relative Änderung beschreibt: $\varepsilon_3 = (\dot{u}_1 - \dot{u}_2)/\dot{u}_1$.

Nimmt man an, es sei $\alpha \ll 1$, so können diese Linearitätsfehler in einfachster Weise als Vielfache von α ausgedrückt werden. Wie bereits erwähnt wurde, ist α dadurch definiert, daß die Exponentialfunktion $1 - \exp(-t/T)$ von $t = 0$ bis $t = \alpha T$ durchlaufen wird.

Es ergibt sich.

$$\varepsilon_1 = \alpha/8 \qquad \varepsilon_2 = \alpha/2 \qquad \varepsilon_3 = \alpha$$

Unter der Voraussetzung $\alpha \ll 1$ kann statt α auch p gesetzt werden. Man sieht, daß der Geschwindigkeitsfehler achtmal so groß ist wie der Positionsfehler, bezogen auf die Sehne. Je nach der meßtechnischen Anwendung ist der eine oder der andere maßgebend. In Oszillographen für den allgemeinen Gebrauch sollte ε_1 nicht größer als etwa 1% sein; ein solcher Fehler ist auf dem Bildschirm bereits erkenntlich. Daraus errechnet sich $p = \alpha \leqq 8\%$. Für viele Meßzwecke ist allerdings eine wesentlich höhere Genauigkeit erwünscht. In krassem Gegensatz dazu stehen viele Fernsehempfänger für den Heimgebrauch, deren Ablenkverlauf oft so große Linearitätsfehler aufweist, daß das wiedergegebene Bild mit dem Original nur noch wenig gemein hat. Dazu trägt allerdings nicht nur die Kippschaltung, sondern auch die Nichtlinearität der Bildröhre infolge des großen Ablenkwinkels bei.

Freilaufende und getastete Generatoren. Ein freilaufender Ablenkgenerator erzeugt eine periodische Signalform nach Abb. 185 und eignet sich zur Darstellung eines periodischen Vorgangs in einem Oszillographen. Solche Generatoren werden im allgemeinen nach ihrer Frequenz geeicht. Damit das Bild auf dem Schirm stillsteht, muß der Generator durch das Signal synchronisiert werden. Von *Synchronisation* spricht man dann, wenn die Frequenz des Generators durch das Signal schwach beeinflußt wird.

Im Gegensatz dazu steht der getastete *Ablenkgenerator*, der auf einen äußeren Impuls hin einen einzelnen Sägezahn abgibt und dann bis zum nächsten Impuls in Ruhe verharrt. Er eignet sich zur Darstellung von einmaligen Vorgängen oder von solchen, die sich zwar wiederholen, aber in unregelmäßigen Abständen eintreten. Die Triggerung muß durch den Beginn des darzustellenden Vorgangs selbst erfolgen. Solche Ablenkgeneratoren besitzen keine eigene Frequenz, sondern werden nach der Zeit, während der der lineare Spannungsanstieg erfolgt, geeicht. — Ablenkschaltungen werden oft so ausgelegt, daß sie durch Veränderung der Vorspannung ihres Multivibrators wahlweise freilaufend oder getastet betrieben werden können.

Die fallende Flanke in Abb. 185 entspricht dem Rücklauf des Leuchtflecks im Oszillographen. Es ist erwünscht, daß dieser Rücklauf keine sichtbare Spur hinterläßt. Falls die Flanke steil ist (etwa im Thyratron-Kippgerät, s. Abb. 187b), kann sie differenziert werden und ergibt ein Signal, das zur Sperrung des Gitters (Dunkelsteuerung) verwendet wird. Ein Verlauf nach Abb. 185 eignet sich dazu weniger gut, und es müssen zur Dunkelsteuerung andere Maßnahmen gefunden werden.

13.2 Kippschaltungen mit Thyratronröhren

Die Kippschaltung mit einem Thyratron zeichnet sich durch besondere Einfachheit aus und wird daher in vielen Anwendungen, wo keine große Flexibilität verlangt wird, bevorzugt. Der Hauptnachteil dieser Kippschaltung besteht in der langen Zeit, die das Thyratron zum Auf- und Abbau der Ionisation beansprucht; dadurch wird die Kippfrequenz auf etwa 30 kHz beschränkt.

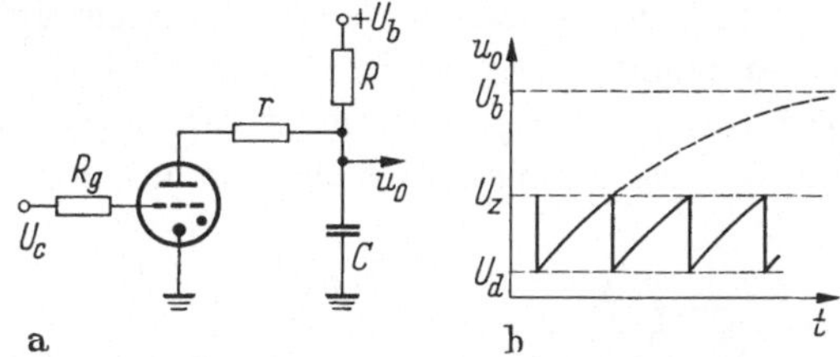

Abb. 187. a) Thyratron-Kippschaltung, b) Signalform.

Abb. 187a zeigt einen freilaufenden Thyratron-Kippgenerator. Das Thyratron zündet, sobald die Anode die Zündspannung U_z erreicht. Diese hängt von der negativen Gittervorspannung $-U_c$ ab und beträgt beispielsweise 10 U_c. Im brennenden Zustand hat die Röhre eine Brennspannung U_d von etwa 15 V und einen sehr niederen Innenwiderstand; die Entladung kann durch das Gitter nicht mehr gelöscht werden, sondern nur dadurch, daß der Brennstrom auf einen sehr kleinen Wert (z. B. 1 mA) sinkt. Die entstehende Signalform ist in Abb. 187b aufgezeichnet. Sobald u_0 den Wert U_z erreicht, zündet das Thyratron, und C wird durch seinen Innenwiderstand und den kleinen Widerstand r sehr schnell entladen. Die Spannung fällt auf die Brennspannung U_d, und der Strom wir schließlich so klein, daß die Röhre verlöscht. Nun beginnt sich C durch R mit der Zeitkonstanten RC wieder aufzuladen, bis U_z erreicht ist und eine neue Periode beginnt. Diese Aufladung erzeugt die lineare Signalform. Der Linearitätsfehler läßt sich aus U_b, U_z und U_d berechnen, s. Abb. 186a, indem $p = (U_z - U_d)/(U_b - U_d)$. Wenn $\varepsilon_1 = 1\%$ sein soll (s. S. 172), so ergibt sich $p = 8\%$, und mit $U_b = 300$ V, $U_d = 15$ V errechnet man U_z zu 38 V. Der Anstieg geht von 15 V bis 38 V und hat somit eine Amplitude von 22 V. — Der Widerstand R_g begrenzt den positiven Ionen-Gitterstrom; r begrenzt den Entladestrom von C, der andernfalls infolge des niedrigen Innenwiderstandes der brennenden Röhre sehr hohe Werte annehmen würde. — Die Frequenz kann sowohl durch R als auch durch C geregelt werden. Meistens wird C umschaltbar gemacht, und R läßt sich kontinuierlich verändern, so daß sich eine lückenlose Überdeckung eines großen Frequenzbereiches ergibt.

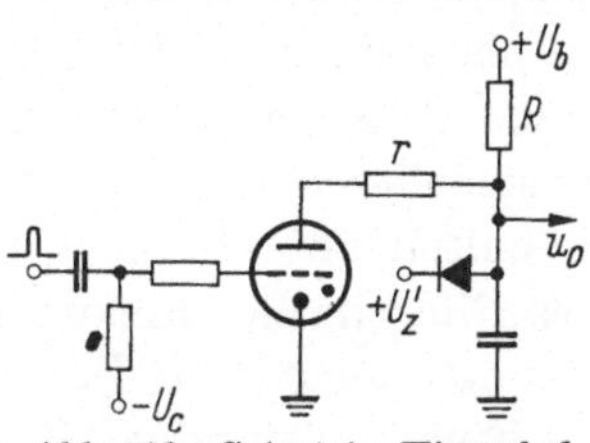

Abb. 188. Getastete Kippschaltung mit einer Thyratronröhre.

Eine getastete Ablenkschaltung ist in Abb. 188 wiedergegeben. Hier begrenzt eine

Diode die Anodenspannung auf den Wert U_z', der etwas niedriger als U_z ist, so daß die Röhre nach beendetem Spannungsanstieg nicht zündet; erst ein positiver Auslöseimpuls am Gitter leitet die neue Periode ein.

13.3 Kippschaltungen ohne Gegenkopplung

In Abb. 189a ist die am meisten verwendete Schaltung mit einer Vakuumröhre ohne Gegenkopplung gezeigt. Im Ruhezustand ist die Gitterspannung schwach positiv und die Anodenspannung hat den niederen Wert U_d. Ein negativer Impuls am Gitter sperrt die Röhre, und die Anodenspannung beginnt mit der Zeitkonstanten RC gegen U_b zu steigen. Dieser Vorgang dauert bis zum Ende des Impulses am Gitter; die in diesem Moment erreichte Spannung nennen wir U_e. Dann fällt die Anodenspannung mit der Zeitkonstanten $R_i C$ (R_i = Innenwiderstand der Röhre) exponentiell wieder gegen U_d ab. Diese Schaltung kann bedeutend schnellere Kippsignale erzeugen als jene mit einem Thyratron. Für kürzeste Anstiegszeiten bis zu 1 μs (oder sogar noch weniger) verwendet man eine Pentode großer Steilheit, da nur eine solche das schnelle Ausschalten ermöglicht und eine hinreichend kleine Anodenkapazität besitzt.

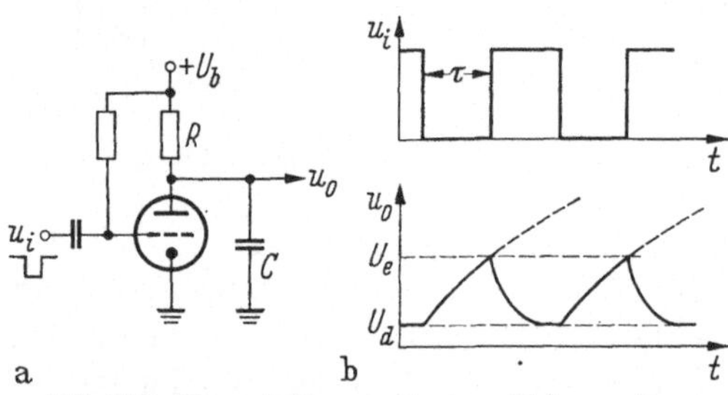

Abb. 189. Kippschaltung mit einer Vakuumröhre.

Der Linearitätsfehler berechnet sich, analog zur Angabe auf S. 173, indem man $p = (U_e - U_d)/(U_b - U_d)$ setzt. Hingegen hängt U_e hier nicht von der Röhre, sondern nur von der Dauer des angelegten Impulses ab. Hat dieser die Dauer τ, so wird $\alpha = \tau / T$, und wenn $\alpha \ll 1$ (was für kleinere Linearitätsfehler nötig ist), so kann man $p = \alpha$ setzen, siehe Abb. 186a.

Zur Änderung des Zeitmaßstabes kann man C in Stufen und R kontinuierlich variieren. Hingegen ist zu beachten, daß sich dadurch — bei gleichbleibendem τ — auch U_e ändert. Da man aber in einem Oszillographen einen bei allen Geschwindigkeiten konstanten Betrag der Auslenkung haben möchte, muß gleichzeitig auch τ verändert werden, und zwar sollte τ immer proportional zu RC sein. Da sich das nicht genau einhalten läßt, erstreckt man die gesamte Auslenkung bis über den Rand des Bildschirmes hinaus, so daß eine Änderung der Weglänge dem Betrachter nicht zum Bewußtsein gelangt.

Eine vollständige Kippschaltung zeigt (unter Weglassung einiger weniger wichtiger, wenn auch unerläßlicher Einzelheiten) Abb. 190.

Rö 1 und *Rö 2* bilden einen monostabilen Multivibrator nach Abb. 181a, der am Gitter links durch einen positiven Impuls ausgelöst wird und an den Anoden einen Rechteckimpuls abgibt, dessen Dauer τ proportional zum Produkt $R_1 C_1$ ist. *Rö 3* ist die Schaltröhre nach Abb. 189a und leitet die Erzeugung der linearen Signalform durch R_2 und C_2 ein. Wenn eine gute Linearität erreicht werden soll, so muß die Amplitude auf einen Wert beschränkt werden, der zu klein für genügende Ablenkung des Leuchtflecks ist. Daher erfolgt eine weitere Verstärkung durch *Rö 4*, deren Anode an eine horizontale Ablenkplatte *P* anzuschließen ist. Bei *G* entsteht während der Dauer der linearen Ablenkung ein positiver

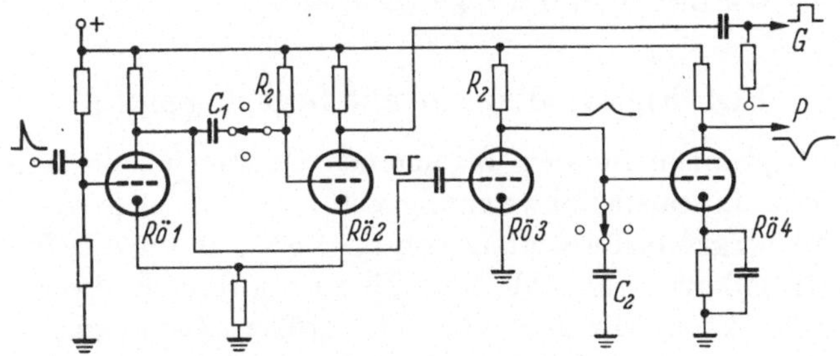

Abb. 190. Getastete Kippschaltung.

Impuls, der zur Hellsteuerung des Elektronenstrahls am Gitter der Kathodenstrahlröhre gebraucht wird. C_1 und C_2 können über einen weiten Bereich von Werten umgeschaltet werden und verändern dadurch die Ablenkgeschwindigkeit. Die beiden Schalter müssen gleichzeitig betätigt werden.

An der einfachen Schaltung von Abb. 190 sind nun viele Verbesserungen möglich, von denen einige nachfolgend angedeutet werden. Zunächst müssen für größte Geschwindigkeit alle Trioden durch Pentoden ersetzt werden. Ferner ergibt sich eine bessere Fokussierung des Elektronenstrahls, wenn man an die beiden horizontalen Ablenkplatten zwei symmetrische Spannungen legt, was durch Zuschaltung eines phasenumkehrenden Verstärkers nach Abb. 109a ermöglicht wird. Weitere Verfeinerungen werden nötig, wenn der Oszillograph als universelles Laboratoriumsinstrument Verwendung finden soll. Für die Feinregulierung des Bereiches kann R_2 (und gleichzeitig R_1) kontinuierlich verändert werden. Um sowohl positive als auch negative Auslöseimpulse entgegenzunehmen, ist am Eingang eine Verstärkerstufe nach Abb. 107 vorzuschalten; diese nimmt das äußere Tastsignal entgegen, und das Gitter von *Rö 1* in Abb. 190 kann durch einen Umschalter wahlweise an Kathode oder Anode dieser Verstärkerstufe angeschaltet werden. Außerdem empfiehlt sich ein Potentiometer als Amplitudenregler, um zu verhindern, daß der Multivibrator durch zu starke Tastsignale gestört wird. Schließlich ist es ein großer Vorteil, wenn der Oszillograph wahlweise synchronisiert oder freilaufend betrieben werden kann. Zu diesem Zweck ersetzt man den kathodengekoppelten Multivibrator durch eine Schaltung nach Abb. 180, welche je nach dem Wert von $-U_c$ astabil oder monostabil ist. Für besten Betrieb im synchronisierten Zustand ist dann wie folgt einzustellen: Zunächst macht man die Amplitude der synchronisierenden Impulse zu Null und verbringt $-U_c$ im monostabilen Bereich unmittelbar an die Grenze der Astabilität heran. Dann wird die Amplitude so weit erhöht, bis auf dem Schirm ein stationäres Bild erscheint. (Der Knopf für die Einstellung von $-U_c$ ist meistens mit „Stabilität" angeschrieben.)

13.4 Kippschaltungen mit Gegenkopplung

In Oszillographen für den allgemeinen Gebrauch läßt man im allgemeinen eine Linearitätsabweichung von $\varepsilon_1 = 1\%$ zu (s. S. 172), also eine Geschwindigkeitsabweichung von $\varepsilon_3 = 8\%$, und das bedeutet, daß die Exponentialkurve von Abb. 186a bis zu 8% ihres Endwertes durchlaufen werden kann. Oft sind aber viel größere Genauigkeiten nötig. Solche können durch Reduktion von p in Abb. 186a erreicht werden, doch wird dadurch auch die Ablenkspannung verkleinert, so daß anschließend eine größere Verstärkung nötig wird, die ihrerseits zusätzliche Nichtlinearitäten mit sich bringt. Besser ist es, wenn man den Ladestrom der Kapazität, die umgeladen wird, während des Prozesses möglichst konstant hält; das bedeutet, daß der Kondensator durch eine Quelle möglichst konstanten Stromes gespeist werden muß. Diese Aussage ist gleichbedeutend mit der Forderung, daß sich die Schaltung als möglichst idealer Integrator verhalten soll, wobei die zu integrierende Funktion eine Konstante ist. Als Integrator eignet sich die Miller- und die Bootstrap-Schaltung, die auf S. 112f. behandelt wurden, siehe Abb. 124 und 125. Es wurde gezeigt, daß sich diese Schaltungen ähnlich wie ein RC-Tiefpaß verhalten, der die Zeitkonstante ARC hat, und daß die Exponentialfunktion gegen $A\,u_i$ strebt; A ist der Verstärkungsfaktor der Röhre, u_i die konstante Eingangsspannung, die integriert wird. Da nun u_i etwa gleich groß gemacht werden kann wie U_b in Abb. 189, ist es offensichtlich, daß die Linearität um einen Faktor A verbessert worden ist. Mit einer Pentode läßt sich leicht $A > 100$ erreichen. Der Linearitätsfehler errechnet sich wie auf S. 172 aus α, wenn man annimmt, die Integration erstrecke sich über das Zeitintervall αT wobei aber hier $T = ARC$ zu setzen ist.

In einer Zeitablenkungsschaltung genügt es nicht, nur den Integrationsvorgang zu betrachten; vielmehr müssen auch die Schaltprozesse verfolgt werden. Bei Verwendung einer Pentode nimmt man das

Ein- und Ausschalten des MILLER-Integrators am besten am Bremsgitter vor, s. Abb. 191. Die entstehenden Signalformen sind in Abb. 192 skizziert. Im Ruhezustand ist das Bremsgitter so stark negativ vorgespannt, daß kein Anodenstrom fließt; vorzugsweise wählt man eine Pentode großer Bremsgittersteilheit (s. S. 80), in welcher dieser Zustand schon bei relativ kleiner negativer Spannung eintritt. Die Anode hat die Spannung U_b, das Gitter die Spannung 0 (durch den großen Widerstand R fließt ein ganz schwacher Gitterstrom). Nun gelangt ein positiver Impuls auf das Bremsgitter, so daß die Pentode in ihren normalen Arbeitsbereich eintritt. Da ein Anodenstrom zu fließen beginnt, wird die Anodenspannung — und, wegen C, auch die Gitterspannung — sofort negativer werden,

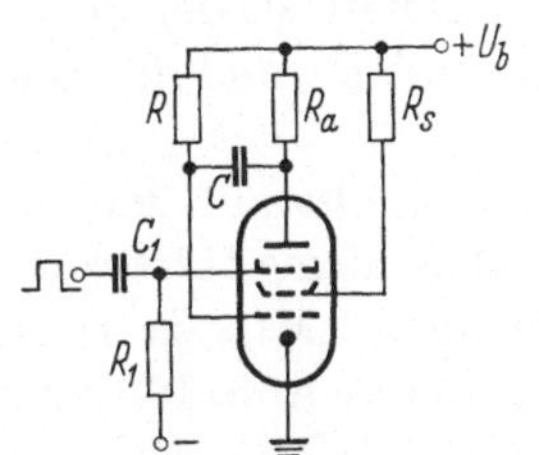

Abb. 191. MILLER-Integrator mit Tastung am Bremsgitter.

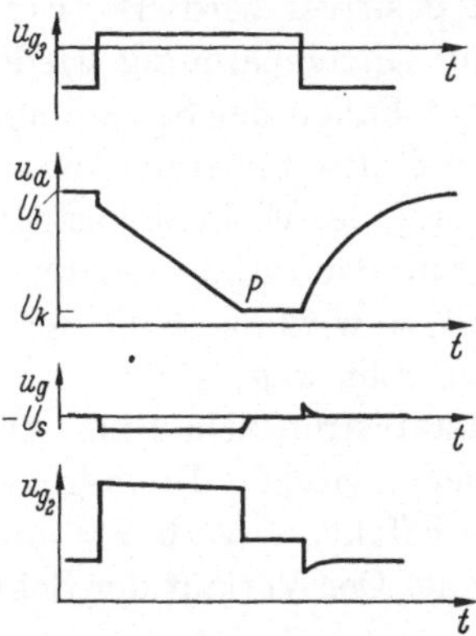

Abb. 192. Signalformen im MILLER-Integrator mit Tastung am Bremsgitter.

und zwar so weit, bis das Gitter den Anodenstrom praktisch unterbricht. Wir bezeichnen diesen Wert als Gitter-Sperrspannung $-U_s$ (z. B. —6 V). Nun fließt durch R der Strom $(U_b + U_s)/R$, oder, weil $U_b \gg U_s$, annähernd U_b/R, und dieser Strom lädt C um, so daß seine Spannung mit U_b/RC Volt pro Sekunde sinkt. Da die Gitterspannung nahezu konstant bleibt, wird die Anodenspannung mit dieser Geschwindigkeit negativer, so daß sich ein lineares Fallen der Spannung ergibt. Dabei wird die Lastlinie der Pentode (s. Abb. 89) durchlaufen, bis am Punkt P das „Knie" erreicht ist. Wenn wir die Knie-Anodenspannung mit U_k bezeichnen, so umfaßt der lineare Verlauf den Spannungsbereich $U_b - U_s - U_k$ oder nahezu U_b. Die Gitterspannung muß während dieser Zeit um U_b/A ansteigen, wobei A die Verstärkung der Röhre ist. Dieser Betrag ist nur klein, da leicht $A > 100$ gemacht werden kann.

Beim Erreichen des Punktes P in Abb. 89 ändern sich die Verhältnisse. Die Verstärkung wird sehr klein, die Gitterspannung steigt schnell auf 0, und die Anodenspannung bleibt konstant auf U_k; dann folgt ein stationärer Zustand, der so lange dauert, bis der Impuls am Bremsgitter beendet ist. In diesem Augenblick wird die Röhre ausgeschaltet; durch R_a und das leitende Gitter wird C umgeladen, und die Anodenspannung strebt mit der Zeitkonstanten $R_a C$ gegen U_b. Infolge des verstärkten Gitterstromes wird das Gitter während dieser Zeit etwas positiv.

Von Interesse ist noch der Verlauf der Schirmgitterspannung, siehe Abb. 192. Da diese Spannung durch den Widerstand R_s erzeugt wird, ist sie vom Schirmgitterstrom I_s abhängig. Dieser Strom seinerseits wird bestimmt durch die Gitterspannung, die Bremsgitterspannung und die Anodenspannung (s. S. 80). Der stärkste Sprung entsteht beim Einschalten der Röhre durch das Bremsgitter, da dann ein Teil des Stromes vom Schirmgitter auf die Anode übergeht, die Schirmgitterspannung somit positiver wird. Bei Erreichen des Knies entsteht infolge der steigenden Gitterspannung wieder ein Ansteigen des Schirmgitterstromes, also ein Fallen der Spannung. Die Schirmgitterspannung ist also genau während des linearen Anodenfalles hoch und kann daher zur Hellsteuerung des Elektronenstrahls im Oszillographen gebraucht werden.

Wenn der Impuls am Bremsgitter kürzer dauert als der lineare Anodenfall, so wird das Knie der Pentode nicht erreicht, und der flache Teil von u_a fällt weg.

Phantastron-Schaltung. Das Phantastron beruht auf der negativen Steilheit zwischen Bremsgitterspannung und Schirmgitterstrom (Transitron-Effekt, s. Abb. 91) und wird daher auch „MILLER-Transitron" genannt. Der Verlauf der Schirmgitterspannung in Abb. 192 zeigt einen

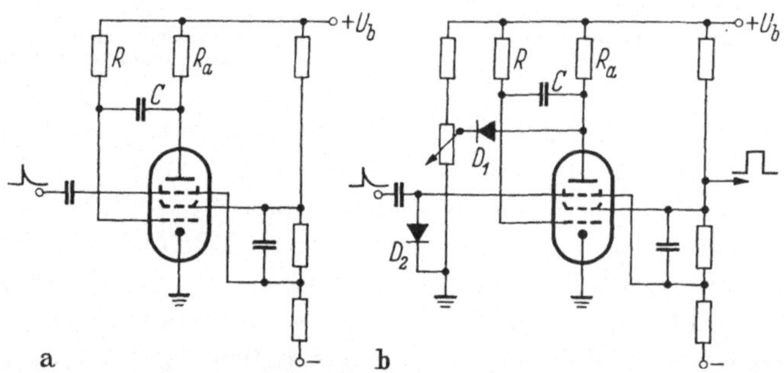

Abb. 193. a) einfache Phantastron-Schaltung, b) variable Impulsdauer durch D_1 und Begrenzung der Bremsgitterspannung durch D_2.

positiven Impuls für die Dauer des linearen Abfalles der Anodenspannung; bei geeigneter Dimensionierung ist dieser Impuls höher als das am Bremsgitter zum Einschalten erforderliche Signal. Somit kann er direkt verwendet werden, um das Ein- und Ausschalten vorzunehmen, und der Vorgang braucht nur durch einen kurzen Impuls ausgelöst zu werden. Abb. 193a zeigt, wie das Signal des Schirmgitters durch einen Spannungsteiler auf das Bremsgitter geleitet wird. Diese sehr elegante Schaltung hat den Namen „Phantastron" erhalten[1]. Sie wird nicht so-

[1] Zur Zeit ihrer Erfindung empfand man diese Schaltung als phantastisch und würdigte sie mit der Bezeichnung *Phantastron.*

sehr als lineare Zeitablenkung verwendet, sondern vielmehr als Verzögerungsschaltung mit hoher Genauigkeit. Am Schirmgitter kann ein Impuls genau vorgegebener Länge entnommen werden. Macht man die Anfangs-Anodenspannung mittels einer Diode D_1 und eines Spannungsteilers variabel (s. Abb. 193b), so ist auch die Impulsdauer variabel, und zwar nach einem linearen Gesetz. D_2 dient dazu, die Bremsgitterspannung in positiver Richtung auf 0 V zu begrenzen. Es läßt sich zeigen, daß diese Schaltung weitgehend unabhängig gegenüber Schwankungen der Speisespannungen und Änderungen der Röhrendaten ist [*13*]; darin liegt ihr Hauptvorteil gegenüber dem kathodengekoppelten Multivibrator von Abb. 181.

13.5 Kippschaltungen für magnetische Ablenkung

In Fernsehempfängern und in Anzeigegeräten der Funkortung werden meistens Kathodenstrahlröhren mit magnetischer Ablenkung verwendet. Ein Spulenpaar, dessen Achse senkrecht zur Achse der Bildröhre steht, verursacht eine Ablenkung des Leuchtflecks in einer Richtung senkrecht zu beiden Achsen. Die Ablenkung ist proportional zum Strom im Spulenpaar; daher muß, um lineare Ablenkung zu bewirken, ein linear steigender Strom durch die Spule geleitet werden. Im Gegensatz zur elektrostatischen Ablenkung ist also hier die maßgebende Größe ein Strom, nicht eine Spannung. Solche Schaltungen sind bedeutend schwieriger zu erstellen, zum Teil deshalb, weil mit der Ablenkung ein erheblicher Leistungsverbrauch verbunden ist. Ihr Entwurf muß als ein Spezialgebiet betrachtet werden, das hier nur kurz gestreift wird; eine wesentlich ausführlichere Behandlung vermittelt [*13*].

Verlauf der Spannung. Abb. 194a zeigt das Ersatzschema einer Ablenkspule. L ist die Induktivität, R der Ohmsche Widerstand, C die Kapazität der Spule. Der linear ansteigende Strom i möge die Form $i = i' t$ haben. (Dabei ist i' eine Konstante mit der Dimension Ampere pro Sekunde.) Diese Beziehung beschreibt den Strom, der in der Induktivität L fließen muß. Es soll nun gezeigt werden, daß der Gesamtstrom i_g, der der Ablenkspule zugeführt werden muß, einen andern Verlauf aufweist. Zu diesem Zweck berechnen wir die Spannung u; es gilt $u = R\,i + L\,di/dt$, also $u = R\,i'\,t + L\,i'$. Diese Spannung springt zur Zeit $t = 0$ auf $L\,i'$ und steigt dann linear an, s. Abb. 194b. Aus u läßt sich nun noch i_c berechnen, indem $i_c = C\,dt/du$; man erhält $i_c = RC\,i' +$

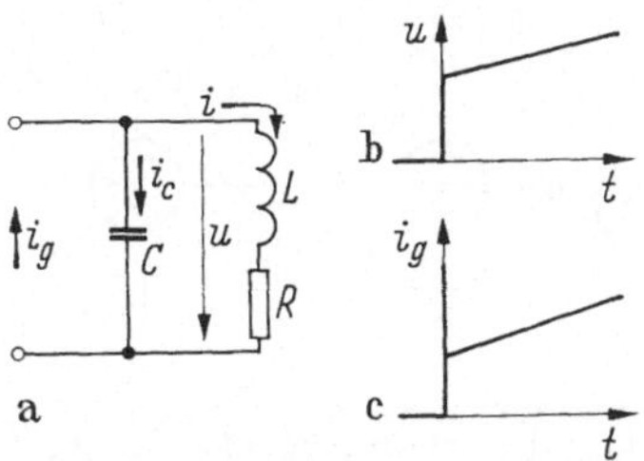

Abb. 194.
a) Ersatzschaltung einer Ablenkspule, b) Spannung, c) Gesamtstrom.

$+ LCi'\,\delta(t)$. Schließlich ist der Gesamtstrom $i_g = i_c + i = i'\,t + RCi' + LCi'\,\delta(t)$, s. Abb. 194c. Dabei ist $\delta(t)$ der *Delta-Impuls*, der durch Differenzieren der Sprungfunktion von Abb. 7a entsteht. Dieser Impuls ist unendlich hoch und unendlich kurz und hat die Fläche 1. Die letztere Eigenschaft läßt sich durch die Gleichung $\int_{-\infty}^{\infty} \delta(t)\,dt = 1$ ausdrücken; daraus geht hervor, daß $\delta(t)$ die Dimension $1/T$ hat. Ein solcher Impuls läßt sich physikalisch nicht herstellen, erweist sich aber als unentbehrliches rechnerisches Hilfsmittel. In den folgenden Betrachtungen lassen wir den Summanden $LCi'\,\delta(t)$ weg. Dadurch entsteht ein gewisser Fehler, der durch besondere Schaltungen kompensiert werden muß. Sie beruhen darauf, daß man $\delta(t)$ durch die Funktion $[\exp(-t/T)]/T$ approximiert und T möglichst klein macht. Diese Funktion hat die Form von Abb. 9 und besitzt die Fläche 1.

Es bleibt also noch ein Strom zu erzeugen, der einen Sprung auf $i'RC$ und einen anschließenden linearen Anstieg erfährt; die Spannung macht einen Sprung auf Li' und steigt dann linear an. Um die Größenordnungen zu illustrieren, wählen wir als Beispiel eine Fernsehröhre, in der dieser Strom für die Zeilenablenkung in $60\,\mu$s von 0 auf 300 mA steigen muß, mit $L = 30$ mH, $R = 50\,\Omega$. Dann ist $i' = 5000$ A/s. Der Spannungssprung ist 150 V, die Endspannung 165 V.

Eine Schaltung mit Gegenkopplung. Mit Hilfe des Operationsverstärkers von Abb. 117 läßt sich, unter Verwendung der z_1 und z_2 von Abb. 119d, ein Spannungssprung mit anschließendem linearen Anstieg erzeugen; eine solche Schaltung zeigt Abb. 195. Die Ablenkung wird durch das Sperren von *Rö 1* eingeleitet. Dann wirkt *Rö 2* als Operationsverstärker, mit R_1 als z_1, und R_2 und C_2 als z_2. R und L verkörpern zusammen die Ablenkspule. Am Ende der Ablenkung wird *Rö 1* wieder leitend und sperrt *Rö 2*; dadurch geht der Strom in der Spule auf 0 zurück. R_k stellt eine zusätzliche Gegenkopplung dar, die die Abhängigkeit der Schaltung von den Daten von *Rö 2* vermindert. Für *Rö 2* wird, um höhere Verstärkung zu erreichen, vorzugsweise eine Pentode verwendet.

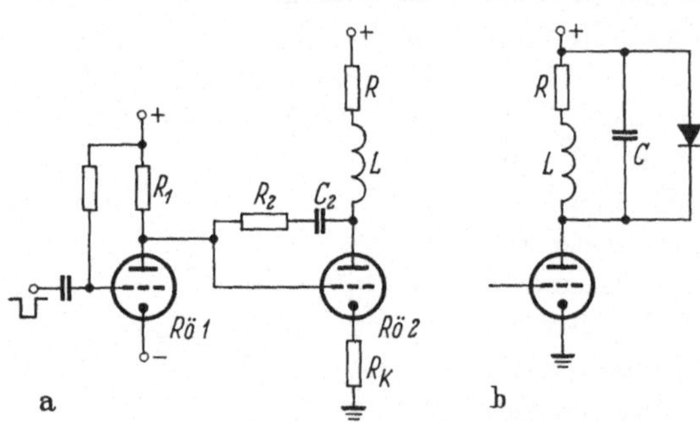

Abb. 195. a) Ablenkschaltung mit Gegenkopplung, b) Dämpfung der Schwingung infolge L und C mittels einer Diode.

Strahlrücklauf. Im Fernsehen ist es erwünscht, daß der Strahlrücklauf nur einen kleinen Teil der Ablenkzeit beansprucht. In Abb. 195 erfolgt der Rücklauf dadurch, daß *Rö 2* gesperrt wird; dadurch entstehen aber in L zusammen mit C (s. Abb. 194a) Schwingungen, die durch R nur schwach gedämpft sind und die daher durch einen zusätzlichen Widerstand parallel zu C aperiodisch gedämpft werden müssen. Die in der Spule gespeicherte Energie $i_e^2 L/2$ (wobei i_e der Endstrom ist) muß somit vollständig in Wärme umgewandelt werden. Mit $i_e = 300$ mA, $L = 30$ mH und 13125 Ablenkungen pro Sekunde (im Fernsehen) ergibt das eine Leistung von nahezu 18 W, ein erheblicher Wert. Diese Leistung läßt sich auf ein Viertel reduzieren, indem man die Dämpfung mit einer Diode statt mit einem Widerstand vollzieht, s. Abb. 195b [*13*]. Dadurch kann erreicht werden, daß der Strom nicht zwischen 0 und i_e, sondern zwischen $-i_e/2$ und $+i_e/2$ hin- und herpendelt. und daß außerdem nur ein Teil der magnetischen Energie in der Diode vernichtet wird, während ein weiterer Teil in C übergeht und nachher wieder zurückkehrt. Der Strahlrücklauf kann aber nie in kürzerer Zeit als $1/2f$ beendet sein, wenn $f = 1/2\pi\sqrt{LC}$ die Eigenfrequenz der Spule ist. Da diese in Fernsehröhren etwa 100 kHz beträgt ($L = 30$ mH, $C = 80$ pF), ergibt sich eine Rücklaufzeit von etwa 5 μs, was hinreichend kurz ist. Die während des Rücklaufs über L entstehende hohe Spannung von etwa 2000 V wird in Fernsehempfängern dazu verwendet, um die Hochspannungen zum Betrieb der Bildröhre zu erzeugen. — Die Dämpfung mittels einer Diode und die Erzeugung der Hochspannung an der Ablenkspule lassen sich aber nur anwenden, wenn die Strahlablenkung mit konstanter Frequenz erfolgt, eine Voraussetzung, die in einem Oszillographen für Meßzwecke nicht erfüllt ist.

13.6 Kippschaltungen mit Transistoren

Transistoren werden nur selten in Kippschaltungen verwendet, hauptsächlich deshalb, weil es kaum möglich ist, die Signale hoher Spannung zu erzeugen, die für die elektrische Ablenkung eines Kathodenstrahls nötig sind. Ferner ist es infolge der Temperaturabhängigkeit schwierig, eine große Konstanz der Anstiegsgeschwindigkeit zu erreichen. Trotzdem ergibt sich gelegentlich die Notwendigkeit, in einem Gerät, das nur Transistoren enthalten darf, eine sägezahnförmige Spannung großer Genauigkeit zu erzeugen. Nachfolgend ist eine solche Schaltung beschrieben, die eine Kippspannung guter Genauigkeit von etwa 10 V Amplitude abgibt [*44*].

Abb. 196a zeigt das Prinzip. Der Transistor *Tr 1* ist als Quelle konstanten Stromes geschaltet, die den Kondensator C linear auflädt. Der Ladestrom ist ungefähr gleich der durch den Spannungsteiler R_1, R_2 bestimmten Spannung, dividiert durch R_3. Der wesentliche Nachteil ist, daß der Basisstrom, der nicht sehr konstant ist, von diesem Wert subtrahiert wird. Dieser Effekt ist in der vollständigen Schaltung (b) weitgehend eliminiert: Ein zusätzlicher Transistor *Tr 2* sorgt dafür, daß der größte Anteil des Basisstromes von *Tr 1* dem Ladestrom wieder zugeführt wird. Der Teil, der durch die Basis von *Tr 2* verlorengeht, ist um den Faktor $\beta_1 \beta_2$ kleiner als der Ladestrom selbst. — Links ist der Schalter

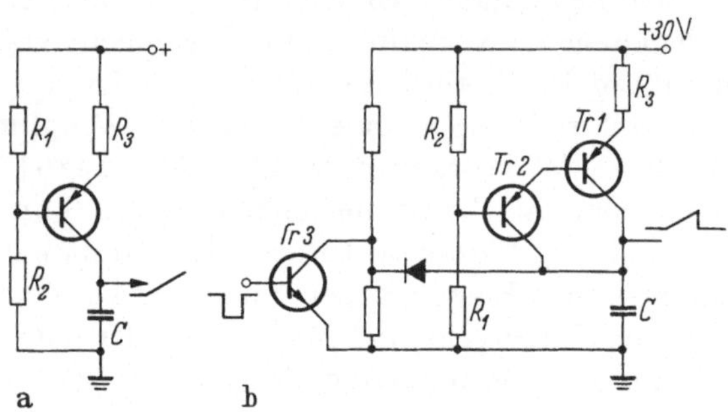

Abb. 196. Kippschaltung mit Transistoren. a) Prinzip, b) praktische Ausführung.

Tr 3 gezeichnet, der nach Beendigung der für den Sägezahn vorgesehenen Zeit den Kondensator durch die Diode wieder entlädt. Der Sperrstrom dieser Diode wird während des Anstiegs dem Ladestrom überlagert und muß daher sehr klein sein. An der Ausgangsklemme muß eine Schaltung hoher Eingangsimpedanz angeschlossen werden, beispielsweise ein doppelter Emitterfolger nach Abb. 102.

14. Impulsübertrager

Ein Impulsübertrager unterscheidet sich nicht grundsätzlich von andern in der Nachrichtentechnik verwendeten Übertragern (Transformatoren), doch erhalten im Hinblick auf die Aufgabe, wonach Impulse transformiert werden müssen, gewisse Eigenschaften ein besonderes Gewicht. Meistens verlangt man eine kurze Anstiegszeit und stellt ferner die Forderung, daß im Zusammenhang mit dem Anstieg keine störenden Schwingungen entstehen; auf den Frequenzgang angewendet, bedeutet das, daß die obere Grenzfrequenz hoch sein muß und daß die Kurve keine Überhöhungen haben darf. Anderseits ist ein exakt lineares Verhalten oft nur von nebensächlicher Bedeutung.

Die Nützlichkeit des Übertragers beruht auf den folgenden zwei Eigenschaften:

1. Durch Wahl des Windungszahlverhältnisses können Spannungs-, Strom- und Impedanzwerte transformiert werden.

2. Eingangs- und Ausgangsklemmenpaar sind voneinander unabhängig in dem Sinne, daß zwischen ihnen eine beliebige Gleichspannung bestehen darf. (Für

Wechsel- oder Impulsspannungen muß man allerdings die Kapazitäten zwischen den Wicklungen mit berücksichtigen.)

Dementsprechend werden Impulsübertrager oft angewendet, wo Spannungs- und Stromwerte zu transformieren sind, und es ist möglich, Impulse sehr niedriger Impedanz zu erzeugen. Ebenso kommen sie zum Einsatz, wo zwei Kreise gleichstrommäßig getrennt werden sollen, also etwa zwischen den Stufen eines mehrstufigen Verstärkers. Schließlich läßt sich die Hauptinduktivität zur Quasi-Differentiation von Impulsen verwenden.

Der Hauptnachteil der Impulsübertrager ist der hohe Herstellungspreis. Ein Übertrager kostet bedeutend mehr als ein Transistor oder eine Röhre, und es wird daher oft vorgezogen, etwa eine Impulsamplitude mit einer zusätzlichen Verstärkerstufe statt mit einem Übertrager zu erhöhen, sofern der zusätzliche Leistungsverbrauch in Kauf genommen werden kann. Übertrager haben außerdem ein relativ großes Volumen und hohes Gewicht, was in Miniaturgeräten von Bedeutung ist. Aus diesen Gründen findet man, daß oft aktive Elemente (Transistoren oder Röhren) verwendet werden, wo ein Übertrager die gleiche Aufgabe bedeutend „eleganter" — aber eben weniger wirtschaftlich — hätte lösen können. Gesichtspunkte der Betriebssicherheit können nicht für die Wahl von Übertragern sprechen; ihre Ausfallwahrscheinlichkeit ist zwar gering, doch läßt sich dasselbe auch von den meisten anderen neuzeitlichen Bauteilen sagen.

14.1 Ersatzschaltbild

Abb. 197a zeigt das Schaltbild eines Übertragers mit Eisenkern. Um den gegenseitigen Wicklungssinn anzudeuten, wird oft am Ende jeder Wicklung ein Punkt gezeichnet. Die durch irgendeine Flußänderung in den beiden Wicklungen induzierten Spannungen haben an den mit dem Punkt versehenen Klemmen gleiches Vorzeichen, s. Abb. 197b. In unseren Schaltbildern werden wir aber auf die Anbringung von Punkten verzichten und einfach festsetzen, daß die Wicklungen immer so gezeichnet werden, daß sie den Kern gleichsinnig umschlingen; in Abb. 197a wären also beide Punkte oben (oder beide Punkte unten) einzuzeichnen.

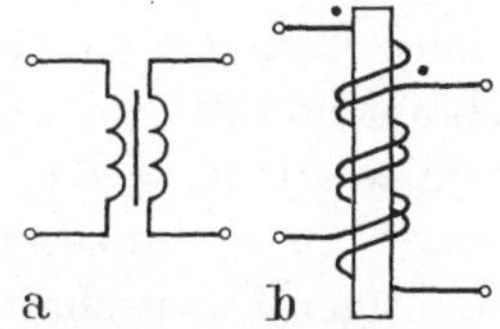

Abb. 197. a) Schaltbild eines Übertragers, b) zur Definition der Punktsymbole.

Aus der elementaren Theorie der Transformatoren — die hier nicht repetiert sei — geht hervor, daß ein Übertrager mit dem Übersetzungsverhältnis $\ddot{u} = 1$ durch das Ersatzschaltbild eines T-Gliedes dargestellt werden kann, s. Abb. 198a. (Hier sind die Kapazitäten nicht berücksichtigt.) Die Praxis der Impulstechnik ergibt, daß in fast allen Schaltungen r_1, r_2 und R im Vergleich mit den übrigen, innerhalb und außerhalb des

Übertragers vorkommenden Impedanzen zu vernachlässigen sind; daraus entsteht Abb. 198b. Weiterhin ist man in Impulsübertragern immer bestrebt, $\lambda_1 + \lambda_2$ gegenüber L möglichst klein zu machen. Damit lassen sich $\lambda_1 + \lambda_2$ zu λ zusammenfassen, so daß als sehr einfaches Ersatzschaltbild, das in den meisten Fällen anwendbar ist, Abb. 198c übrig bleibt. Man

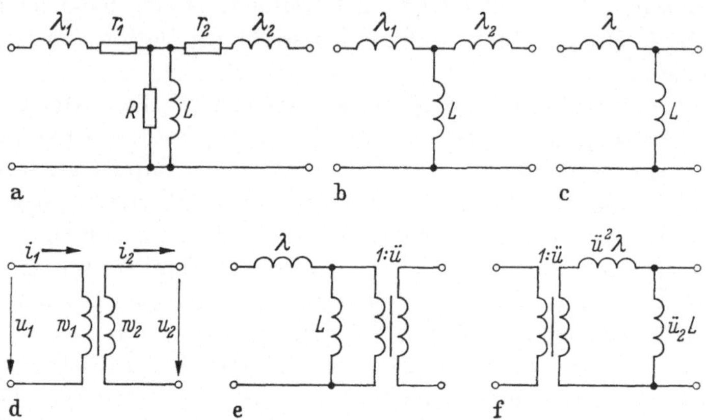

Abb. 198. Ersatzschaltbilder eines Impulsübertragers.

nennt L die *Hauptinduktivität*, λ die *Streuinduktivität*. Der Quotient $\sigma = \lambda/L$ heißt *Streugrad*. Er liegt bei den meisten Impulsübertragern zwischen $1^0/_{00}$ und 1%.

Dieses Schaltbild gilt allerdings nur für $ü = 1$ und gibt außerdem die Trennung von Eingangs- und Ausgangsklemmenpaar nicht wieder. Diese beiden Mängel werden durch Zuschalten eines idealen Übertragers behoben. Der ideale Übertrager ist ein nur als Gedankenexperiment mögliches Gebilde, das verschwindende Streuinduktivität und unendliche Hauptinduktivität besitzt. Sein Übersetzungsverhältnis ist $w_1/w_2 = ü$, und es gilt $u_2 = ü\, u_1$, $i_1 = ü\, i_2$, s. Abb. 198d. Wenn man diesen Übertrager zu c) hinzuschaltet, so entsteht ein Ersatzschaltbild, das alle wichtigen Eigenschaften eines realen (nichtidealen) Übertragers aufweist (e). Verschiebt man den idealen Übertrager von der rechten auf die linke Seite, so sind die Induktivitäten mit dem Faktor $ü^2$ zu multiplizieren, da ein Transformator alle Impedanzen mit dem Quadrat des Windungszahlverhältnisses übersetzt (f). Der Streugrad $\sigma = \lambda/L$ wird dadurch nicht verändert.

Gelegentlich läßt man in Ersatzschaltbildern den idealen Übertrager weg. In diesem Fall müssen, falls $ü \neq 1$, auf der rechten Seite alle Spannungen mit $1/ü$, alle Ströme mit $ü$ und alle Impedanzen mit $1/ü^2$ multipliziert werden.

14.2 Berechnung der Induktivitäten

Hauptinduktivität. Die Berechnung der Hauptinduktivität erfolgt nach der bekannten Formel

$$L = \frac{w^2}{R_M} \tag{61}$$

R_M ist der magnetische Widerstand. Für einen Ringkern vom Umfang l und der Querschnittsfläche F gilt $R_M = l/\mu F$, s. Abb. 199a. Dabei bedeutet μ die Permeabilität des Kernmaterials. Sie setzt sich aus zwei Faktoren zusammen, $\mu = \mu_r \mu_0$. Unter μ_r versteht man die relative Permeabilität, eine dimensionslose Zahl, die eine Eigenschaft des Kernmaterials ist, während μ_0 die Permeabilität des leeren Raumes kennzeichnet. Im Giorgi-System ist $\mu_0 = 0{,}4\,\pi$ Mikrohenry pro Meter.

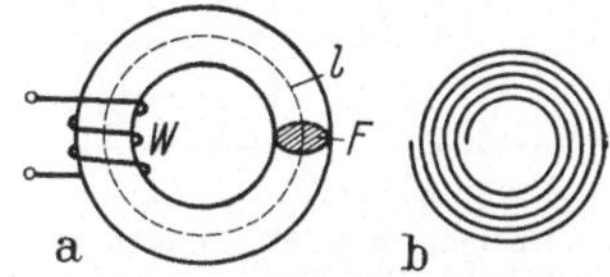

Abb. 199. a) zur Berechnung der Induktivität einer Spule mit Ringkern, b) Ringkern, der aus dünnem Permalloyband gewickelt ist.

μ_r kann, je nach dem Material, in weiten Grenzen variieren. Zunächst muß man zwischen *Metallkernen* und *Ferritkernen* unterscheiden. Als Metall kommt hauptsächlich Permalloy in Betracht, das eine maximale Permeabilität bis zu 80000 hat. Dieser hohe Wert wird aber nur für eine ganz bestimmte Größe der Induktion erreicht; für kleinere wie auch für größere Signale ist die Permeabilität geringer. Eine bedeutende Rolle spielen ferner die in einem Metallkern entstehenden Wirbelströme. Sie verursachen nicht nur Verluste durch Erwärmung, sondern bewirken, daß der gesamte Fluß an die Oberfläche des Kernmaterials gedrängt wird, was gleichbedeutend mit einer Reduktion des wirksamen Querschnittes (oder, anders ausgedrückt, der Permeabilität) ist. Dieser Effekt ist um so ausgeprägter, je höher die Frequenz. Um ihn zu verkleinern, walzt man das Permalloy zu dünnen Bändern von wenigen μm Dicke und wickelt den Ringkern aus vielen Lagen eines solchen Bandes, s. Abb. 199b. Trotzdem beträgt die Permeabilität, die sich für Impulse in der Größenordnung von Mikrosekunden erreichen läßt, weniger als 1000.

Demgegenüber haben Ferrite einen viel höheren spezifischen Widerstand, so daß in ihnen keine Wirbelströme von Bedeutung entstehen. Ferrite haben eine Permeabilität von nur etwa 1000, doch bleibt diese bis zu relativ hohen Frequenzen erhalten. Metallkerne und Ferritkerne werden ungefähr gleich häufig verwendet.

Nur in einem Ringkern hat R_M die einfache Form $R_M = l/\mu F$. In allen anderen Bauarten muß der magnetische Pfad in verschiedene Abschnitte R_{Mi} unterteilt werden, und es gilt $R_M = \sum R_{Mi} = \sum l_i/\mu_i F_i$. Als Beispiel betrachten wir den häufig verwendeten Ferrit-Topfkern, s. Abb. 200a. Ein solcher Kern hat einen Außendurchmesser von z. B. 2 cm. Die Wicklungen werden auf eine geeignete Spule aus Isolierstoff aufgebracht und dann in den Topf eingelegt. b) zeigt einen Querschnitt durch die Achse. Der magnetische Pfad besteht aus vier Teilen, für die R_{M1}, R_{M2}, R_{M3} und R_{M4} getrennt berechnet werden müssen ($R_{M2} = R_{M4}$). Ferner darf der Luftspalt, der im Pfad *1* liegt, nicht außer acht gelassen werden; in Topfkernen macht er einen erheblichen Teil des ganzen magnetischen Widerstandes aus. In der Praxis wählt man ihn mit Absicht nicht allzu klein, damit Abweichungen von den Sollmassen auf R_M keinen zu großen Einfluß haben. Erschwerend kommt hinzu, daß die Querschnittsfläche für die Pfade *2* und *4* entlang dem Pfad nicht konstant ist. Trotzdem ist es mit einfachen Mitteln möglich, die Induktivität eines solchen Topfkernes auf etwa 10% genau vorauszusagen.

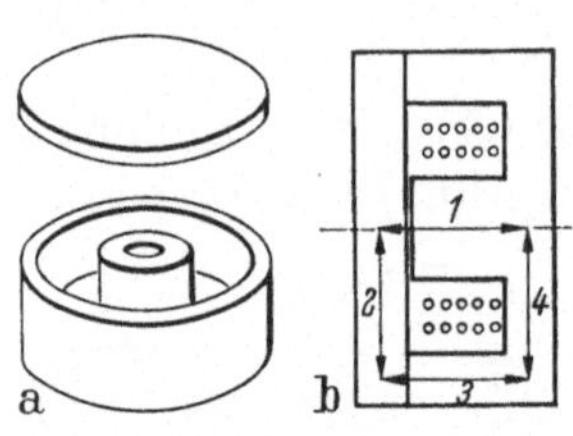

Abb. 200. Topfkern aus Ferrit. a) Ansicht mit abgehobenem Deckel, b) Querschnitt in Richtung der Achse (das Befestigungsloch für die Schraube ist in b) nicht eingezeichnet.)

Die Hauptinduktivität kann von der Primär- oder der Sekundärseite her berechnet werden; wie aus Gl. (61) und aus Abb. 198e und f hervorgeht, unterscheiden sich die beiden Werte um den Faktor $ü^2$. Die Messung der Hauptinduktivität geschieht mit einem Q-Meter; der Übertrager ist im Leerlauf zu betreiben, das heißt, das nicht benutzte Klemmenpaar bleibt offen.

Streuinduktivität. Ursache für die Streuinduktivität sind diejenigen Teile des Flusses, die nur die Primär- und nur die Sekundärwicklung, aber nicht beide, durchlaufen. Je nach der Geometrie sind diese Flüsse oft nicht leicht zu berechnen. Für die Streuinduktivität kann, wie für die Hauptinduktivität, die Formel von Gl. (61) verwendet werden, wobei aber für R_M der magnetische Widerstand des Streuflusses zu setzen ist. Eine Anordnung, die eine relativ einfache Erfassung ermöglicht und die gleichzeitig auch kleine Streuinduktivitäten ergibt, zeigt Abb. 201. Primär- und Sekundärwicklung bestehen je aus einer einzigen Lage und sind direkt übereinandergewickelt. Links ist punktiert eine magnetische Feldlinie desjenigen Streuflusses, der nur die äußere, nicht aber die innere Wicklung umfaßt, gezeichnet. Der für den Streufluß maßgebende magnetische Widerstand wird im wesentlichen durch den Teil des Pfades, der zwischen den Wicklungen verläuft, bestimmt, da der Außenraum nur einen geringen Beitrag liefert. Dieser Pfad hat eine Länge h und eine Querschnittsfläche πdD[1]. Da μ_r im

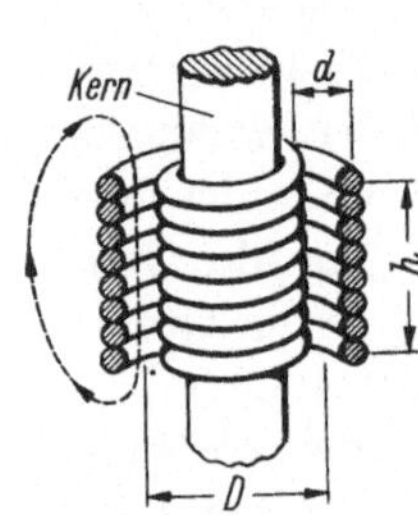

Abb. 201. Zur Berechnung der Streuinduktivität und der Kapazität.

[1] Dabei wird angenommen, daß $d \ll D$.

Luftraum gleich Eins ist, ergibt sich $R_M = h/\mu_0 \pi d D$. Bezeichnet man mit $V = \pi d D h$ das Volumen des Luftraumes zwischen den Wicklungen, so kann man auch setzen $R_M = h^2/\mu_0 V$. Daraus ergibt sich für die Streuinduktivität:

$$\lambda = \frac{w^2 \mu_0 \pi d D}{h} = \frac{w^2 \mu_0 V}{h^2} \tag{62}$$

Aus dieser Formel geht hervor, daß die Streuinduktivität unabhängig von der Permeabilität μ_r ist, was seinen Grund darin hat, daß der Streufluß größtenteils in Luft verläuft. Anderseits ist L proportional zu μ_r. Somit wird der Streugrad $\sigma = \lambda/L$, den man möglichst klein zu machen wünscht, proportional zu $1/\mu_r$; darin liegt die Begründung für die Verwendung von Kernmaterialien hoher Permeabilität. — Man beachte noch, daß λ/L unabhängig von der Windungszahl ist (falls die Geometrie unverändert belassen wird).

Da man λ klein halten möchte, werden die beiden Wicklungen von Abb. 201 möglichst nahe aufeinandergewickelt. In diesem Falle ist es nicht mehr einfach, ihren Abstand d zu kennen, ohne zu wissen, wo in der Querschnittsfläche der Drähte der Schwerpunkt des Stromes liegt. Eine erste Näherung erhält man, indem man den Abstand d zwischen den Mittelpunkten der Drahtquerschnitte mißt.

Falls man einen Kern mit zwei Schenkeln verwendet, werden, um den Streugrad klein zu halten, immer Primär- und Sekundärwicklung auf dem gleichen Schenkel angebracht. Wenn beide Schenkel bewickelt werden müssen, so verteilt man je die Hälfte beider Wicklungen auf beide Schenkel. Bei mehrlagigen Anordnungen werden abwechselnd Lagen der Primär- und der Sekundärwicklung angebracht, und es existieren ausgeklügelte Verfahren, wie die Lagen verbunden werden können, damit die Streuinduktivität klein wird, ohne daß die Kapazität unzulässig steigt [*1*, *5*]. Besondere Effekte lassen sich durch das Parallelschalten von Wicklungen erzielen. In den so entstehenden Schleifen können Ausgleichsströme fließen, die den Streufluß weiter vermindern. — Im allgemeinen kann gesagt werden, daß mehrlagige Wicklungen einen niedrigeren Wert $R_s = \sqrt{\lambda/4C}$ (s. S. 189) ergeben, und daher in Schaltungen niedriger Impedanz verwendet werden, während sich Übertrager mit einlagigen Wicklungen dort besser eignen, wo die äußeren Impedanzen hoch sind.

Die Messung der Streuinduktivität geschieht mittels eines Q-Meters, wobei man das nicht benützte Klemmenpaar kurzschließt, was aus Abb. 198e und f hervorgeht. Je nachdem, ob man primär oder sekundär mißt, erhält man zwei verschiedene Werte, die sich um den Faktor $\ddot{u}^2$ unterscheiden.

14.3 Kapazitäten

Die im Übertrager enthaltenen Kapazitäten spielen für sein Betriebsverhalten eine wesentliche Rolle; darin liegt einer der wichtigsten Unterschiede gegenüber Transformatoren für andere Zwecke.

Betrachtet man Abb. 201, so ist leicht einzusehen, daß je zwei nebeneinanderliegende Drähte innerhalb der Primär- wie auch innerhalb der Sekundärwicklung eine gegenseitige Kapazität besitzen. Es zeigt sich jedoch, daß diese vernachlässigbar klein ist gegenüber der Kapazität zwischen Primär- und Sekundärwicklung. Diese Kapazität, die allein von Bedeutung ist, ließe sich leicht berechnen, wenn entlang den Wicklungen konstantes Potential herrschte, das heißt, wenn jede Wicklung aus einer einzelnen Windung von Hohlzylinderform bestünde. Für diesen Fall ergibt sich

$$C_0 = \varepsilon \pi D h/d \tag{63}$$

$\varepsilon = \varepsilon_0 \varepsilon_r$, wobei ε_0 die Dielektrizitätskonstante des leeren Raumes, ε_r die relative Dielektrizitätskonstante des Isolationsmaterials kennzeichnet. Tatsächlich ist aber die Bedingung konstanten Potentials nicht erfüllt, und nur eine Betrachtung, welche eine verteilte Kapazität entlang den Wicklungsdrähten berücksichtigt, wird den Verhältnissen gerecht.

Für die schaltungstechnische Erfassung des Impulsübertragers ist es trotzdem erwünscht, die verteilte Kapazität durch eine konzentrierte zu ersetzen. Die Größe dieser Kapazität ist so zu wählen, daß die in ihr gespeicherte elektrische Energie gleich groß wie die in Wirklichkeit in der verteilten Kapazität enthaltene elektrische Energie wird. Um diese Berechnung durchzuführen, muß man den Verlauf der Spannung zwischen Primär- und Sekundärseite entlang den Wicklungen kennen, und das ist erst möglich, wenn man sich auf eine Schaltung, in welcher der Übertrager vorkommen soll, festlegt. Die einfachste Annahme ist die, daß eine

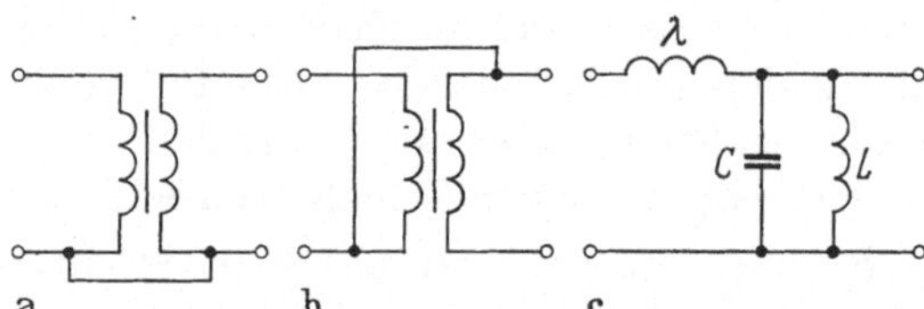

Abb. 202. a) und b) zwei mögliche Verbindungen von Primär- und Sekundärwicklung, c) Ersatzschaltbild mit Kapazität.

Primär- und eine Sekundärklemme miteinander verbunden sind (oder daß zwischen ihnen eine konstante Spannung liegt), was auf zwei verschiedene Arten möglich ist, s. Abb. 202a und b. Einer dieser beiden Fälle ist in der Praxis fast immer erfüllt. Es ist leicht einzusehen, daß unter dieser Annahme eine zwischen Primär- und Sekundärwicklung liegende Kapazität C gleichbedeutend ist mit einer Kapazität zwischen einem der Klemmenpaare des Ersatzschaltbildes (c). Der Kondensator könnte auch auf die linke Seite der Streuinduktivität verlegt werden, doch erweist sich die gezeichnete Version in den meisten Fällen als praktischer.

Es zeigt sich nun, daß C in einfacher Weise aus C_0 [Gl. (63)] berechnet werden kann, indem man $C = k\,C_0$ setzt. k ist eine Zahl von der Größenordnung 1, die davon abhängt, ob der Fall a) oder b) von Abb. 202 vorliegt; es gilt:

$$k = (\ddot{u} - 1)^2/3 \quad \text{(a)}, \qquad k = (\ddot{u}^2 - \ddot{u} + 1)/3 \quad \text{(b)} \tag{64}$$

$\ddot{u}$ ist als positive Zahl einzusetzen. Die Formel (b) liefert in jedem Fall größere Kapazitäten als (a). Für $\ddot{u} = 1$ ergibt die Formel (a) die Kapazität Null. Darin findet die Tatsache ihren Ausdruck, daß — in erster Näherung — in diesem Fall die einander gegenüberliegenden Windungen von Abb. 201 keine Spannungsdifferenz aufweisen, daß also keine elektrische Energie kapazitiv gespeichert wird. Die trotzdem noch verbleibende Kapazität muß durch eine wesentlich kompliziertere Formel berechnet werden.

In Schaltungen spielt die Eigenfrequenz des aus Streuinduktivität und Kapazität bestehenden Schwingkreises $\omega_0 = 1/\sqrt{\lambda\,C}$ eine wichtige Rolle. Von praktischer Bedeutung ist ferner der Widerstand R_s, der nötig ist, um diesen Kreis kritisch zu dämpfen, $R_s = \sqrt{\lambda/4C}$. Dieser Widerstand wird oft als „Impedanz des Übertragers" bezeichnet. Aus Gl. (62) und (63) sowie $C = k\,C_0$ ergibt sich

$$\omega_0 = \frac{c}{\pi\,w\,D\sqrt{k\,\varepsilon_r}}, \qquad R_s = \frac{r\,w\,d}{2h\sqrt{k\,\varepsilon_r}} \tag{65}$$

Hier bedeutet $c = 1/\sqrt{\mu_0\,\varepsilon_0}$ die Lichtgeschwindigkeit und $r = \sqrt{\mu_0/\varepsilon_0}$ $= 377\ \Omega$ die Impedanz des leeren Raumes. Interessant ist, daß von den äußeren Dimensionen (s. Abb. 201) nur D in die Formel für ω_0 eingeht, während d und h nicht vorkommen. h/d liegt oft in der Größenordnung von w; in diesem Fall liegt auch R_s in der Größenordnung von $r = 377\ \Omega$. Diese Beziehungen gelten natürlich nur für die geometrische Anordnung von Abb. 201, die aber praktisch häufig vorkommt.

Allgemein kann gesagt werden, daß für beste Ausnützung des Übertragers der Lastwiderstand ungefähr gleich R_s und die Impulsdauer ungefähr gleich $\sqrt{2L\,C}$ sein sollte [5].

Die Messung von C_0 erfolgt in einfachster Weise durch eine Kapazitätsmessung zwischen einer Primär- und einer Sekundärklemme bei niederer Frequenz (z. B. 50 Hz). Die effektiv wirksame Kapazität C mißt man am besten durch Bestimmung der Resonanzfrequenz ω_0.

14.4 Übertragung von Impulsen

Nachdem das Ersatzschaltbild des Impulsübertragers eingeführt worden ist und nachdem wir gezeigt haben, wie die Größen des Ersatzbildes vom Aufbau des Übertragers abhängen, soll nun die Wirkung auf Impulse studiert werden.

Wir nehmen zunächst an, der Übertrager sei durch das Ersatzschaltbild von Abb. 202c dargestellt; er werde durch eine Impulsquelle mit dem Innenwiderstand R_1 gespeist und an eine Last R_l angeschlossen. (Falls die Last noch einen kapazitiven Anteil hat, kann dieser zu C hinzugezählt werden.) Abb. 203a zeigt das entstehende Schaltbild, unter der

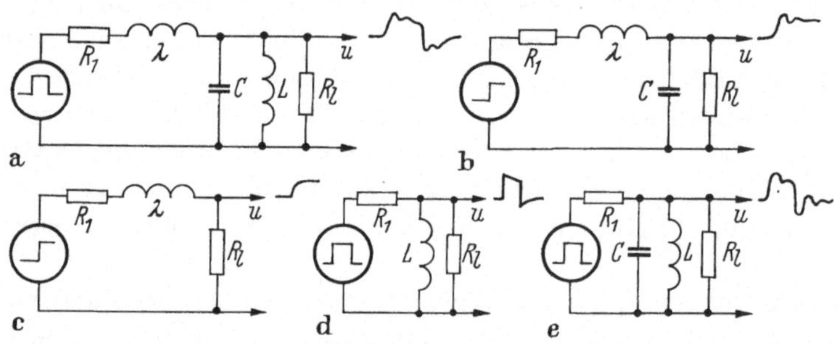

Abb. 203. a) Ersatzschema des Übertragers mit Quelle und Last. Übertragung der Impulsflanke: b) Normalfall, c) starke Dämpfung. Übertragung des Impulsdaches: d) Normalfall, e) schwache Dämpfung.

Annahme, das Übersetzungsverhältnis sei Eins. Ist das Übersetzungsverhältnis gleich $ü$, so ist $R_l/ü^2$ anstatt R_l zu setzen, und die erhaltene Ausgangsspannung ist mit $ü$ zu multiplizieren. — Ähnlich wie für Impulsverstärker (s. S. 97ff.) erweist es sich auch hier als zweckmäßig, Impulsanstieg und Impulsdach getrennt zu betrachten.

Anstieg des Impulses. Für die Dauer der Anstiegszeit kann L als unendlich groß betrachtet (also weggelassen) werden; dadurch ergibt sich das Ersatzbild von Abb. 203b. Diese Schaltung enthält einen Schwingkreis mit der Frequenz (im ungedämpften Zustand) $\omega_0 = 1/\sqrt{\lambda C}$. Dazu kommt eine Dämpfung infolge R_1 und R_l. Als Maß für diese Dämpfung definieren wir die Größe Q:

$$Q = \frac{\omega_0 \lambda}{R_1 + \dfrac{\dfrac{R_l \lambda}{C}}{R_l^2 + \dfrac{\lambda}{C}}} \quad \text{oder, weil } \frac{\lambda}{C} \ll R_l^2\text{:} \quad Q = \frac{\omega_0 \lambda}{R_1 + \dfrac{\lambda}{R_l C}}$$

Bei einem schwach gedämpften Kreis wäre Q gleich dem Gütefaktor; hier arbeiten wir aber mit starken Dämpfungen, so daß von einem Gütefaktor nicht gesprochen werden kann. Abb. 204 zeigt den Verlauf der ansteigenden Flanke für verschiedene Werte von Q. Auf der Zeitachse ist die Größe t/T aufgetragen, mit $T = \sqrt{\lambda\, C\, R_l/(R_1 + R_l)}$. $Q = 0{,}5$ kennzeichnet die kritische Dämpfung und entspricht dem Fall des schnellsten Abklingens der Vorgänge; die Anstiegszeit kann zu 3,35 T abgelesen werden[1]. Ist außerdem $R_1 \ll R_l$, so wird $T = \sqrt{\lambda\, C} = \omega_0$, die Anstiegszeit also $3{,}35\sqrt{\lambda\, C}$. Macht man anderseits R_1 groß (Speisung durch eine Quelle konstanten Stromes), so kann λ außer Betracht fallen. Dann wird die Anstiegszeit gleich 2,2 $R_l\, C$ und kann somit durch Verkleinern von R_l beliebig klein gemacht werden; immerhin sinkt dadurch gleichzeitig die Amplitude des Ausgangssignals. Der Fall mit hohem R_1 stellt allerdings eine Ausnahme dar (ein Beispiel ist der Stromwandler, s. S. 194f).

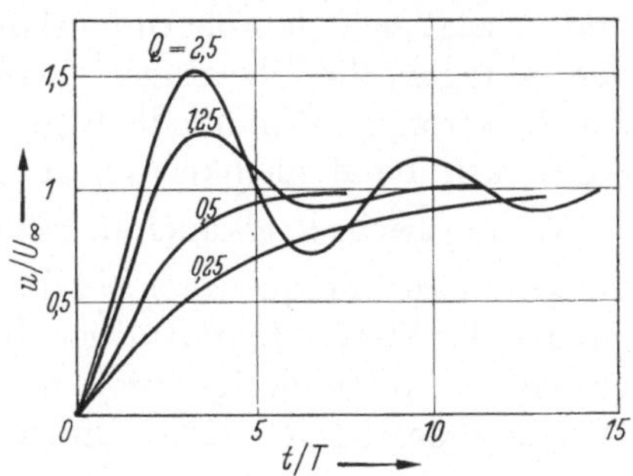

Abb. 204. Verlauf des Impulsanstiegs nach dem Schaltbild von Abb. 203b.

Zusammenfassend läßt sich über die Anstiegszeit eines Übertragers sagen: Bei niedriger Quellenimpedanz R_1 ist die kürzeste erreichbare Anstiegszeit (ohne Überschwingen) gleich $3{,}35\sqrt{\lambda\, C}$; bei hoher Quellenimpedanz kann sie auf Kosten der Amplitude beliebig kurz gemacht werden. „Niedrig" und „hoch" versteht sich im Vergleich zu $\sqrt{\lambda/4C}$, ein Wert, der in vielen Übertragern etwa 400 Ω beträgt (s. S. 189).

Der Endwert u_∞, den das Ausgangssignal erreicht, ist durch die Abschwächung infolge R_1 und R gekennzeichnet und beträgt $R/(R_1 + R_l)$. Diese Größe ist kleiner als 1; somit erhält man mit einem Übertrager vom Übersetzungsverhältnis $ü = 1$ eine Reduktion der Spannung.

Bei sehr starker Dämpfung ist es nicht mehr zweckmäßig, die Größe Q zu definieren; vielmehr läßt man C weg, s. Abb. 203c, und erhält einen Verlauf wie in Abb. 25, Fall 1.4, mit der Zeitkonstanten $T = \lambda(R_1+R_l)/R_1 R_l$ und $u_\infty = R_l/(R_1 + R_l)$. Die Anstiegszeit ist 2,2 T.

Impulsdach. Für die Betrachtung des Impulsdaches kann λ als verschwindend klein betrachtet (also durch einen Kurzschluß ersetzt) werden. Es verbleibt ein Schwingkreis, bestehend aus L und C, der durch R_1 und R_l gedämpft ist. Meistens sind diese beiden Widerstände wesentlich kleiner als $\sqrt{L/C}$. Das bedeutet, daß die Dämpfung so stark ist, daß man C weglassen kann. Dadurch entsteht das Ersatzschaltbild von Abb. 203d. Dieses Glied hat die gleiche Wirkung wie Abb. 25, Fall 3.1. Die Zeit-

[1] Diese Kurven können nicht mit jenen von Abb. 113 verglichen werden, weil die Zeitachsen verschieden normiert sind.

konstante des Dachabfalls ist L/R (R ist die Parallelschaltung von R_1 und R_l). Der Dachabfall beträgt somit $\tau R/L$, wenn τ die Impulsdauer ist. R ist durch die Eigenschaften von Generator und Last gegeben und kann nicht unter einen gewissen Wert verkleinert werden; wenn also ein gewisser, höchstzulässiger Dachabfall vorgeschrieben ist, so muß L um so größer gemacht werden, je länger die übertragenen Impulse sind. Mit steigendem L steigen aber auch Gewicht und Volumen des Übertragers, und es zeigt sich, daß für Impulslängen, die mehr als einige Mikrosekunden betragen, die Übertrager — verglichen mit anderen Bauelementen der Elektronik — unhandlich groß werden. In Transistorschaltungen ergibt sich die Möglichkeit für etwas längere Impulse, da R kleiner ist.

Wenn sowohl R_1 als auch R_l größer als $\sqrt{L/C}$ sind, so entstehen Schwingungen, deren Frequenz $\omega_h = 1/\sqrt{L\,C}$ viel niedriger als jene der Schwingungen der Streuinduktivität ist. In den meisten Fällen wird aber dafür gesorgt — wenn nötig durch das Parallelschalten eines zusätzlichen Widerstandes zu R — daß dieser Fall nicht eintritt.

Verstärkungsfaktor. Wie auf S. 191 angedeutet wurde, ist das Spannungsverhältnis zwischen Ausgangs- und Eingangsklemme nicht $ü$, sondern $ü\, R_l/(R_1 + R_l)$. Dem Wunsch, die Abschwächung $R_l/(R_1 + R_l)$ möglichst gleich Eins zu machen, steht die Forderung nach der Dämpfung von Schwingungen und nach einem geringen Dachabfall entgegen.

Verstärker mit Impulsübertragern. Falls Impulsübertrager in linearen Verstärkern verwendet werden, finden die Ersatzschaltungen von Abb. 203 Anwendung, und es braucht dem bereits Gesagten nichts Grundsätzliches hinzugefügt zu werden. Bei Verstärkern im Schalterbetrieb ist jedoch die Lage verschieden; weder Quelle noch Last können durch unveränderliche Ersatzgrößen dargestellt werden, und es ergeben sich einige Besonderheiten.

Als Beispiel betrachten wir zwei übertragergekoppelte Trioden, siehe Abb. 205a. Beide Röhren sind normalerweise gesperrt. Nun gelangt ein Impuls auf das Gitter von *Rö 1*, welcher die Gitterspannung auf 0 V bringt. Die Aufgabe stellt sich nun, den Arbeitspunkt von *Rö 1* zu finden. Die Anode von *Rö 1* wird negativer, das Gitter von *Rö 2* positiver und gelangt ins Gitterstromgebiet. In diesem Zustand hat die Gitter-Kathodenstrecke den Widerstand r_g (z. B. 300 Ω). Vom Ersatzschema des Übertragers betrachten wir nur L. Die im Anodenkreis von *Rö 1* wirksame Last läßt sich durch U_c, R und r_g darstellen, s. Abb. 205b. Im ersten Augenblick kann durch L kein Strom fließen, so daß L als nicht vorhanden betrachtet werden muß. Den Anodenstrom findet man nun durch Einzeichnen der infolge U_B, U_c, R und r_g entstehenden Lastlinie im Kennlinienfeld (c), wobei der Schnittpunkt A entsteht. Daraus läßt sich auch u_{g2} (Spannungsabfall über r_g) berechnen. Die an L anliegende Spannung ist $U_B - u_a$.

Infolge dieser Spannung beginnt sich durch L ein Strom aufzubauen, der — wenigstens während hinreichend kurzen Zeiten — linear nach dem Gesetz $i_L = (U_B - u_a)\, t/L$ ansteigt.

Das ist gleichbedeutend mit einer Verschiebung der Lastlinie nach oben; bis zum Ende eines Impulses von der Dauer τ hat sich die Gerade um $i_0 = (U_B - u_a)\, \tau\, /L$ nach oben verschoben und ergibt den Arbeits-

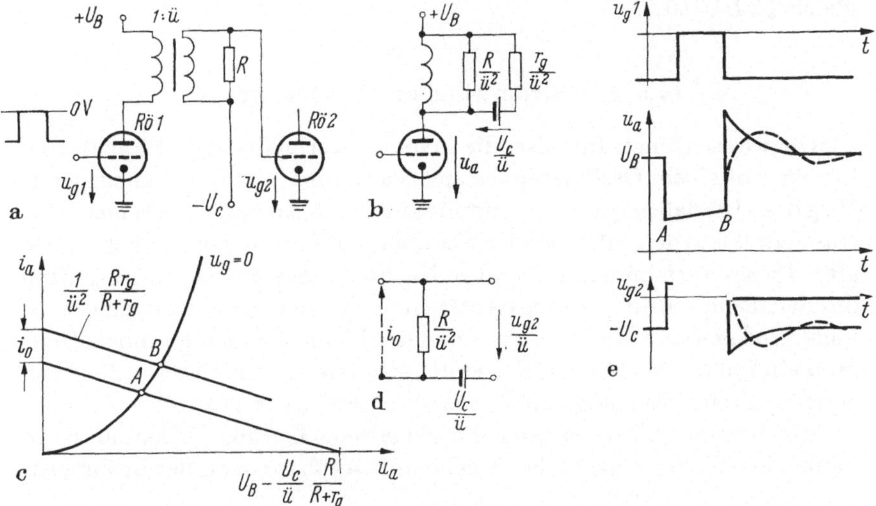

Abb. 205. Verstärker im Schalterbetrieb. a) Schaltung, b) Ersatzschaltbild, c) Arbeitspunkte bei Impulsbeginn und Impulsende, d) Ersatzschaltbild bei Impulsende, e) Signalformen.

punkt B, dem eine höhere Anodenspannung entspricht. Gleichzeitig hat die Gitterspannung von *Rö 2* abgenommen.

Am Ende des Impulses wird *Rö 1* gesperrt. Für den ersten Augenblick kann L als Quelle konstanten Stromes i_0 betrachtet werden, und es ergibt sich, bezogen auf die Primärseite des Übertragers, das Ersatzschaltbild d). Die Anodenspannung springt auf $U_B + i_0\, R/ü^2$, geht also über U_B hinaus. Aus d) läßt sich auch u_{g2} ablesen. Mit der Zeitkonstanten $ü^2\, L/R$ stellt sich dann der Anfangszustand wieder ein. e) zeigt die Signalformen. Es ist ersichtlich, daß der Dachabfall und besonders die Überhöhung der fallenden Flanke erhebliche Verformungen darstellen, die um so ausgeprägter sind, je kleiner L ist.

Bei Impulsende stellt sowohl die Quelle (*Rö 1*) als auch die Last (*Rö 2*) einen unendlich hohen Widerstand dar, und es würden ausgeprägte Schwingungen infolge der Hauptinduktivität und der Kapazität (siehe Abb. 203e) entstehen, wenn nicht R als Dämpfung hinzugeschaltet wäre. Die fest ausgezogenen Signalformen in Abb. 205e zeigen den Verlauf für den Fall verschwindender Kapazität; nur unter dieser Annahme kann der Anstieg unendlich schnell sein. Der Vorgang mit Kapazität ist punktiert eingezeichnet. Für die Berechnung der Kapazität C ist das Ersatzbild von 202b, das höhere Werte ergibt als a), zugrunde zu legen. Wenn Übertrager in Verstärkern im Schalterbetrieb verwendet werden, so ist immer ein zusätzlicher Dämpfungswiderstand R nötig.

Wie auf S. 189 angedeutet wurde, ist der Übertrager dann am besten ausgenützt, wenn R ungefähr gleich $\sqrt{\lambda/4C}$ und die Impulsdauer ungefähr gleich $\sqrt{2LC}$ ist.

14.5 Ein Stromwandler für Meßzwecke

Oft wünscht man Impulse, die in einem Verbindungsdraht als Strom fließen, auf einem Oszillographen sichtbar zu machen. Der naheliegende Weg dazu ist, daß man die Verbindung auftrennt, einen kleinen Widerstand einschaltet und den entstehenden Spannungsabfall auf den Oszillographen gibt. Dieses Verfahren hat aber drei Nachteile: Erstens ist ein Eingriff in die Schaltung nötig; zweitens entsteht — da der Widerstand meistens nicht groß gewählt werden darf — nur eine kleine Spannung; und drittens muß ein Pol des Widerstandes geerdet sein (außer wenn der Oszillograph einen erdfreien Eingang mit Differentialverstärker besitzt).

Ein Stromwandler, der um die gemessene Leitung geklemmt wird, vermeidet alle drei Nachteile. Solche aufklappbare Wandler in Zangen-

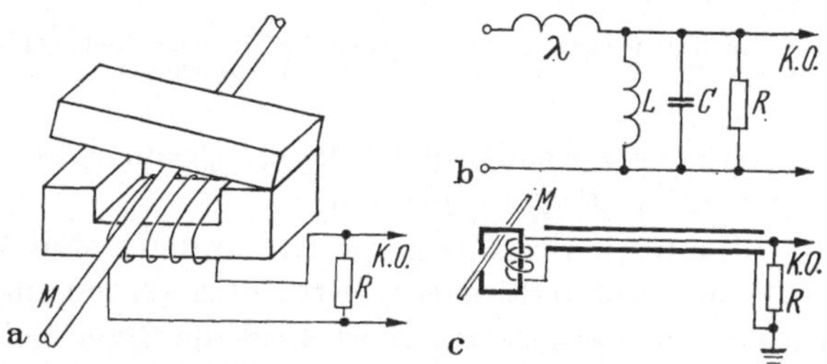

Abb. 206. a) Aufbau der Stromsonde, b) Ersatzschaltbild, c) Verwendung von R als Abschluß des Verbindungskabels. M Meßleitung, $K.\,O.$ Oszillograph.

form sind in der Starkstromtechnik längst bekannt, haben sich aber überraschenderweise in der elektronischen Impulstechnik kaum eingebürgert.

Abb. 206a zeigt schematisch eine solche Meßsonde. Ein aus zwei Teilen bestehender Ferritkern trägt eine Sekundärwicklung mit w Windungen. Er wird um die gemessene Leitung gelegt, die als Primärwicklung mit einer einzelnen Windung wirkt, und mit einer geeigneten Klammer zugedrückt.

Das Ersatzschema dieser Anordnung ist in Abb. 206b aufgezeichnet. Die Größen sind auf die Sekundärseite reduziert. λ ist die Streuinduktivität, L die Hauptinduktivität, C die Kapazität der Sekundärwicklung und des Verbindungskabels zwischen Sonde und Oszillograph. Es gilt $L = w^2/R_M$, wo R_M der magnetische Widerstand des Kerns ist.

Die Sonde wird im wesentlichen durch die drei Größen τ, T und G beschrieben. $\tau = 2{,}2\,RC$ ist die Anstiegszeit, $T = L/R$ die für den Dachabfall maßgebende Zeitkonstante, und $G = R/w$ die Empfindlichkeit. R muß so klein sein, daß die Anstiegszeit nur durch R und C, nicht aber durch λ und L bestimmt wird. Dabei ist zu beachten, daß der Wert von L von einer Messung zur nächsten etwas variieren kann; denn die Konstruktion bringt es mit sich, daß im magnetischen Kreis ein kleiner Luftspalt existiert, der sich durch das Öffnen und Schließen der Klammer ein wenig ändert. Wenn R außerdem als Abschluß des Kabels verwendet werden muß, so ist sein Wert auf etwa 100 Ω festgesetzt. Die Empfindlichkeit G wird in Ohm ausgedrückt und gibt an, welche Spannung an den Ausgangsklemmen durch einen gegebenen Strom in der Meßleitung erzeugt wird. Je größer R gemacht wird, desto größer wird die Empfindlichkeit G; gleichzeitig verschlechtert sich aber die Impulswiedergabe, indem τ größer und T kleiner wird. Der Quotient $G/\tau = 1/2{,}2\,w\,C$ bleibt konstant. R darf aber nie größer als ungefähr $\sqrt{L/4C}$ werden, sonst entstehen gedämpfte Schwingungen infolge L und C.

Beim Entwurf einer solchen Sonde ist davon auszugehen, daß C durch das verwendete Kabel gegeben ist. Aus C und der gewünschten Anstiegszeit errechnet sich R, sofern sein Wert nicht dadurch festgesetzt ist, daß man R als Abschluß des Kabels verwenden muß. Dieser Fall ist dann gegeben, wenn schnelle Vorgänge beobachtet werden sollen. Um den Dachabfall klein zu machen, soll nun L groß sein; das bedeutet, daß Kernquerschnitt und Windungszahl groß zu machen sind. Dem steht allerdings die Forderung entgegen, daß die Sonde klein sein soll, damit sie auch an kurze Leitungsstücke, die nahe an anderen Objekten vorbeiführen, angeklemmt werden kann. Große Windungszahl macht ferner einen großen Wickelraum nötig, was die Streuinduktivität λ vergrößert.

Eine praktische Ausführung verwendet einen Kern aus Ferrit mit einer Länge (gemessen in Richtung des Meßdrahtes) von 1 cm mit $w = 50$ Windungen. Die Wicklung ist aus dünnem Draht in einer einzigen Lage auszuführen und hat eine Induktivität von $L = 4$ mH. Damit R als Abschluß des Kabels wirkt, ist dieser Widerstand nicht an der Sonde, sondern am andern Ende des Kabels anzubringen, s. Abb. 206c. Mit $R = 100\ \Omega$ wird die Empfindlichkeit $G = 2\ \Omega$ (das heißt, ein Impuls von 1 A erzeugt eine Spannung von 2 V). Mit $C = 90$ pF entsteht eine Anstiegszeit $\tau = 20$ ns. Die für den Dachabfall maßgebende Zeitkonstante ist $T = 40\,\mu$s. Auf Kosten der Anstiegszeit kann R bis auf etwa 2000 Ω vergrößert werden, was die Empfindlichkeit entsprechend steigert, doch ist dann das Kabel nicht mehr richtig abgeschlossen.

Es bleibt noch zu erläutern, welchen Einfluß das Anlegen einer solchen Sonde auf den gemessenen Stromkreis ausübt. Dieser Einfluß ist ungefähr gleich, wie wenn ein Widerstand von $R/w^2 = 0{,}04\ \Omega$ in Serie geschaltet worden wäre. Die Verwendung des Wandlers ist also viel vorteilhafter als das Auftrennen der Leitung mit Einschalten eines Widerstandes, indem bei gegebener Empfindlichkeit die Belastung des Meßkreises um den Faktor $w = 50$ geringer ist.

15. Sperrschwinger

Der Sperrschwinger (oft Blocking-Oszillator genannt) ist eine der interessantesten Schaltungen der Elektronik, indem er als Impulserzeuger hohe Impulsleistung, kurze Anstiegszeit, niedere Impedanz und guten Wirkungsgrad in einem Maß verwirklicht, wie es keine andere Anordnung auch nur annähernd vermag. Die Funktion des Sperrschwingers beruht auf der Verwendung eines Impulsübertragers. Wir haben hier einen der wenigen Fälle vor uns, wo der Übertrager gegenüber andern Kopplungsgliedern wesentliche Vorteile erbringt.

Die rechnerische Behandlung des Sperrschwingers mit Röhren ist schwierig. Die wichtigsten Eigenschaften des Impulses, Amplitude und Dauer, hängen stark von den Nichtlinearitäten der Röhre ab, und wenn man die Kurven durch Geraden approximiert, so entstehen — im Gegensatz zu vielen anderen Schaltungen — bedeutende Fehler. Der Transistor-Sperrschwinger ist bezüglich Impulsamplitude und -dauer wesentlich leichter zu erfassen. Dagegen bietet die genaue Berechnung der Anstiegszeit, wie bei allen rückgekoppelten Schaltungen, erhebliche Schwierigkeiten.

Das vorliegende Kapitel ist wie folgt aufgebaut: Die Grundschaltung und ihre Berechnung ist in § 15.1 für Transistoren, in § 15.2 für Röhren beschrieben. § 15.3 befaßt sich mit weiteren Eigenschaften, die sowohl den Sperrschwingern mit Transistoren als auch jenen mit Röhren zukommen.

15.1 Sperrschwinger mit Transistoren

Abb. 207 zeigt die Schaltung eines Sperrschwingers. R ist ein Dämpfungswiderstand und verkörpert gleichzeitig die Last, an welche der Impuls abgegeben wird. $\ddot{u}$ ist kleiner als Eins. $+U_2$ sei so groß, daß im Ruhezustand praktisch kein Kollektorstrom fließt. Infolge eines äußeren Einflusses (etwa eines Tastimpulses) möge nun die Basis etwas negativer werden, so daß ein Kollektorstrom entsteht. Der Kollektor wird positiver; durch den Übertrager wird diese Änderung auf die Basis geleitet und unterstützt dort den ursprünglichen Einfluß. Dadurch entsteht ein rückgekoppelter Vorgang, der den Transistor in die Sättigung treibt. Es fließt ein großer Kollektorstrom und ein großer Basisstrom, die während der Impulsdauer praktisch konstant bleiben (b). Die Vorgänge während des Impulses werden weiter unten beschrieben. Nach Beendigung des Impulses wird der Transistor gesperrt; auch dieser Vorgang läuft vermöge eines rückgekoppelten Prozesses ab. Die nachfolgende Signalform wird durch drei Einflüsse bestimmt, s. S. 205. Es erfolgt eine

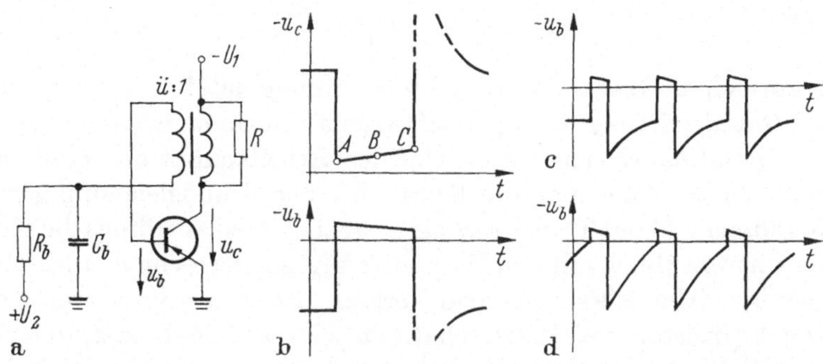

Abb. 207.
Transistor-Sperrschwinger. a) Schaltung, b) Signalformen während des Impulses. Mechanismus der Impulswiederholung: c) Basis-Signalform im getasteten, d) im freilaufenden (astabilen) Fall.

Spannungsüberhöhung in der gleichen Weise, wie sie in Abb. 205e für den Verstärker im Schalterbetrieb erläutert wurde; falls die Dämpfung durch R schwach ist, erfolgt außerdem eine Schwingung. Dazu kommt noch der Einfluß des Kondensators C_b, welcher während des Impulses eine Ladungsänderung erfährt und nun mit der Zeitkonstanten $R_b\,C_b$ wieder umgeladen wird. Die Fläche (das zeitliche Integral) der Überhöhung nach dem Impuls ist gleich groß oder größer als die Fläche des Impulses selbst, eine Tatsache, die von erheblicher praktischer Bedeutung ist.

Sofern U_2 positiv ist, verharrt der Sperrschwinger anschließend in Ruhe, so lange, bis ein neues Triggersignal ankommt, s. Abb. 207c. Macht man dagegen U_2 negativ, so wird automatisch ein neuer Impuls eingeleitet (d). Man nennt das die astabile Arbeitsweise. Die Impuls-Wiederholungsfrequenz hängt hauptsächlich von $R_b\,C_b$ ab.

Impulshöhe und -dauer. Die außergewöhnlichen Eigenschaften des Sperrschwingers finden hauptsächlich in den Vorgängen während des Impulses ihren Ausdruck. Um diese Vorgänge und den Mechanismus des Ausschaltens zu überblicken, muß der Übertrager durch sein Ersatzschaltbild dargestellt werden (Abb. 208).

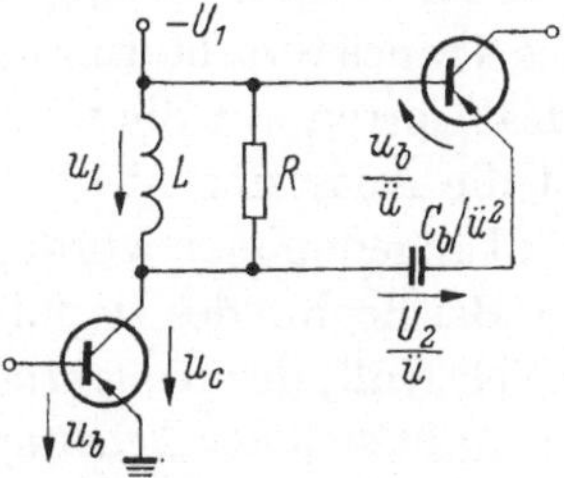

Abb. 208. Ersatzschaltbild während des Impulses.

Es genügt, den Übertrager durch die Hauptinduktivität L zu ersetzen. Die sekundärseitig liegenden Teile der Schaltung werden auf die Primär-(Kollektor-) Seite transformiert. Der Transistor erscheint zweimal, links für den Kollektor-Emitterkreis, rechts für den Basis-Emitterkreis. Die Kapazität C_b ist anfänglich auf die Spannung U_2 aufgeladen, und wir nehmen an, C_b sei so groß, daß seine Ladung sich während des Impulses nicht wesentlich ändern kann. Aus der Figur läßt sich nun leicht ablesen: $-U_1 = u_L + u_c$ und $u_L = -u_b/ü - U_2/ü$. Elimination von u_L ergibt:

$$u_c - \frac{u}{ü} = -U_1 + \frac{U_2}{ü} \tag{66}$$

Diese Formel, die Basis- und Kollektorspannung miteinander verknüpft, ist die *Grundgleichung des Sperrschwingers*. Sie muß während der gesamten Impulsdauer erfüllt sein. Um den Arbeitspunkt des Transistors zu ermitteln, zeichnet man die Kurve, die der Grundgleichung genügt, ins Kennlinienfeld des Transistors ein. Dabei müssen allerdings die Kennlinien nicht wie üblich mit den Werten von i_b, sondern von u_b angeschrieben werden. Abb. 209a zeigt den Verlauf, der sich ergibt, wenn man für den Transistor das Ersatzschaltbild von Abb. 64b zugrunde legt und die h'-Werte als konstant betrachtet. Dann errechnet sich i_c zu $i_c = u_b h_{21}'/h_{11}' + u_c h_{22}'$, sofern $-u_c$ positiv ist; andernfalls ist $i_c = 0$. Die Kurve der Grundgleichung hat ein Maximum auf der $-i_c$-Achse bei $i_c = (ü\, U_1 - U_2)\, h_{21}'/h_{11}'$, also bei $u_b = ü\, U_1 - U_2$. Dieses Maximum

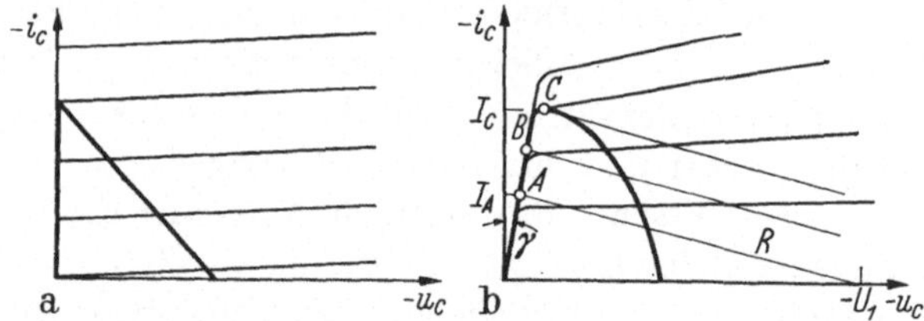

Abb. 209. Verlauf der Gl. (66) (fett eingezeichnet). u_b ist der Parameter der Transistor-Kennlinienschar. a) ideale Form, b) Form in einem wirklichen Transistor. In b) sind außerdem die Lastlinien mit der Neigung $1/R$ für die Punkte A, B und C (s. Abb. 207b) eingetragen.

und der Verlauf entlang der i_c-Achse werden durch die Nichtlinearitäten des Transistors bestimmt und ändern sich daher, wenn man von den idealisierten auf die wirklichen Kennlinien übergeht, s. Abb. 209b, doch ist die Änderung nicht bedeutend, da der Winkel γ (der in Abb. 209a zu Null angenommen wurde) klein ist.

Bei Beginn des Impulses ist der Strom durch die Hauptinduktivität L gleich Null; der Kollektorstrom wird vorwiegend durch R bestimmt, und es ergibt sich der Arbeitspunkt A in Abb. 209b. (Die Buchstaben A, B, C entsprechen jenen in Abb. 207b.) Gleichzeitig beginnt durch L ein Strom zu fließen, da an L eine Spannung von nahezu U_1 anliegt. Dieser Strom steigt annähernd linear mit der Geschwindigkeit $di/dt = U_1/L$, was einer Parallelverschiebung der Lastlinie entspricht. Der Arbeitspunkt wandert nach B und schließlich nach C. Um den Vorgang der Beendigung des Impulses zu verstehen, muß man sich folgendes vergegenwärtigen: Der Strom, der sich durch L aufbaut, kann nur dann vom Transistor herkommen, wenn sich die Kollektorspannung etwas vergrößert, was sich ja auch dadurch bemerkbar macht, daß der Arbeitspunkt in Abb.209b nach rechts wandert. Gleichzeitig muß sich aber — da der Kondensator wie eine Batterie wirkt — die Basis-Emitterspannung verkleinern. Das Erreichen des Arbeitspunktes C kennzeichnet den Augenblick, da eine weitere Vergrößerung des Kollektorstromes i_c unter gleichzeitig sich verkleinernder Basisspannung nicht mehr möglich ist. Dann muß der Kollektorstrom abnehmen. Der Kollektor wird negativer, und der nun anlaufende rückgekoppelte Prozeß beendigt den Impuls.

Die Spannungsamplitude des Impulses ist — da die Kniespannung der Transistorkennlinie immer klein gegenüber U_1 ist — nahezu gleich U_1, die Stromamplitude nahezu gleich U_1/R. Die Dauer läßt sich auf Grund der Tatsache berechnen, daß der Strom durch L mit der Geschwindigkeit $di/dt = U_1/L$ ansteigt, bis der Wert I_C erreicht ist; die Impulsdauer τ ist

$$\tau = \frac{(I_C - I_A)\,L}{U_1} \tag{67}$$

I_C ist der Strom beim Punkt C in Abb. 209b und liegt annähernd auf dem Knie derjenigen Kurve der Schar, die mit dem Wert $u_b = U_2 - ü\, U_1$ angeschrieben ist, was sich leicht ablesen läßt. Daraus ist ersichtlich, daß die Impulsdauer stärker als bei anderen Impulserzeugern von den Eigenschaften des Transistors abhängt.

Räumlich kleine Übertrager haben eine Hauptinduktivität von nicht mehr als 1 mH. Der Quotient $U_1/(I_C - I_A)$ in Gl. (67) kann mit gewöhnlichen Transistoren auf etwa 20 Ω reduziert werden. Daher haben die längsten Impulse, die erzeugt werden können, eine Dauer von etwa 50 μs. Für noch längere Impulse müßte ein größerer Übertrager zur Verwendung kommen, doch gehen dabei die meisten Vorteile des Sperrschwingers verloren. Längere Impulse werden daher zweckmäßig mit Multivibratoren und nicht mit Sperrschwingern erzeugt.

Die Vorgänge nach dem Ende des Impulses sind auf S. 205 beschrieben.

Der Einfluß des Kondensators. Bisher wurde mit der Annahme gearbeitet, daß der Kondensator C_b konstante Spannung U_2 besitzt, so daß, wie aus Abb. 208 hervorgeht, die an der Basis liegende Spannung $u_b = -ü\, u_L - U_2$ ist. Tatsächlich muß sich aber C_b mit der Zeitkonstanten $R_i\, C_b$ während des Impulses entladen (R_i ist der Eingangswiderstand des Transistors), und wenn diese Zeitkonstante vergleichbar mit der Impulsdauer wird, so wird die Impulsdauer verkürzt. Das geht daraus hervor, daß in der Grundgleichung [Gl. (66)] U_2 durch eine Größe ersetzt werden muß, die sich während des Impulses verkleinert, was einer Verschiebung der Kurve in Abb. 209b nach unten entspricht. Daher wird der Punkt C früher erreicht. Je kleiner der Kondensator, desto kürzer der Impuls; die Impulsdauer kann bis auf einen Bruchteil des Wertes von Gl. (67) verkleinert werden, und in diesem Bereich ist die Impulsdauer annähernd proportional zu C_b. Unter solchen Umständen wird die rechnerische oder graphische Ermittlung der Impulsdauer sehr schwierig. Meistens wählt man C_b nicht so klein, doch ist immerhin zu sagen, daß in allen praktisch verwendeten Schaltungen C_b einen solchen Wert hat, daß die Impulsdauer etwas verkürzt wird.

Entwurf einer Sperrschwingerschaltung[1]. Für den Entwurf einer Schaltung muß man von den vorgegebenen Größen ausgehen, die meistens die Impulsdauer τ, die Amplitude (nahezu gleich U_1), den Belastungswiderstand R und den höchstzulässigen Kollektorstrom I_C (s. Abb. 209b) enthalten. Ferner kann noch U_2 vorgegeben sein (s. Abb. 207). Zunächst müssen Basisstrom und Basisspannung U_{b1}, die zu I_C gehören, aus den Kennlinien gefunden werden. Nun läßt sich das Übersetzungsverhältnis des Übertragers berechnen zu $ü = (U_2 - U_{b1})/U_1$, und daraus kann die Kurve von Abb. 209b gezeichnet werden. Aus ihr kann man weiterhin den bei Impulsende durch die Hauptinduktivität fließenden Strom ablesen; er ist gleich $I_C - I_A$. Diese Größe, zusammen mit U_1 und τ, gestattet die Berechnung von L aus Gl. (67). Dabei ist der Einfluß von C_b vernachlässigt.

Andere Schaltungen. Eine Variante von Abb. 207 zeigt Abb. 210a; zwischen den beiden Schaltungen besteht praktisch kein Unterschied.

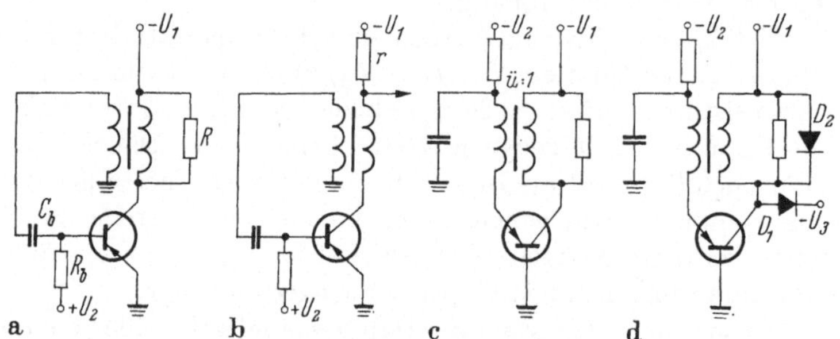

Abb. 210. Vier Varianten des Sperrschwingers.

Wünscht man sehr niederohmige Impulse kleiner Amplitude zu entnehmen, so kann ein kleiner Widerstand r in die Zuleitung zum Übertrager gelegt werden (b); der an diesem Widerstand entstehende Spannungs-

[1] Das hier beschriebene Vorgehen stützt sich auf einen unveröffentlichten Bericht von K. DRANGEID.

abfall stellt dann das Ausgangssignal dar. c) veranschaulicht einen Sperrschwinger in Basisschaltung. Er benötigt ein anderes Übersetzungsverhältnis im Übertrager; *ü* muß kleiner (also stärker verschieden von Eins) gemacht werden als in der Emitterschaltung. Diese Schaltung ergibt eine bessere Konstanz der Impulsdauer in bezug auf die Transistoreigenschaften; das ungünstigere Übersetzungsverhältnis vergrößert jedoch die Streuinduktivität, was die Anstiegszeiten etwas verlängert. Die Verwendung von Dioden ist in d) veranschaulicht. D_1 bewirkt, daß der Kollektor nicht positiver als die schwach negative Spannung $-U_3$ werden kann und verhindert dadurch die Sättigung des Transistors, und D_2 dämpft die Schwingungen nach dem Impuls (s. Abb. 214c).

Zusätzliche Literatur: Ausführlichere Behandlungen des Transistor-Sperrschwingers finden sich in [*4*, *10*, *16*, *18*, *55*].

15.2 Sperrschwinger mit Röhren

Abb. 211a zeigt eine Sperrschwingerschaltung mit einer Triode. R ist der Dämpfungswiderstand und verkörpert gleichzeitig die Last, an welche der Impuls abgegeben wird.

Im Ruhezustand fließt, weil U_2 genügend negativ ist, kein Anodenstrom. Auf einen Tastimpuls hin wird das Gitter positiver, der einsetzende Anodenstrom macht die Anode negativer, und durch den Übertrager entsteht eine Rückkopplung, die eine steil ansteigende Flanke zur Folge hat, s. Abb. 211b. Nach Ablauf der Impulsdauer erfolgt, ebenfalls mit einer steilen Flanke, die Beendigung, die mit einer Überhöhung (vgl. Abb. 205e) verbunden ist, welche mit der Zeitkonstanten L/R abklingt (L ist die Hauptinduktivität, gemessen auf der Primärseite). Falls die Dämpfung durch R schwach ist, erfolgt außerdem eine Schwingung.

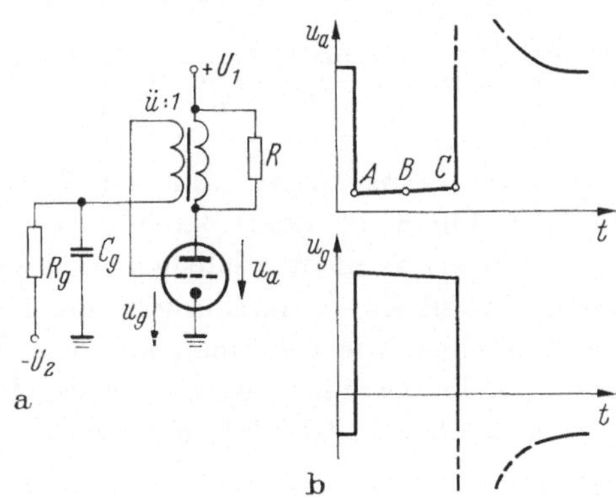

Abb. 211. a) Schaltung des Sperrschwingers mit Triode, b) Signalformen des Impulses.

Wenn U_2 hinreichend negativ ist, so verharrt die Schaltung anschließend in Ruhe, bis ein neuer Tastimpuls erscheint; andernfalls erfolgt eine automatische Wiederholung nach einer Zeit, die von $R_g C_g$ abhängt.

Impulshöhe und -dauer. Abb. 212a zeigt das Ersatzschaltbild während des Impulses. Die Sekundär- (Gitter-) Seite des Übertragers ist auf die Primärseite reduziert, auf welcher die Hauptinduktivität L gemessen wird. Die gleiche Röhre erscheint zweimal, einmal für den Anoden-, einmal für den Gitterkreis. Die Ladung von C_g wird für die Dauer des Impulses als konstant angenommen. Es läßt sich ablesen: $U_1 = u_L + u_a$ und $u_L = u_g/ü + U_2/ü$. Elimination von u_L ergibt:

$$\frac{u_g}{ü} + u_a = U_1 - \frac{U_2}{ü} \tag{68}$$

Diese Formel ist die Grundgleichung des Sperrschwingers für Röhren und kann als Kurve ins $u_a - i_a$-Diagramm, in welchem u_g als Parameter vorkommt, eingezeichnet werden. Dabei findet man sich jedoch in einer

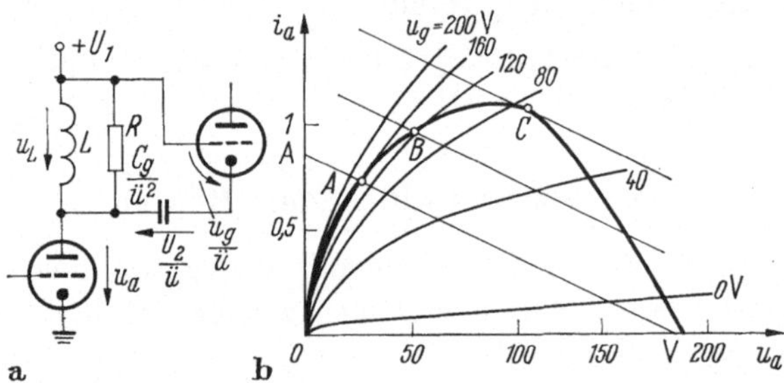

Abb. 212. a) Ersatzschaltbild während des Impulses, b) Kennlinienfeld einer Triode für positive Gitterspannungen und Verlauf der Gl. (69) (fett eingezeichnet), ferner Lastlinien für die Punkte A, B und C in Abb. 211b.

gegenüber Transistoren ganz verschiedenen Lage; denn erstens sind die Kennlinien in dem Bereich, der für Sperrschwinger gebraucht würde, meistens nicht erhältlich, und zweitens ist es schwer, sich über deren Verlauf eine Vorstellung zu machen. Ein Zahlenbeispiel mag veranschaulichen, wie weit man aus dem Bereich, in dem normalerweise eine Triode betrieben wird, herausgeführt wird: $U_1 = 200$ V, $-U_2 = -20$ V, $ü = 1$. Gl. (68) erhält dann diese Form:

$$u_g + u_a = 180 \text{ V} \tag{69}$$

Abb. 212b zeigt das Kennlinienfeld einer für Sperrschwinger geeigneten Röhre im Bereich der hohen positiven Gitterspannungen. Selbst kleine Röhren sind in der Lage, unter solchen Bedingungen Ströme von 1 A und mehr abzugeben. Ferner ist Gl. (69) eingezeichnet.

Um nun den Anodenstrom zu ermitteln, muß noch die Lastlinie eingezeichnet werden. Im ersten Augenblick fließt durch L kein Strom. so daß man sich L wegdenken kann. Hingegen zeigt ein Blick auf Abb. 212a, daß es nicht genügt, U_1 und R zu berücksichtigen; vielmehr ist das Vorhandensein der leitenden Gitterstrecke und des Kondensators C_g (der für die Dauer des Impulses als Batterie mit der Spannung $U_2/ü$ betrachtet wird) mit zu berücksichtigen. Setzt man $R = 1000\ \Omega$ und nimmt man an, die leitende Gitterstrecke habe einen Widerstand von $r_g = 300\,\Omega$, so ergibt sich, daß der wirksame Lastwiderstand $Rr_g/(R + r_g) = 231\,\Omega$ und die wirksame Spannung $U_1 - U_2 R/(R + r_g) = 185$ V wird. (Allerdings ist die Annahme, daß r_g während der Impulsdauer konstant bleibt, als sehr ungenaue Näherung zu betrachten.) Die auf diesen Zahlen beruhende Lastlinie ist eingezeichnet und ergibt den Schnittpunkt A bei $u_a = 30$ V, $u_g = 150$ V, $i_a = 0{,}72$ A. Über der Hauptinduktivität L liegt die Spannung $u_L = U_1 - u_a = 170$ V. Diese Spannung bewirkt, daß durch diese Induktivität ein Strom entsteht, der sich mit der Geschwindigkeit u_L/L aufbaut, was einer Parallelverschiebung der Lastgeraden entspricht. Der Arbeitspunkt wandert nach B und schließlich nach C. In diesem Augenblick kann eine weitere Erhöhung des Stromes durch L nicht mehr von der Röhre herkommen, weil mit der Erhöhung der Anodenspannung eine zu starke Reduktion der Gitterspannung einhergeht. Daher nimmt der Anodenstrom ab, und dadurch wird der Impuls auf dem Weg der Rückkopplung, also sehr schnell, beendet.

Impulsamplitude und -dauer lassen sich nicht in so einfacher Weise wie im Fall des Transistors berechnen, weil die Anodenspannung gegenüber U_1 nicht vernachlässigbar klein ist und außerdem während des Impulses ansteigt. Es ist in jedem Fall nötig, die Kurve von Gl. (68) aufzuzeichnen. Die Impulsamplitude ist gleich $U_1 - u_a$ und variiert im Verlauf des Impulses. Für die Dauer τ des Impulses erhält man eine gute Näherung, indem man die Spannung u_L, die an L anliegt und die sich im Verlauf des Impulses verkleinert, als konstant annimmt und den Mittelwert u_{am} zwischen den Werten u_{aA} und u_{aC} an den Punkten A und C einsetzt. Der Strom muß vom Wert i_A auf den Wert i_C steigen; diese Werte sind aus Abb. 212b abzulesen. Daraus ergibt sich für die Impulsdauer

$$\tau = \frac{(i_C - i_A)\,L}{U_1 - \frac{u_{aC} + u_{aA}}{2}} \tag{70}$$

In unserem Beispiel ist $i_A = 0{,}72$ A, $i_C = 1{,}07$ A, $u_{aA} = 30$ V, $u_{aC} = 150$ V. Mit $L = 1$ mH ergibt sich $\tau = 2{,}6\,\mu$s.

Gl. (70) läßt sich auch als $\tau = L/R_0$ schreiben. Man findet, daß R_0 in der Größenordnung des Innenwiderstandes der Röhre bei stark positivem Gitter liegt, also praktisch immer einige hundert Ohm beträgt. Daraus ergibt sich, daß mit räumlich kleinen Übertragern (deren Hauptinduktivität auf etwa 1 mH beschränkt ist) die größte erreichbare Impulsdauer einige Mikrosekunden beträgt. Der Sperrschwinger ist also in ausgeprägter Weise eine Schaltung für kurze Impulse.

Für den Entwurf eines Sperrschwingers lassen sich keine so einfachen Regeln aufstellen wie im Fall der Schaltung mit Transistoren, hauptsächlich deshalb, weil es sehr schwer zu überblicken ist, wie sich die Kurve der Grundgleichung (68) verschiebt, wenn man U_1, U_2 und $ü$ verändert. Die Wahl von $ü$ hängt davon ab, ob man einen Impuls maximaler Spannung oder maximalen Stromes erreichen will. Für hohe Spannung wählt man $ü < 1$. Für hohen Strom ist eine gute Impedanzanpassung zwischen Anodenkreis und leitendem Gitterkreis anzustreben. Bei Trioden führt das auf $ü > 1$, bei Tetroden (die für große Leistungen oft verwendet werden) auf $ü < 1$.

Die vorstehenden Überlegungen gelten für den Fall, daß sich die Spannung an C_g während des Impulses nicht wesentlich ändert ($r_g C_g \gg \tau$). Praktisch ist das meistens nicht erfüllt, was sich im Sinne einer Verkürzung des Impulses auswirkt; darüber gilt das auf S. 200 Gesagte.

Zusätzliche Literatur: Ausführlichere Behandlungen des Sperrschwingers mit Röhren finden sich in [*11*] und [*13*].

15.3 Weitere Eigenschaften von Sperrschwingern

In diesem Abschnitt werden solche Überlegungen zusammengefaßt, die für Transistor- und Röhrensperrschwinger in gleicher Weise Geltung haben. Allerdings werden wir uns, um die Notwendigkeit doppelter Formulierungen zu vermeiden, bei der Anführung von Beispielen auf die Ausführungsform mit Röhren beschränken.

Impulsform. Der Sperrschwinger ist *kein harmonischer Schwinger.* Die gelegentlich gehörte Auffassung, der Sperrschwingerimpuls sei eine halbe Sinuswelle, ist unrichtig. Das geht schon daraus hervor, daß die Impulsdauer proportional zu L ist (L ist die Hauptinduktivität), während sonst $\sqrt{L}$ in Ansatz käme.

Anstiegszeit. Bisher haben wir die Flankensteilheit des Sperrschwingerimpulses als unendlich groß betrachtet. Die wirkliche Anstiegszeit wird hauptsächlich durch die Streuinduktivität und durch Kapazitäten bestimmt. Unter den Kapazitäten ist diejenige des Übertragers die wichtigste; ihre Berechnung ist auf S. 188f. erläutert worden. Bezüglich der Spannung zwischen Primär- und Sekundärwicklung gilt die Schaltung von Abb. 202b, die eine höhere effektive Kapazität ergibt als a), und das zu verwendende Ersatzschaltbild ist c). Für den ganzen Sperrschwinger von Abb. 211a ergibt sich so das Ersatzschaltbild von Abb. 213. Die Röhre ist durch die Spannungsquelle u_g/D und R_i ersetzt (D = Durchgriff, R_i = Innenwiderstand); die Hauptinduktivität sowie R_g und C_g sind weggelassen; C enthält die Kapazität des Übertragers und der übrigen Schaltmittel, und R_0 verkörpert sowohl den Lastwiderstand R als auch den (auf die Primärseite reduzierten) Widerstand r_g des leitenden

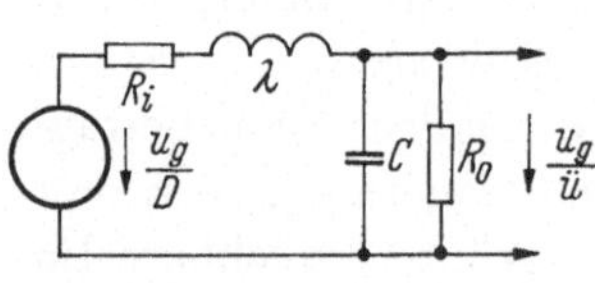

Abb. 213. Ersatzschema für die Anstiegszeit.

Gitters. Es zeigt sich, daß die Zeitkonstante dieser Schaltung — die die Anstiegszeit bestimmt — hauptsächlich von den Zeitkonstanten λ/R_i und $R_0 C$ abhängt, daß hingegen die Eigenfrequenz ω_0 des Übertragers [Gl. (65), S. 189] nicht direkt eingeht. Ferner ist — da es sich um einen rückgekoppelten Vorgang handelt — der Anstieg um so schneller, je größer die Verstärkung A, die sich zu $A = R_0/D(R_i + R_0)$ berechnet.

Vorgänge nach dem Impulsende. Der Verlauf der Signalform nach Beendigung des Impulses wird durch zwei verschiedene Effekte bestimmt (s. Abb. 211a):

a) Abklingen des Stromes durch die Hauptinduktivität mit der Zeitkonstanten L/R,

b) Wiederaufladen von C_g, dessen Spannung sich geändert hat, mit der Zeitkonstanten $R_g C_g$.

Diese Effekte sind in Abb. 214 getrennt aufgezeichnet. Die Fläche der Überhöhung nach dem Impulsende infolge a) ist gleich der Fläche des Impulses selbst und kann grundsätzlich nicht verkleinert werden.

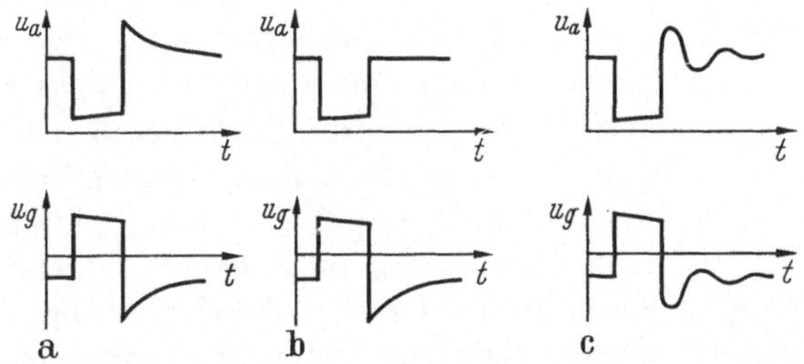

Abb. 214. Getrennte Aufzeichnung der drei Vorgänge, die sich nach Impulsende abspielen. a) Abklingen des Stromes durch die Hauptinduktivität L, b) Umladen von C_g, c) Schwingung infolge L und C (s. Abb. 211a).

Der Effekt b) gibt einen zusätzlichen Beitrag zur Fläche der Überhöhung, die somit gesamthaft größer als die Fläche des Impulses wird.

Wenn außerdem die Belastung durch R schwach ist (wenn R groß ist), so entsteht eine Schwingung infolge der Hauptinduktivität L und der Kapazität C, die durch R gedämpft ist (c). Läßt man R überhaupt weg, so ist diese Schwingung nahezu ungedämpft und kann bewirken, daß der Sperrschwinger als eine Art übersteuerter Sinusoszillator ununterbrochen schwingt, was keine praktisch brauchbare Betriebsform darstellt. Eine Dämpfung durch einen Belastungswiderstand R, der gleich $\sqrt{L/C}$ oder kleiner sein muß, ist daher in jedem Fall unerläßlich.

Anforderung an den Übertrager. Die Hauptinduktivität ist durch die verlangte Impulsdauer vorgegeben. Der Kernquerschnitt muß so groß sein, daß die Induktivität auch beim maximalen vorkommenden Strom noch erhalten bleibt. Um kurze Anstiegszeit zu erreichen, müssen sowohl

Streuinduktivität als auch Kapazität niedrig sein. Diese beiden Forderungen stehen einander entgegen, und es muß ein geeigneter Kompromiß gefunden werden, für dessen Verwirklichung viele raffinierte Bauarten ausgearbeitet worden sind [*5*].

Wirkungsgrad. Unter allen Impulserzeugern hat der Sperrschwinger weitaus den besten Wirkungsgrad, und zwar hauptsächlich deshalb, weil der Stromquelle in den Pausen zwischen den Impulsen überhaupt keine Leistung entnommen wird. Bei gegebener Folgefrequenz ist der Leistungsbedarf um so niedriger, je kürzer die Impulse, und es lassen sich beispielsweise Frequenzunterteiler bauen, die mit einer fast unglaublich geringen Leistungsaufnahme arbeiten.

Entnahme der Impulse. Der Empfänger, an den die Sperrschwingerimpulse abgegeben werden, ist an Abb. 211a durch den Widerstand R dargestellt. Tatsächlich verwendet man zur Entnahme der Impulse meistens eine dritte Übertragerwicklung, deren einer Pol nach Belieben geerdet oder an ein anderes, geeignetes Potential angelegt werden kann, und deren Windungszahl je nach der gewünschten Spannung frei wählbar ist. Dabei entsteht immerhin zusätzliche Streuinduktivität; für kürzeste Anstiegszeit ist das Übersetzungsverhältnis möglichst gleich Eins zu wählen. Niederohmige Impulse kleiner Spannung können auch über einem zusätzlichen Widerstand in der Kathoden- oder der Anodenleitung entnommen werden. Die vier Arten der Impulsentnahme sind in Abb. 215 skizziert.

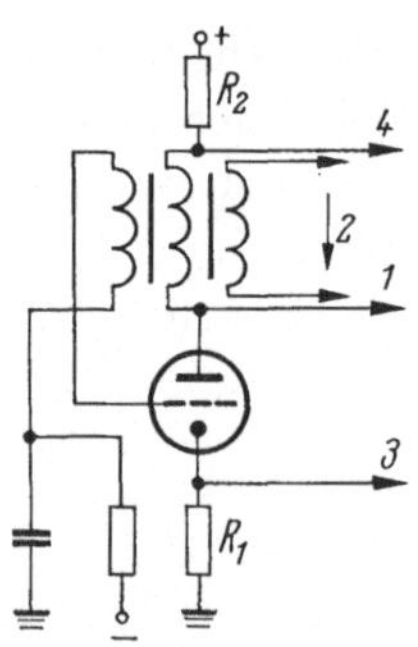

Abb. 215. Die vier gebräuchlichsten Arten der Impulsentnahme. R_1 und R_2 sind kleine Widerstände und eignen sich für niederohmige Entnahme.

Wenn die Last hochohmig ist, so muß, wie auf S. 205 bereits erwähnt wurde, zusätzlich noch ein Widerstand R hinzugeschaltet werden, damit die Schwingungen der Hauptinduktivität gedämpft werden; eine niederohmige Last übernimmt dagegen die Dämpfung selbst. Oft läßt sich die Last nicht durch einen ohmschen Widerstand darstellen; wenn es sich beispielsweise um eine Gitter-Kathodenstrecke handelt, die nur zeitweise leitend ist, so wird dadurch die Analyse des ganzen Sperrschwingers erheblich erschwert.

Veränderliche Impulsdauer. Da die Dauer des Sperrschwingerimpulses proportional zur Hauptinduktivität L des Übertragers ist, kann man durch Veränderung von L auch die Impulsdauer variieren. Das geschieht in einfachster Weise durch Gleichstrom-Vormagnetisierung des Kernes. Eine zusätzliche Wicklung wird von einem variablen Gleichstrom durchflossen, welcher vermöge einer Sättigung die Permeabilität reduziert und dadurch den Impuls verkürzt. (Natürlich muß die Speisung dieser Wicklung durch eine hochohmige Quelle erfolgen oder es ist eine Induktivität in Serie zu schalten, da sonst in ihr Impulsströme induziert würden.) Für größten Änderungsbereich muß dieser Gleichstrom in beiden Richtungen fließen können. Auf diese Art läßt sich die Impulslänge leicht im Verhältnis 1 : 10 variieren.

Der freilaufende Sperrschwinger. Macht man in Abb. 211a U_2 nur schwach negativ oder sogar positiv, so wird der Sperrschwinger freilaufend, das heißt, es entsteht ohne äußeres Zutun eine Folge von Impulsen. Die Periode ist proportional zum Produkt $R_g\,C_g$. Daneben hängt sie aber auch davon ab, wie stark C_g während des Impulses umgeladen wurde, und dieser Wert wird durch den Zustand der Röhre und durch die Art der Belastung beeinflußt. Daher ist die Eigenfrequenz nicht sehr stabil, und der Sperrschwinger wird nur selten im freilaufenden Betrieb verwendet.

Auslösung. Meistens wird U_2 in Abb. 211a so stark negativ gewählt, daß die Schaltung nach Beendigung des Impulses in Ruhe verharrt und erst auf einen äußeren Einfluß hin einen neuen Impuls erzeugt. Der Auslöseimpuls muß, wie leicht einzusehen ist, zumindest einen kleinen anfänglichen Anodenstrom hervorrufen, was nur dadurch möglich ist, daß das Gitter positiver gemacht wird. Abb. 216a zeigt, daß diese

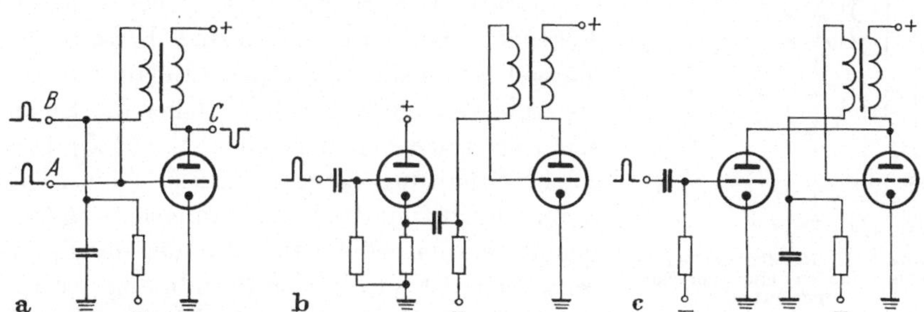

Abb. 216. a) die drei gebräuchlichsten Punkte A, B, C, an denen die Auslösung erfolgen kann, b) Auslösung am Punkt B mit Kathodenfolger, c) Auslösung am Punkt C mit Anodenverstärker.

Steuerung an verschiedenen Stellen erfolgen kann. Ein positiver Impuls bei A oder B hat den gewünschten Effekt. Bei C kann ein negativer Impuls angelegt werden; wegen der engen Kopplung durch den Übertrager wirkt er sich fast gleich aus wie ein positiver Impuls bei A oder B. Immerhin muß in diesem Fall der Impuls eine hinreichend kurze Anstiegszeit haben, da sonst die Spannung, die auf der Sekundärseite entsteht, zu klein ist. Außerdem lassen sich die Klemmen *3* oder *4* in Abb. 215 durch negative Impulse tasten.

In jedem Fall erzeugt nach erfolgter Auslösung die einsetzende Sperrschwingung ihrerseits an der Eingangsklemme einen Impuls von bedeutender Stärke, und es müssen Maßnahmen getroffen werden, die eine störende Rückwirkung auf die Tastquelle vermeiden. Abb. 216b und c zeigen als Beispiele, wie eine Triode als zwischengeschaltete Verstärkerstufe zur Isolation dienen kann. Immerhin wird auch dadurch nicht jede Rückwirkung mit Sicherheit ausgeschlossen. In b) kann durch den Gitterstrom des Sperrschwingers die Kathode des Kathodenfolgers so stark negativ werden, daß im Kathodenfolger ein Gitterstrom entsteht, und in c) verbleibt eine Kopplung über die Anoden-Gitterkapazität der steuernden Röhre.

Experimente zeigen, daß die Art der Auslösung nicht ohne Einfluß auf die Anstiegszeit des Sperrschwingerimpulses ist. Je mehr Energie der Schaltung durch den Tastimpuls zugeführt wird, desto kürzer wird die Anstiegszeit. Beim Betrieb von Sperrschwingern großer Leistung ist es daher ein Vorteil, der Auslösequelle einen Leistungsverstärker nachzuschalten oder sogar die Auslösung mit einem zusätzlichen kleineren Sperrschwinger zu vollziehen [5].

Verwendung von Verzögerungsleitungen. Es wurde darauf hingewiesen, daß die Impuls-Wiederholungsperiode des freilaufenden Sperrschwingers nicht sehr stabil ist. Dasselbe gilt — wenn auch in etwas geringerem Maße — von der Impulsdauer, indem die nichtlinearen Eigenschaften der Röhre, von denen diese Dauer abhängt, Veränderungen unterworfen sind. Diese beiden Mängel lassen sich durch den Einbau von Verzögerungsleitungen beheben. (Über die Eigenschaften solcher Leitungen s. S. 254ff.) Eine solche Schaltung zeigt Abb. 217. Sofern die doppelte Laufzeit der Verzögerungsleitung kleiner als die natürliche Impulsdauer des Sperrschwingers ist, erfolgt die Beendigung des Impulses durch die ansteigende Flanke, die die Verzögerungsleitung zweimal durchläuft. Infolge dieses Effektes wird sich nach der doppelten Laufzeit der Strom, den die Leitung aufnimmt, sprunghaft verdoppeln. Allerdings ist dadurch die Beendigung des Impulses noch nicht unbedingt gewährleistet; sie erfolgt nur unter der Bedingung, daß der zusätzliche Strom nicht mehr durch die Röhre selbst aufgebracht werden kann.

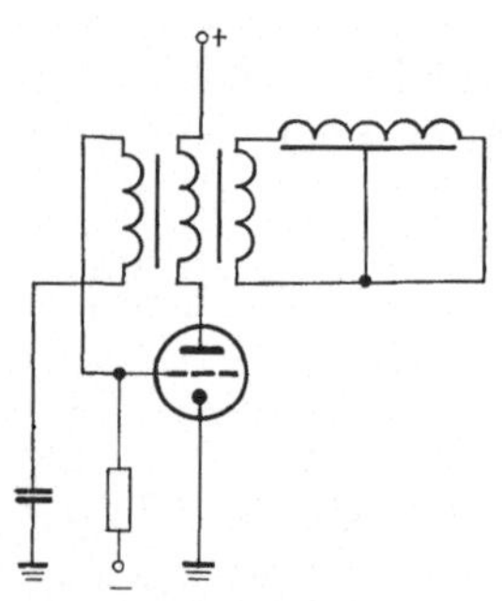

Abb. 217. Beendigung des Impulses durch eine Verzögerungsleitung.

Auch das Intervall zwischen den Impulsen im freilaufenden Sperrschwinger läßt sich auf diese Weise bestimmen. Wenn man in Abb. 217 die Verzögerungsleitung rechts nicht kurzschließt, sondern öffnet, und wenn ihre doppelte Laufzeit gegenüber der Impulsdauer groß ist, so wird die reflektierte ansteigende Flanke die Auslösung eines neuen Impulses bewirken. Da die Laufzeit einer Verzögerungsleitung sehr konstant ist, lassen sich auf diese Art überaus stabile Verhältnisse erreichen.

Frequenzunterteilung. Ähnlich wie auf S. 168 für Multivibratoren beschrieben wurde, kann auch der Sperrschwinger zur Frequenzunterteilung verwendet werden. Zu diesem Zweck wird man die Schaltung so auslegen, daß sie ohne Tastung frei laufen würde, und zwar mit einer Frequenz, die etwas kleiner als die gewünschte ist; denn man kann durch Tastung das Intervall immer nur verkürzen, nicht verlängern. Dann wird der exponentiell ansteigenden Signalform am Gitter der Tastimpuls überlagert, s. Abb. 218, wozu sich eine beliebige der auf S. 207 angegebenen Auslöseschaltungen eignet. Der Frequenzunterteiler ist kritisch nicht nur in bezug auf die Amplitude der Auslöseimpulse, sondern auch in bezug auf die übrigen Daten der Schaltung; denn der ganze Verlauf der exponentiellen Signalform hängt davon ab, wie stark der Kondensator während des Impulses umgeladen wurde. Je höher der Faktor der Frequenzunterteilung, desto kritischer werden die Verhältnisse, das heißt, desto leichter kann es geschehen, daß die Auslösung um einen Impuls zu früh oder zu spät erfolgt. Ferner wird die Stabilität beeinträchtigt, wenn die zu unterteilende Frequenz nicht konstant ist, sondern in einem gewissen Bereich variiert.

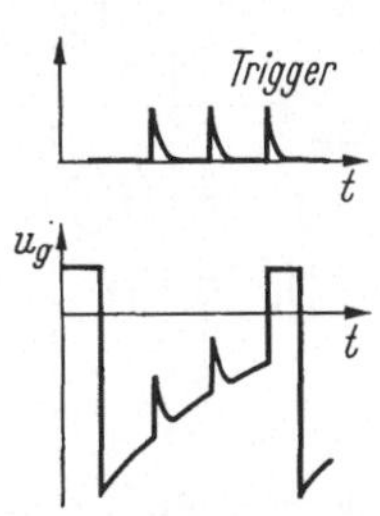

Abb. 218. Verwendung des Sperrschwingers als Frequenzunterteiler.

Zusammenfassend läßt sich sagen, daß bei einem Frequenzunterteiler immer die Gefahr besteht, daß zuwenig oder zuviel Impulse abgezählt werden, und daß folgende Merkmale dieser Gefahr entgegenwirken: Frequenzunterteilung um einen kleinen Faktor; konstante Frequenz; konstante Höhe der Auslöseimpulse; konstante Betriebsverhältnisse (Impulsdauer und -strom) im Sperrschwinger.

Der kleinste mögliche Unterteilungsfaktor ist 2. Für die Frequenzhalbierung lassen sich sehr einfache Schaltungen verwenden. Abb. 219 zeigt zwei Stufen einer Kette von Frequenzhalbierern. Die Auslösung erfolgt von Anode zu Anode mit negativen Impulsen durch den Kondensator C, der im Betrieb für richtiges Funktionieren justiert wird. Das Produkt $R_g\, C_g$ muß ungefähr gleich $1/2f$ sein, wenn f die Impulsfrequenz der betreffenden Stufe ist. Ist dieses Produkt zu klein, so erfolgt keine Frequenzunterteilung; ist es zu groß, so muß man C größer machen, damit Frequenzhalbierung und nicht Frequenzdrittelung eintritt.

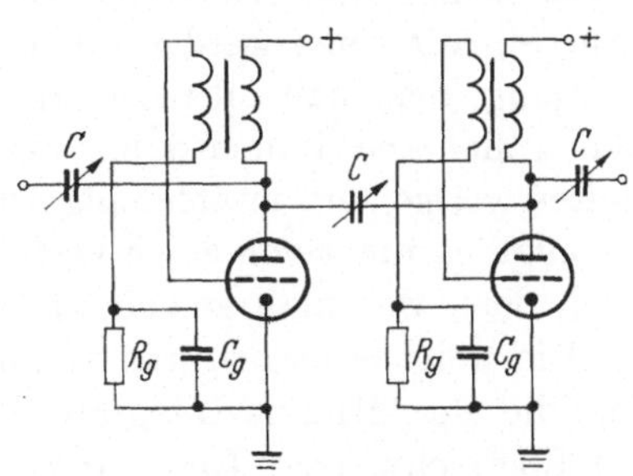

Abb. 219. Zwei Stufen in einer Kette von frequenzhalbierenden Sperrschwingern.

Impulserzeugung mittels einer Handtaste. Beim Ausprüfen von digitalen Schaltungen und dergleichen benötigt man oft ein Hilfsgerät, welches auf einen manuellen Tastendruck hin einen einzelnen Impuls von vorgegebener Größe und Dauer erzeugt. Der Bau eines solchen Gerätes wird erschwert durch die Tatsache, daß das Schließen eines mechanischen Kontaktes immer von Prellungen begleitet ist, das heißt, der Kontakt wird in kurzer Folge mehrmals geschlossen und unterbrochen, bevor er endgültig schließt. Abb. 220 zeigt eine Schaltung[1], die beim Niederdrücken der Taste zuverlässig nur einen einzigen Impuls erzeugt. Die Taste besitzt einen Ruhekontakt, durch welchen der Kondensator von 1 μF über 10 kΩ auf die Quellenspannung aufgeladen wird. Beim Niederdrücken erfolgt Auslösung durch einen negativen Impuls an der Basis. Dadurch wird die Ladung des 1 μF-Kondensators aufgebraucht, und es kann kein neuer Vorgang beginnen, bevor man nicht die Taste in den Ruhezustand zurückgehen läßt.

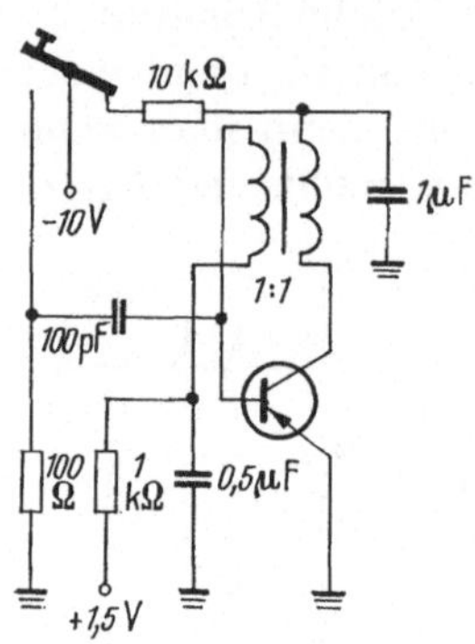

Abb. 220. Sperrschwinger, der auf einen Tastendruck hin einen einzelnen Impuls erzeugt.

16. Andere Impulserzeuger

Wie auf S. 5 dargelegt wurde, unterscheiden wir zwischen der *Verformung einer bestehenden* und der *Erzeugung einer neuen Signalform.* Diese beiden Fälle lassen sich nicht scharf voneinander abgrenzen; denn neue Signalformen werden oft durch einen Auslöseimpuls ausgelöst, ein Vorgang, den man allenfalls auch als Verformung bezeichnen könnte. Wir wollen aber immer dann, wenn die Form des neu entstandenen Impulses weitgehend unabhängig vom auslösenden Vorgang ist, von einer Erzeugung, nicht von einer Verformung sprechen. Dieser Fall entspricht auch dem, was man gemeinhin unter Auslösung versteht.

Die weitaus wichtigsten Impulserzeuger sind der Multivibrator, die Familie der Miller-Integratoren und Phantastron-Schaltungen, und der Sperrschwinger. Diese sind in den Kap. 12, 13 und 15 besprochen worden. Daneben kann man in den Fachzeitschriften der vergangenen zwei Jahrzehnte eine große Menge von weiteren Schaltungen finden; viele von ihnen zeugen von einem bewundernswerten Erfindergeist ihrer Schöpfer. In diesem Kapitel werden drei Anordnungen beschrieben, die besondere Signalformen erzeugen und die in der Praxis gelegentlich verwendet werden. Sie haben untereinander keinerlei Zusammenhang.

[1] Nach einem unveröffentlichten Bericht von K. Drangeid.

Eine weitere, wichtige Familie von Impulserzeugern sind die Schaltungen, die auf einem Kabel oder auf einer *LC*-Verzögerungsleitung beruhen. Sie werden hauptsächlich für die Erzeugung von Impulsen sehr hoher Leistung gebraucht, ein Spezialgebiet, welches in diesem Buch weggelassen wurde. Daneben finden sie in der Nanosekunden-Impulstechnik ausgiebig Verwendung, worauf in Kap. 20 eingegangen wird.

16.1 Erzeugung einer Folge von Sinusschwingungen

Oft ist es erwünscht, auf einen Impuls hin eine Sinusschwingung begrenzter Länge zu erzeugen. Solches braucht man beispielsweise zur Erzeugung von Distanzmarken in der Funkortung. Diese Anwendung stellt die Bedingung, daß die Schwingung immer in der gleichen Phasenlage beginnt. Daher ist es nicht zulässig, das Signal eines durchgehend schwingenden Oszillators ein- und auszuschalten; denn so wäre die Phasenlage vom Einschaltmoment abhängig. Vielmehr muß die Schwingung durch den Impuls selbst eingeleitet werden. Wenn die Anzahl der gewünschten Schwingungen nicht mehr als etwa 10 ist, so ist kein ungedämpfter Oszillator nötig, und es genügt, einen Schwingkreis anzuregen und frei schwingen zu lassen.

Eine solche Schaltung und ihre Signalform zeigt Abb. 221. Eine wichtige Bedingung ist, daß die Schwingung ohne jeden Ausgleichsvorgang einsetzt. Das bedeutet, daß sofort nach dem Einschalten ein Betriebszustand bestehen muß, der auch im Verlauf des stationären Schwingungszustandes vorkommt. Diese Forderung ist erfüllt. Im Ruhezustand ist die Röhre leitend; es fließt ein Anodengleichstrom von der Stärke I_0, welcher in der Induktivität eine aufgespeicherte magnetische Energie $I_0^2\, L/2$ zur Folge hat. Ein negativer Impuls am Gitter sperrt die Röhre; es entsteht an der Kathode eine Schwingung mit der Amplitude (Scheitelwert) $I_0 \sqrt{L/C}$ und der Frequenz $1/2\pi \sqrt{LC}$. Die Schwingung beginnt genau auf der Nulllinie mit einer negativen Halbwelle. Zu beachten ist, daß das Gitter so stark negativ gemacht werden muß, daß die Röhre auch während der negativen Spitzen der Schwingung gesperrt bleibt. Sobald die Gitterspannung wieder auf Null zurückgeht, wird der Schwingkreis sehr stark gedämpft. An der Kathode besteht eine Impedanz von $1/S$ (S = Steilheit), also einige hundert Ohm, was ein schnelles Abklingen zur Folge hat. Immerhin ist — je nach der Phasenlage, in welcher

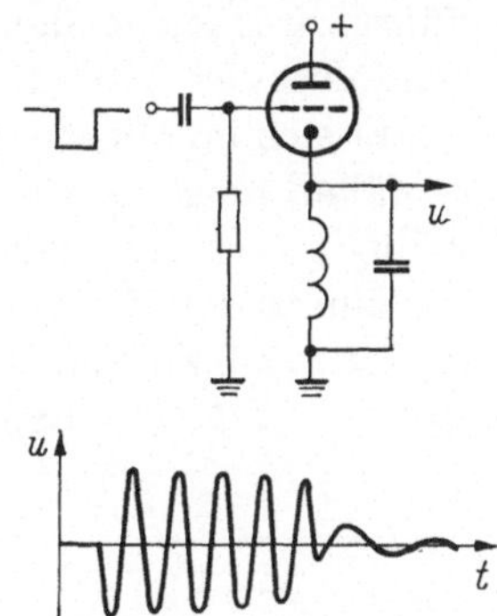

Abb. 221. Erzeugung einer Folge von Sinusschwingungen mittels eines frei schwingenden Schwingkreises.

ausgeschaltet wird — ein Überschwingen nach dem Ausschalten nicht immer zu vermeiden.

Wenn aus einer solchen gedämpften Schwingung eine Folge von Impulsen (z. B. Distanzmarken) erzeugt werden soll, so kann man eine Komparatorschaltung verwenden, die bei jedem Nulldurchgang (oder bei jedem zweiten Nulldurchgang, also einmal je volle Schwingung) einen Impuls erzeugt. Solche Anordnungen sind auf S. 121ff. beschrieben. Besonders gut eignet sich der Multiar (s. Abb. 140). — Sofern die Auslösung des Impulses exakt zur Zeit des Nulldurchganges erfolgt, ist die Erzeugung unabhängig von der Amplitude der Sinusschwingung. Praktisch ist diese Forderung aber nicht erfüllt; eine gewisse Amplitudenabhängigkeit ist unvermeidlich, und daher kann der Wellenzug von Abb. 221 nur während einer sehr begrenzten Dauer verwendet werden. In einem Kreis mit der Güte Q sinkt die Schwingungsamplitude nach $Q/2\pi$ Schwingungen auf 60% ihres Anfangswertes, und bei dieser Amplitudenänderung ist es immer noch möglich, aus der Sinusschwingung genaue Impulse als Distanzmarken zu erzeugen.

16.2 Summierung von Exponentialformen

In vielen Fällen wird eine Signalform verlangt, welche nach einer genau vorgegebenen Kurve ansteigt. Beispielsweise benötigt man in der Funkortung, wo die Distanzmessung in Form einer Zeitmessung ausgeführt wird, solche Signalformen, wenn eine Koordinatentransformation auszuführen ist. Eine Kurve, die als Formel oder graphisch vorgegeben ist, läßt sich im allgemeinen nicht exakt nachbilden, doch ist es in gewissen Fällen möglich, sie durch eine Summe von Exponentialfunktionen beliebig genau anzunähern.

Wenn in den Zweipol von Abb. 222a ein Strom eingegeben wird, der zur Zeit $t = 0$ auf den konstanten Wert I springt, so entsteht die Spannung $u = IR\ (1 - \exp(-t/T))$, mit $T = RC$. Schaltet man mehrere

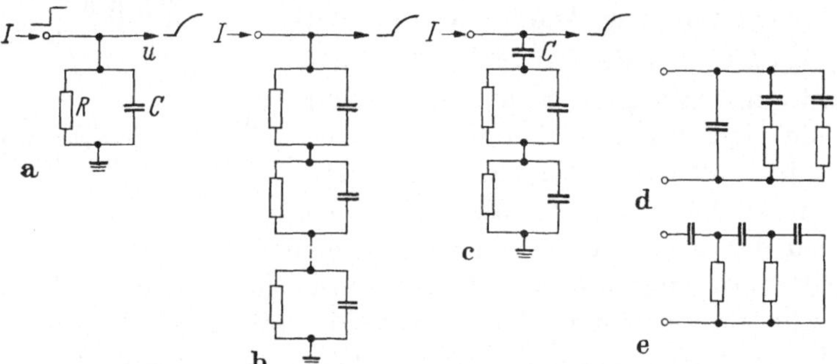

Abb. 222. Netzwerke zur Summierung von Exponentialfunktionen.

RC-Glieder in Serie (b), so wird die Ausgangsspannung

$$u = I \sum R_i \left(1 - e^{-\frac{t}{T_i}}\right)$$

Diese Signalform beginnt bei 0 und strebt gegen den stationären Wert $I \sum R_i$. Wenn in einem der Glieder $R = \infty$ (also der Widerstand weggelassen) wird, so tritt ein Summand It/C, also eine linear ansteigende Signalform, hinzu (c). Mit einer Schaltung von n *RC*-Gliedern und einem Einzelkondensator hat man $2n + 1$ variable Parameter zur Verfügung, um eine vorgegebene Funktion zu approximieren. Für die Berechnung dieser Parameter stellt die angewandte Mathematik geeignete Methoden zur Verfügung. Da es sich um die Auflösung transzendenter Gleichungen handelt, werden umfangreiche numerische Rechnungen nötig, die sich aber mit digitalen Rechenanlagen leicht bewältigen lassen. Im allgemeinen kann man eine vorgegebene Funktion nicht exakt darstellen, aber mit einer Genauigkeit approximieren, die um so größer ist, je mehr *RC*-Glieder verwendet werden; der verbleibende Fehler kann in vielen Fällen beliebig klein gemacht werden. Schon mit fünf Elementen wie in Abb. 222c ist oft eine erstaunlich gute Annäherung möglich.

Es ist selbstverständlich, daß sich nach Beendigung der Signalform alle Kondensatoren wieder entladen müssen, bevor der Vorgang von Neuem beginnen kann.

Nachdem die Elemente berechnet sind, wird man oft finden, daß die verlangten Kapazitätswerte schwer realisierbar sind, indem sie entweder so klein sein müßten, daß sie vergleichbar mit den Streukapazitäten werden, oder so groß, daß Gewicht und Volumen zu hohe Werte annehmen (Elektrolytkondensatoren kommen wegen zu wenig konstanter Kapazität nicht in Betracht). In diesem Fall kann eine Umformung des Netzwerkes eine Verbesserung ergeben. In d) und e) sind zwei Zweipole gezeigt, die völlig äquivalent mit c) sind, sofern die Werte von R und C richtig berechnet werden. Man wird diejenige Schaltung wählen, die die bequemsten Größen ergibt.

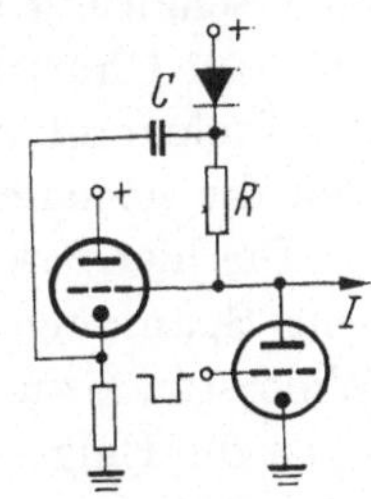

Abb. 223. Schaltung zur Erzeugung eines konstanten Stromes I.

Die Lieferung des Stromes I muß durch eine Quelle mit hohem Innenwiderstand erfolgen. Abb. 223 zeigt eine Schaltung, die diese Bedingung während eines beschränkten Zeitintervalls, dessen Dauer von RC abhängt, erfüllt. Im Ruhezustand ist die Schaltröhre (rechts) leitend, und die Ausgangsklemme besitzt eine niedere Spannung. Der Vorgang wird durch Sperren dieser Röhre eingeleitet. Es beginnt in die Ausgangsklemme ein Strom I zu fließen, dessen Größe durch die Speisespannung und durch R bestimmt ist. Wenn nun die Spannung an der Ausgangsklemme ansteigt, so steigt infolge des Kathodenfolgers auch die Spannung an der oberen Klemme von R. Der Innenwiderstand der so entstehenden Stromquelle ist ungefähr gleich μR (μ ist der Verstärkungsfaktor der Kathodenfolgerröhre). C ist möglichst groß zu machen, jedoch nicht so groß, daß nach dem Ausschalten die Wiederherstellung des ursprünglichen Zustandes zuviel Zeit beansprucht.

Eine ausführlichere Beschreibung dieses Verfahrens findet sich in [*3*], S. 304ff.

16.3 Zusammensetzung einer Signalform aus Segmenten

Das auf S. 212f. beschriebene Verfahren der Summierung von Exponentialen gestattet es, eine vorgegebene Funktion $f(t)$ darzustellen, *sofern die Zeit die unabhängige Variable ist.* In vielen Anwendungen (beispielsweise in Analog-Rechengeräten) wünscht man aber eine Funktion einer *freien Variablen* — also etwa einer Spannung, die in beliebiger Weise variieren kann — zu bilden. Sofern diese Funktion nicht durch eine Gerade beschrieben wird, führt die gestellte Forderung auf das, was wir als nichtlineares Schaltelement bezeichnet haben. Tatsächlich werden die gekrümmten Kennlinien von Halbleiterdioden, Transistoren und Röhren oft dazu verwendet, um Funktionen zu erzeugen, welche diesen Kennlinien entsprechen. Die Genauigkeit solcher Verfahren ist aber beschränkt; die nichtlinearen Eigenschaften sind temperatur- und alterungsabhängig, und es ist nicht möglich, diesen Mangel mittels Gegenkopplung zu beheben.

Für wirklich präzise Funktionsbildung bleibt nur der Ausweg, die vorgegebene Kurve durch einen Streckenzug zu approximieren, so daß eine Schaltung gebaut werden kann, deren Verhalten im wesentlichen nur von Ohmschen Widerständen abhängt. Unter allen Bauelementen der Elektronik sind Widerstände diejenigen, welche mit einfachen Mitteln die höchste Genauigkeit ergeben[1].

Die hier beschriebenen Dioden-Funktionsgeber sind nichts als Ohmsche Spannungsteiler, in denen, je nach der herrschenden Spannung, Widerstände zu- oder abgeschaltet werden. Abb. 224a zeigt ein Beispiel. u_1 ist die Eingangsspannung, u_2 die Ausgangsspannung. Je mehr Dioden leitend sind, desto geringer ist die Abschwächung dieses Netzwerkes, das heißt, desto steiler verläuft die Kurve $u_2(u_1)$. Geht man von stark negativem zu stark positivem u_1, so leitet zunächst nur D_1. Dann sperrt D_1 (die Kurve wird flacher bei Punkt *1* in b); später beginnt D_2 bei Punkt *2* und D_3 bei Punkt *3* zu leiten, das heißt, die Kurve wird beidemal steiler. Die Schaltung hat drei Dioden, also kann eine Kurve dargestellt werden, die dreimal geknickt ist. Eine ähnliche Anordnung zeigt c), mit dem

[1] Schwingquarze sind noch um Zehnerpotenzen genauer, doch muß man, um von ihnen Gebrauch zu machen, die zu verarbeitenden Größen zuerst in Zeitintervalle verwandeln.

Unterschied, daß hier die Kurve um so steiler verläuft, je *weniger* Dioden leitend sind. Auch hier wird die Kurve b) erzeugt, und die Punkte *1*, *2* und *3* entsprechen dem Schalten der Dioden D_1, D_2 und D_3.

Diese Schaltungen haben eine unerwünscht hohe Ausgangsimpedanz, und die Quelle, aus der sie gespeist werden, wird stark belastet. Mit einem gegengekoppelten Verstärker lassen sich diese beiden Mängel erheblich mildern, s. Abb. 224d. Hier ist die Schreibweise der „virtuellen Erde" verwendet, die auf S. 106 erläutert wurde. Der Eingang des Ver-

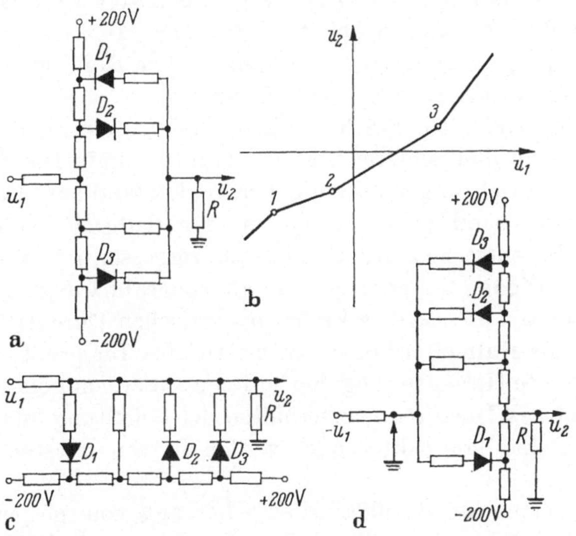

Abb. 224. Erzeugung einer Funktion $u_2(u_1)$ mittels Dioden-Funktionsgeber. a), c) und d) erzeugen den Streckenzug b). *R* ist der Widerstand der angeschlossenen Last.

stärkers ist mit dem durch das Pfeilsymbol gekennzeichneten Punkt verbunden, der Ausgang mit der Ausgangsklemme u_2. (Diese Schaltung verursacht eine Vorzeichenumkehr, was durch die Beschriftung $-u_1$ angedeutet ist.) Hier verläuft, wie in c), die Kurve um so steiler, je weniger Dioden leiten.

Alle diese Schaltungen können nur monotone Kurven (also solche, die entweder überall steigend oder überall fallend sind) darstellen. Oszillierende Funktionen können als Summe einer monoton steigenden und einer monoton fallenden Kurve erzeugt werden. Dazu ist aber mindestens ein vorzeichenkehrender Verstärker wie in Abb. 224e nötig.

Solche Funktionsgeber werden in Analog-Rechengeräten ausgiebig verwendet. Die verbreitetste Art, das Produkt zweier Spannungen x und y zu bilden, verwendet die Identität $4xy \equiv (x+y)^2 - (x-y)^2$, was sich mit zwei Funktionsgebern, die die quadratische Funktion erzeugen, durchführen läßt.

Die Verwendung der Dioden-Funktionsgeber macht es nötig, daß die darzustellende Funktion zuerst durch einen Streckenzug approximiert wird. Es ist überraschend, wie genau eine solche Näherung sein kann, sofern die Funktion nicht zu stark gekrümmt ist. In vielen praktisch vorkommenden Fällen erreicht man mit 3 Dioden (also 4 Strecken) einen verbleibenden Fehler von nur 1%. Hier ist aber ein bedeutender Vorbehalt anzubringen: Diese Zahl gilt nur für die eigentliche Funktion $u_2(u_1)$, nicht aber für ihren Differentialquotienten du_2/du_1, welcher infolge der Ecken mit einem enormen Fehler behaftet ist. Das gilt in noch höherem Maß für die zweite Ableitung $d^2 u_2/du_1^2$. In allen Anwendungen, wo die Ableitungen der erzeugten Funktion eine Rolle spielen, ist dieser Frage größte Aufmerksamkeit zu schenken.

Beim Entwurf solcher Schaltungen muß man beachten, daß reale Dioden keine idealen Schalter sind, sondern sowohl in Durchlaßrichtung als auch in Sperrichtung einen endlichen Widerstand besitzen. Die Werte des Netzwerkes sind so zu berechnen, daß dadurch keine unzulässig großen Fehler entstehen, wobei nicht zu vergessen ist, daß die Eigenschaften der Dioden temperatur- und alterungsabhängig sind. Vakuumdioden haben ein günstigeres Verhältnis zwischen Durchlaß- und Sperrwiderstand als Halbleiterdioden, erfordern aber für größte Genauigkeit eine stabilisierte Heizspannung. Sie besitzen außerdem höhere Kapazität, was sich auf das Hochfrequenzverhalten der Schaltung auswirkt. Halbleiterdioden sind kompakter und werden in den meisten Fällen vorgezogen.

Dioden zeigen keinen plötzlichen Übergang vom gesperrten in den leitenden Zustand, sondern ihr Widerstand fällt im Bereich von einigen Zehntelvolt vom Sperr- auf den Durchlaßwert. Es liegt nahe, dieses Verhalten dazu auszunutzen, um die Ecken der Kurve in Abb. 224b abzurunden. Ein solches Verfahren ist möglich, eignet sich aber nicht für Schaltungen hoher Genauigkeit, da dadurch die Abhängigkeit von den Eigenschaften der Diode verstärkt wird.

Eine ausführlichere Beschreibung dieses Verfahrens findet sich in [*8*], S. 290ff.

17. Zähler

Ein Impulszähler ist, wie der Name sagt, ein Apparat, der die Anzahl empfangener Impulse zählt und in Form einer optischen oder elektrischen Anzeige bekanntgibt. Ein Zähler arbeitet immer modulo Z, das heißt, nach Z Impulsen kehrt er wieder in die Anfangsstellung zurück. Bei gleichmäßig eintreffenden Impulsen wird also eine periodische Signalform abgegeben, deren Frequenz um den Faktor Z kleiner ist als die der

Impulse. Diese Eigenschaft kommt auch einem Frequenzunterteiler zu. Hingegen hat ein Frequenzunterteiler die Eigenschaft, daß er nur in einem engen Bereich von Frequenzen des empfangenen Signals richtig arbeitet, während ein Zähler Impulse verarbeiten kann, die — bis zu einer gewissen Maximalfrequenz — in beliebiger (auch unregelmäßiger) Folge ankommen. Insbesondere darf eine beliebig lange Pause eintreten, und während dieser Zeit wird die Anzahl der bisher eingetretenen Ereignisse richtig gespeichert und angezeigt. Man kann somit sagen, daß jeder Zähler auch als Frequenzunterteiler verwendet werden kann, darüber hinaus aber noch zusätzliche Fähigkeiten besitzt; dementsprechend ist sein Aufbau komplizierter und beansprucht mehr Teile.

Die meisten Zähler[1] bauen sich auf der Flipflop-Schaltung auf, die auf S. 146ff. ausführlich beschrieben wurde, und die dort geschilderten schaltungstechnischen Eigenschaften und Regeln sind für die Dimensionierung unverändert gültig. Im vorliegenden Kapitel ist hauptsächlich zu besprechen, wie durch Zusammenschalten mehrerer Flipflop-Stufen ein mehrstufiger Zähler entsteht. Diese Gesichtspunkte gehören zum Gebiet des „logischen Entwurfs" (über die Bedeutung des Ausdruckes „logisch" s. S. 238).

17.1 Der Aufbau von mehrstufigen Zählern

Die Grundschaltung in jedem Zähler ist das einfache Flipflop mit symmetrischer Tastung. Zwei solche Schaltungen zeigt Abb. 166 (S. 150); symmetrische Tastung entsteht, wenn man die beiden gezeichneten Eingänge zu einem einzigen zusammenfaßt. Eine Folge von Impulsen an diesem Eingang wird bewirken, daß das Flipflop abwechselnd auf die eine und die andere Seite gesetzt wird.

Der mehrstufige Dualzähler. Der Aufbau von mehrstufigen Zählern beruht darauf, daß man die am Ausgang einer Zählerstufe entstehende Signalform dazu verwenden kann, um eine andere Zählerstufe zu steuern. Als Beispiel für die Verwirklichung der nachfolgend beschriebenen Zähler wählen wir die Schaltung von Abb. 166a, welche mit negativen Impulsen getastet wird. Als Eingangsklemme werden die beiden zusammengefaßten Tasteingänge als Ausgangsklemme einer der beiden Kollektoren betrachtet. Wenn nun am Eingang eine Folge S von negativen Impulsen angelegt wird, so entsteht am Ausgang eine rechteckige, symmetrische Signalform S_0, s. Abb. 225. Der entscheidende Schritt entsteht nun dadurch, daß dieses Flipflop, das wir mit F_0 bezeichnen, sein Ausgangssignal S_0 an ein weiteres Flipflop F_1 weitergibt (b).

---

[1] Ausgenommen sind die Zähler mit gasgefüllten Röhren und die Zähler, welche auf stufenförmiger Speicherung in einem Magnetkern oder einem Kondensator beruhen [*21*].

Hier ist eine Besonderheit zu beachten: Dieses Signal besteht nicht aus Impulsen, sondern aus Rechtecken, deren steigende und fallende Flanken beliebig weit auseinander liegen können, da ja die Impulse S in beliebiger (auch unregelmäßiger) zeitlicher Folge erscheinen können. Die Eingangsschaltung von F_1 muß daher so beschaffen sein, daß sie die Flanken zu Impulsen differenziert, und daß sie gegenüber positiven Flanken unempfindlich (oder jedenfalls wesentlich weniger empfindlich als gegenüber negativen) ist. Diese Bedingungen sind in der Schaltung von Abb. 166a erfüllt; die Differenzierung erfolgt durch den an der Diode angeschlossenen Kondensator. Das Flipflop F_1 wird dann an einem seiner Kollektoren ein Signal von der Form S_1 abgeben. In gleicher Weise können weitere Flipflops F_2 und F_3, die die Signale S_2 und S_3 erzeugen, betrieben werden.

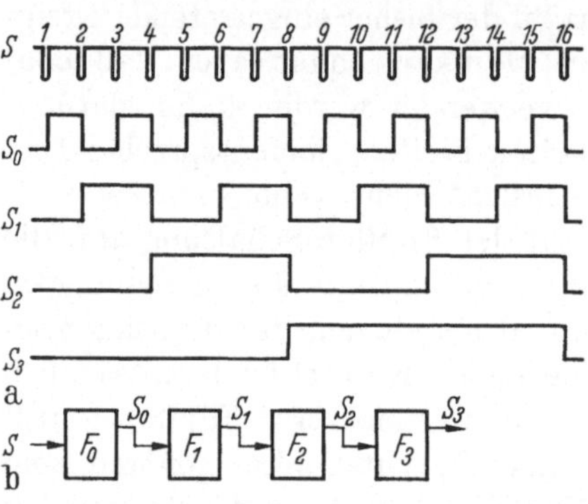

Abb. 225. Dualzähler, bestehend aus vier Flipflops. a) Signalformen, b) Zusammenschaltung der Stufen. Jedes Flipflop hat die Schaltung von Abb. 116.

Um die Funktion des Zählers leichter zu überblicken, bezeichnen wir die Stellung jeder Stufe mit den Symbolen 0 und 1; die Stellung, in welcher die Ausgangsspannung ihren negativeren Wert hat, nennen wir 0. Auf diese Art kann der Zustand des Zählers zu den verschiedenen Zeiten leicht wie folgt beschrieben werden:

Impuls Nr.	F_3	F_2	F_1	F_0
Beginn	0	0	0	0
1	0	0	0	1
2	0	0	1	0
3	0	0	1	1
4	0	1	0	0
5	0	1	0	1
6	0	1	1	0
7	0	1	1	1
8	1	0	0	0

Impuls Nr.	F_3	F_2	F_1	F_0
9	1	0	0	1
10	1	0	1	0
11	1	0	1	1
12	1	1	0	0
13	1	1	0	1
14	1	1	1	0
15	1	1	1	1
16	0	0	0	0

Die unter F_3, F_2, F_1, F_0 notierten Zahlen zeigen den Betriebszustand *nach Eintreffen* des Impulses mit der angegebenen Nummer. Es ist leicht zu sehen, daß es sich hier um die Darstellung der Impulsnummern im dualen Zahlsystem handelt. Somit kann man, wenn jedes Flipflop mit einer Anzeigevorrichtung versehen ist, die Anzahl der eingetroffenen Impulse im Dualsystem ablesen. Bedingung ist allerdings, daß der

Zähler vor Beginn der Messung in die Stellung 0 0 0 0 verbracht wird, wozu geeignete Schaltungen vorzusehen sind (s. S. 223f.).

Aus Abb. 225a und der Tabelle ist die wichtige Tatsache erkenntlich, daß der Zähler modulo 16 zählt. Das bedeutet, daß nach 16 Impulsen der ursprüngliche Zustand wiederhergestellt ist. Der Zähler eignet sich also nicht zur Abzählung von mehr als 15 Ereignissen; denn jede Zählung ist mit einer Unsicherheit in der Größe eines ganzzahligen Vielfachen von 16 behaftet. Allgemein gilt, daß ein n-stufiger Zähler modulo 2^n zählt. Für 1000 Impulse braucht man also mindestens 10, für 1 Million Impulse mindestens 20 Stufen.

Nicht duale Zählerstufen. Der Zähler von Abb. 225 ist der einfachste, der existiert. Das bedeutet, daß mit dieser Schaltung die Anzahl Flipflops, die es braucht, um N Ereignisse zu zählen, minimal ist: Es sind $\log_2 N$ Flipflops (aufgerundet auf die nächste ganze Zahl) nötig. Die Schaltung hat aber den Nachteil, daß die Anzeige im Dualsystem erfolgt und daß das Modul Z des Zählers eine Potenz von 2 ist. Oft wünscht man als Basis des auftretenden Zahlsystems eine andere Zahl. Wegen der allgemeinen Verwendung des Dezimalsystems sind Zähler mit der Basis 10 nötig, aber für Sonderzwecke braucht man oft auch Zähler, die modulo einer andern kleinen Zahl, etwa 3 oder 5, zählen. Größere Zahlen, die nicht Primzahlen sind, können in ihre Primfaktoren zerlegt werden, und für jeden Primfaktor ist eine Zählerstufe vorzusehen.

Hierzu gibt es grundsätzlich zwei verschiedene Möglichkeiten, die nachfolgend beschrieben werden: Die Zusammenschaltung von Flipflops zu einem Ring und der Einbau einer Rückkopplung in einen mehrstufigen Dualzähler.

Ringzähler. Der Ringzähler beruht auf dem Vorgang, wonach auf einen Impuls hin die in einem Flipflop enthaltene Information in ein anderes Flipflop eingegeben wird. Diese Information besteht in der Angabe, welcher der beiden Transistoren leitend ist. Die beiden Möglichkeiten bezeichnen wir mit 0 und 1. Zur Verwirklichung einer solchen Informationsübertragung von einem Flipflop auf ein zweites eignet sich die Schaltung von Abb. 167 (S. 150). Die mit K und K' bezeichneten Klemmen werden an die Kollektoren eines (ersten) Flipflops angeschlossen. Auf einen Impuls an der Tastklemme wird die im ersten Flipflop enthaltene Information auf das gezeichnete (zweite) Flipflop übertragen, ohne daß dabei die Stellung des ersten Flipflops verändert würde.

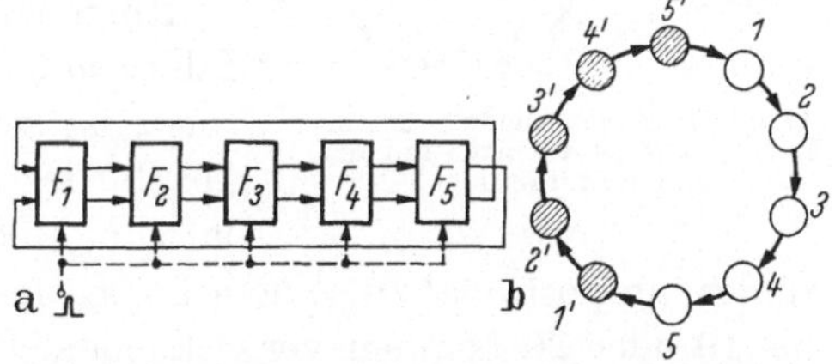

Abb. 226. a) Ring mit zehn Stellungen (fünf Flipflops). Die punktierte Leitung führt die Zählimpulse zu. Jedes Flipflop hat die Schaltung von Abb. 167. b) andere Aufzeichnungsart desselben Ringes. Zu Beginn sind die schraffierten Transistoren leitend.

Mit mehreren solchen Schaltungen läßt sich nun ein Ring aufbauen. Abb. 226a zeigt einen Ring aus fünf Flipflops. Jedes Rechteck bedeutet ein Flipflop; die zwei Verbindungen kennzeichnen die Verbindung von den Kollektoren des einen zur Tastschaltung des folgenden Flipflops. Die punktierte Leitung führt die zu zählenden Impulse gleichzeitig zu allen fünf Tastschaltungen. Wenn wir nun die Stellung jedes Flipflops mit 0 oder 1 bezeichnen und ferner zu Beginn alle Flipflops auf 0 gesetzt werden, so entstehen auf eine Reihe von Impulsen hin folgende Zustände:

Impuls Nr.	F_1	F_2	F_3	F_4	F_5
Beginn	0	0	0	0	0
1	1	0	0	0	0
2	1	1	0	0	0
3	1	1	1	0	0
4	1	1	1	1	0
5	1	1	1	1	1

Impuls Nr.	F_1	F_2	F_3	F_4	F_5
6	0	1	1	1	1
7	0	0	1	1	1
8	0	0	0	1	1
9	0	0	0	0	1
10	0	0	0	0	0

Die unter F_1 bis F_5 notierten Zahlen zeigen den Betriebszustand *nach Eintreffen* des Impulses mit der angegebenen Nummer. Zu Beginn stehen alle Flipflops auf 0; die 1 tritt links ein, weil die Verbindungen von F_5 zu F_1 überkreuzt sind. Es ist ersichtlich, daß der Ring nach 10 Impulsen wieder in die gleiche Stellung zurückkehrt, also zählt er modulo 10. Allgemein zählt ein Ring mit n Flipflops modulo $2n$. Ungerade Moduln lassen sich also mit dieser Schaltung nicht verwirklichen.

Oft wird der Ring wie Abb. 226b aufgezeichnet. Hier bedeutet jeder Kreis nicht ein ganzes, sondern ein halbes Flipflop, und je zwei gegenüberliegende Kreise (also 1 und 1′, 2 und 2′ usw.) bilden zusammen ein Flipflop. Die schraffierten Transistoren sind zu Beginn leitend, die nicht schraffierten nichtleitend. Wenn nun ein Impuls eintrifft, wird 1 leitend und 1′ nichtleitend; beim nächsten Impuls wird 2 leitend, 2′ nichtleitend usw. Es sei betont, daß a) und b) die genau gleiche elektrische Schaltung darstellen.

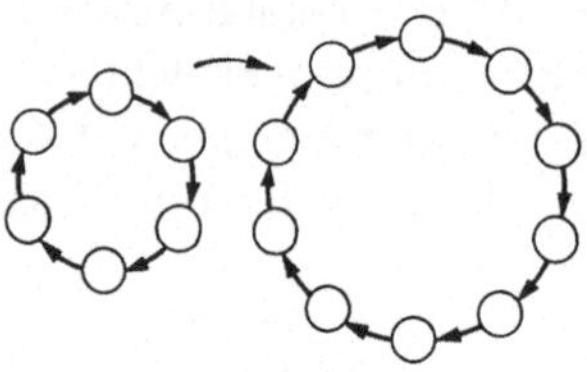

Abb. 227. Zähler modulo 60, bestehend aus zwei Ringen mit drei und fünf Flipflops.

Ringe werden also verwendet, wenn ein Zähler mit einem Modul, das keine Potenz von 2 ist, gebaut werden soll. Da aber die Anzahl der benötigten Flipflops proportional zum Modul (und nicht, wie beim Dualzähler, proportional zu seinem Logarithmus) ist, lassen sich nur Moduln bis 10 oder 20 bequem verwirklichen. Größere Moduln werden, sofern sie keine Primzahlen sind, in Faktoren aufgespalten. Jeder Faktor wird seinerseits durch einen Ring dargestellt. Abb. 227 zeigt einen Zähler modulo 60, der aus einem 6er- und einem 10er-Ring besteht. Bei jedem vollständigen Umgang gibt der 6er-Ring an den 10er-Ring einen Impuls ab. Dazu ist allerdings noch ein Zwischenverstärker nötig, da eine Stufe des 6er-Ringes nicht in der Lage sein wird, selbst die nötige Energie zur Tastung aufzubringen.

Es bleibt nun noch die Frage abzuklären, wie man die Stellung eines Ringes anzeigen kann oder wie man es einrichtet, daß ein Ring beim Durchlaufen einer bestimmten Stellung einen Impuls abgibt. Ein solcher Impuls muß beispielsweise in Abb. 227 vom ersten an den zweiten Ring geliefert werden. Es genügt nicht, einen einzelnen Transistor zu betrachten; denn jeder der Transistoren ist während der Hälfte der Stellungen leitend und während der andern Hälfte nichtleitend. Vielmehr muß man zwei Transistoren gleichzeitig erfassen. Das Kriterium dafür, daß der Ring von Abb. 226b in der Stellung 0 steht, ist, daß 1′ und 5′ beide leiten; in Stellung 1 leiten 2′ und 1, in Stellung 2 leiten 3′ und 2 usw. Eine Anzeige dafür erhält man leicht mit dem logischen „mal“-Gatter von Abb. 245a, indem die Eingänge des Gatters an die Kollektoren der beiden Transistoren angeschlossen werden. Die gleiche Schaltung wird verwendet, wenn die Stellung des Ringes in einem Feld von Signallampen sichtbar gemacht werden soll.

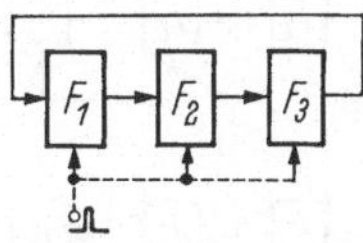

Abb. 228. Ring mit drei Stellungen (drei Flipflops). Die Schaltung ist so beschaffen, daß immer ein Flipflop in der Stellung 1, alle übrigen in der Stellung 0 sein müssen.

Sowohl in der Literatur als auch in der Praxis findet man oft eine andere Art von Ring, in welchen n Flipflops nicht $2n$, sondern nur n verschiedene Stellungen haben können, s. Abb. 228. Die n Flipflops sind durch eine geeignete Schaltung so miteinander verbunden, daß zu jeder Zeit eines und nur eines in der Stellung 1, alle übrigen in der Stellung 0 stehen. Ein an alle Stufen angelegter Tastimpuls bewirkt, daß die 1 um eine Stelle nach rechts wandert. — Diese Ringe benötigen gegenüber Abb. 226 den doppelten Aufwand, ohne einen Vorteil zu besitzen (außer der Möglichkeit, ungerade Moduln zu verwirklichen), und es ist überraschend, daß sie trotzdem oft verwendet werden. Es scheint, daß die Schaltung von Abb. 226 vielen Konstrukteuren unbekannt ist.

Rückkopplung im mehrstufigen Dualzähler. Die Rückkopplung ist ein Mittel, das es ermöglicht, in einem Dualzähler nach Abb. 225 eine vorgegebene Anzahl von Stellungen zu überspringen. Wenn der Dualzähler n Stufen hat, so zählt er modulo 2^n. Wird eine Rückkopplungsschaltung eingebaut, die R Stellungen überspringt, so zählt der so veränderte Zähler modulo $2^n - R$. Da man R frei wählen kann, läßt sich jedes beliebige Modul erzeugen, im Gegensatz zum Ringzähler, der nur gerade Moduln gestattet. Um beispielsweise einen Zähler modulo 19 zu bauen, wählt man 5 Stufen ($2^5 = 32$) und sorgt dafür, daß durch Rückkopplung $32 - 19 = 13$ Stellungen übersprungen werden.

Die folgenden Beispiele erläutern den Bau eines Dezimalzählers. Dazu sind 4 Stufen nötig ($2^4 = 16$), und es sind 6 Stellungen zu überspringen. Die duale Darstellung von 6 ist 0 1 1 0; also müssen in Abb. 225 F_1 und F_2 je einmal zusätzlich gesetzt werden. — Ein solcher Dezimalzähler enthält 4 Flipflops. Mit einem Ring wären 5 Flipflops nötig. Die Ersparnis ist also im Fall des Moduls 10 nicht sehr groß, doch sind fast alle Dezimalzähler als Dualzähler mit Rückkopplung und nicht als Ringe gebaut. Die Ersparnis gegenüber dem Ring wird um so größer, je größer das Modul, und für Moduln über etwa 20 werden Ringzähler unwirtschaftlich.

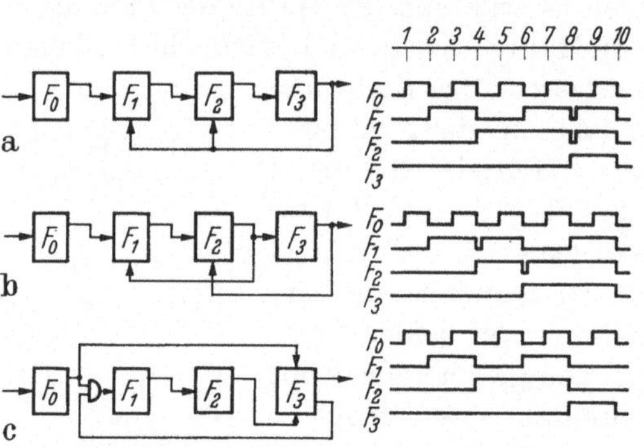

Abb. 229. Drei Schaltungen mit Rückkopplung zur Herstellung eines Dezimalzählers aus einem vierstufigen Dualzähler. Links die logische Schaltung, rechts die Signalformen der vier Flipflops.

In diesem Abschnitt betrachten wir nur den logischen Aufbau; die elektrischen Schaltungen werden auf S. 224f. beschrieben. Es gibt viele verschiedene Arten, wie die Rückkopplung durchgeführt werden kann; ihre Verwirklichung bildet ein dankbares Betätigungsfeld für den Erfinder. Abb. 229 zeigt drei gebräuchliche Verfahren. Links ist die logische Schaltung mit den vier Flipflops angegeben. Die Eingänge jedes Flipflops sind genau auf halber Höhe eingezeichnet, um anzudeuten, daß es sich um symmetrische Tastung handelt; die Ausgänge jedoch sind, da sie einen der beiden Kollektoren darstellen, unsymmetrisch gezeichnet. Rechts sind die Signalformen der vier Flipflops aufgetragen, wobei zuoberst, für alle drei Fälle gemeinsam, die zehn Impulse angegeben sind. Nach dem zehnten Impuls ist der Zähler wieder in seiner Ausgangslage.

Wir betrachten zunächst die Schaltung a). Bis und mit Impuls Nr. 7 arbeitet sie wie ein normaler Dualzähler. Impuls Nr. 8 setzt das Flipflop F_3 in Stellung 1. Die Rückkopplung bewirkt, daß dadurch F_1 und F_2 vorzeitig ebenfalls auf 1 gesetzt werden. Diese beiden Flipflops bleiben also nur während kurzer Zeit auf 0; die Dauer entspricht der Schalt- und Übermittlungszeit auf F_3 und wieder zurück. Die Rückkopplung könnte an sich am symmetrischen Tasteingang von F_1 und F_2 angeschlossen werden, doch erweist es sich als praktischer und betriebssicherer, für die Rückkopplung einen getrennten, unsymmetrischen Eingang vorzusehen, der diese Flipflops nur von 0 auf 1, aber nicht umgekehrt setzen kann. — Bezüglich der zeitlichen Abläufe ist eine Besonderheit zu beachten: Während für die Impulse Nr. 1 bis 7 die Geschwindigkeit des gesamten Zählers nur durch das Auflösungsvermögen der ersten Stufe bestimmt wird, sind bei Impuls Nr. 8 die Verhältnisse komplizierter. Dieser Impuls muß *nacheinander* fünf Flipflops setzen, nämlich $F_0 - F_1 - F_2 - F_3 - F_1$ (und F_2), und die dafür beanspruchte Zeit entspricht dem Fünffachen einer einzelnen Schalt- und Übermittlungszeit. Bedingung ist, daß F_1 und F_2 fertig geschaltet haben, bevor der Impuls Nr. 10 eintrifft. Also muß diese fünffache Schaltzeit kürzer als zwei Impulszeiten sein.

Die Schaltung b) ist ähnlich wie a), außer daß F_1 bei Impuls Nr. 4 und F_2 bei Nr. 6 ein Rückkopplungssignal empfängt. Bezüglich der Auswirkung der Verzögerungen ist diese Version etwas vorteilhafter.

Eine Schaltung mit einem logischen „mal"-Gatter zeigt c). Bis und mit Impuls Nr. 8 ist der Verlauf wie bei einem normalen Dualzähler. Dann schließt infolge des Umschaltens von F_3 das Gatter, das bisher die Verbindung von F_0 und F_1 hergestellt hat, so daß F_1 durch Impuls Nr. 10 nicht beeinflußt wird; dagegen wird F_3 mittels der zusätzlichen Leitung wieder auf 0 zurückgesetzt. (Diese Leitung versucht bei allen Impulsen mit gerader Nummer, das Flipflop F_3 auf 0 zu stellen. Es muß dafür gesorgt werden, daß das Signal, das bei Impuls Nr. 8 von F_2 her kommt, stärker ist und in seinem Einfluß überwiegt.)

Mehrstufige Dezimalzähler. Elektronische Zähler stehen in den verschiedensten Gebieten im praktischen Einsatz. Die wichtigsten Anwendungen sind die Zählung von Partikeln in kernphysikalischen Experimenten und die Frequenzmessung, welche im Abzählen der Anzahl Schwingungen während eines festen Zeitintervalls besteht. In den meisten Fällen sind viele Vorgänge zu zählen (10^6 oder mehr), so daß der Zähler modulo einer hohen Zahl arbeiten muß, und meistens wird die Anzeige im Dezimalsystem gewünscht. Man wird also mehrstufige Dezimalzähler bauen. Jede Stufe besteht entweder aus einem Ring nach Abb. 226 oder aus einem vierstufigen Dualzähler mit Rückkopplung nach Abb. 229. Wie bereits erwähnt wurde, gibt man der letzteren Anordnung meistens den Vorzug. Jede dezimale Stufe muß nach dem Impuls Nr. 10 ein Signal abgeben, das als Eingangsimpuls für die folgende Stufe dienen kann. Dieses Signal wird in Abb. 229 durch die fallende Flanke von F_3 gebildet.

Löschen und Setzen. Zu Beginn einer Zählung muß im allgemeinen ein Zähler auf Null gesetzt werden; diesen Vorgang bezeichnen wir als Löschen. Das Löschen geschieht dadurch, daß jedes der im Zähler vorhandenen Flipflops in die Nullstellung verbracht wird. Falls das Löschen von Hand (also durch Betätigen eines Druckknopfes) vollzogen werden kann, so genügt es, an der gemeinsamen Spannungsquelle einen getrennten Anschluß vorzusehen, an welchen einer der beiden Kollektorwiderstände jedes Flipflops geführt ist. Der Druckknopf braucht dann nur einen einzelnen Kontakt, der diesen Anschluß unterbricht und dadurch alle Flipflops in die Nullstellung zwingt. Etwas schwieriger ist es, das Löschen mittels eines elektrischen Impulses, der von irgendeinem Anlageteil herkommen mag, durchzuführen. Wenn, wie im Fall des Druckknopfes, die gemeinsame Kollektorspeisung erfaßt werden soll, so ist ein Impuls von ziemlich hoher Energie nötig, und der Vorgang beansprucht reichlich viel Zeit (jedenfalls ein Mehrfaches des Auflösungsvermögens des Zählers). Ein schnelles Löschen ist nur möglich, indem man für jedes einzelne Flipflop unter Verwendung einer Diode einen zusätzlichen unsymmetrischen Tasteingang vorsieht und in alle diese Eingänge einen gemeinsamen Impuls eingibt.

Oft wünscht man eine Vorrichtung zu haben, die es gestattet, einen Zähler auf eine vorgegebene Zahl, die von Hand mittels Druckknöpfen oder Skalen eingestellt wird, zu setzen. Dieser Fall tritt ein, wenn ein Zähler nach einer gewissen, frei wählbaren Zahl N von Ereignissen ein Signal abgeben soll. Man setzt dann den Zähler vor Beginn des Experimentes auf $Z - N$, wobei Z das Modul ist, und verwendet den Impuls, der abgegeben wird, wenn der Zähler „überfließt" (das Modul überschreitet). Dazu müssen beide Seiten jedes Flipflops mit einem zusätzlichen Tasteingang, der eine Diode erfordert, versehen werden.

17.2 Schaltungstechnik

Bisher wurde hauptsächlich über den logischen Aufbau von mehrstufigen Zählern berichtet, wobei als Beispiel für die Schaltung der einzelnen Stufen die Transistor-Flipflops von Abb. 166 und 167 verwendet wurden. In diesem Abschnitt sollen nun einige schaltungstechnische Einzelheiten zur Sprache kommen, die über das hinausgehen, was auf S. 146ff. über Flipflops gesagt wurde.

Impulsformung und Totzeit. Für betriebssicheres Arbeiten eines Zählers empfiehlt es sich, ihn mit normierten Impulsen zu betreiben, also solchen, die gleichmäßige Anstiegszeit, Höhe und Dauer haben. Die Quelle, von der die zu zählenden Ereignisse herrühren, erfüllt diese Bedingung meistens nicht; daher muß dem Zähler ein Impulsformer vorgeschaltet werden. In Betracht kommt der *monostabile Multivibrator* und die *Schmitt-Schaltung*.

Für den monostabilen Multivibrator verwendet man die kathodengekoppelte Schaltung der Abb. 181a (s. S. 166), die genau analog auch mit Transistoren gebaut werden kann. Tastung erfolgt durch die differenzierte Anstiegsflanke des Eingangsimpulses. Diese muß eine gewisse Mindeststeilheit besitzen; darüber hinaus hat aber die Dauer des Eingangsimpulses keinen Einfluß, und die Dauer des abgegebenen Impulses hängt nur von der Schaltung ab.

In diesem Zusammenhang muß nun der wichtige Begriff der *Totzeit* definiert werden. Nach jedem *abgegebenen* Impuls ist die Schaltung während einer gewissen festen Zeit für ankommende Impulse unempfindlich. (Es gibt auch eine zweite Art von Totzeit, in welcher die Unempfindlichkeit während einer bestimmten Zeit nach jedem *ankommenden* Impuls bestehenbleibt. Diese beiden Möglichkeiten wirken sich auf den Zählverlust bei schnellen Impulsfolgen verschieden aus, was das folgende Beispiel erläutern möge: Von einer Folge sehr schnell eintreffender Impulse zählt ein Zähler zweiter Art nur den ersten Impuls, während ein Zähler erster Art eine Frequenzunterteilung vornimmt. Monostabiler Multivibrator und SCHMITT-Schaltung verhalten sich nach der ersten Art.) Die Totzeit des monostabilen Multivibrators von Abb. 181a setzt sich zusammen aus der Dauer des abgegebenen Impulses und der Erholungszeit, die von $R_{a1} C$, aber auch von der Höhe des nächsten ankommenden Impulses abhängt.

Die Totzeit τ begrenzt die Zählgeschwindigkeit des Zählers, indem pro Zeiteinheit höchstens $1/\tau$ Impulse gezählt werden können. Folgen sich zwei Impulse im Abstand von weniger als τ, so geht der zweite verloren. Natürlich wird man τ so kurz als möglich machen. Daher soll der vom monostabilen Multivibrator abgegebene Impuls nur so lange sein, als es für den sicheren Betrieb des Zählers unbedingt nötig ist, und die nachfolgende Erholungszeit ist möglichst abzukürzen [*60*].

Die zweite, oft verwendete Impulsformerschaltung ist die SCHMITT-Schaltung, s. Abb. 172 (S. 158). Die Art der Impulsformung geht aus Abb. 173 hervor. Hier wird allerdings nur die Anstiegszeit und Höhe, nicht aber die Dauer der abgegebenen Impulse normiert, was aber hinreicht, falls der Zähler einen differenzierenden Eingang besitzt. Die Totzeit hängt von der durch $R_2 C$ bedingten Erholungszeit ab, ferner von der Ladungsträgerspeicherung in den Transistoren.

Die duale Zählerstufe. Wie bereits erwähnt wurde, ist die häufigste Grundschaltung die in Abb. 166b (S. 150) gezeigte. Zur Tastung werden die freien Klemmen der Kondensatoren C_2 miteinander verbunden und an einen Kollektor der vorhergehenden Stufe angeschlossen. C_2 übt einen differenzierenden Einfluß aus und bewirkt, daß nur die Anfangsflanke des empfangenen Impulses, nicht aber seine Dauer von Bedeutung ist.

Außer dieser Schaltung kommen auch die Varianten von Abb. 168 in Betracht, und die auf S. 136ff. angedeuteten Verfahren zur Erhöhung der Arbeitsgeschwindigkeit lassen sich einzeln oder kombiniert anwenden. Unter Anwendung aller Maßnahmen dürfte es mit den schnellsten Transistoren möglich sein, eine Zählfrequenz von etwa 50 MHz. zu erreichen. — Ein mehrstufiger Zähler mit besonders großem Spannungshub ist in [*2*], S. 48f. beschrieben.

Mit Röhren findet man allgemein die Grundschaltungen von Abb. 169 (S. 154). Zur Tastung wird am häufigsten Abb. 170c verwendet; symmetrische Tastung entsteht, indem man an jedes Gitter eine solche Kombination anschließt und die beiden freien Klemmen miteinander verbindet. Der so entstehende Eingang wird an eine der Anoden der vorhergehenden Stufe angeschlossen. Für geringere Geschwindigkeit eignet sich auch Abb. 171; hier kann der Tasteingang direkt an eine der Anoden der vorhergehenden Stufe angeschlossen werden. Diese Schaltung ist sehr sparsam und wird daher oft verwendet.

Möglichkeiten zur Erhöhung der Schaltgeschwindigkeit durch Verkleinerung des Hubes und Abfangen der Signalformen sind auf S. 157 angedeutet. Weitere Verbesserungen erreicht man durch die Verwendung zusätzlicher Röhren; in [*6*] ist auf S. 151 eine Stufe mit einer Zählfrequenz von 50 MHz angegeben.

Wichtig ist die Feststellung, daß die Zählgeschwindigkeit eines mehrstufigen Dualzählers nur von der ersten Stufe abhängt. Jede folgende Stufe hat Impulse niedrigerer Wiederholungsfrequenz zu verarbeiten. Es ist also möglich, nur in der ersten Stufe eine hochgezüchtete Schaltung zu verwenden und die folgenden Stufen zunehmend einfacher auszugestalten. Diese Aussage gilt jedoch nicht für Zähler mit Rückkopplung, wie schon auf S. 223 erwähnt wurde. Überhaupt lassen sich mit solchen Schaltungen weniger hohe Geschwindigkeiten erreichen. Für höchste Zählraten müssen immer die ersten Stufen im reinen Dualsystem betrieben werden.

Schaltungen für die Rückkopplung. Wie auf S. 221 dargelegt wurde, läßt sich durch Rückkopplung das Modul eines mehrstufigen Dualzählers verkleinern. Die Rückkopplung bewirkt, daß einzelne der Flipflops außerhalb der Reihenfolge zusätzlich gesetzt werden. Dieses zusätzliche Setzen erfolgt für ein bestimmtes Flipflop immer in dieselbe Schaltstellung, also entweder immer auf 0 oder immer auf 1; daher wird die Rückkopplungsleitung so ausgelegt, daß sie unsymmetrische Tastung bewirkt, was betriebssicherer und gleichzeitig einfacher ist als die symmetrische Tastung. Die am meisten verwendeten Schaltungen sind in Abb. 230 und 231 gezeigt, wobei der Dezimalzähler von Abb. 229a als Beispiel gewählt wurde; gezeichnet sind nur die Flipflops F_2 und F_3 sowie die Rückkopplung von F_3 zu F_2. Abb. 230 veranschaulicht eine Ausführung mit Transistoren. Der Zählerstufe liegt Abb. 166b (S. 150) zugrunde; die Tastung erfolgt durch Dioden. Die Rückkopplung geht durch C und R vom linken Kollektor von F_3 auf die rechte Basis von F_2. In gleicher Weise muß auch die rechte Basis von F_1 angeschlossen werden. In der Rückkopplung ist auf Dioden verzichtet worden; die Einführung von solchen würde die Betriebssicherheit (das heißt, die Unempfindlichkeit gegenüber Abweichungen von den Sollwerten der Bauteile und Spannungen) verbessern und die Schaltgeschwindigkeit erhöhen. Abb. 231 vermittelt eine Version mit Röhren, die auf der einfachen Tastung von Abb. 171 (S. 156) beruht; die Rückkopplung

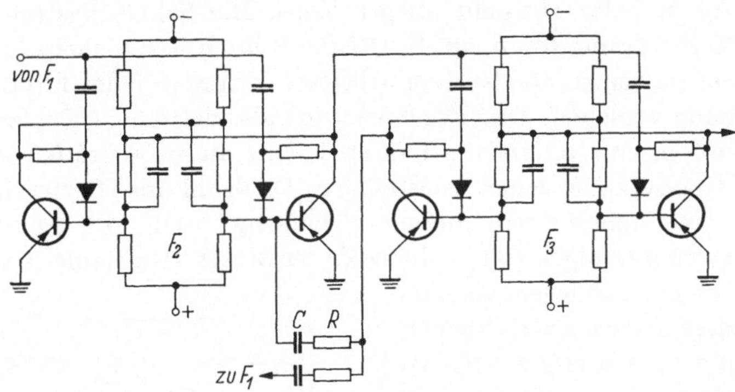

Abb. 230. Die Stufen F_2 und F_3 des Dezimalzählers von Abb. 229a. Die Rückkopplung erfolgt durch C und R.

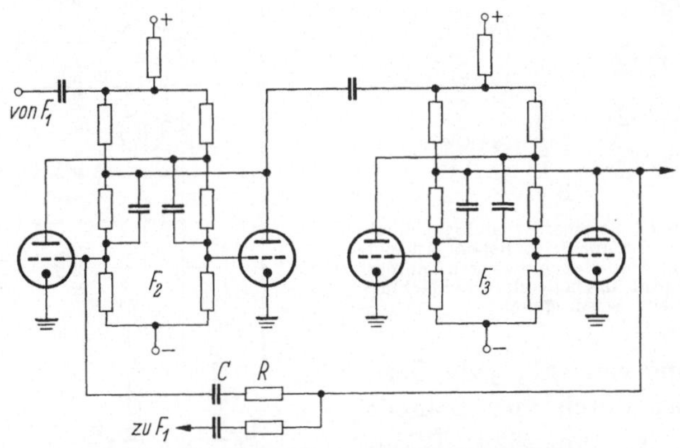

Abb. 231. Analog wie Abb. 230, aber mit Röhren.

erfolgt durch C und R. Auch hier ist F_0 und F_1 nicht eingezeichnet. Die gezeigte Schaltung verkörpert die sparsamste Ausführung für einen Dezimalzähler; es ist hier kein einziger Teil mehr vorhanden, der allenfalls weggelassen werden könnte.

17.3 Anzeige

Ein Zähler hat nur einen Sinn, wenn seine Stellung abgelesen werden kann. Elektrische Ablesung (etwa zur weiteren Verwertung in einer digitalen Anordnung) kann mit den bekannten Verfahren der digitalen Schaltungstechnik erfolgen. Hier ist von der optischen Anzeige, die das Resultat der Ablesung dem Auge zugänglich macht, die Rede.

Anzeige mit gewöhnlichen Lampen. Die am meisten verbreiteten Anzeigevorrichtungen machen von kleinen Glühlampen oder Glimmlampen Gebrauch. Eine solche Anordnung ist verzögerungsfrei, betriebssicher und in jeder Hinsicht anspruchslos. Die Schaltungstechnik ist auf S. 149 für Transistoren, auf S. 157 für Röhren besprochen. In einem Zähler, der im reinen Dualsystem arbeitet, wird man jedes Flipflop mit einer Lampe versehen. Das Ergebnis wird als vielstellige Dualzahl abgelesen, wobei eine brennende Lampe 1, eine ausgelöschte 0 bedeutet.

Die Übersetzung einer vielstelligen Dualzahl ins Dezimalsystem benötigt eine komplizierte digitale Schaltung; wenn die Anzeige im Dezimalsystem erfolgen soll, so ist es daher besser, den Zähler selbst als Dezimalzähler auszulegen. Zur Anzeige gibt es nun zwei verschiedene Anordnungen. Am einfachsten ist es, wenn man jedes Flipflop mit einer Lampe versieht; jede Dezimalstelle ist durch vier Lampen dargestellt, s. Abb. 232a. Wählt man die Zählerschaltung von Abbildung 229c, so erfolgt die Anzeige jeder Dezimalziffer im Dualsystem (Dual-Code), und die vier Lampen einer Dezimale können mit den Gewichten 1, 2, 4, 8 beschriftet werden. Andere Schaltungen (Abb. 229a oder b) ergeben andere Codes, die bedeutend schwieriger zu entziffern und zu memorieren sind. Der großen Einfachheit dieser Anzeige steht also der Nachteil entgegen, daß die Ablesung nicht einfach ist und einige Übung erfordert.

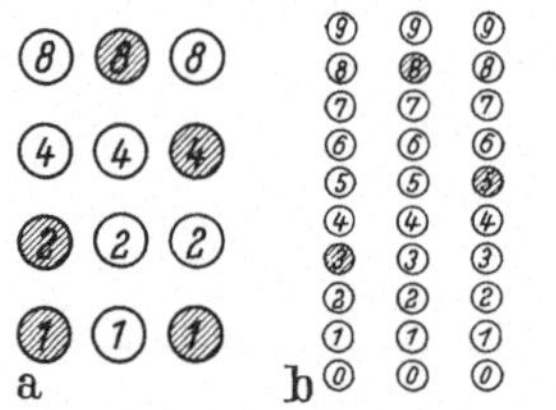

Abb. 232. Darstellung einer dreistelligen Dezimalzahl in einem Lampenfeld. Bei der Anzeige der Zahl 385 leuchten die schraffierten Lampen auf. a) Wiedergabe im Dualcode, b) entschlüsselte Wiedergabe.

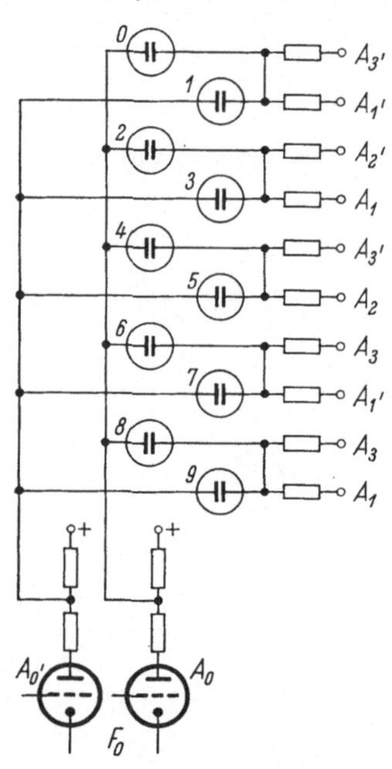

Abb. 233. Schaltung zur entschlüsselten Anzeige in einem Dezimalzähler nach Abb. 229b.

Besser ist es, für die zehn Dezimalziffern zehn Lampen vorzusehen, s. Abb. 232b. Man nennt das die *entschlüsselte Darstellung*. Die Ablesung eines solchen Lampenfeldes ist viel bequemer. Immerhin ist die Tatsache, daß die Stellen einer mehrstelligen Dezimalzahl nicht nebeneinander, sondern in verschiedener Höhe erscheinen, ein Nachteil, der sich dann unangenehm bemerkbar macht, wenn jemand stundenlang Zahlen ablesen und niederschreiben muß. Abb. 233 zeigt die Schaltung der zehn Lampen einer Dezimale. Als Beispiel wurde ein Lampenfeld mit Glimmlampen gewählt; der Zähler ist mit Trioden bestückt und ist nach Abb. 229b geschaltet. Diese Schaltung beruht darauf, daß das Aufleuchten jeder einzelnen der zehn Lampen nicht von vier, sondern nur von drei Stellen abhängig gemacht werden muß; diese Stellen sind nachfolgend fett gedruckt:

0	**0000**	*5*	**0111**
1	**0001**	*6*	**1100**
2	**0010**	*7*	**1101**
3	**0011**	*8*	**1110**
4	**0110**	*9*	**1111**

Die Lampen brennen dann, wenn die Spannung links hinreichend hoch, rechts hinreichend niedrig ist. A_0, A_1, A_2, A_3 kennzeichnen die Anoden der Flipflops F_0, F_1, F_2, F_3; die Anode ohne Strichindex ist jene, die leitet, wenn das Flipflop in der Stellung 1 steht. Beispielsweise kann die Lampe Nr. 8 nur brennen, wenn die Spannung auf der linken Seite hoch (also F_0 in Stellung 0) und gleichzeitig die Spannung auf der rechten Seite niedrig (also sowohl F_3 also auch F_1 in Stellung 1) sind. Spannungspegel und Widerstandswerte sind so zu wählen, daß wirklich nur in diesem Fall die Zündspannung an der Glimmlampe erreicht wird. — Diese Schaltung bedingt einen sehr geringen Aufwand an Bauteilen und wird daher häufig verwendet; sie beruht darauf, daß Glimmlampen eine Schwellspannung besitzen, unterhalb welcher sie kein Licht abgeben. Glühlampen besitzen diese Eigenschaft nicht in hinreichend ausgeprägtem Maß und können daher nicht in dieser einfachen Anordnung verwendet werden; sie benötigen logische „mal"- und „oder"-Gatter mit Dioden, was höhere Kosten verursacht. Außerdem versagt die Schaltung in einem Zähler nach Abb. 229c, da sie an gewisse Eigenschaften des Codes geknüpft ist, die nicht für alle Codes erfüllt sind.

Ziffernanzeigeröhren. Es gibt verschiedene Konstruktionen von Glimmlampen, die die anzuzeigenden Ziffern unmittelbar in Form einer Leuchtschrift erzeugen. Zwei Beispiele zeigt Abb. 234. Solche Lampen werden in einen gewöhnlichen Röhrensockel eingesteckt; die Abbildung zeigt die Ansicht, die sich ergibt, wenn man von oben (also in axialer Richtung) blickt. Diese Lampen haben zehn Kathoden und eine gemeinsame Anode und können so gebaut werden, daß die Glimmentladung

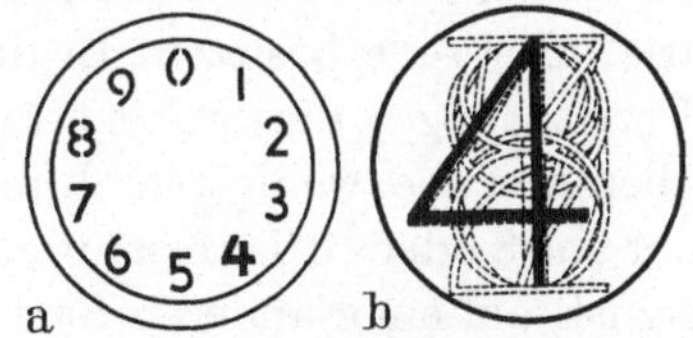

Abb. 234. Zwei Anzeigeröhren, die als Glimmlampen mit zehn Kathoden gebaut sind. Anzeige der Ziffer 4.

gleichzeitig nur an einer einzigen Kathode stattfindet. Durch geeignete Schaltungen wird vom Zähler aus bestimmt, welche der zehn Kathoden zünden soll. Das geschieht entweder dadurch, daß man der gewünschten Kathode eine Spannung vermittelt, die negativer ist als die der übrigen, oder daß in der Röhre neben jeder Kathode eine Starterelektrode eingebaut wird, die vermöge einer kleinen Spannungsdifferenz eine bevorzugte Zündung verursacht. Im letzteren Fall sind zur Steuerung nur etwa 5 V und 15 μA nötig, was für Transistorschaltungen sehr gut geeignet ist. Der Betrieb der Glimmentladung erfordert in beiden Fällen etwa 100 V, 2 mA.

In Abb. 234a ist vor die zehn Kathoden eine Blende mit zehn ausgestanzten Ziffern angebracht; durch die Aussparungen wird die rot leuchtende Glimmentladung sichtbar. In b) ist eine Lampe gezeigt, deren zehn Kathoden aus Drähten bestehen, die in Form der Ziffern gebogen und dicht hintereinander angeordnet sind. Die brennende Kathode überzieht sich mit einer rot leuchtenden Umhüllung. Die Drähte sind so dünn, daß sie die Sicht gegenseitig nur wenig behindern. Solche Kathoden lassen sich allerdings nicht durch Starter zünden, sondern nur durch Spannungen an den Kathoden selbst, wozu höhere Leistungen nötig sind.

Für den Betrachter vermittelt besonders Abb. 234b eine befriedigende Anzeige, die auch in einiger Entfernung noch gut gelesen werden kann. Anderseits sind solche Indikatoren gegenüber dem Lampenfeld von Abb. 232 wesentlich teurer; sie beanspruchen ferner viel mehr Raum und erfordern engere Toleranzen der Spannungen und Bauteile.

Literatur zu Abschn. 17.1—17.3: [*2, 6, 7, 13*].

17.4 Dekadische Zählröhren

Der Gedanke liegt nahe, für den Bau eines Dezimalzählers Elemente zu suchen, die vermöge ihrer Konstruktion zehn unterscheidbare Betriebszustände besitzen. In den letzten zwanzig Jahren sind unzählige Vorrichtungen dieser Art erfunden und gebaut worden, von denen sich aber nur die wenigsten durchgesetzt haben. Ein dekadischer Zähler, der aus 8 oder 10 Transistoren besteht, ist so einfach, daß es sehr schwierig ist, auf einer anderen Basis etwas Wirtschaftlicheres zu finden. Dezimale Zählröhren sind jedenfalls nur dann konkurrenzfähig, wenn gleichzeitig eine optische Anzeige verlangt wird; daher haben sich nur jene Ausführungsformen, die ihre Stellung direkt sichtbar werden lassen, behaupten können. — Die erreichbaren Zählgeschwindigkeiten sind relativ klein und liegen erheblich unter 1 MHz, was aber für viele Anwendungen völlig hinreichend ist.

Am meisten verbreitet sind Glimmlampen mit 10 Hauptkathoden und 10 Zwischenkathoden, die alle eine gemeinsame Anode besitzen, s. Abb. 235. Die Kathoden sind entlang einem Kreis angeordnet, so daß die letzte und die erste direkt benachbart sind (was in der Zeichnung nicht zum Ausdruck kommt). Die Glimmentladung kann nur bei einer einzigen Kathode zugleich brennen. In der Abbildung brennt Nr. 1; der Spannungsabfall am zugehörigen Widerstand kann zur Erzeugung eines elektrischen Signals verwendet werden. Wenn nun ein negativer Impuls auf den Satz der zehn Hilfskathoden gelangt, so geht die Entladung auf die der brennenden Kathode benachbarte Hilfskathode über, und zwar sorgt eine unsymmetrische Konstruktion dafür, daß diese Wanderung immer nach rechts erfolgt. Nach Beendigung des Impulses springt die Entladung — wieder nach rechts — auf die nächste Hauptkathode über, womit nun der Zähler um einen Schritt vorgerückt ist. Die Anzeige erfolgt durch 10 Öffnungen in der Anode, durch die der Ort der Glimmentladung sichtbar wird und die mit den 10 Ziffern beschriftet werden können. — Zur Steuerung an den Hilfskathoden sind kräftige Impulse (50 bis 150 V) nötig, wobei aber ihre Form nicht kritisch ist. Wenn ein mehrstelliger Dezimalzähler mit mehreren solchen Röhren gebaut werden soll, so müssen die Impulse, die von einer Stufe zur nächsten geleitet werden, durch einen gesonderten Zwischenverstärker erzeugt werden, da die Röhre selbst so große Signale nicht abgeben kann. — Die Glimmentladung brennt mit etwa 200 V, 1,5 mA [*21*, *31*, *32*].

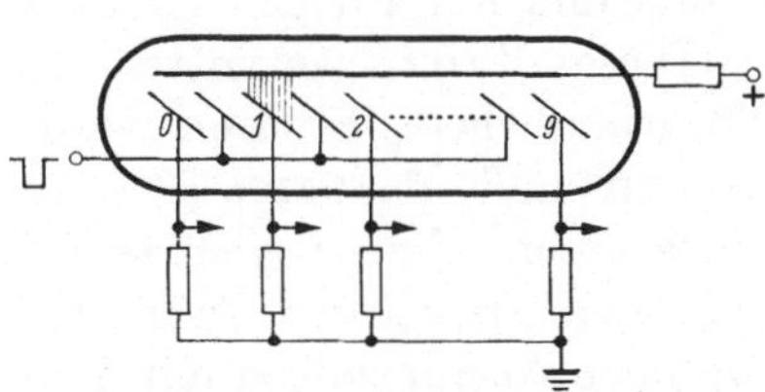

Abb. 235.
Glimmlampe mit zehn Hauptkathoden und zehn Hilfskathoden als Zählröhre.

18. Amplitudenspektrographen

Die Messung von Strahlungen, die bei Kernumwandlungen und bei Prozessen der Hochenergiephysik auftreten, erfordert elektronische Geräte, deren Technik sich in den letzten zwanzig Jahren außerordentlich entwickelt hat. Die Amplitudenspektrographen gehören zu den wichtigsten dieser Apparate. Sie nehmen eine Impulsfolge entgegen und ermitteln, mit welcher Häufigkeit die verschiedenen Amplituden vorkommen. Die große Bedeutung der Amplitudenspektrographen beruht darauf, daß es Teilchendetektoren gibt, die elektrische Impulse liefern, deren Amplitude der Teilchenenergie proportional ist. Somit läßt sich aus dem Amplitudenspektrum direkt das *Energiespektrum einer Strahlung* ablesen.

Die größten Geräte dieser Art sind Vielkanal-Spektrographen mit Magnetkernspeichern. Sie sind in ihrer Kompliziertheit mit einer digitalen Rechenanlage vergleichbar, und beim Bau muß man sich nicht nur mit den Grundschaltungen, sondern ausgiebig mit logischen Abläufen und mit Fragen der Gesamtorganisation befassen.

Dieses Kapitel vermittelt einen Abriß über das Gesamtgebiet. Für ein gründlicheres Studium wird auf zwei Übersichtsarbeiten von BALDINGER und FRANZEN [*33*] und von CHURCHILL und CURRAN [*38*] hingewiesen, die ausgiebige Literaturverzeichnisse enthalten, ferner auf einen Artikel von FRÄNZ [*41*]. Einzelne Schaltungen finden sich in [*6*], neue Ausführungen mit Transistoren in [*40*]. Die neuen Tendenzen im Systembau sind in [*37*] zusammengefaßt.

18.1 Prinzip und Arbeitsweise

Amplitudenspektrographen ermitteln die Häufigkeit, mit welcher die verschiedenen Amplitudenwerte in einer zu analysierenden Signalform vorkommen. Unsere Beschreibung beschränkt sich auf den Fall, wo diese Signalformen Impulsfolgen sind, da ihnen praktisch weitaus die größte Bedeutung zukommt; doch kann mit geeigneten Apparaten auch von jeder andern Signalform (also etwa von einer Rauschspannung) ein Spektrogramm gebildet werden. — Ferner beschränken wir uns auf die Verfahren, in denen die Ereignisse in digitalen Zählern oder Speichern registriert werden. Die ebenfalls wichtigen Anordnungen, in dem jeder Impuls eine Schwärzung auf einer photographischen Platte verursacht, lassen wir außer Betracht.

Das Prinzip aller Amplitudenspektrographen ist sehr einfach. Es handelt sich lediglich darum, diejenigen Teile einer Signalform auszuwählen, die eine vorgegebene Amplitude überschreiten. Die dazu geeigneten Schaltungen sind auf S. 116f. beschrieben und als „Begrenzer" bezeichnet. Auch die Komparatoren von S. 121f. haben die geforderte Eigenschaft. — In der Literatur über Amplitudenspektrographen werden die Schaltungen, die entscheiden, ob ein Impuls eine gegebene Höhe überschreitet, als *Diskriminatoren* bezeichnet.

Integrale und differentielle Diskriminierung. Abb. 236 zeigt den Prozeß der Amplitudendiskriminierung an Hand einer Folge von 6 Impulsen. Am einfachsten ist es, mit einer Amplitudenselektionsschaltung nur die Impulse zu zählen, die über einen gewissen Schwellwert U liegen. Im Beispiel sind das Nr. 1, 3, 5, 6, also $N = 4$ Impulse. Durch Verschieben von U erhält man eine Kurve $N(U)$, welche allerdings nicht das Spektrum selbst ist. Dieses entsteht erst durch Differenzieren dieser Kurve; denn unter den Spektrum versteht man eine Funktion von U, die besagt, wieviel Energie im infinitesimalen Intervall $U + dU$ enthalten ist. Man bezeichnet daher die einfache Schwellwertbildung als *integrale Diskriminierung*. Da das nachträgliche Differenzieren einer abgelesenen Kurve Ungenauigkeiten einführt, ist es wesentlich besser, gleich zu Beginn nur die Impulse zu zählen, die in einem Intervall zwischen U und $U + \Delta U$ liegen, also Nr. 1 und 5 in Abb. 236. Um das Spektrum zu erhalten, wird das Intervall um seine eigene Breite so oft verschoben, bis der ganze Bereich überdeckt ist. Man bezeichnet das als *differentielle Diskriminierung*. Die hauptsächliche Schwierigkeit dieses Verfahrens liegt darin, daß die Intervalle exakt aneinander anschließen müssen. Sie dürfen weder Lücken bilden noch sich überlappen, sonst würden Impulse weggelassen oder doppelt gezählt.

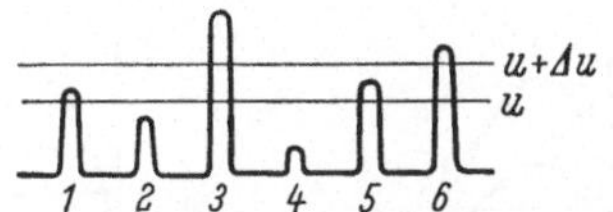

Abb. 236. Der Prozeß der Amplitudendiskrimination.

Heute verwenden fast alle Geräte die differentielle Diskriminierung. Die Anzahl der Intervalle beträgt meistens 10 bis 100, doch gibt es Spektrographen mit bis zu 400 Intervallen.

Einkanal- und Mehrkanalregistrierung. Die Schaltung, die die Impulse im Intervall von U bis $U + \Delta U$ aussortiert und zählt, nennt man *Kanal*. Am bequemsten sind die Geräte, welche für jedes Intervall einen gesonderten Kanal besitzen, so daß von einer Impulsfolge gleichzeitig alle Amplituden erfaßt und gezählt werden. Solche Geräte sind sehr aufwendig, besonders wenn die Kanalzahl groß ist, und für bescheidenere Ansprüche hat man daher Einkanalgeräte gebaut, in welchen ein einziger Kanal die Intervalle *nacheinander* ausmißt[1]. Dadurch wird natürlich die Meßzeit auf das n-fache verlängert, wenn n Intervalle gewählt werden.

18.2 Aufbau und Schaltungen

Verstärkung. Damit eine exakte Diskriminierung möglich ist, werden die Impulse des Teilchendetektors zunächst in einem geeigneten Breitbandverstärker so verstärkt, daß ihr Amplitudenbereich von 0 bis etwa 100 V reicht. Diese Verstärker sind meistens wechselstromgekoppelt, das heißt, der Gleichspannungsanteil eines Signals wird nicht übermittelt. In solchen Schaltungen verschiebt sich am Ausgang die Impulsbasis in Abhängigkeit der Impulshäufigkeit, was natürlich eine Amplitudenspektrographie unmöglich machen würde. Daher muß auf sorgfältige Festhaltung des Gleichspannungspegels geachtet werden (s. S. 118ff.). Das ist allerdings dann mit Schwierigkeiten verbunden, wenn die not-

[1] Ein so aufgenommenes Spektrum ist natürlich nur richtig, wenn die spektrale Zusammensetzung der gemessenen Impulsfolge im Verlauf der ganzen Messung unverändert bleibt.

wendige Verstärkung so groß ist, daß das Ausgangssignal einen merklichen Anteil an Rauschspannung besitzt.

Diskrimination. Integrale Diskrimination geschieht mit irgendeiner Schaltung zur Amplitudenselektion, s. S. 116f., wobei für die verschiedenen Pegel der Diskrimination verschiedene Gleichspannungen verwendet werden. Allerdings hängt mit solchen Schaltungen die Form des angegebenen Impulses stark davon ab, wie weit der eingegebene Impuls den gesetzten Pegel überschreitet, da die von einem Teilchendetektor abgegebenen Impulse nicht rechteckig sind, s. Abbildung 237. Diese Tatsache wirkt sich auf die Arbeit der nachgeschalteten Zähler ungünstig aus. Daher wählt man als Diskriminator fast immer die SCHMITT-Schaltung, die nur zwei mögliche Stellungen hat (s. Abb. 172—174, S. 158f.). Durch Wahl der Speisespannungen und Widerstände läßt sich der Spannungspegel der Umschaltung frei einstellen. Die SCHMITT-Schaltung erzeugt beim Einsatz eine steile Flanke, s. Abb. 173, unabhängig davon, ob der Pegel stark oder schwach überschritten wird.

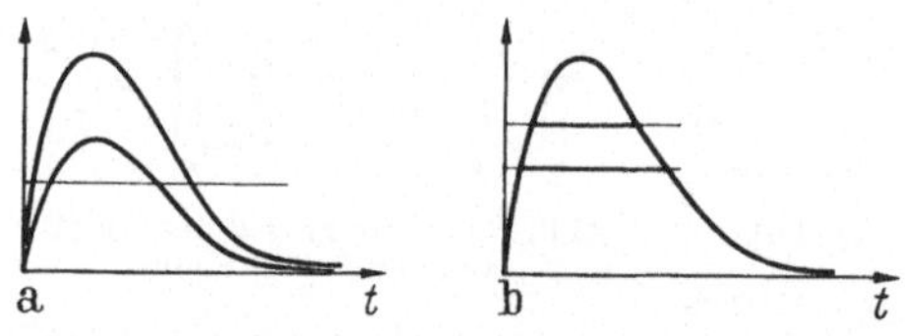

Abb. 237. Auswirkungen der Tatsache, daß die Impulse nicht rechteckig sind: a) Abhängigkeit der Impulsform von der Amplitude, b) Abhängigkeit der Impulsdauer vom betrachteten Pegel.

Allerdings ist die SCHMITT-Schaltung nicht mehr verwendbar, sobald die Totzeit des Zählers unter etwa 0,5 μs gesenkt werden soll. Man ist dann auf die Koinzidenzschaltungen der Nanosekundentechnik angewiesen, s. S. 271ff.

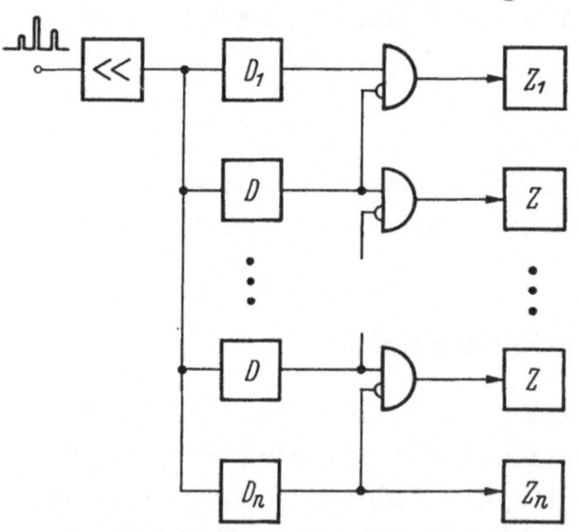

Abb. 238. Amplitudenspektrograph mit Antikoinzidenzschaltungen. D Diskriminatoren, Z Zähler. 1 ist das niedrigste, n das höchste Niveau.

Gleichzeitige Registrierung mehrerer Kanäle. Abb. 238 zeigt, stark vereinfacht, den Gesamtaufbau eines Vielkanalspektrographen für n Kanäle mit Antikoinzidenzschaltungen. Die am Eingang eintreffenden Impulse werden zuerst in einen linearen Verstärker verstärkt und gelangen dann auf n Diskriminatoren D, von denen jeder eine einfache Amplitudenselektion ausführt, das heißt, jeder leitet den Impuls weiter, wenn derselbe eine vorgegebene Höhe überschreitet. Diese Schwelle ist für D_1 am niedrigsten, für D_n am höchsten. Anschließend folgt ein Antikoinzidenz-Gatter, welches den Impuls sperrt, sofern er in der nächsthöheren Stufe ebenfalls vom Diskriminator weitergeleitet wurde (solche

Gatter sind auf S. 124ff. beschrieben, für Nanosekundenimpulse auf S. 271ff.). Schließlich folgen n Zähler, die die Impulse registrieren. Es ist leicht einzusehen, daß jeder Impuls auf einen und nur einen Zähler gelangt, auch wenn die Spannungspegel in den Diskriminatoren nicht exakt eingehalten sind; darin liegt der Vorteil dieser Schaltung. Hingegen ist zu beachten, daß die Zeit, während derer ein Impuls einen vorgegebenen Pegel überschreitet, für verschiedene Pegel verschieden ist, s. Abb. 237b. Somit werden die zwei Eingangssignale der Antikoinzidenzgatter von Abb. 238 nicht genau gleichzeitig sein. Die Gatter müssen so ausgelegt werden, daß sie trotzdem richtig funktionieren.

Die verschiedenen Spannungspegel zur Markierung der Intervalle werden einem einzigen Spannungsteiler mit vielen Abgriffen entnommen. Infolge der Toleranzen in diesem Spannungsteiler besteht allerdings keine Gewähr, daß alle Intervalle genau die gleiche Breite haben.

Konstante Intervallbreiten. GATTI hat eine Schaltung angegeben, in der die Intervallbreite für alle Intervalle durch ein gemeinsames Element bestimmt wird und daher große Konstanz besitzt [*42*]. Abb. 239 veranschaulicht das Prinzip: Der empfangene Impuls wird zunächst „gestreckt", also in einen verlängerten Rechteckimpuls verwandelt, wobei die ursprüngliche Höhe genau beibehalten wird (s. S. 129f.). Dazu wird, um einige Mikrosekunden verzögert, ein zusätzlicher Rechteckimpuls von fester Höhe und Dauer addiert. Das so entstandene Impulspaar wird auf eine SCHMITT-Schaltung mit festem Ansprechpegel geleitet. Diese Schaltung wird nun, je nach Amplitude, entweder gar nicht oder bei der zweiten oder bei der ersten Anstiegsflanke schalten. Nur wenn die Schaltung bei der zweiten Flanke erfolgt, darf der Impuls registriert werden. Das wird durch zwei differenzierende Schaltungen und ein Koinzidenzgatter bewirkt. Die Intervallweite hängt also nur von der Höhe des Zusatzimpulses ab. Dieser Zusatzimpuls kann für alle Intervalle gemeinsam erzeugt werden, was die Gewähr bietet, daß wirklich alle Intervalle genau gleich groß sind. Allerdings kann es jetzt geschehen, daß sich die Intervalle entweder überlappen oder daß zwischen ihnen eine Lücke entsteht, was bei Abb. 238 nicht eintritt.

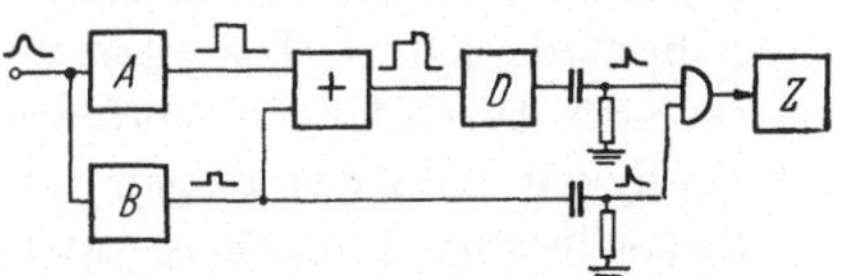

Abb. 239. Schaltung für konstante Intervallbreite. *A* Impulsstrecker, *B* Generator für den verzögerten Impuls konstanter Höhe, *D* Diskriminator (SCHMITT-Schaltung), *Z* Zähler.

Verwandlung der Amplitude in eine Zeitdauer. Das nachfolgende Verfahren erfüllt die *beiden* Forderungen der konstanten Intervallbreite und des lückenlosen Aneinandergrenzens der Intervalle [*48*]. Der empfangene Impuls wird zunächst gestreckt, also in einen Rechteckimpuls gleich großer Amplitude verwandelt. Ferner löst er automatisch zwei weitere Vorgänge aus: Eine linear ansteigende Signalform beginnt zu laufen, und ein Oszillator konstanter Frequenz schwingt an, s. Abb. 240. Die Amplitudengleichheit von gestrecktem Impuls und linearer Signalform schaltet den Oszillator wieder aus. Somit ist die Zahl der ausgeführten Schwingungen direkt proportional zur gemessenen Amplitude und kennzeichnet daher die Nummer des Kanals, in welchem der Impuls registriert werden soll. Die ermittelte Zahl dient nun dazu, mittels einer digitalen Schaltung den Registerinhalt des richtigen Kanals um Eins zu erhöhen.

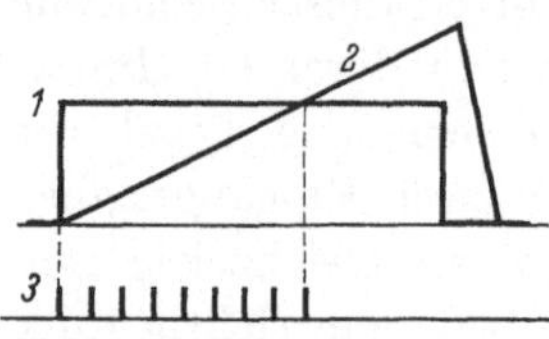

Abb. 240. Ermittlung der Impulsamplitude durch Verwandlung in ein Zeitintervall. *1* gestreckter Impuls, der gemessen werden soll, *2* lineare Signalform, *3* Oszillatorschwingungen.

Dieses Verfahren bedingt allerdings nach jedem Impuls eine lange Totzeit, da die Frequenz des Oszillators 10 MHz kaum überschreiten kann und da, je nach der Kanalzahl, 100 oder mehr Schwingungen abgewartet werden müssen. Für Ionisationskammern, die ohnehin eine Totzeit von 10 μs oder mehr haben, stellt das keine Einschränkung dar; die neuen Halbleiterdetektoren besitzen jedoch Totzeiten von 50 ns oder noch weniger, und für sie ist das beschriebene Verfahren nicht anwendbar, falls ihre Geschwindigkeit wirklich ausgenützt werden soll.

Registrierung. Einfachere Spektrographen registrieren die Impulse in konventionellen elektronischen Zählern mit Röhren oder Transistoren, die — je nach dem Geschmack des Konstrukteurs — im Dual- oder im Dezimalsystem arbeiten. Falls aber die Kanalzahl groß ist und gleichzeitig in jedem Kanal eine hohe Zahl von Impulsen gezählt werden soll, werden solche Zähler sehr aufwendig und man verwendet die Speichertechnik, die für digitale Rechenanlagen entwickelt worden ist. Nach dem heutigen Stand sind Magnetkernspeicher am vorteilhaftesten; sie verursachen eine Totzeit von 2 μs oder weniger. Der Zählprozeß besteht darin, daß nach jedem Impuls die gespeicherte Zahl abgelesen, in einem kleinen Addierwerk um 1 vergrößert und wieder eingespeichert wird. — In älteren Spektrographen kommen noch häufig Register mit Ultraschall-Verzögerungsleitungen aus Quecksilber, Nickel oder Quarz vor.

19. Schaltungen in digitalen Rechenanlagen

Digitale Rechenanlagen sind die kompliziertesten Gebilde, die aus der elektronischen Impulsschaltungstechnik hervorgehen. Die größten Exemplare enthalten Hunderttausende von Transistoren und Millionen von Magnetkernen. Die Lehre vom Bau solcher Anlagen ist zu einem selbständigen, umfangreichen Wissensgebiet geworden, welches heute — obwohl es sich in schneller Entwicklung befindet — als geschlossener Lehrbereich bezeichnet werden kann. Das äußert sich darin, daß man sich die nötigen Fachkenntnisse an Hand von Lehrbüchern erarbeiten kann, ohne auf weit verstreute Arbeiten in Zeitschriften angewiesen zu sein.

In der Hierarchie des Aufbaus einer digitalen Rechenanlage unterscheidet man drei Stufen: Grundschaltungen (elektronische Impulsschaltungen, welche die logische Grundverknüpfungen verwirklichen); logischer Aufbau (Zusammenstellung der Grundschaltungen derart, daß sie die verlangten Rechenoperationen und Speicherungen ausführen); Maschinenorganisation (Gesamtaufbau und Verkehr der großen Anlageteile untereinander).

Es kann sich nicht darum handeln, hier im Rahmen eines Kapitels einen Abriß über alle diese drei Aufbaustufen zu geben. Hingegen kommen digitale Hilfsschaltungen oft in Apparaten vor, die man nicht als digitale Rechenanlagen bezeichnen kann, sondern die in der Meß- und Steuertechnik verwendet werden. Dieses Kapitel soll die für den Bau solcher Schaltungen nötigen Grundlagen vermitteln. Daher werden nur jene Fragen besprochen, die sich unmittelbar aus der elektronischen Impulsschaltungstechnik ergeben, also die Grundschaltungen. Die Speicherung, die bereits ein Spezialgebiet ist, wird weggelassen. Für eine gründlichere Einführung wird auf [*19*] verwiesen; das dort vorhandene Schrifttumsverzeichnis öffnet auch den Weg zur Fachliteratur.

19.1 Grundlagen

Die Darstellung von Zahlen. In elektronischen Rechenanlagen kommen ausschließlich binäre Elemente vor, das heißt solche, die nur zwei verschiedene Betriebszustände haben. Beispiele dafür sind: Offener oder geschlossener Relaiskontakt; leitende oder gesperrte Diode; die zwei stabilen Stellungen eines Flipflops. Symbolisch lassen sich diese Zustände durch die Ziffern 0 und 1 darstellen. Eine Größe, die nur die Werte 0 oder 1 annehmen kann, kann man als Stelle einer im Dualsystem gegebenen Zahl auffassen und daher als *Dualstelle* bezeichnen. Im Englischen wird dafür oft das Wort *bit* verwendet, das sich auch in der deutschen Sprache eingebürgert hat und daher hier übernommen wurde.

Rechenanlagen arbeiten entweder im Dualsystem oder im Dezimalsystem. Im ersteren Fall werden alle Rechenoperationen im dualen Zahlsystem ausgeführt; die Schlußresultate müssen, bevor sie niedergeschrieben werden, ins Dezimalsystem übersetzt werden. Im zweiten Fall erfolgt die Verarbeitung im Dezimalsystem. Da aber auch hier nur binäre Elemente vorkommen, ist es nötig, die einzelnen Dezimalziffern durch je vier Bits darzustellen. Eine Möglichkeit ist die, daß man jede Dezimalziffer einzeln ins Dualsystem übersetzt. Danach würde etwa die Zahl 1964 wie folgt geschrieben werden: 0001′1001′0110′0010. (Die einzelnen Gruppen, die je eine Dezimalziffer darstellen, sind voneinander durch einen Apostroph getrennt.) Es ist wichtig festzuhalten, daß auch die sogenannten Dezimalmaschinen aus Elementen, die nur zweier Zustände fähig sind, bestehen.

Logische Verknüpfungen. Die digitale Verarbeitung von Daten geschieht, indem man die beiden Funktionswerte 0 und 1 in mannigfaltiger Weise miteinander verknüpft. Die Rechenregeln, die es gestatten, solche Prozesse zu beschreiben, gehen aus der BOOLE*schen Algebra*[1] hervor, einer Algebra, die sich mit Variablen befaßt, die nur zwei verschiedene Werte annehmen können. Sie wird oft auch als *Logikkalkül* oder *symbolische Logik* bezeichnet. Daher hat sich für binäre Schaltungen (also Schaltungen mit Elementen, die nur zweier Zustände fähig sind) der Ausdruck *logische Schaltungen* eingebürgert. Dieser Ausdruck ist nicht glücklich, da man mit dem Wort „logisch" üblicherweise „folgerichtig" (also das Gegenteil von „unlogisch") meint. Besser wäre es, *binäre Schaltungen* zu sagen.

Es zeigt sich, daß man alle Abläufe mit binären Variablen auf drei Operationen zurückführen kann; es sind die drei Grundoperationen der BOOLEschen Algebra, nämlich die *logische Addition*, die *logische Multiplikation* und die *Negation*. Diese Operationen lassen sich in einfachster Weise dadurch definieren, daß man in einer Tabelle das Resultat für alle Fälle, die vorkommen können, aufzählt. Das ist eine Eigenheit der BOOLEschen Algebra, die der konventionellen Algebra nicht zukommt und die damit zusammenhängt, daß die Variablen nur eine endliche Anzahl von verschiedenen Werten annehmen können. In ähnlicher Weise kann auch ein Satz bewiesen werden, indem man alle möglichen Wertekombinationen einsetzt und die Richtigkeit nachprüft.

Logische Addition: Diese Operation, die $A \vee B$ geschrieben wird, ist in Tab. 4a definiert. In der Schreibweise der konventionellen Algebra kann diese Verknüpfung durch den Ausdruck Max (A, B) definiert werden.

Tabelle 4. *Definition der drei logischen Grundoperationen*

a

A	B	$A \vee B$
0	0	0
0	1	1
1	0	1
1	1	1

b

A	B	$A \cdot B$
0	0	0
0	1	0
1	0	0
1	1	1

c

A	$\bar{A}$
0	1
1	0

[1] GEORGE BOOLE, 1815—1864.

In der Literatur findet man auch andere Schreibweisen als $A \vee B$, nämlich $A + B$ und $A \cup B$, und die Verknüpfung wird oft auch als *Disjunktion*, *logische Summe* oder *logisches Oder* bezeichnet.

Logische Multiplikation: Diese Operation, die $A \cdot B$ geschrieben wird (der Punkt kann auch weggelassen werden), hat die Definition gemäß Tab. 4b. In der Schreibweise der konventionellen Algebra kann diese Verknüpfung durch den Ausdruck $\mathrm{Min}(A, B)$ oder auch durch $A \cdot B$ (konventionelles Produkt) definiert werden. Außer $A \cdot B$ sind die Schreibweisen $A \,\&\, B$, $A \cap B$ und $A \wedge B$ gebräuchlich, und man findet die Bezeichnungen *Konjunktion*, *logisches Produkt* oder *logisches Und*.

Negation: Diese Operation, die eine Funktion einer einzelnen Variablen ist, wird $\overline{A}$ geschrieben und „nicht A" gesprochen. Sie entspricht einer Vertauschung von 0 und 1, s. Tab. 4c. Eine andere, oft verwendete Schreibweise ist A'.

Für das Rechnen in der BOOLEschen Algebra gelten nun eine Anzahl von Gesetzen, die nachfolgend aufgezählt sind. Ihr Beweis erfolgt in jedem Fall einfach durch Einsetzen aller möglichen Fälle. Für das Setzen von Klammern gelten die gleichen Regeln wie in der konventionellen Algebra, wobei die logische Addition der konventionellen Addition, die logische Multiplikation der konventionellen Multiplikation gleichgesetzt ist.

Kommutatives Gesetz: $A \vee B = B \vee A$, $A\,B = B\,A$.

Assoziatives Gesetz: $A \vee (B \vee C) = (A \vee B) \vee C$, $A(BC) = (AB)\,C$.

Erstes distributives Gesetz: $A(B \vee C) = A\,B \vee A\,C$.

Zweites distributives Gesetz: $A \vee BC = (A \vee B)\,(A \vee C)$. Dieses findet, im Gegensatz zu den vorher genannten, nichts Entsprechendes in der konventionellen Algebra.

Für die Vereinfachungen von Ausdrücken sind folgende Identitäten wesentlich: $A \vee A = A$, $A \cdot A = A$. Für das Rechnen mit der Negation gilt $\overline{\overline{A}} = A$, ferner die beiden gelegentlich als DE MORGAN*sche Identitäten* bezeichneten Beziehungen $\overline{A\,B} = \overline{A} \vee \overline{B}$, $\overline{A \vee B} = \overline{A}\,\overline{B}$. Ebenso läßt sich leicht nachprüfen, daß $A\,\overline{A} = 0$ und $A \vee \overline{A} = 1$.

Falls diese Verknüpfungen durch elektrische Schaltungen realisiert werden, so ist es zweckmäßig, die zugehörigen Schaltschemata mit Hilfe

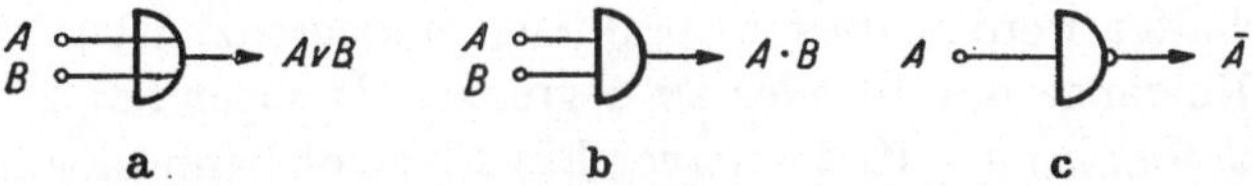

a b c

Abb. 241. Symbole für die drei Grundoperationen: a) „oder"- Gatter, b) „mal"-Gatter, c) Negator.

von Symbolen aufzuzeichnen, damit man nicht immer alle Transistoren, Widerstände und dergleichen einzeln eintragen muß. Die Symbole von Abb. 241 haben sich eingebürgert. Man nennt diese Schaltungen „*oder*"-

Gatter, „*mal*“-*Gatter* und *Negator*. Sie eignen sich auch zur Darstellung von Verknüpfungen, die sich aus mehreren Grundoperationen zusammensetzen, s. Abb. 242.

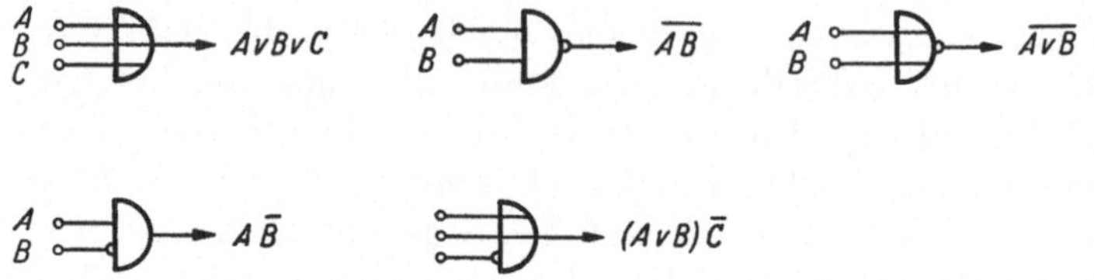

Abb. 242. Beispiele für die Kombination von Symbolen.

Praktische Einschränkungen. In der Praxis ist es leider nicht möglich, mit den abstrakten Symbolen, die wir eingeführt haben, beliebige Kombinationen zu bilden. Die logischen Grundschaltungen unterliegen mancherlei Beschränkungen. Daher muß man von ihnen nicht nur die logische Funktion kennen und berücksichtigen; vielmehr treten noch eine Anzahl von Randbedingungen hinzu, die oft recht komplizierte Formulierung besitzen. Die Art dieser Randbedingungen hängt vollständig von der technischen Beschaffenheit der Glieder ab. Beispielsweise unterliegen Schaltkreise mit Relais ganz andern Gesichtspunkten als solche mit Transistoren, und daher wird man auch — um die gleiche logische Funktion zu erzeugen — in den beiden Fällen einen völlig verschiedenen Aufbau wählen.

Die Beschränkung, denen der Zusammenbau der Grundglieder unterworfen ist, sind bei der Beschreibung der betreffenden Schaltkreise geschildert. Hier sei lediglich festgehalten, daß die meisten von ihnen in drei Kategorien fallen, nämlich:

1. Beschränkung der Anzahl von Eingängen,
2. Beschränkung der Verzweigung,
3. zeitliche Verzögerung.

1. Beschränkung der Anzahl von Eingängen: Ein „oder“-Gatter und ein „mal“-Gatter kann im allgemeinen nicht beliebig viele Eingänge miteinander verknüpfen. (Eine Ausnahme bilden lediglich die Relais-Schaltkreise, in denen die Anzahl von Kontakten, die parallel oder in Serie geschaltet werden dürfen, praktisch unbegrenzt ist.) Oft ist die Zahl der Eingänge auf 10 oder 20 begrenzt, oft sogar auf 2 oder 3.

2. Beschränkung der Verzweigung: Ein Element kann im allgemeinen nicht beliebig viele weitere, parallel geschaltete Elemente speisen, mit andern Worten, die Belastbarkeit ist beschränkt. Oft sieht man besondere Verstärkerstufen vor, die nach Bedarf eingeschaltet werden und die keine logischen Funktionen ausüben, sondern lediglich eine Leistungsverstärkung bewirken. Jedoch lassen nicht alle logischen Systeme solche

Stufen zu, und die Verzweigung ist oft auf niedere Zahlen, z. B. 4, begrenzt. Eine wichtige Bedingung dafür, daß ein Schaltungssystem überhaupt brauchbar ist, ist die Forderung, daß ein Element mindestens zwei weitere speisen kann.

3. Zeitliche Verzögerung: In fast allen Fällen muß der Entwerfer die Laufzeit eines Signals in den Schaltkreisen schon beim Entwurf in Berücksichtigung ziehen. Je nach Art der Elemente bemißt sich dieselbe nach Millisekunden, Mikrosekunden oder Nanosekunden. Oft läßt sie sich nicht als einzelne Zahl angeben, indem z. B. der Übergang von 0 auf 1 nicht gleich lange dauert wie derjenige von 1 auf 0. Besonders wichtig sind die Fälle, in denen die Schaltzeit von der Belastung (und damit von der Verzweigung) abhängt. Fast alle logischen Grundschaltungen arbeiten um so langsamer, je mehr parallelgeschaltete Elemente sie treiben müssen, weil ein vorgegebener Strom größere Kapazitäten aufladen muß. Oft ist sogar die Schaltzeit proportional zum Grad der Verzweigung, was beim Entwurf einer Schaltung in geeigneter Weise berücksichtigt werden muß.

Diese drei praktischen Einschränkungen führen dazu, daß logische Schaltkreise oft ganz anders aufgebaut werden müssen, als es die auf einen Minimalausdruck gebrachte BOOLEsche Formulierung verlangen würde. Daraus ist ersichtlich, daß Minimisierungsmethoden nur dann von uneingeschränktem Wert sind, wenn sie die physikalischen Gegebenheiten der Grundschaltungen mitberücksichtigen, eine Fähigkeit, die den wenigsten Verfahren zukommt.

Die sechs fundamentalen Funktionen. Für den Aufbau digitaler Schaltungen genügen Elemente, die die drei Grundoperationen verwirklichen, noch nicht. Vielmehr müssen drei weitere Prozesse verwirklicht werden können, die nicht als logische Operationen qualifiziert werden können. Sie teilen sich auf in logisch notwendige (statische Speicherung und Verzögerung) und technisch notwendige (Verstärkung, Begrenzung, Formung, gesamthaft als „Regeneration" bezeichnet). Somit sind die sechs fundamentalen Funktionen die folgenden:

„mal"-Gatter	Speicherung
„oder"-Gatter	Verzögerung
Negator	Regeneration

Alle außer der Regeneration entspringen einer logischen Notwendigkeit; die Regeneration ist logisch bedeutungslos und braucht in einem Blockdiagramm, welches nur den Informationsfluß und die Verknüpfungen veranschaulicht, nicht gezeichnet zu werden.

In diesem Kapitel behandeln wir die einzelnen Zellen, aus denen sich eine Datenverarbeitungsanlage aufbaut. Die wichtigsten Forderungen, die man an diese Zellen stellen muß, sind, daß einerseits alle sechs fundamentalen Funktionen ausgeführt werden, und daß anderseits Impedanzen und Spannungspegel am Eingang und am Ausgang miteinander verträglich sind, das heißt, daß man die Zellen ohne die Verwendung von Zwischengliedern mehr oder weniger beliebig zusammenschalten kann. Wenn Zwischenglieder (z. B. Verstärker oder Übertrager) nötig sind, so müssen sie Bestandteile der Grundschaltungen selbst sein.

Zeitabläufe. In den meisten digitalen Anlagen wird der Zeitablauf durch einen zentralen Taktgenerator synchronisiert. Dieser Generator erzeugt *Uhrimpulse* (oft auch Taktimpulse genannt). Die Uhrimpulse, deren Frequenz zwischen 30 kHz und 10 MHz liegt, werden an alle Teile der Anlage verteilt und regeln die zeitliche Folge der Abläufe. Diese Abläufe können sich aber dem Diktat der Uhrimpulse nur dann unterordnen, wenn in den logischen Schaltkreisen Zwischenspeicher vorhanden sind, in denen die Signale kurzzeitig liegen bleiben können. Diese Zwischenspeicher nehmen meistens die Form von Flipflops an, also von bistabilen Schaltkreisen, die aus einem Paar von Transistoren bestehen. (Auch Magnetkerne kommen, da sie speichernde Eigenschaft haben, als Zwischenspeicher in Betracht.) Abb. 243 zeigt, wie ein Uhrimpuls über ein Impulsgatter eine binäre Variable ins erste Flipflop eingibt. In der nachfolgenden Schaltung wird dieses Signal mit andern Variablen logisch verknüpft, was eine gewisse Zeit beansprucht. Der nächste Uhrimpuls gibt, wieder unter Vermittlung eines Impulsgatters, das Resultat ins zweite Flipflop. Die zwischen den Flipflops entstehende Verzögerung muß weniger als T betragen, wenn T das Intervall zwischen zwei Uhrimpulsen ist.

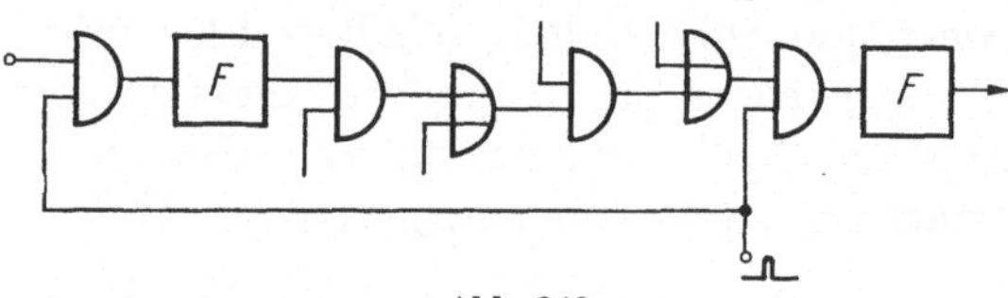

Abb. 243.
Zeitabläufe in einer digitalen Schaltung. *F* Flipflop.

Die Taktfrequenz ist nicht ein eindeutiges Maß für die Geschwindigkeit der einzelnen Schaltkreise, solange nicht ausgesagt ist, wieviel zwischen zwei Impulsen geleistet wird. Ein Beispiel soll das verdeutlichen. In Abb. 243 möge die Impulsfrequenz 2 MHz betragen. Zwischen den Flipflops befindet sich eine Kette von zwei „mal"- „oder"-Paaren. Das bedeutet, daß pro Paar höchstens 0,25 μs beansprucht werden dürfen. Mit den gleichen Schaltkreisen könnte die Anzahl der „mal"- „oder"-Glieder, die zwischen zwei Uhrimpulsen durchlaufen werden, auf 4 erhöht werden, wenn gleichzeitig die Taktfrequenz auf 1 MHz reduziert würde, da auch dann pro Paar 0,25 μs zur Verfügung stehen. Jedoch ist dadurch die Ausnützung der Schaltelemente verschlechtert worden, da jetzt pro μs nur noch halb soviel Impulse verarbeitet werden. In den meisten Anlagen ist das Produkt von Taktfrequenz mal Verzögerung pro Paar etwa $^1/_4$; das bedeutet, daß zwischen zwei Uhrimpulsen etwa vier Paare durchlaufen werden können.

Darstellung von 0 und 1. In digitalen Schaltungen mit Dioden und Transistoren ist den Funktionswerten 0 und 1 je eine bestimmte Spannung zugeordnet, beispielsweise 0 V für 0 und +6 V für 1. In allen folgenden Beispielen wollen wir annehmen, daß die negativere der beiden Spannungen 0, die positivere 1 bedeutet. (Auch die umgekehrte Festsetzung kommt vor; sie bedeutet, daß „mal"- und „oder"-Gatter ihre Funktion vertauschen.)

Der am häufigsten vorkommende Spannungshub (Spannungsunterschied zwischen 0 und 1) ist 6 V. Gelegentlich kommen auch höhere Werte (bis zu 12 V) vor. Anderseits ist man für größte Geschwindigkeiten gezwungen, den Hub zu verkleinern und geht oft bis zu 2 V oder sogar bis 1 V hinunter. Je größer der Hub, desto größer ist der Abstand gegenüber Störimpulsen, desto größer sind aber die Verzögerungen, welche durch das Umladen der Kapazitäten entstehen. Impulse unter 1 V sind kaum mehr verwendbar, weil die Kennlinien der Dioden und Transistoren in so kleinen Intervallen nicht mehr hinreichend stark gekrümmt sind.

Jedes Bit (jede Dualstelle) wird also durch einen Spannungswert gekennzeichnet, und die Bits folgen sich mit der Frequenz f. Es ist nun von Wichtigkeit zu unterscheiden, ob ein Signal die maximal mögliche Dauer $1/f$ hat, oder ob es kürzer als dieser Wert ist. Abb. 244 zeigt die Darstellung der Folge 110010 nach beiden Arten. a) nennt man oft die „statische" Darstellung; sie kommt am häufigsten vor. Ein solches Signal kann nur durch einen Gleichstromverstärker übertragen werden, und daher sind in digitalen Rechenanlagen die meisten Schaltungen gleichstromgekoppelt. Die Impulsdarstellung b) kann auch durch wechselstromgekoppelte Schaltungen übermittelt werden. Sie benötigt hingegen wegen der kürzeren Anstiegszeiten eine etwas größere Bandbreite, und die Anforderungen an die Gleichzeitigkeit von Impulsen, die in einem Gatter verknüpft werden sollen, sind strenger.

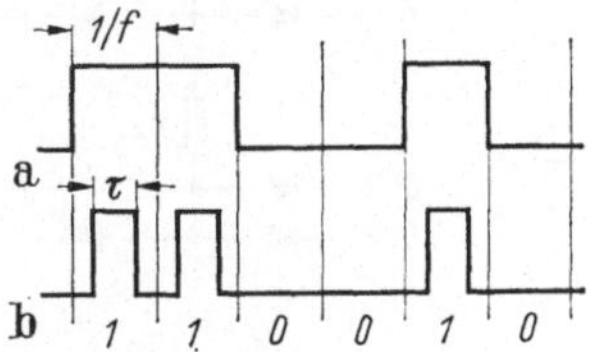

Abb. 244. Darstellung der Folge 110010. a) statisch, b) mit Impulsen von der Länge τ.

19.2 Schaltungen mit Dioden

Abb. 245 zeigt zwei Gatter mit Dioden. Es sind die Schaltungen, die in digitalen Rechenanlagen weitaus am häufigsten angetroffen werden. Nach dem auf S. 126 Gesagten sind hier nur noch wenige Erklärungen nötig. Es sei wiederholt, daß die Arbeitsgeschwindigkeit von der am Ausgang auftretenden Kapazität C, vom Spannungshub U zwischen 0 und 1 und vom Strom i durch den Widerstand abhängt, und daß die gesamte Anstiegszeit UC/i beträgt. Für schnelle Arbeitsweise muß man also i groß und U klein machen. Man kann bis etwa 10 ns hinuntergehen; eine weitere Reduktion bereitet erhebliche Schwierigkeiten. — Dreifache Gatter (ABC und $A \vee B \vee C$) lassen sich auf die gleiche Art aufbauen, s. Abb. 143b. — Als Impulsgatter kommen oft auch Abb. 142d und e vor.

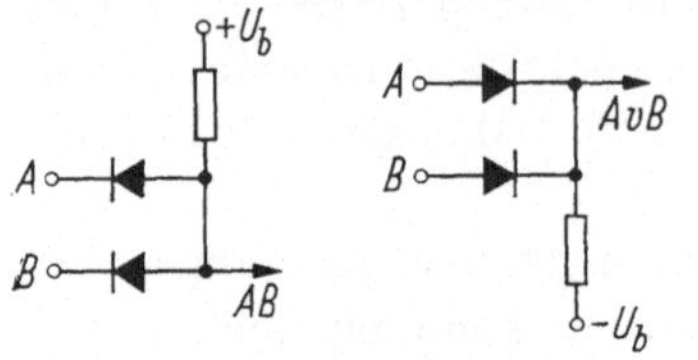

Abb. 245. Einfache Gatter mit Dioden.

Kaskadierung. In den meisten Anwendungen bestehen die darzustellenden logischen Funktionen aus einer Kombination von „mal"- und „oder"-Schaltungen, und der Ausgang eines Gatters bildet den Eingang eines weiteren Gatters. In diesem Fall spricht man von einer Kaskadierung; sie führt zu einer Diodenschaltung, die mehrere Stufen hat. Bei ihrem Entwurf müssen gewisse Tatsachen berücksichtigt werden, die im Falle der einstufigen Schaltungen keine Rolle spielen.

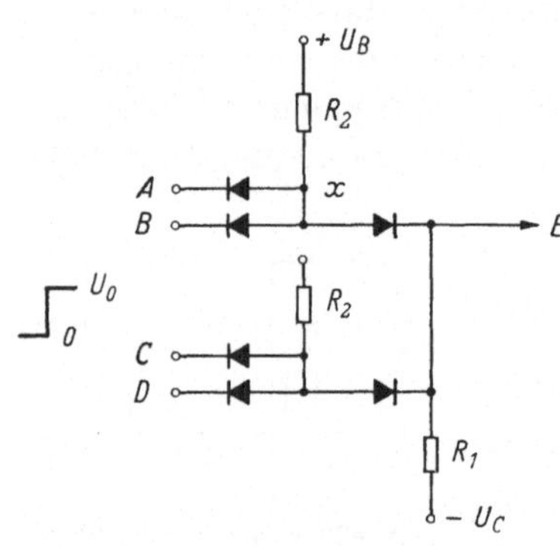

Abb. 246. Zweistufiges (kaskadiertes) Gatter für $E = AB \vee CD$.

Abb. 246 zeigt ein zweistufiges „mal-oder"-Gatter. Wichtig ist hier die Dimensionierung von R_1 und R_2. Wir nehmen an, 0 werde durch 0 V, 1 durch U_0 dargestellt. Ferner besteht die Voraussetzung, daß die am Ausgang anzuschließende Last dem Gatter keinen Strom entnimmt, und daß die die Eingänge treibenden Quellen verschwindende Impedanz haben. Aus diesen Gründen ist es zweckmäßig, bei der Dimensionierung der Schaltung mit R_1 zu beginnen und von da nach links vorzustoßen. Zunächst beschränken wir uns auf den statischen Fall, das heißt, die Schaltgeschwindigkeit wird außer acht gelassen. Unter diesen Voraussetzungen ist leicht einzusehen, daß R_1 jeden beliebigen, endlichen Wert annehmen darf. Je kleiner R_1, desto größer ist selbstverständlich der Strom, den die vorhergehende Stufe aufnehmen muß und der bei der Dimensionierung von R_2 in Berücksichtigung zu ziehen ist. Wenn nämlich R_2 zu groß ist, so verhindert dieser Strom, daß der Punkt x die Spannung U_0 überhaupt erreichen kann. x muß die Spannung U_0 annehmen können, wenn A und B beide 1, C und D aber gleich 0 sind. Aus dem Ohmschen Gesetz läßt sich leicht ableiten:

$$R_2 \leqq R_1 \frac{U_B - U_0}{U_c + U_0} \tag{71}$$

Zwei Widerstände sind mit R_2 angeschrieben; für beide gelten selbstverständlich die gleichen Kriterien.

Von besonderer Bedeutung wird die Mehrstufigkeit, wenn man das zeitliche Verhalten in Berücksichtigung zieht. Wieder betrachten wir Abb. 246 und wieder nehmen wir an, daß $C = D = 0$ und daß A und B beide eben von 0 auf 1 geschaltet werden. Dann sind die Dioden bei A und B nichtleitend, und die beim Punkt x gedachte Schaltungskapazität muß durch den Strom, den R_2 liefert, aufgeladen werden. Ein Teil des aus R_2 kommenden Stromes wird aber von R_1 abgeführt. Unter der Annahme $U_B \gg U_0$ und $U_c \gg U_0$ ist die Betrachtung der Verhältnisse einfach, weil dann die durch die Widerstände fließenden Ströme als konstant angenommen werden können. Wenn wir $U_B/R_2 = i_2$ und $U_c/R_1 = i_1$ setzen, so ist ersichtlich, daß für die Aufladung der bei x liegenden Schaltungskapazität ein Strom $i_2 - i_1$ zur Verfügung steht. Da man annehmen kann, diese Kapazität sei gleich wie die am Ausgang liegende, und da an allen Punkten gleich schnelles Arbeiten erwünscht ist, so muß man diesen Strom gleich i_1 setzen, was zu $i_2 = 2i_1$ führt, also z. B. $i_1 = 1$ mA und $i_2 = 2$ mA. [Für R_2 führt das zu einer Bedingung, die wesentlich schärfer als Gl. (71) ist, weil wir ja dort die Arbeitsgeschwindigkeit außer acht gelassen haben.]

Läßt man die Bedingung $U_B \gg U_0$ und $U_c \gg U_0$ fallen, so sind die Verhältnisse etwas komplizierter. Der Spannungsverlauf des Punktes ist dann eine asymptotisch ansteigende Exponentialfunktion, die sich aber nicht dem Wert U_B, sondern der Spannung $(U_B R_1 - U_c R_2)/(R_1 + R_2)$ nähert, wodurch wieder zum Ausdruck kommt, daß zur Aufladung nur ein Teil des durch R_2 fließenden Stromes zur Verfügung steht. Die Dauer dieses Vorganges läßt sich berechnen, woraus ein Wert für R_2 erhalten wird.

Im stationären Zustand muß der größere Strom i_2 durch die Quellen, die das Gatter treiben, aufgebracht werden. Es braucht also mehr Energie um ein zweistufiges Gatter zu steuern.

Alle diese Überlegungen wurden für die Stufenfolge „mal-oder" durchgeführt. Selbstverständlich läßt sich auch die Folge „oder-mal" verwirklichen, und die Berechnungen können sinngemäß vorgenommen werden.

Analog dem bisherigen können auch dreistufige Gatter („mal-oder-mal" oder „oder-mal-oder") gebaut werden. Die beiden letzten Stufen werden nach den gleichen Gesichtspunkten entworfen wie im zweistufigen Gatter; für die erste Stufe sind die Überlegungen komplizierter. Je mehr Stufen vorgesehen werden, desto größer werden die Ströme, die durch die Quellen aufgebracht werden müssen, und desto mehr Leistung wird in den Widerständen aufgezehrt. Praktisch schaltet man in den seltensten Fällen mehr als drei Stufen hintereinander, und viele Maschinen beschränken sich auf zwei. Die Ausgangsklemme eines dergestalt kaskadierten Dioden-Gatters wird dann an einen Stromverstärker angeschlossen (beispielsweise einen Emitterfolger), der seinerseits die nächste Gruppe von Gattern speist. Der Entwurf dieses Stromverstärkers verdient besondere Beachtung, weil seiner Ausgangsklemme dauernd ein Gleichstrom entnommen wird. Bei der Dimensionierung des Emitterwiderstandes und bei der Beurteilung der Grenzen, innerhalb derer der Verstärker noch linear (das heißt in diesem Fall mit niedriger Impedanz) arbeitet, muß dieser Strom berücksichtigt werden. Für die Durchführung dieser Berechnung kombiniert man am besten nach den Regeln der Netzwerktheorie den Widerstand in der ersten Kaskade des Gatters und seine Spannungsquelle mit dem Verstärker. Besonders zu beachten ist, daß der Strom, den das Gatter dem Verstärker entnimmt, verschiedenes Vorzeichen hat, je nachdem, ob die erste Stufe ein „mal“ oder ein „oder“ ist. Ein „mal“-Gatter führt der Quelle positiven Strom zu.

Ein Emitterfolger vermittelt die nötige Strom- und Leistungsverstärkung, ist jedoch nicht in der Lage, den Spannungsverlust, der in den Gattern infolge des endlichen Durchlaßwiderstandes der Dioden entsteht, auszugleichen. Daher muß nach einer Anzahl von Gatter- und Stromverstärkerstufen ein Spannungsverstärker vorgesehen werden, der die Normalpegel des Toleranzfeldes wieder herstellt.

Diodengatter gestatten die logische Addition und Multiplikation, nicht aber die Negation. Diese kann nur mit einem Negator, der einen Transistor enthält, verwirklicht werden.

19.3 Schaltungen mit Transistoren

Transistoren dienen zunächst dazu, um zwischen Gruppen von Diodengattern die nötige Spannungs- und Leistungsverstärkung zu erzeugen und gleichzeitig die Funktion der Negation zu verwirklichen. Weiterhin ist es aber auch möglich, nur mit Transistoren (ohne Dioden) logische Schaltungen zu bauen. Schließlich sind die Transistoren die aktiven Elemente, aus denen sich die Flipflops, welche zur kurzzeitigen Speicherung von Variablen dienen, aufbauen.

Spannungs- und Leistungsverstärker. Für diese Anwendung kann auf Kap. 10 (S. 134—142) verwiesen werden. Der Emitterfolger vermittelt eine Leistungs-, nicht aber eine Spannungsverstärkung; der Verstärker in Emitterschaltung erzeugt eine Spannungsverstärkung. Gleichzeitig kehrt er das Vorzeichen des Signals um und wirkt somit als Negator. Daher wird der Ausdruck „Negator“ oft verwendet, um den einstufigen Verstärker in Emitterschaltung etwa nach Abb. 152 oder 154 zu kennzeichnen. Für die Erzeugung höherer Leistungen kommen in Rechenanlagen gelegentlich auch die Schaltungen von Abb. 158 und 159 (S. 141f.) vor.

Logische Schaltungen. Der einfache Negator und der Emitterfolger (Abb. 247) können so zusammengeschaltet werden, daß ihre Ausgangselektrode auf einen gemeinsamen Lastwiderstand wirkt. Dadurch werden infolge der Sperrung und der Sättigung — beides sind nichtlineare Phänomene — logische Verknüpfungen ermöglicht. Unter Verwendung von zwei Transistoren von *pnp*- oder vom *npn*-Typ entstehen auf diese Art sechs mögliche Schaltungen, die in Abb. 248 zusammengestellt sind. Die Signalpegel sowohl am Eingang als auch am Ausgang sind 0 V und —6 V.

Selbstverständlich lassen sich auch mehr als zwei Transistoren in der gezeigten Weise zusammenschalten. Immer ist der Lastwiderstand

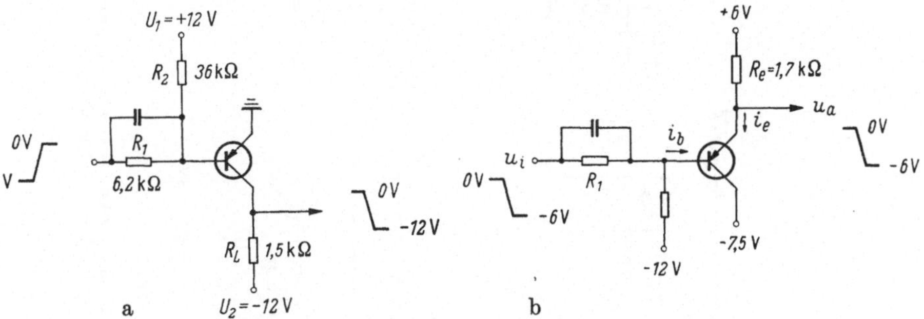

Abb. 247. Digitale Grundschaltungen: a) Negator, b) Emitterfolger.

so zu dimensionieren, wie wenn nur ein Transistor vorhanden wäre. Der Übergang von einer *pnp*- zu einer *npn*-Schaltung bedeutet, daß die Vorzeichen aller Spannungen und Ströme umzukehren sind. Da aber gleichzeitig die Normierungen für 0 und 1 unverändert bleiben, bedeutet das, daß eine andere logische Verknüpfung entsteht. Die Tatsache, daß diese beiden Normwerte (—6 V und 0 V) in bezug auf das Erdpotential nicht symmetrisch liegen, hat zur Folge, daß die Beträge der Speisespannungen bei entsprechenden *pnp*- und *npn*-Schaltkreisen nicht gleich groß sind.

Alle Schaltungen von Abb. 248 sind miteinander verträglich, das heißt, der Ausgang einer jeden kann an dem Eingang einer jeden angeschlossen werden. Selten wird man aber in einem System alle sechs Grundschaltungen zulassen. Es läßt sich zeigen, daß a) sowohl als auch b) für sich allein schon genügen, um eine vollständige Anlage zu bauen; denn mittels der DE MORGANschen Identitäten (s. S. 239) lassen sich negierte logische Produkte in logische Summen überführen und umgekehrt. Zu beachten ist, daß die Verstärkung eines Emitterfolgers kleiner als 1 ist; es können also nicht beliebig viele Emitterfolger in Kette geschaltet werden, wohl aber beliebig viele Negatoren.

Eine Einschränkung der Kombinationen besteht darin, daß alle gezeigten Schaltungen bei *A* und *B* Strom aufnehmen, und daß es daher nicht möglich ist, an ein solches Gatter beliebig viele andere Gatter, deren Eingänge parallelgeschaltet sind, anzuschließen. Die

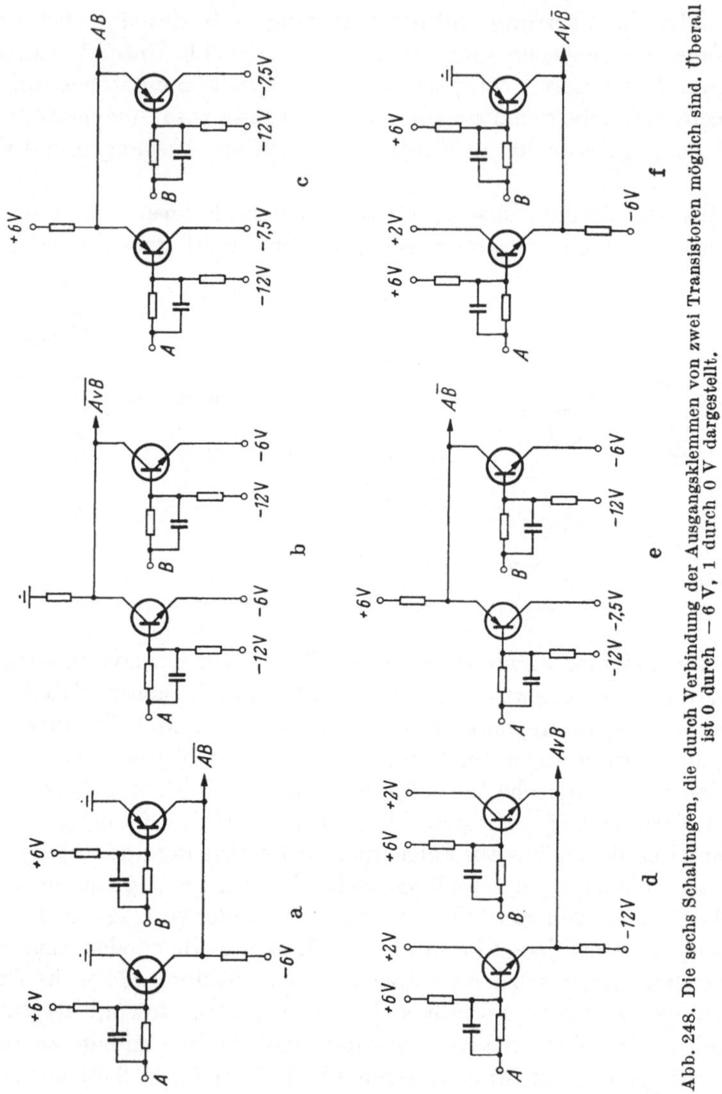

Abb. 248. Die sechs Schaltungen, die durch Verbindung der Ausgangsklemmen von zwei Transistoren möglich sind. Überall ist 0 durch −6 V, 1 durch 0 V dargestellt.

zulässige Anzahl hängt von den Dimensionierungen und den Toleranzen ab. Diese Beschränkung der Verzweigungsfähigkeit ist beim logischen Entwurf ein bedeutender Gesichtspunkt.

In Abb. 249a ist ein Gatter gezeichnet, das sowohl Basis als auch Emitter als steuernde Elektrode verwendet. Es hat den Nachteil, daß bei A eine niedrige Eingangsimpedanz besteht, doch wird diese Schaltung oft als Impulsgatter verwendet, wobei der positive Impuls, der meist von einer niederohmigen Quelle herrührt, bei A eingegeben wird. Das Gatter ermöglicht ferner Schaltkreise von der Art von Abb. 249b. Hier können allerdings nicht beliebig viele Transistoren übereinander geschaltet werden, weil jede leitende Basis-Emitter-Strecke einen

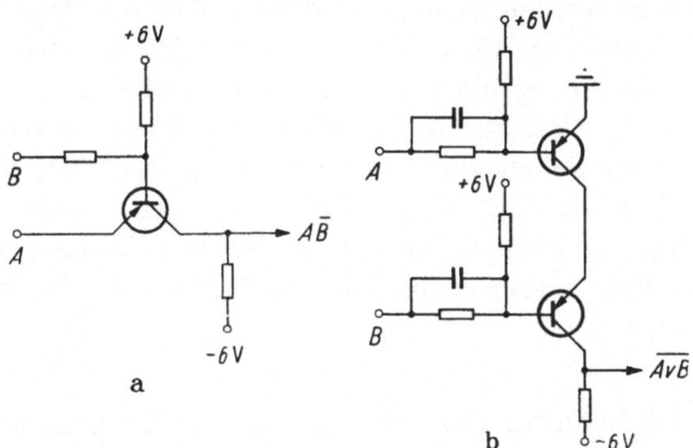

Abb. 249. Zwei weitere Schaltungen mit *pnp*-Transistoren.

Spannungsabfall von etwa 0,5 V aufweist. Diese Schaltung kann ebenfalls mit denen von Abb. 248 kombiniert werden.

Eine weitere Sorte von Gattern zeigt Abb. 250. Solche Schaltungen bezeichnet man gelegentlich als ,,Transistor-Widerstands-Logik". Im gezeigten Gatter hängt der Kollektorstrom von A und B ab. Der Transistor ist gesättigt, wenn $A = B = 0$, und er ist gesperrt, wenn $A = B = 1$. Sein Zustand bei anderen Kombinationen der Eingangsvariablen hängt von der Dimensionierung von R_1, R_2 und $+U$ ab. Je nachdem, ob die Basis positiv oder negativ ist, wird der Transistor gesperrt oder gesättigt. Die gezeichnete Schaltung wird meistens so verwendet, daß der Transistor nur dann gesperrt ist, wenn $A = B = 1$. Damit ist die Verknüpfung $\overline{AB}$ verwirklicht. Durch andere Dimensionierung läßt es sich erreichen, daß mit der gleichen Schaltung die Verknüpfung $\overline{A \vee B}$ erzeugt wird. Dadurch hat man es in der Hand, außerordentlich einfache logische Schaltungen, die wenig Teile benötigen, aufzubauen. Ein Gatter mit zwei Eingängen besteht nur aus einem einzigen Transistor und vier Widerständen, und das dürfte wohl das Minimum dessen sein, was zur Ausführung logischer Verknüpfungen nötig ist. Die Schaltung wird demzufolge viel verwendet. Man beachte, daß am Aus-

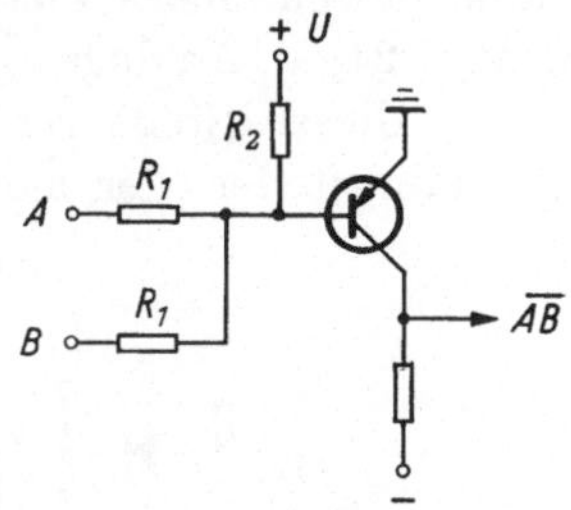

Abb. 250. Transistor-Widerstands-Logik.

gang kein Spannungsteiler nötig ist; die Ausgangsklemme kann direkt an die Eingangsklemme des nächsten Gliedes angeschlossen werden. Diese Schaltung genügt also, um alle logischen Systeme aufzubauen; es sind weder Zwischenverstärker noch weitere logische Verknüpfungen nötig. Ihre Vorteile werden erkauft durch die langsame Arbeitsweise, die davon herrührt, daß R_1 nicht durch einen Kompensationskondensator überbrückt werden kann, und davon, daß der Transistor tief in die Sättigung getrieben wird, wenn $A = B = 0$. Bei der Verwendung von mehr als drei Eingängen werden diese Nachteile, ebenso die Anforderungen an die Toleranzen, in untragbarer Weise verstärkt. Deshalb versieht man diese Schaltung immer nur mit zwei oder drei Eingängen.

Flipflops. Für die kurzzeitige Speicherung von binären Variablen werden Flipflops verwendet. Ihr Aufbau und die Methoden zur Tastung sind auf S. 146ff. beschrieben. Die häufigsten Schaltungen sind in Abb. 166 gezeigt.

19.4 Schaltungen mit Dioden und Transistoren

Die auf S. 244f. beschriebenen Diodengatter lassen sich mit Transistoren kombinieren, indem man die Gatter durch Negatoren, Emitterfolger oder Leistungsstufen speist. Da sich die Verknüpfungen „mal" und „oder" durch Dioden darstellen lassen und da Negatoren zur Verfügung stehen, lassen sich alle logischen Schaltungen aufbauen. Im allgemeinen lassen sich drei Stufen von Diodengattern kaskadieren.

Zu beachten ist, daß es keinen Sinn hat, die Ausgänge zweier *pnp*-Negatoren in ein Dioden-„oder"-Gatter zu leiten, da derselbe Effekt durch gewöhnliches Zusammenschalten der Kollektoren erreicht wird, s. Abb. 248a. Analoges gilt für Emitterfolger, s. Abb. 248c.

An dieser Stelle sei noch auf eine Möglichkeit hingewiesen, den Spannungsteiler, der nach Abb. 247 am Eingang jedes Negators nötig

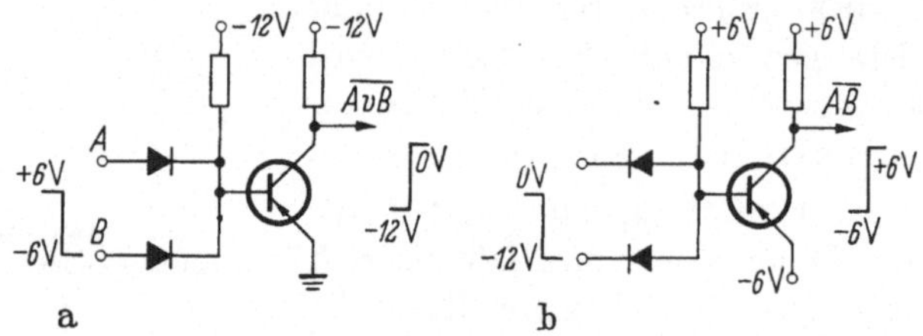

Abb. 251. Komplementäre Schaltungen mit Dioden und Transistoren.

ist, zu ersparen, und zwar durch abwechselnde Verwendung von *pnp*- und *npn*-Transistoren. Abb. 251 zeigt zwei Gatter. Der Transistor besitzt nur einen einzigen Lastwiderstand; daher sind die Pegel für 0 und 1 am Eingang und am Ausgang nicht gleich. a) hat die Eingangspegel -6 V und $+6$ V, die Ausgangspegel -12 V und 0 V; für b) gilt das Umgekehrte. Somit ist es möglich, eine Kette von solchen Gliedern zusammenzuschalten, wenn man nur dafür sorgt, daß sich a) und b) immer abwechseln. Diese Schaltungen benötigen gegenüber Abb. 250 zwei zusätzliche Dioden, sind aber — bei gleichem Transistor — etwa um einen Faktor 3 schneller. Sie bilden ebenfalls nützliche und viel verwendete Bauteile für den Aufbau eines digitalen Systems.

Es ist noch zu beachten, daß in Abb. 251 die Kollektoren von zwei (oder mehr) Gattern miteinander verbunden werden können, um weitere logische Verknüpfungen ohne zusätzliche Bauteile zu ermöglichen. Nimmt man beispielsweise zweimal die Schaltung a) mit den Eingangsvariablen A, B und C, D und verbindet die Kollektoren, so entsteht am Ausgang $\overline{A \vee B} \vee \overline{C \vee D} = \bar{A}\bar{B} \vee \bar{C}\bar{D}$.

20. Nanosekunden-Impulstechnik

Die Nanosekunden-Impulstechnik befaßt sich mit Impulsen, deren Anstiegszeiten wenige Nanosekunden betragen (1 ns $= 10^{-9}$ s). Dieses Arbeitsgebiet nimmt eine eigentümliche Mittelstellung zwischen *Mikrosekunden-Impulstechnik* und *Mikrowellentechnik* ein. Alle bisherigen Kapitel dieses Buches sind der Mikrosekunden-Impulstechnik gewidmet. Sie ist dadurch gekennzeichnet, daß man die Schaltelemente als konzentrierte Widerstände, Kapazitäten und Induktivitäten betrachten kann; daß die Laufzeiten in der Verdrahtung vernachlässigt werden können; daß die Verbindungsleitungen (außer wenn sie sehr lang sind) nur eine Kapazität, nicht aber eine ins Gewicht fallende Induktivität besitzen; daß schließlich die Laufzeiten der Ladungsträger in Röhren und Transistoren verschwindend klein sind. In der Mikrowellentechnik anderseits gibt es überhaupt nur verteilte Widerstände, Kapazitäten und Induktivitäten; jede Verbindungsleitung, auch wenn sie noch so kurz ist, verursacht eine Phasenverschiebung, die berücksichtigt werden muß; die Laufzeiten der Elektronen in den Röhren (wie Klystron, Wanderwellenröhre und dergleichen) bilden überhaupt die Grundlage der Arbeitsweise dieser Röhren.

Dazwischen liegt die Nanosekunden-Impulstechnik; ihr haften Merkmale beider Techniken an. Mikrosekunden-Impulsschaltungen können oft ohne grundsätzliche Änderungen verbessert und in den Nanosekundenbereich vorgestoßen werden. Längere Verbindungsleitungen hingegen muß man als Leitungen mit verteilten Parametern betrachten. Die Kapazitäten und Induktivitäten der Verbindungen müssen fast immer in Berücksichtigung gezogen werden. Koaxialkabel finden ausgiebig Verwendung, Hohlleiter hingegen nicht.

Die Nanosekunden-Impulstechnik beginnt da, wo die Längenausdehnung der betrachteten Schaltungen einen merklichen Bruchteil der Wellenlänge, die den höchsten vorkommenden Frequenzkomponenten entspricht, ausmacht. In einer Nanosekunde pflanzt sich das Licht um 30 cm fort. Um eine Anstiegszeit von 1 ns zu erzeugen, braucht es Frequenzkomponenten bis etwa 400 MHz (s. S. 3), was einer Wellenlänge von 75 cm entspricht. Eine Verbindungsleitung von 5 cm verursacht für eine solche Welle bereits eine Phasenverschiebung von nahezu 30°, und das ist als erheblicher Einfluß zu bezeichnen. — Daraus ist ersichtlich, daß der Übergang zur Nanosekunden-Impulstechnik nicht nur von den gewünschten Anstiegszeiten, sondern auch von der Größe des betrachteten Aufbaus abhängt. Die neuen, hochgradig miniaturisierten digitalen Bauelemente sind hierfür ein schöner Beweis: Sie arbeiten im Nanosekundenbereich, verwenden aber die aus der Mikrosekundentechnik übernommenen Schaltungen in praktisch unveränderter Form. Für die Laboratoriumstechnik kann man sagen, daß die Nanosekunden-Impulstechnik beginnt, sobald man Anstiegszeiten von 20 ns oder weniger erzeugen, messen und verarbeiten will.

Alle Schaltungen, die in den vorangegangenen Kapiteln dieses Buches beschrieben sind, können rechnerisch erfaßt werden, indem man lediglich die einfachen Hilfsmittel der Theorie der elektrischen Netzwerke zu Hilfe nimmt. Dasselbe gilt auch für viele Nanosekundenschaltungen; nur in einigen Fällen ist man gezwungen, sich der auf den MAXWELLschen Gleichungen aufgebauten Elektrodynamik zu bedienen. Im Hinblick auf den knappen Raum, der hier zur Verfügung steht, müssen wir darauf verzichten, die Erzeugung und Verarbeitung von Nanosekunden-Impulsen in einer verallgemeinerten Form darzustellen. Vielmehr sind einige Schaltungen, die sich in der Praxis bewährt haben, angegeben und beschrieben. Für ein vertieftes Studium wird der Leser auf das Buch [*9*] verwiesen.

Anwendungsgebiete. Unter den Gebieten, welche zur Entwicklung der Nanosekunden-Impulstechnik Anlaß gegeben haben und welche von ihr Gebrauch machen, stechen zwei ganz besonders hervor: *Kernphysikalische Meßtechnik* und *digitale Rechenanlagen.* Im Studium von Kernzerfallsprozessen besteht die dringende Notwendigkeit, die zeitliche Folge oder die Gleichzeitigkeit von Ereignissen auch in kürzesten Zeitintervallen noch zu untersuchen, und dazu bedarf es nicht nur der Partikeldetektoren, sondern auch geeigneter Schaltungen. In digitalen Rechenanlagen führt die Forderung nach immer kürzeren Operationszeiten zur Notwendigkeit, die einzelne logische Verknüpfung in Nanosekunden-Zeitintervallen zu vollziehen.

Die Bauteile von Rechenanlagen werden — im Gegensatz zu jenen für die kernphysikalische Meßtechnik — massenweise hergestellt und eignen sich daher gut zur Miniaturisierung und zur Ausgestaltung in der integrierten Bauweise. Dadurch wird es, wie oben erwähnt wurde, möglich, mit herkömmlichen Schaltkreisen in den Nanosekundenbereich vorzustoßen; und deshalb findet man auch in den schnellsten Rechenanlagen Schaltbilder, die oft nicht wesentlich von jenen abweichen, die für langsamere Anlagen verwendet werden.

20.1 Grundlagen und Bauelemente

Anstiegszeit. Wie auf S. 3 dargelegt wurde, ist die Anstiegszeit A, die man mit einem Impulsverstärker oder Tiefpaß von der Bandbreite f erreichen kann, wenn man eine unendlich schnell ansteigende Flanke anlegt, durch die Gleichung $A \cdot f = 0{,}35 \ldots 0{,}45$ gegeben. Unter der Bandbreite ist die Frequenz zu verstehen, bei welcher die Amplitude um 3 db abfällt. Ob die kleinere oder die größere Zahl gültig ist, hängt vom Verlauf der Übertragungsfunktion ab; für ein gewöhnliches RC-Glied gilt 0,35, während 0,45 einzusetzen ist, wenn die Verstärkung oberhalb f stärker abfällt. Die Anstiegszeit ist in Abb. 92 definiert. Diese Zusammenhänge gelten selbstverständlich auch für Nanosekunden-Impulse. Für einen Impuls von je 0,35 ns Anstiegs- und Abfallzeit (etwa 1 ns Dauer) ist also eine Bandbreite von etwa 1 GHz nötig.

Dioden und Transistoren. Noch im Jahr 1960 kamen Röhren und Halbleiterelemente in der Nanosekundentechnik nebeneinander vor, und die Röhren — unter denen die Sekundäremissionsröhren eine besondere Rolle spielten — nahmen einen wichtigen Platz ein. Seither hat der außerordentlich schnelle Fortschritt der Halbleitertechnik unvermindert angehalten, so daß Röhren nur noch für Sonderzwecke (etwa für Impulse großer Spannung oder Leistung oder für besonders breitbandige Verstärker) gewählt werden. Wie auf S. 136 dargelegt wurde, ist die Arbeitsgeschwindigkeit von Schaltkreisen mit Halbleiterelementen durch die folgenden 4 Effekte begrenzt: Sperrträgheit der Transistoren und der Dioden, Kapazitäten, α-Grenzfrequenz, Laufzeit in den Transistoren. In Nanosekundenschaltungen treten noch die Induktivitäten hinzu.

Die für Nanosekundenimpulse entwickelten Transistoren haben durchwegs Mesa- oder Planarform. Diffundierte und epitaxiale Bauweise kommen beide vor, und als Grundstoff findet sowohl Germanium als auch Silizium Verwendung. Diese Transistoren haben eine Dicke der Basis von weniger als 1 μm; das führt dazu, daß die Laufzeit in der Basis vernachlässigbar wird. Die Fläche von Emitter und Kollektor ist weniger als 0,01 mm^2, und dadurch wird der Effekt der Sperrträgheit klein, indem die beim Sperren aus der Basis abzuführende Ladung von der gleichen Größenordnung ist wie jene, die zum Umladen der Kapazitäten aufgebracht werden muß. Entsprechendes kann auch über die Sperrträgheit von Dioden gesagt werden. Somit bleiben als dominierende Effekte die α-Grenzfrequenz und die Kapazität. Nanosekunden-Transistoren erreichen $f_\alpha = 1$ GHz, und die wirksamen Kapazitäten (ohne Verdrahtung) betragen etwa 10 pF für C_D, 1 pF für C_c und C_2 (s. Abb. 67).

In digitalen Schaltungen hat man oft die Wahl, die logischen Verknüpfungen mit Dioden oder Transistoren durchzuführen. Es ist wichtig festzustellen, daß Dioden grundsätzlich kürzere Zeitkonstanten haben; denn die Bewegung der Ladungsträger kann in ihnen eindimensional betrachtet werden. Es ist nur eine Sperrschicht zu überwinden, und diese kann sehr dünn gemacht werden. Transistoren dagegen benötigen prinzipiell eine zweidimensionale Bewegung der Ladungsträger, weil der Basisstrom in einer Richtung senkrecht zur Verbindungslinie Emitter-Kollektor fließen muß. Anderseits sind die Transistoren als aktive Elemente in der Lage, hochfrequente Energie zu liefern, während die Dioden die Energie von außen beziehen müssen. Gesamthaft führt das dazu, daß Schaltungen mit Transistoren und solche mit Dioden ungefähr gleich schnell sind.

Röhren. Auf Röhren ist man in der Nanosekunden-Impulstechnik immer dann angewiesen, wenn Spannungen über etwa 6 V, Impulsleistungen über etwa 1 W oder mittlere Dauerleistungen über etwa 200 mW erzeugt werden müssen. Praktisch kommen nur Trioden und Pentoden in Betracht; die früher viel verwendeten Sekundäremissionsröhren haben stark an Bedeutung verloren.

Das auf S. 75ff. Gesagte gilt auch für das Nanosekundengebiet. Als besondere Ausführungsform sind darüber hinaus die „Bleistiftröhren“ zu erwähnen, die niedrige Kapazitäten besitzen und wegen ihrer kleinen Abmessungen direkt in eine koaxiale Anordnung eingebaut werden können. Eine solche Anordnung ist auf S. 265f. beschrieben.

Kabel und Leitungen. Kabel (besonders Koaxialkabel) kommen in der elektronischen Meß- und Schaltungstechnik sehr häufig vor, und zwar hauptsächlich als abgeschirmte Verbindungsleitungen. Sie werden aber auch als Elemente zur Impulsformung verwendet. Außerdem müssen in der Nanosekunden-Impulstechnik auch die nicht abgeschirmten Verbindungen, sofern sie eine gewisse Länge überschreiten, als Leitungen mit verteilten Parametern betrachtet werden.

Für langsame Vorgänge stellen Kabel und Leitungen lediglich eine Kapazität (und eventuell eine Induktivität) dar. In schnellen Vorgängen kommt etwas wesentlich Neues hinzu: Während kurzer Zeiten erblickt man am Eingang der Leitung nur ihren Wellenwiderstand Z, *unab-*

hängig davon, was am andern Ende angeschlossen ist. Die Natur der am fernen Ende angeschlossenen Last kann sich an den Eingangsklemmen frühestens nach Ablauf der doppelten Laufzeit bemerkbar machen. Daraus geht hervor, daß man eine Verbindung als Leitung betrachten muß, *sofern ihre doppelte Laufzeit ungefähr die Anstiegszeit der verwendeten Impulse erreicht.* Da viele abgeschirmte Kabel eine Fortpflanzungsgeschwindigkeit von etwa $c/2$ besitzen (c = Lichtgeschwindigkeit), muß beispielsweise bei einer Anstiegszeit von 1 ns bereits eine Länge von 7,5 cm als Leitung aufgefaßt werden.

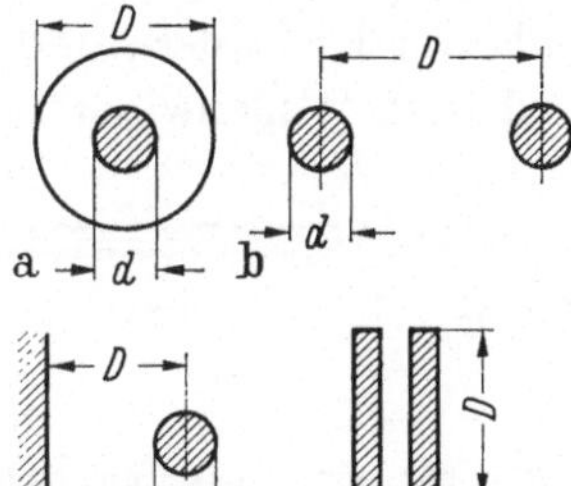

Abb. 252. Die vier häufigsten Leitungen. a) Koaxialkabel, b) Doppeldraht, c) Draht über Ebene, d) Streifenleiter. Die Formel für d) gilt nur im Fall dünner Streifen.

Nachfolgend nehmen wir stark vereinfachend an, die betrachtete Leitung sei verlustfrei und habe frequenzunabhängige Parameter. Dann wird sie gekennzeichnet durch die Laufzeit T und den Wellenwiderstand (die Impedanz) Z. Die Laufzeit ist proportional zur Länge l; wenn das Dielektrikum Luft ist, so ist $T = l/c$, mit einem Dielektrikum der Dielektrizitätskonstante ε ist $T = l/c\,\sqrt{\varepsilon}$. Der Wellenwiderstand Z hängt von der Geometrie ab; die wichtigsten Fälle illustriert Abb. 252. Für Z gelten folgende Formeln:

a) Koaxialkabel $\quad Z = \dfrac{r}{2\pi} \ln \dfrac{D}{d}$

b) Doppeldraht $\quad Z = \dfrac{r}{\pi} \ln \dfrac{2D}{d} \quad (D \gg d)$

c) Draht über Ebene $\quad Z = \dfrac{r}{2\pi} \ln \dfrac{4D}{d} \quad (D \gg d)$

d) Streifenleiter $\quad Z = r\,\dfrac{d}{D} \quad (D \gg d)$

Hier bedeutet r die Impedanz des leeren Raumes: $r = \sqrt{\mu_0/\varepsilon_0} = 120\,\pi$ Ohm $= 377\;\Omega$, also $r/\pi = 120\;\Omega$. Hat das Dielektrikum eine Dielektrizitätskonstante $\varepsilon \neq 1$, so ist anstatt r die Größe $r/\sqrt{\varepsilon}$ einzusetzen. In der Nanosekunden-Impulstechnik findet man am häufigsten Koaxialkabel mit etwa $Z = 50 \ldots 150\;\Omega$.

Das wesentliche Merkmal einer Leitung ist nun, daß, sofern sie nicht mit der Impedanz Z abgeschlossen ist, an ihrem Ende ein Signal reflektiert wird und somit wieder zurückwandert. Der Reflexionsfaktor kennzeichnet das Verhältnis des reflektierten zum ankommenden Signal und beträgt

$$\varrho = \frac{R - Z}{R + Z} \tag{72}$$

R ist der Abschlußwiderstand. ϱ bewegt sich von -1 bis $+1$, wenn R von 0 bis ∞ geht; für $R = Z$ ist $\varrho = 0$. Das reflektierte Signal wandert zum Anfang des Kabels zurück und kann dort erneut reflektiert werden; somit ist die Anpassung nicht nur am Ausgang, sondern auch am Eingang von Bedeutung.

Abb. 253 zeigt eine Quelle, die über einen Widerstand R_1 einen Impuls von der Dauer τ und der Amplitude 1 in ein Kabel mit der Laufzeit T und dem Wellenwiderstand Z eingibt, welches seinerseits eine Last R_2 speist. Wenn $R_2 = Z$, so ist die Last angepaßt; es entstehen am Ende des Kabels keine Reflexionen, und an R_2 erscheint ein einzelner Impuls von der Amplitude $a = \frac{1}{2}$. Ist aber $R_2 \neq Z$, so wird ein Teil des Impulses am Ende des Kabels reflektiert und wandert zurück; das Verhältnis der Amplituden des reflektierten und des ankommenden Impulses ist ϱ. Aus Gl. (72) ist ersichtlich, daß der reflektierte Impuls positiv ist, wenn $R > Z$, und negativ, wenn $R < Z$; mit $R = \infty$ und $R = 0$ wird überhaupt alle Energie reflektiert.

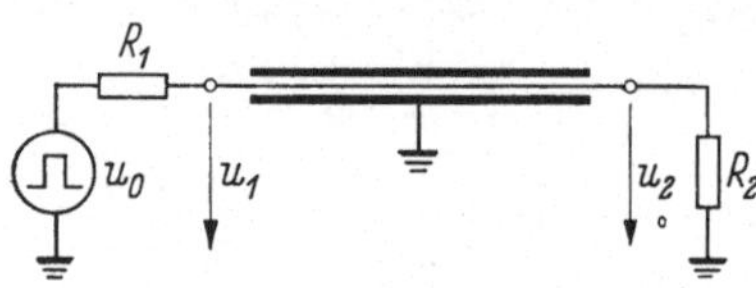

Abb. 253. Kabel mit Impulsquelle und beiderseitigem Abschluß.

Nach der doppelten Laufzeit trifft der reflektierte Impuls wieder am Eingang des Kabels ein. Wenn $R_1 = Z$, so wird er in R_1 aufgezehrt und die Vorgänge sind damit beendet. Wenn $R_1 \neq Z$, so erfolgt eine erneute Reflexion mit dem Reflexionsfaktor $\varrho = (R_1 - Z)/(R_1 + Z)$. Der Impuls läuft nun so oft hin und her, bis seine Amplitude auf einen verschwindend kleinen Wert gesunken ist.

Je nach R_1 und R_2 wird man also für die Eingangsspannung u_1 und die Ausgangsspannung u_2 ganz verschiedene Signalformen messen. Für R_2 gibt es fünf verschiedene Fälle: $R_2 = 0$, $0 < R_2 < Z$, $R_2 = Z$, $Z < R_2 < \infty$, $R_2 = \infty$. Für R_1 gibt es drei Fälle, da $R_1 = \infty$ nicht sinnvoll und $R_1 = 0$ praktisch nicht realisierbar ist. Somit entstehen fünfzehn Wertekombinationen von R_1 und R_2. Für neun von diesen Kombinationen sind in Abb. 254 die Signalformen von u_1 und u_2 aufgezeichnet. Dabei sind drei Fälle unterschieden, nämlich $\tau < 2T$, $\tau = 2T$ und $\tau > 2T$, da die Signalformen ein ganz anderes Aussehen annehmen, sobald die Dauer des Impulses die doppelte Laufzeit erreicht oder überschreitet. Die Signalformen für einen Spannungssprung (also $\tau = \infty$) erhält man, indem man in der Kolonne $\tau > 2T$ nur die erste Hälfte der aufgezeichneten Signalformen in Berücksichtigung zieht. — Es ist zu beachten, daß das Kabel als verlustfrei betrachtet wurde. Die Dämpfungen rühren also nur von den Reflexionsverlusten, die in R_1 und R_2 absorbiert werden, her.

Anpassungsprobleme entstehen nicht nur am Anfang und am Ende einer Leitung, sondern auch an der Verbindungsstelle zweier Leitungen mit verschiedenem Wellenwiderstand. Auch ein Stecker muß als ein Leitungsstück aufgefaßt werden und kann erhebliche Reflexionen verursachen.

Andere Verhältnisse ergeben sich, wenn im Abschluß eine Diode verwendet wird, weil dann der Abschlußwiderstand für Impulse verschiedenen Vorzeichens verschieden groß ist. Beispielsweise kann in Abb. 253 in Serie oder parallel zu R_2 eine Diode geschaltet werden. Die

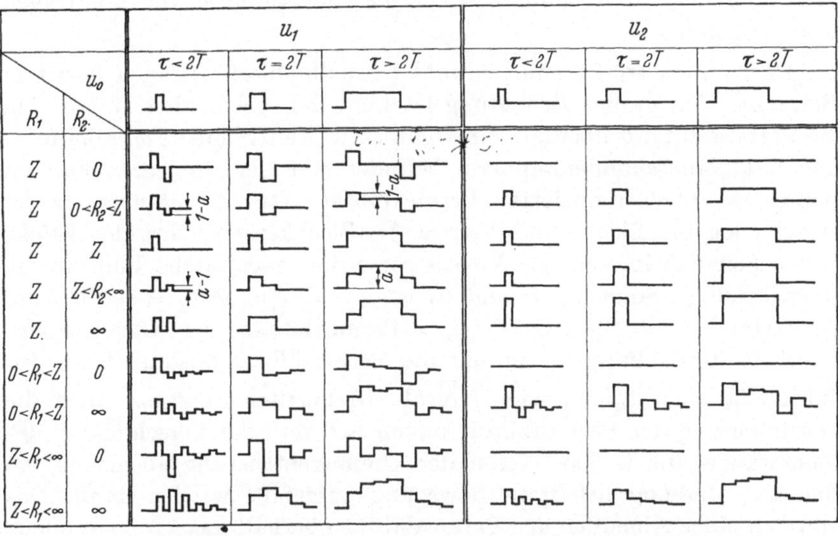

Abb. 254. Signalformen u_1 und u_2 am Kabel von Abb. 253. τ Impulsdauer, T Laufzeit, Z Impedanz, $a = R_2/(Z + R_2)$. (Nach [6].)

entstehenden Signalformen lassen sich ebenfalls aus Abb. 254 entnehmen, doch muß man verschiedene der aufgezeichneten Fälle kombinieren, da sich die Diode gegenüber positiven und negativen Impulsen ungleich verhält.

Übertrager. Impulsübertrager (Impulstransformatoren) spielen in der Nanosekundentechnik eine wichtige Rolle, da sie ein ausgezeichnetes Mittel zur Impedanzanpassung und zur gleichstrommäßigen Trennung zweier Kreise darstellen. Die in Kap. 14 angestellten Überlegungen haben natürlich auch im Nanosekundenbereich ihre Gültigkeit. Es ist daher nicht nötig, diese Grundlagen hier zu wiederholen. Vielmehr sei angedeutet, welche Maßnahmen erforderlich sind, um Übertrager für Nanosekundenimpulse zu bauen.

Die Anstiegszeit eines Übertragers wird durch die Resonanzfrequenz $\omega_0 = 1/\sqrt{\lambda c}$ der Streuinduktivität λ und der Kapazität C bestimmt und ist, falls die treibende Quelle niederen Innenwiderstand besitzt, bei kritischer Dämpfung gleich $3{,}35\sqrt{\lambda C}$ (s. S. 191). Aus Gl. (65) (S. 189) ist ersichtlich, daß ω_0 proportional zu $1/wD\sqrt{k}$ ist. Für kurze Anstiegszeiten muß man also die Windungszahl w und den Spulendurchmesser D klein halten. Ferner darf das Übersetzungsverhältnis, das in die Größe k eingeht, nicht zu stark von 1 abweichen. Die obere Grenze für ω_0 ist durch die technische Unmöglichkeit, Kerne unter einer gewissen Größe herzustellen und zu bewickeln, gesetzt. Der kleine Kernquerschnitt und die niedere Windungszahl reduzieren anderseits die Hauptinduktivität und begrenzen dadurch die Dauer der Impulse, die übertragen werden können.

Als Kernmaterial kommt sowohl Permalloyblech als auch Ferrit in Betracht. Von großer Bedeutung ist nun, daß bei beiden Materialien die Permeabilität μ oberhalb einer gewissen Grenzfrequenz ω_g abnimmt, und mit Nanosekundenimpulsen befindet man sich in jedem Fall im Gebiet erheblich reduzierter Permeabilität. Das Abnahmegesetz ist verschieden für Bleche und Ferrite. In Blechkernen rührt der Effekt davon her, daß infolge der Wirbelströme der magnetische Fluß an die Oberfläche gedrängt wird, und es ist $\omega_g = 8\varrho/\mu_0 d^2$ (ϱ = spezifischer Widerstand, d = Blechdicke, μ_0 = Permeabilität bei Gleichstrom). Oberhalb dieser Frequenz nimmt die Permeabilität (also auch die Induktivität einer Spule) wie $1/\sqrt{\omega}$ ab. In Ferriten hingegen rührt die Verminderung der Permeabilität davon her, daß die Verschiebung der Blochwände, die ja das Wesen der Ummagnetisierung ausmacht, als eine mit Reibung behaftete Bewegung aufgefaßt werden kann. Das führt zu einer Abnahme der Permeabilität oberhalb der Grenzfrequenz proportional zu $1/\omega$; die Grenzfrequenz selbst kann nicht durch einen einfachen Ausdruck wiedergegeben werden.

Man hat die Wahl zwischen einer kleinen Permeabilität, die über einen weiten Frequenzbereich konstant bleibt, oder aber einer stark frequenzabhängigen und dafür bei $\omega = 0$ größeren Permeabilität. Zweckmäßiger ist das Material mit großer Permeabilität, dessen Grenzfrequenz niedrig ist, so daß die Permeabilität im ganzen Frequenzbereich, der in Betracht fällt, wie $1/\omega$ bzw. $1/\sqrt{\omega}$ abfällt, da man auf diese Art die größtmögliche Hauptinduktivität bei kleinstmöglichen Abmessungen erhält. Es ist ein Übertrager beschrieben worden [*54*], der aus einem Ferritzylinder von 2,4 mm Durchmesser besteht, welcher zwei Löcher aufweist, durch welche insgesamt sechs Drahtwindungen gezogen sind (Abb. 255). Dieser Übertrager hat eine Hauptinduktivität von 1 μH und ein $\omega_0/2\pi$ von 1 GHz.

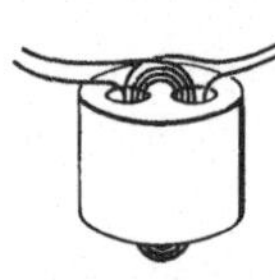

Abb. 255. Nanosekunden-Übertrager aus Ferrit.

Braucht man ein Übersetzungsverhältnis, das stark von 1 abweicht, so ist es vorteilhaft, wenn man nach Abb. 256a mehrere Übertrager mit $ü = 1$ auf einer Seite parallel, auf der andern Seite in Serie schaltet. Die dadurch entstehende Anstiegszeit ist günstiger als wenn das gleiche Verhältnis mit einem einzelnen Übertrager erzeugt wird. Bei gleichbleibender Hauptinduktivität kann man dadurch die Streuinduktivität um einen Faktor 5 oder sogar noch mehr verkleinern.

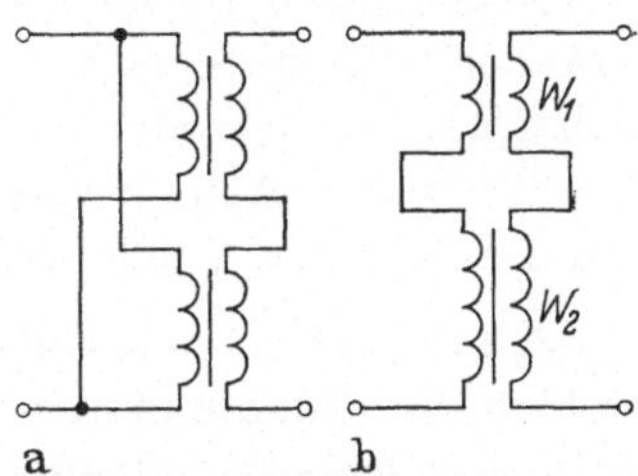

Abb. 256. a) Schaltung zweier Übertrager mit dem Übersetzungsverhältnis 1 : 1 zur Erzeugung des Verhältnisses 1 : 2, b) Serienschaltung eines Übertragers W_1 mit kurzer Anstiegszeit und eines Übertragers W_2 mit großer Hauptinduktivität.

Gelegentlich erweist sich die Serienschaltung von zwei Übertragern nach Abb. 256b als nützlich. Diese Schaltung bietet dann Vorteile, wenn ein Übertrager W_1 zur Verfügung steht, der die erforderliche kurze Anstiegszeit besitzt, dessen Hauptinduktivität aber zu klein ist, um lange Impulse zu übertragen. Ein zweiter, größerer Übertrager W_2 kann das übermittelte Frequenzband nach unten erheblich erweitern. Die Anstiegsflanke wird nur durch W_1 übertragen, und die Kapazitäten von W_2 wirken während des Anstiegs als Kurzschluß. Es ist wichtig zu beachten, daß diese Schaltung nur dank der Kapazitäten von W_2 einen Vorteil vermitteln kann; ohne solche Kapazitäten könnte infolge der Streuinduktivität von W_2 die kurze Anstiegszeit von W_1 nicht zur Geltung kommen.

20.2 Meßtechnik

Eine leistungsfähige Meßtechnik stellt die unabdingbare Voraussetzung für die Entwicklung neuer Schaltungen dar. Die großen Anstrengungen, die der Vorstoß in den Nanosekunden-Zeitbereich gekostet hat und die eine noch weitere Verkürzung der Impulszeiten in erhöhtem Maße kosten wird, rühren nicht nur von der Schwierigkeit in der Herstellung von geeigneten Bauteilen und Schaltungen her, sondern mindestens so sehr von der Notwendigkeit, eine ganz neue Meßtechnik zu entwickeln.

Oszillographen mit konventionellen Impulsverstärkern erreichen eine Anstiegszeit von etwa 7 ns; mit Kettenverstärkern ist eine Reduktion auf etwa 3,5 ns möglich. Kürzere Anstiegszeiten lassen sich nur durch Reduktion der Verstärkung (also der Empfindlichkeit) erreichen, und das bedeutet, daß kleine Signale nicht mehr gemessen werden können. Im extremen Fall kann man auf einen Verstärker ganz verzichten. Dann ist die Anstiegszeit durch die Laufzeit der Elektronen im ablenkenden Feld der Kathodenstrahlröhre bestimmt; sie ist um so kürzer, je geringer die Länge dieses Feldes, was aber die Empfindlichkeit noch weiter reduziert. Die besten Röhren erreichen 1 ns bei einer Empfindlichkeit von

15 V/cm, eine Empfindlichkeit, die für die meisten Zwecke zu niedrig ist; denn selbst wenn die Ablesung auf dem Schirm mit einer Lupe erfolgt, setzt der Durchmesser des Leuchtflecks eine untere Grenze für die Größe der Auslenkungen, die noch beobachtet werden können. Eine Verbesserung in gewissen Grenzen erlaubt die Ablenkung mittels eines Wanderwellensystems, und solche Oszillographen werden denn auch oft gebraucht. Sie erfordern allerdings eine korrekte Anpassung der Signalquelle an das Ablenksystem, was gewisse Anforderungen an die Beschaffenheit der Quelle stellt.

Prinzip des Abtastoszillographen. Die enormen Fortschritte auf dem Gebiet der Nanosekunden-Impulstechnik sind fast ausschließlich mit Hilfe des Abtastoszillographen erzielt worden. Dieses Gerät, das auch *stroboskopischer Oszillograph* oder *Sampling-Oszillograph* genannt wird, läßt sich am ehesten durch den Vergleich mit dem bekannten Licht-Stroboskop veranschaulichen. Dieses kommt dann zur Verwendung, wenn irgendeine periodische Bewegung (etwa ein hin- und herlaufender Kolben), die zu schnell ist, als daß sie vom Auge verfolgt werden kann, beobachtet werden soll. Das Stroboskop erzeugt Lichtblitze, mit denen das Objekt beleuchtet wird. Diese Blitze müssen so kurz sein, daß sich während ihrer Dauer das Objekt nur unmerklich bewegt. Wenn nun die Lichtblitze periodisch mit der gleichen Frequenz wie die mechanische Bewegung auftreffen, so scheint für den Beschauer das Objekt stillzustehen; das Zeitintervall zwischen den Blitzen wird durch die Trägheit des Auges ausgefüllt. Ist die Frequenz der Lichtblitze ein wenig niedriger als jene des Vorganges, so läuft vor dem Betrachter der Vorgang in sehr starker Verlangsamung ab und kann genau beobachtet werden. Wir haben also hier eine Anordnung vor uns, die es gestattet, mit einem Empfänger geringer Zeitauflösung (dem Auge) sehr schnelle Vorgänge zu verfolgen. Die resultierende Zeitauflösung ist gleich der Dauer der Lichtblitze und ist daher um so besser, je kürzer diese Dauer gemacht werden kann. — Wesentlich ist, daß ein Speicher vorhanden ist (in diesem Fall die Trägheitseigenschaften des Auges), der zwischen zwei Blitzen das empfangene Bild festhält.

Die wesentliche Einschränkung des stroboskopischen Verfahrens besteht darin, daß der zu beobachtende Vorgang periodisch sein und sich genügend oft abspielen muß[1]. Somit müssen alle Experimente, die mit dem Abtastoszillographen beobachtet werden sollen, so ausgelegt werden, daß sie zu periodischen Signalformen führen. Wenn das nicht möglich ist, so ist das Abtastverfahren nicht brauchbar.

---

[1] Strenggenommen muß der Vorgang nicht periodisch, sondern nur repetitiv sein; die Wiederholung darf in unregelmäßigen Zeitabständen erfolgen, sofern es möglich ist, den Lichtblitz entsprechend zu synchronisieren.

Auf Grund des Dargelegten ist die Wirkung des Abtastoszillographen leicht zu verstehen. Die nachfolgende Beschreibung stützt sich auf eine Arbeit von H. P. LOUIS [57], welche ein Gerät mit einer Zeitauflösung von etwa 0,35 ns beschreibt und wo auch weitere Literaturhinweise zu finden sind. Abb. 257 veranschaulicht die Prinzipschaltung.

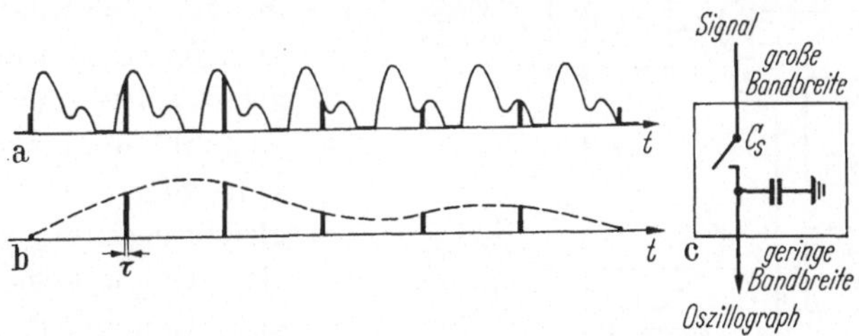

Abb. 257. Wirkungsweise des Abtastoszillographen. a) Abtastung des periodischen Vorganges mit einem Impuls, der die kurze Dauer τ hat, b) Zusammensetzung der gespeicherten Momentanwerte zu einer Kurve, c) Prinzipschaltbild (der Schalter hat die Schließzeit τ).

Ein Schalter mit der sehr kurzen Schließzeit $\tau = 0{,}35$ ns verbindet den Speicherkondensator C_s in periodischen Intervallen mit dem beobachteten Signal; bei jeder Wiederholung des Signals wird ein Punkt des Vorganges abgetastet. Die Spannung an C_s gibt dann in sehr stark verlangsamtem Zeitablauf den Vorgang wieder und kann mit einem gewöhnlichen Oszillographen geringer Bandbreite beobachtet werden. Der Speicherkondensator bewirkt also den Übergang von großer Bandbreite (kleiner Anstiegszeit) zu geringer Bandbreite (langer Anstiegszeit).

Blockschema. Zunächst muß eine geeignete Schaltung vorhanden sein, die gleichzeitig zwei Aufgaben erfüllt: Erstens muß der Abtastimpuls in solchen Zeitintervallen erzeugt werden, daß er das Signal Punkt für Punkt abtastet, wie es in Abb. 257 erläutert ist, und zweitens müssen die abgetasteten Amplitudenwerte in richtiger Anordnung über einer Zeitachse im Oszillographen zur Darstellung gelangen. Dazu braucht es eine Sägezahnspannung, die ihren Bereich während der Dauer des Signals durchläuft und sich synchron mit demselben wiederholt, ferner eine langsam ansteigende Vergleichsspannung, s. Abb. 258. Die Gleichheit dieser beiden Spannungen löst den Abtastimpuls aus. Die Vergleichsspannung besorgt außerdem die Strahlablenkung in x-Richtung; dadurch besteht die Gewähr, daß die x-Achse auch wirklich als t-Achse zu betrachten ist.

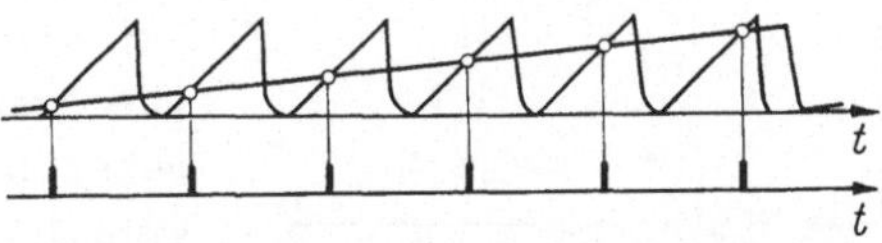

Abb. 258. Auslösung des Abtastimpulses im Moment der Gleichzeitigkeit von Sägezahn- und Vergleichsspannung.

Ein Abtastoszillograph kann hergestellt werden, indem man einen konventionellen Oszillographen verwendet und ein Zusatzgerät baut.

Dann kann als Vergleichsspannung die Zeitablenkung des Oszillographen, der auf einen langsamen Bereich einzustellen ist, verwendet werden. Abb. 259 zeigt das Blockschaltbild des Zusatzgerätes; rechts sind die Verbindungen mit dem Oszillographen angedeutet. Der Sägezahn (*1*) wird durch einen Auslöseimpuls, der wenn möglich dem Signal ein wenig vorangehen sollte, ausgelöst. Im Augenblick der Gleichheit von Sägezahn und Vergleichsspannung wird durch eine geeignete Schaltung (*2*) der Generator für den Abtastimpuls (*3*) ausgelöst. Dieser schaltet ein Nanosekunden-Koinzidenzgatter (*4*) ein und verbindet das Signal kurzzeitig mit dem Impulsdehner (*5*). Gleichzeitig wird der Sägezahngenerator ausgeschaltet, da es ein Zeitverlust wäre, den Sägezahn über den Zeitpunkt der Impulsauslösung hinaus weiterzuführen. Dér Impulsdehner übermittelt den Ordinatenwert an die vertikalen Ablenkplatten der Bildröhre, und seine Ausgangsspannung wird nachher durch den Impulsgeber (*6*) wieder auf Null zurückgestellt. Dadurch würde ein schmaler Rechteckimpuls auf dem Schirm erscheinen. Da aber nur dessen Spitzenwert von Bedeutung ist, sorgt ein Verstärker (*7*) durch Hellsteuerung dafür, daß die übrigen Teile, insbesondere die Nullinie zwischen den Impulsen, nicht zur Darstellung gelangen. Die Dauer dieser Hellsteuerung ist veränderbar, so daß sowohl hohe wie niedrige Impulswiederholungsfrequenzen mit gleicher Helligkeit auf dem Schirm wiedergegeben werden. Die Anzeigesperre (*8*) sperrt den Impulsgeber (*6*), wenn die Vergleichsspannung außerhalb des Bereiches der Sägezahnspannung liegt.

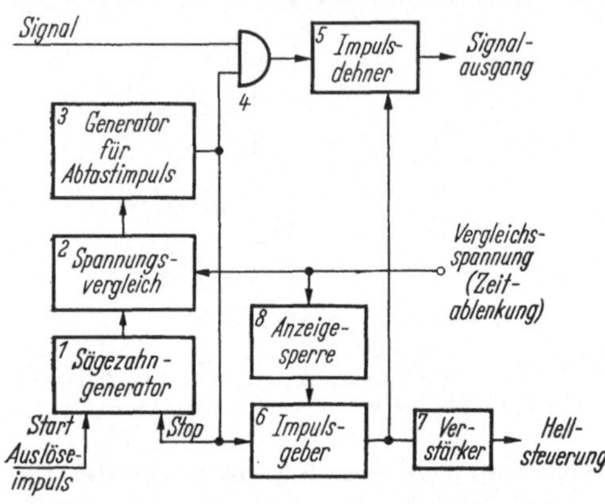

Abb. 259. Zusatzgerät zur Verwandlung eines gewöhnlichen Oszillographen (der auf der rechten Seite angeschlossen wird) in einen Abtastoszillographen.

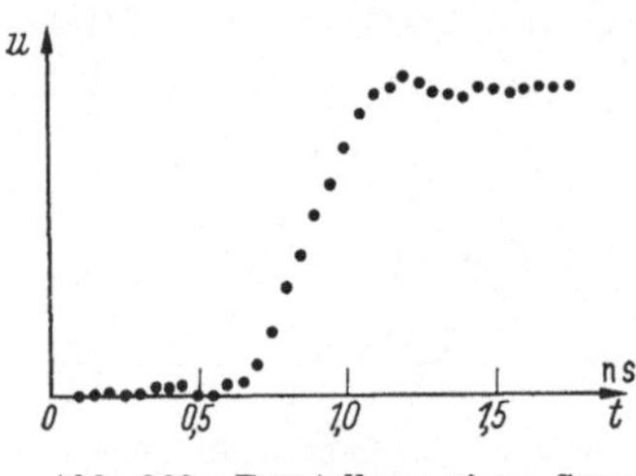

Abb. 260. Darstellung eines Spannungssprunges auf dem Abtastoszillographen.

Abb. 260 zeigt, wie ein Vorgang auf dem Schirm des Oszillographen dargestellt wird. Es handelt sich um die Wiedergabe eines Spannungssprunges von sehr kurzer Anstiegszeit (<0,1 ns); die resultierende Anstiegszeit von etwa 0,35 ns rührt nur vom Meßgerät her. Der unregelmäßige Verlauf der Punkte ist darauf zurückzuführen, daß die Verzögerung, die im

Generator für den Abtastimpuls entsteht, gewissen Schwankungen unterworfen ist.

Schaltkreise. Wir verzichten hier auf eine Wiedergabe der Schaltbilder, da alle vorkommenden Schaltungen an andern Stellen dieses Buches beschrieben sind: Sägezahngenerator (*1*) Abb. 189 (S. 174); Spannungsvergleich (*2*) Abb. 138a (S. 122); Generator für den Abtastimpuls (*3*) Abb. 265b (S. 266); Nanosekunden-Impulsgatter (*4*) Abb. 270b (S. 272); Impulsdehner (*5*) Abb. 146 (S. 129); Impulsgeber (*6*) Abb. 181 (S. 166). Im übrigen wird auf die Originalarbeit [57] verwiesen.

20.3 Impulserzeuger

In diesem Abschnitt werden Vorrichtungen zur Erzeugung von Nanosekundenimpulsen hoher Spannung oder hohen Stromes beschrieben. Meistens werden Impulse mit möglichst rechteckiger Form und möglichst kurzer Anstiegszeit verlangt. Nach ihrer Verwendbarkeit können Impulserzeuger in zwei Klassen gegliedert werden. In die erste Klasse fallen Generatoren, die den Zeitpunkt der Impulserzeugung entweder selbst bestimmen, oder bei denen die Verzögerung zwischen Auslösung und Impuls bedeutenden Schwankungen unterliegt. Die zweite Klasse umfaßt Impulsgeneratoren, die durch einen äußeren elektrischen Vorgang ausgelöst werden können und die nach einer bestimmten Verzögerung ihren Impuls abgeben, wobei diese Verzögerung, verglichen mit der Anstiegszeit des erzeugten Impulses, sehr kleine Schwankungen aufweist. Es ist klar, daß Generatoren der ersten Klasse nur für einen beschränkten Bereich von Aufgaben eingesetzt werden können; dafür sind sie wesentlich einfacher und weniger kostspielig.

Ein weiteres wichtiges Unterscheidungsmerkmal ist die höchste erreichbare Wiederholungsfrequenz. Für Meßzwecke genügt oft eine Wiederholungsfrequenz in der Größenordnung von 20 Hz, was den Bau von sehr einfachen Impulserzeugern mit elektromechanischen Relais gestattet. Muß anderseits die Frequenz bis auf 1 MHz oder sogar noch höher getrieben werden, so ist ein bedeutend größerer Aufwand nötig.

Impulsgeneratoren mit Kabel und Relais. Das elektromechanische Relais gibt Anlaß zu außerordentlich leistungsfähigen und gleichzeitig einfachen Impulsgeneratoren. Immerhin sind gegenüber dem Relais in der konventionellen Form zwei wesentliche Verbesserungen nötig, nämlich das *Benetzen der Kontakte mit Quecksilber* und die *koaxiale Bauweise*. Das Schließen eines gewöhnlichen Relaiskontaktes ist nämlich von Prellungen begleitet; darunter versteht man ein mehrmaliges Öffnen und Schließen mit einer Periode von etwa 1 ms. Ferner geht der Übergangswiderstand des Kontaktes nicht momentan vom Wert des geöffneten zum Wert des geschlossenen Zustandes über, weil er vom mechanischen Kontaktdruck abhängt. Beides wird vermieden, wenn die Kontaktflächen mit Quecksilber benetzt werden. Ein solcher Kontakt schließt innerhalb eines Zeitintervalls, das so kurz ist, daß dessen Dauer bislang nicht hat gemessen werden können. Solche Relais werden in koaxialer Bauweise hergestellt und können daher so eingebaut werden, daß sie sich als Bestandteile einer Koaxialleitung verhalten, s. Abb. 261. Das Relais wird durch eine stromdurchflossene Spule geschaltet. Es handelt sich also um einen Impulsgenerator, der von außen ausgelöst wird, doch ist die nach dem Einschalten der Spule entstehende Verzögerung, die im Millisekundenbereich liegt, mit Schwankungen behaftet, die im Nanosekundenmaßstab gemessen sehr groß sind.

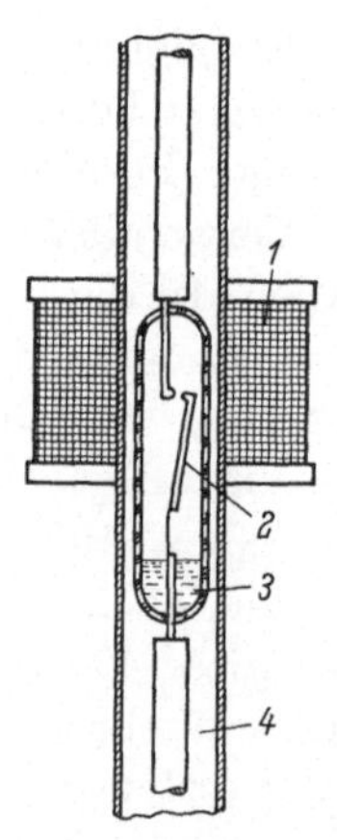

Abb. 261. Koaxiales Quecksilberrelais. *1* Spule, *2* quecksilberbenetzter Kontakt, *3* Quecksilbervorrat, *4* Koaxialkabel.

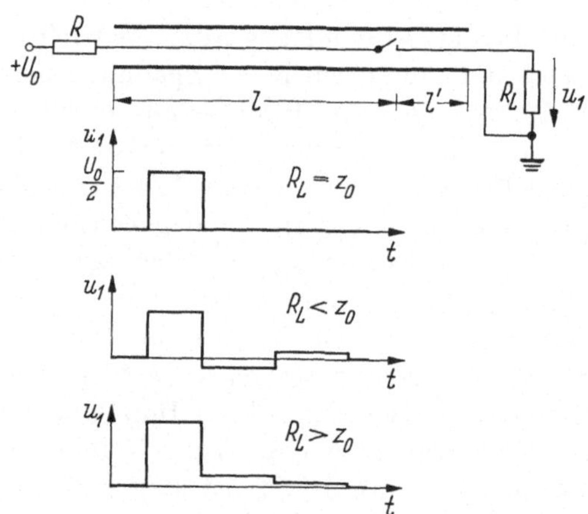

Abb. 262. Impulserzeugung durch Entladung eines Koaxialkabels. Bei richtiger Anpassung ($R_L = Z_0$) beträgt die Impulshöhe $U_0/2$, die Dauer $2l/v$. Bei Fehlanpassung ($R_L \neq Z_0$) entstehen zusätzliche Impulse von der Dauer $2(l + l')/v$. Die Kabelimpedanz ist Z_0.

Der einfachste Impulsgenerator ist in Abb. 262 gezeigt. Eine Spannungsquelle U_0 lädt durch einen großen Widerstand R die Kapazität eines koaxialen Kabels auf. Wenn sich der Relaiskontakt schließt, so entsteht an der Last R_L ein einzelner Impuls von der Dauer $2l/v$ (v ist die Fortpflanzungsgeschwindigkeit des Kabels) und der Höhe $U_0/2$, sofern R_L gleich dem Wellenwiderstand Z_0 des Kabels ist[1]. Beim Öffnen des Relaiskontaktes entsteht kein Impuls am Ausgang. Mit dieser Anordnung lassen sich an R_L Impulse von einigen mV bis zu 500 V und einer Anstiegszeit von weniger als 0,1 ns erzeugen; durch Veränderung

[1] Dieser Vorgang läßt sich nicht ohne weiteres auf einen Fall von Abb. 254 zurückführen, da dort angenommen ist, das Kabel sei zu Beginn entladen und die Energie werde der Spannungsquelle entnommen, während hier die Energie ausschließlich aus der Ladung des Kabels kommt; die während des Impulses durch R nachgelieferte Energiemenge ist unbedeutend.

von l läßt sich die Impulslänge zwischen etwa 0,2 ns und vielen hundert ns variieren. Kein anderer Generator zeigt eine so große Flexibilität.

Die Anordnung von Abb. 262 liefert in den Lastwiderstand R_L maximale Leistung, wenn $R_L = Z_0$. Falls nicht die Leistung, sondern der Strom maximal gemacht werden soll, so empfiehlt es sich, R_L kleiner zu wählen; bei $R_L = 0$ entsteht ein doppelt so großer Strom, nämlich U_0/Z_0. Abb. 263 zeigt, wie eine Diode verhindert, daß der bei R_L reflektierte Impuls auf der linken Seite nochmals reflektiert wird und wieder

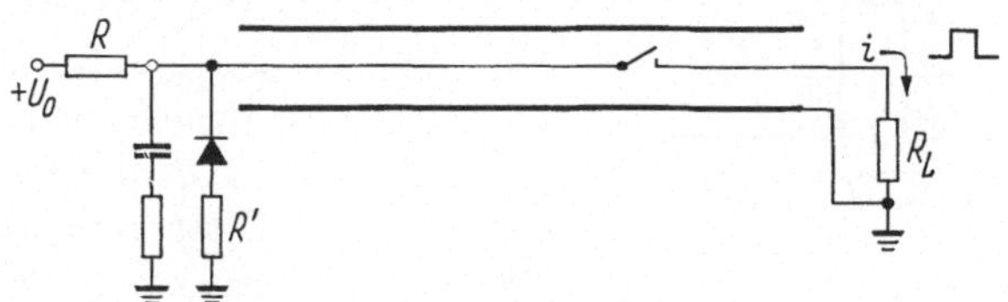

Abb. 263. Anordnung für $R_L \ll Z_0$ (Erzeugung eines möglichst großen Stromes). $R \gg Z_0$.

in R_L zurückkehrt. R' muß, zusammen mit dem Durchlaßwiderstand der Diode, gleich Z_0 sein. Der Impuls entsteht beim Schließen des Kontaktes, während das Öffnen keine Wirkung hat. Das RC-Glied kompensiert das induktive Verhalten der Diode beim Übergang in die Durchlaßrichtung (s. S. 39).

Impulsgeneratoren mit Röhren. Der Relais-Impulsgenerator eignet sich nicht, wenn Wiederholungsfrequenzen über etwa 100 Hz nötig sind, oder wenn Schwankungen in der Einsatzverzögerung nicht geduldet werden können. In diesem Fall muß man, wenn Nanosekundenimpulse hoher Leistung verlangt werden, auf Röhren greifen.

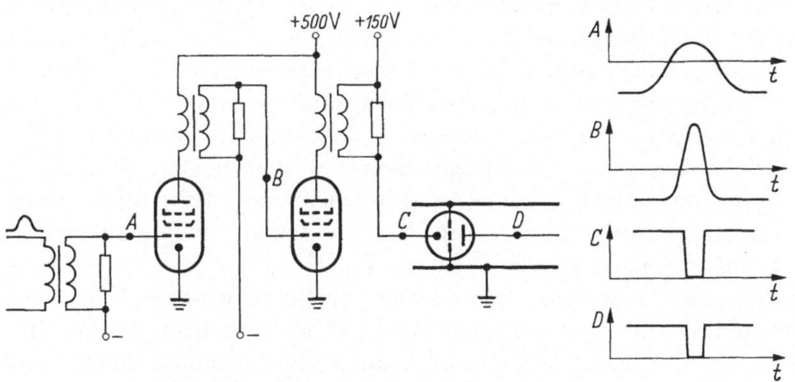

Abb. 264. Erzeugung kurzer Impulse mittels Röhren.

Die Anstiegsgeschwindigkeit an der Anode beträgt $du/dt = i_a/C$, wobei C die Anodenkapazität ist. Maximale Anstiegsgeschwindigkeit (also auch kürzeste Anstiegszeit, wenn die Amplitude vorgegeben ist) erhält man also, indem man eine Röhre mit möglichst großem $i_{a\,\max}/C$ wählt. Diese Bedingung steht im Gegensatz zu den Verhältnissen in Breitbandverstärkern, wo möglichst hohes S/C gefordert wird (s. S. 99); hier handelt es sich nicht um einen linearen Verstärker, sondern um den Schalterbetrieb. Am besten eignen sich kräftige Leistungspentoden, beispielsweise EL 86 mit $i_{a\,\max} = 2$ A, $C = 10$ pf, $du/dt = 200$ V/ns. Die Röhre liefert diesen Strom aber nur bei stark positivem Gitter. In der Schaltung von Abb. 264 wird der angelegte Impuls in zwei transformatorgekoppelten Stufen verstärkt; die Gittervorspannung ist so bemessen, daß die Einschaltung der Röhre durch den steilsten Teil des Impulsanstiegs erfolgt [*52*, *56*]. Schließlich wird eine „Bleistiftröhre", die in einen koaxialen Wellenleiter eingebaut und in Gitterbasisschaltung angeordnet ist, eingeschaltet.

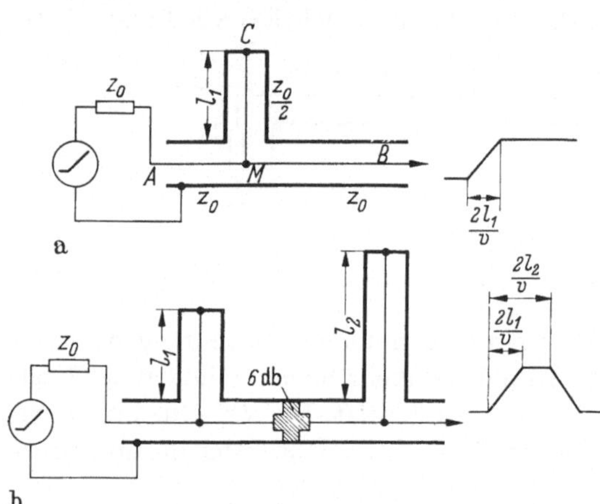

Abb. 265. a) einfach, b) doppelt differenzierende Anordnung zur Impulserzeugung. v Fortpflanzungsgeschwindigkeit im Wellenleiter.

Impulsformung mit Leitungsstücken. In der Schaltung von Abb. 264 spielt die in der Koaxialleitung eingebaute Röhre eine ähnliche Rolle wie das Relais in Abb. 262. Im einzelnen ist jedoch ihre Wirkung wesentlich weniger günstig, weil ihre Anstiegsgeschwindigkeit geringer ist und die Anstiegsflanke überhaupt nicht den geradlinigen Verlauf hat, der für beste Impulsform nötig wäre. Es ist daher besser, wenn die Impulsform vorwiegend durch die Geometrie der Wellenleiter bestimmt wird. Abb. 265a zeigt, wie ein kurzgeschlossenes Wellenleiterstück, als Abzweigung angebracht, als eine Art differenzierendes Glied wirkt. An der Verbindungsstelle M spaltet sich das von A kommende Signal in zwei Teile auf, die nach B und C gehen. Bei C erfolgt eine Reflexion mit Umkehr des Vorzeichens; das rückkehrende Signal wird bei M nach einer Verzögerung von $2l_1/v$ zum ursprünglichen addiert. Legt man an dieses Netzwerk eine linear ansteigende Flanke, die unendlich lange dauert, so entsteht eine Flanke, die während der Zeit $2l_1/v$ ansteigt und dann in eine konstante Spannung übergeht. Mehrfache Reflexionen im kurzgeschlossenen Leitungsstück werden durch die Wahl der Wellenwiderstände Z_0 und $Z_0/2$ verhindert. (Allerdings wird ein Teil der Energie von M in den Generator zurück reflektiert, was unvermeidlich ist.) In einer praktischen Schaltung (etwa Abb. 264) wird man nun finden, daß die ansteigende Flanke, die durch die Röhre erzeugt wird, steil beginnt und dann allmählich abflacht. Es ist daher ein großer Vorteil, wenn durch die Anordnung von Abb. 265a nur der anfängliche, steile Teil zur Impulserzeugung verwendet wird.

Eine zweite differenzierende Anordnung kann zugeschaltet werden, um auch die fallende Flanke zu erzeugen, s. Abb. 265b. Der Abfall beginnt um die Zeit $2l_2/v$ später als der Anstieg; die Bodenbreite des Impulses ist also $2(l_1 + l_2)/v$. In einer praktischen Anordnung müssen allerdings noch Dämpfungsglieder zwischen die einzelnen Teile der Schaltung eingebaut werden, um eine gegenseitige Beeinflussung zu vermeiden [*56*].

20.4 Impulsverstärker

In diesem Abschnitt werden *lineare Verstärker* behandelt. In der Nanosekunden-Meßtechnik kommen vorwiegend Kettenverstärker mit Pentoden vor, die robust, betriebssicher und sehr stabil gebaut werden können. Für besondere Anwendungen (digitale Rechenanlagen, kernphysikalische Instrumentierung) sind daneben auch Transistoren eingeführt worden, wobei man sowohl die gegengekoppelte Emitterschaltung als auch die Basisschaltung mit Impulsübertrager findet; doch lassen sich mit Transistorverstärkern nur kleine Spannungen und kleine Leistungen erzeugen, so daß sie beispielsweise für die Speisung der Ablenkplatten in einem Oszillographen nicht in Betracht kommen können.

Kettenverstärker. Auf S. 98 wurde gezeigt, daß in einem konventionellen Verstärker mit Pentoden die erreichbare Anstiegszeit A, Verstärkung V, Steilheit S und Kapazität C durch die Gleichung $V/A = S/2{,}2\,C$ verknüpft sind. S/C hängt nur von der Röhre ab und kann höchstens etwa $2\pi \cdot 250$ MHz erreichen. Mit einer Anstiegszeit von 4 ns verbleibt also eine Verstärkung von weniger als 3, und in einem mehrstufigen Verstärker vergrößert sich die Anstiegszeit entsprechend. Daher ist es auf diese Art unmöglich, mit Anstiegszeiten von weniger als etwa 7 ns eine hohe Verstärkung zu erreichen.

Eine Parallelschaltung von Röhren hilft nicht, da sich nicht nur die Steilheiten, sondern auch die Kapazitäten addieren. Der Kunstgriff des Kettenverstärkers hingegen bewirkt, daß sich von mehreren Pentoden zwar die Steilheiten, nicht aber die Kapazitäten summieren. Die Schaltung geht aus Abb. 266 hervor. Man erkennt zwei Leitungen, eine Gitterleitung mit den Induktivitäten L_g und eine Anodenleitung mit den Induktivitäten L_a. C_g und C_a werden nicht als Kondensatoren eingebaut, sondern ausschließlich durch die Kapazitäten der Röhren und der Verbindungen gebildet. Wenn nun am Eingang ein Signal u_0 angelegt wird, so wandert es entlang der Gitterleitung und erreicht nacheinander die Gitter der einzelnen Röhren. Die Anoden speisen ein verstärktes Signal in die Anodenleitung, und diese Beiträge summieren sich, sofern die Verzögerung pro Stufe in beiden Leitungen gleich ist, das heißt, sofern $L_g C_g = L_a C_a$ ist. Die Signale der Anoden wandern sowohl nach links als auch nach rechts; damit das gleiche Signal nicht mehrmals an der Ausgangsklemme erscheint, muß die Anodenleitung links mit ihrem Wellenwiderstand $\sqrt{L_a/C_a}$ abgeschlossen sein. An der Ausgangsklemme

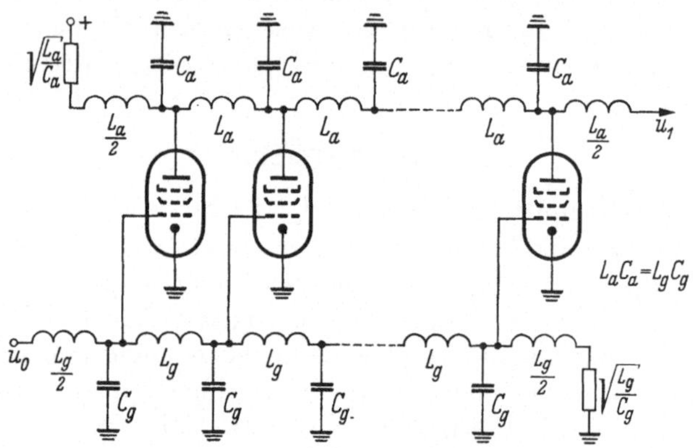

Abb. 266. **Prinzipschaltbild des Kettenverstärkers.**

darf hingegen eine Last angeschlossen werden, die nicht gleich diesem Wellenwiderstand ist. Ebenfalls um Reflexionen zu vermeiden, muß die Gitterleitung rechts einen Abschlußwiderstand $\sqrt{L_g/C_g}$ erhalten. Der Frequenzbereich dieses Verstärkers ist nach oben durch die Grenzfrequenz der Leitungen $f_c = 1/\pi\sqrt{LC}$ beschränkt; nach unten kann er sich bis ins Gleichstromgebiet erstrecken.

Beim Entwurf eines Verstärkers muß man sich zunächst darüber klarwerden, ob die Impedanzen der beiden Leitungen gleich sein müssen. Es zeigt sich, daß das infolge der verschiedenen Werte von C_g und C_a nicht zweckmäßig ist. Hingegen muß die Möglichkeit gegeben sein, die Ausgangsklemme eines Kettenverstärkers mit der Eingangsklemme eines gleichartigen Verstärkers zu verbinden, das heißt mehrstufige Kettenverstärker zu bauen. Wir wollen daher annehmen, die Anodenleitung, die den Wellenwiderstand $Z_a = \sqrt{L_a/C_a}$ hat, sei mit einem Widerstand abgeschlossen, der gleich $Z_g = \sqrt{L_g/C_g}$ ist, und daß $Z_a \neq Z_g$.

Die Verstärkung errechnet sich nun wie folgt: Jede Röhre verursacht eine Verstärkung von $S \cdot Z_a/2$, n Röhren also $n \cdot S \cdot Z_a/2$ (S ist die Steilheit). Durch den Abschluß der Anodenleitung mit Z_g entsteht eine Abschwächung $2Z_g/(Z_a + Z_g)$. Also ist die resultierende Ver-

stärkung
$$V = n\,S\,\frac{Z_a Z_g}{Z_a + Z_g} \tag{73}$$

Die Anstiegszeit τ des Verstärkers ist mit der Grenzfrequenz (Bandbreite) f_c durch die approximative Formel $\tau \cdot f_c \approx 0{,}35$ verknüpft. Daraus entsteht annähernd $\tau = \sqrt{L_g C_g}$. Durch Einsetzen der Ausdrücke für Z_a, Z_g und f_c in Gl. (73) erhält man den Quotienten von Verstärkung durch Anstiegszeit, der als Gütefaktor G den Verstärker kennzeichnet, zu

$$G = \frac{V}{\tau} = \frac{n\,S}{C_g + C_a}$$

Auch hier tritt also das Verhältnis S/C (mit $C = C_g + C_a$) in Erscheinung, welches eine Eigenschaft der Röhre ist; je höher dieser Wert ist, desto größer ist die Verstärkung bei gegebener Anstiegszeit. Die Verstärkung kann aber auch durch Erhöhung der Anzahl Röhren vergrößert werden, und es ist eine wirtschaftliche Frage, ob man weniger Röhren mit hohem S/C (die teurer sind) oder mehr Röhren mit niedrigerem S/C wählen will.

Alle diese Überlegungen gelten allerdings nur, solange man die Laufzeit der Elektronen in den Röhren nicht zu berücksichtigen braucht. In Wirklichkeit kann die Bandbreite eines Kettenverstärkers nicht über etwa 300 oder höchstens 500 MHz gehen.

Beim Entwurf eines Verstärkers ist τ vorgegeben. Ferner wählt man eine passende Röhrentype; dadurch ist auch C_g und C_a bestimmt. Alle weiteren Werte ergeben sich zwangsläufig:

$$Z_g = \frac{\tau}{C_g} \qquad L_g = \frac{\tau^2}{C_g}$$

$$Z_a = \frac{\tau}{C_a} \qquad L_a = \frac{\tau^2}{C_a}$$

Die Röhrenzahl n errechnet sich aus der gewünschten Verstärkung.

Zu beantworten ist noch die Frage, ob es günstiger ist, eine einzelne Verstärkerstufe mit vielen Röhren, oder mehreren Stufen mit entsprechend weniger Röhren pro Stufe vorzusehen. Es läßt sich zeigen, daß eine vorgegebene Verstärkung mit vorgegebener Anstiegszeit am wirtschaftlichsten dadurch erreicht wird, daß man mehrere Stufen vorsieht, von denen jede die Verstärkung $e = 2{,}718\ldots$ hat; mit anderen Worten, die Stufenzahl soll gleich dem natürlichen Logarithmus der verlangten Verstärkung sein.

Eine eingehende Analyse des Kettenverstärkers findet sich in [*9*].

Transistorverstärker. Mit Transistorverstärkern lassen sich sehr kurze Anstiegszeiten erzielen, jedoch nur bei kleinen Spannungen und Leistungen. Am häufigsten ist die Emitterschaltung, die auf S. 84ff.

behandelt wurde. Für Nanosekundenimpulse wird allerdings eine Gegenkopplung hinzugefügt (s. Abb. 267), die die Verstärkung zwar reduziert, dafür aber die Grenzfrequenz erhöht. Wenn die Gegenkopplung genügend stark ist (wenn $V_i \ll \beta$), so ergibt sich die Stromverstärkung $V_i = -i_2/i_1$ zu

$$V_i = \frac{R}{R_L + r_1} \quad \text{mit} \quad r_1 = \frac{r_b + 1/g_D}{\beta}$$

R_L ist der Lastwiderstand; r_b und g_D beziehen sich auf das Ersatzschaltbild von Abb. 94a. Wie man sieht, hängt nun V_i hauptsächlich von R_f und R_L ab und nicht mehr so sehr von den Eigenschaften des Transistors, was kennzeichnend für die Wirkung jeder Gegenkopplung ist.

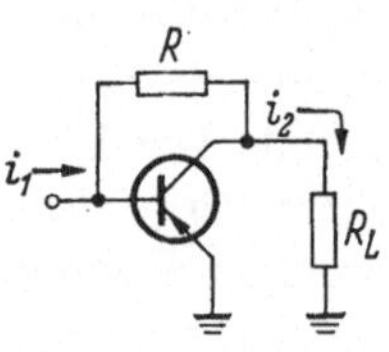

Abb. 267. Prinzipschaltung des Verstärkers in Emitterschaltung mit Gegenkopplung.

Die Eingangsimpedanz dieser Stufe ist

$$R_i = V_i r_1 (1 + R_L/R)$$

Werden identische Stufen hintereinandergeschaltet, so ist der Lastwiderstand jeder Stufe gleich diesem Eingangswiderstand. Es läßt sich zeigen, daß die Grenzfrequenz ω_c für eine einzelne Stufe gleich dem folgenden Ausdruck wird:

$$\omega_c = \frac{\omega_g'}{A_i} \, \frac{1}{1 + (r_b + R_L)/R + \omega_g' R_L C_c (1 + r_b/R)}$$

C_c bezieht sich auf Abb. 94a; ω_g' ist die Grenzfrequenz des Transistors in Emitterschaltung. ω_c ist die (Kreis-)frequenz, bei welcher die Verstärkung um 3 db absinkt.

Eine wesentliche Verbesserung entsteht, wenn man in Serie zu R eine Induktivität L schaltet. Mit $L = R/\omega_c$ wird die Bandbreite mehr als verdoppelt; allerdings wird der Frequenzgang etwas wellig. Mit $L = R/2\omega_c$ ist die Bandbreite nicht ganz so groß, dafür der Frequenzgang sehr gleichmäßig.

Eine genauere Analyse dieser Schaltung findet sich in [*34*]. In [*35*] ist ein Verstärker beschrieben, der mit fünf Stufen eine Verstärkung von 300 bei einer Bandbreite von 100 MHz (Anstiegszeit etwa 3,5 ns) erreicht; die verwendeten Transistoren haben eine Grenzfrequenz von $\omega_g' = 2\pi \cdot 400$ MHz.

Auch die *Basisschaltung* gibt Anlaß zu Nanosekunden-Impulsverstärkern. Die Grenzfrequenz der Transistoren ist um den Faktor β größer als in der Emitterschaltung. Das große Mißverhältnis zwischen Ausgangs- und Eingangsimpedanz wird durch Impulsübertrager ausgeglichen. Für den Übertrager gelten die auf S. 257ff. gemachten Bemerkungen. Da der Stromverstärkungsfaktor eines Transistors in Basisschaltung ungefähr gleich Eins ist, ist die resultierende Stromverstärkung (also bei der Verwendung von mehreren gleichen Stufen auch die Spannungsverstärkung pro Stufe) gleich dem Übersetzungsverhältnis $ü$.

Abb. 268 zeigt einen Teil eines mehrstufigen übertragergekoppelten Verstärkers. Eine eingehendere Analyse dieser Schaltung findet sich in [*54*]. Dort ist ein Verstärker beschrieben, der mit fünf Stufen eine Gesamtverstärkung von 1000 besitzt, bei einer Anstiegszeit von etwa 3 ns. Die Grenzfrequenz der verwendeten Transistoren (in Basisschaltung) ist 500 MHz.

Es ist ersichtlich, daß der Unterschied zwischen den beiden Schaltungen von Abb. 267 und 268 nur relativ gering ist. Ein kritischer Vergleich läßt sich wie folgt zusammenfassen: Der Hauptnachteil der Basisschaltung ist, daß die untere Grenzfrequenz relativ hoch ist (etwa 10 MHz im angeführten Beispiel). Dadurch wird die Dauer der übertragenen Impulse beschränkt. Die Emitterschaltung geht bis zu viel niedrigeren Frequenzen, braucht aber, um diesen Vorteil auszunützen, große Überbrückungskapazitäten. Anderseits ergibt die Basisschaltung eine höhere Verstärkung bei gegebener Anstiegszeit; sie ist wesentlich stabiler gegenüber Verschiebungen des Arbeitspunktes und weniger empfindlich in bezug auf Streukapazitäten. Ferner ist ihr Aufwand an Bauteilen geringer.

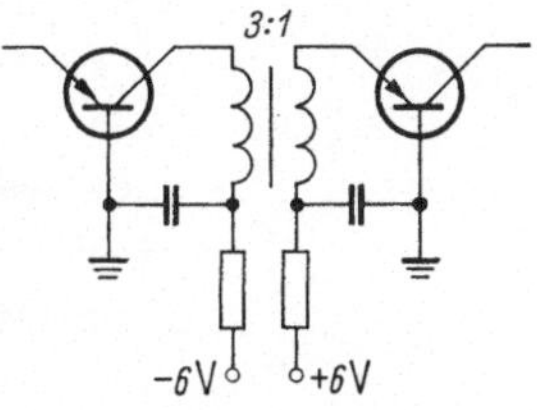

Abb. 268. Teil eines mehrstufigen Verstärkers in Basisschaltung.

20.5 Koinzidenzschaltungen

Koinzidenzschaltungen kommen in der Meßtechnik häufig vor; ihre Funktion ist die, daß sie einen Impuls abgeben, wenn von zwei verschiedenen Quellen gleichzeitig ein Impuls empfangen wird. In einer Antikoinzidenzschaltung anderseits wird ein von einer ersten Quelle herkommender Impuls *nicht* weitergeleitet, wenn gleichzeitig von einer zweiten Quelle her ein Impuls ankommt.

Koinzidenzschaltungen für große Signale. Koinzidenzschaltungen sind nichts anderes als Gatter; daher können grundsätzlich alle Schaltungen von Abb. 142—144 verwendet werden. Immerhin versteht man unter einer Koinzidenzschaltung im allgemeinen ein Gatter, in welchem beide Eingänge impulsförmigen Charakter haben. Somit fallen solche Gatter außer Betracht, in denen einer der Eingänge mit einer langen Zeitkonstanten behaftet ist. Am häufigsten findet man die Schaltung der Abb. 142a, die in Abb. 269a wiederholt ist. Sie gibt dann und nur dann einen positiven Impuls ab, wenn an beiden Eingängen zugleich ein positiver Impuls eintrifft. (Selbstverständlich läßt sich die Schaltung auch für negative Impulse auslegen; dann sind die Dioden umzukehren und auf eine negative Batteriespannung zu führen.)

Oft haben die angelegten Impulse eine kleine Anstiegszeit, jedoch eine langsam abfallende Flanke; Koinzidenz soll nur angezeigt werden, wenn die Anstiegsflanken zeitlich um nicht mehr als das kleine Intervall τ auseinander liegen. In diesem Fall muß vor dem Eingang in die Koinzidenzschaltung ein Impuls von der Länge τ gebildet werden. Abb. 269b zeigt, wie in einem Kabelstück mit kurzgeschlossenem Ende nach der Zeit l/v eine Reflexion erfolgt und dadurch an der Ausgangs-

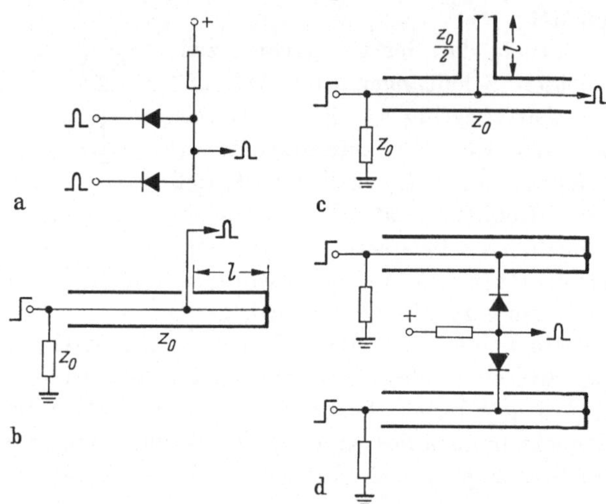

Abb. 269. a) Koinzidenzgatter, b) und c) Anordnungen zur Impulsformung (Impulsdauer $= 2l/v$, v = Wellengeschwindigkeit des Kabels), d) Koinzidenzgatter aus a) und b).

klemme ein Impuls von genau definierter Dauer $\tau = 2l/v$ entsteht. — Links muß ein Abschluß mit der Impedanz Z_0 vorhanden sein, da sonst der zurückwandernde Impuls dort erneut reflektiert würde. c) zeigt die Anordnung, die nötig ist, wenn die Weiterleitung durch ein Kabel erfolgt;

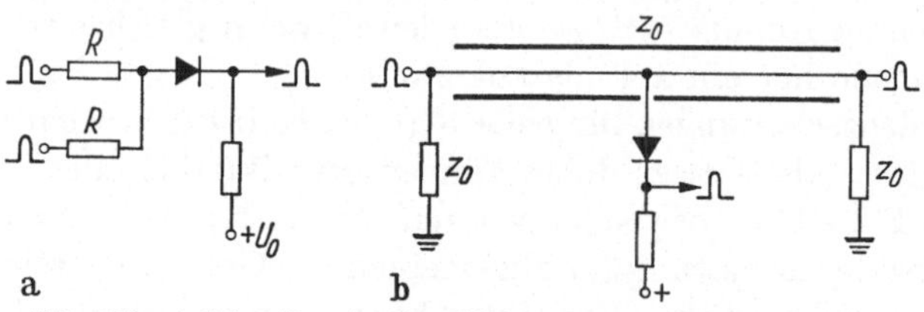

Abb. 270. a) Schwellwertgatter, b) koaxiale Anführung von a).

in diesem Fall muß das kurzgeschlossene Stück den Wellenwiderstand $Z_0/2$ haben, damit in ihm nicht mehrfache Reflexionen auftreten. Eine aus a) und b) kombinierte Koinzidenzschaltung zeigt d).

Ein anderes Gatter zeigt Abb. 270a. Hier werden die beiden Signale mittels der beiden Widerstände R zunächst algebraisch addiert; ein Impuls entsteht am Ausgang dann, wenn die Summe den festen Wert U_0 überschreitet. Auf S. 128 ist dieses Prinzip mit „Schwellwertgatter" bezeichnet worden. Die Schaltung erfordert, daß die angelegten Impulse eine genau festgelegte Amplitude haben; wenn sie zu groß sind, so entsteht ein Signal am Ausgang schon dann, wenn nur an einem der Eingänge ein Impuls eintritt. Diese Schaltung eignet sich besonders gut für die koaxiale Ausführung (b), weil am Verzweigungspunkt ohne weitere Maßnahmen die Summe der auf beiden Seiten angelegten Signale entsteht. Die Abschlußwiderstände Z_0 verhindern Reflexionen.

Als *Antikoinzidenzgatter* eignen sich sowohl Abb. 269a als auch 270a, wenn an einer der beiden Klemmen ein negativer statt eines positiven Impulses angelegt wird und wenn die Gleichstrompegel richtig gewählt werden.

Die für die Feststellung von Koinzidenzen entwickelten Schaltungen sind wegen ihrer enormen Bedeutung für die Beantwortung vieler Fragen der Kernphysik sehr genau analysiert und unter mannigfaltigen Gesichtspunkten entwickelt worden. Ihre Spielarten sind daher sehr zahlreich.

Koinzidenzschaltungen für kleine Signale. Für gewisse Anwendungen (beispielsweise im Abtastoszillographen, s. S. 260ff.) ist ein Gatter erforderlich, das während der Dauer eines sehr kurzen Impulses eine Signalquelle mit einer nachfolgenden Last verbindet. Dabei darf das Signal keine Verzerrungen erleiden, das heißt, seine Übertragung muß linear sein. Bei sorgfältiger Dimensionierung eignet sich hierzu die Schaltung von Abb. 270. Zur Erklärung sei angenommen, die Diode habe die auf S. 36 (Abb. 42c) beschriebene, idealisierte Kennlinie,

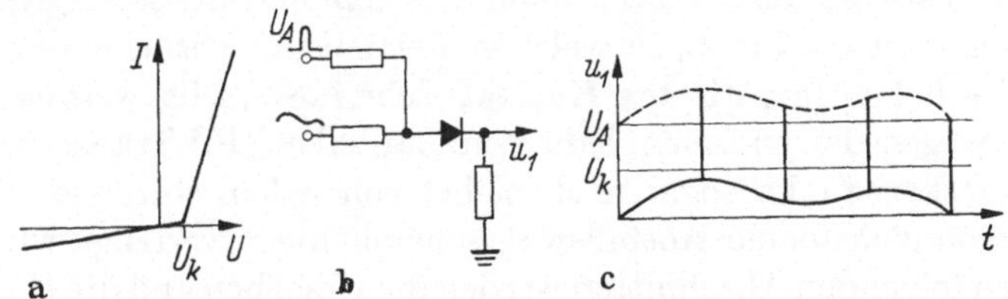

Abb. 271. Gatter für kleine Signale. a) vereinfachte Diodenkennlinie, b) Schaltung, c) Verschiebung des Signals vom flachen in den steilen Teil der Kennlinie durch den Schaltimpuls.

s. Abb. 271a. U_k ist die Knickspannung von etwa 0,25 V. Unterhalb dieser Spannung stellt die Diode einen großen, oberhalb einen kleinen Widerstand dar. Das Signal muß nun so klein sein, daß es die Knickspannung nicht erreicht. (Da in Wirklichkeit die Kennlinie nicht so ideal wie in Abb. 271a, sondern gekrümmt verläuft, bedeutet das, daß nur Signale unter etwa 50 mV verwendet werden dürfen.) Der Schaltimpuls hingegen hat die Amplitude $U_A = 0{,}6$ V und hebt das Signal in einen Teil der Diodenkennlinie, in welchem die Diode einen niederen Widerstand besitzt. Da die Kennlinie in dieser Gegend schwach gekrümmt ist, erfährt das Signal, sofern es nicht größer als 50 mV ist, keine Verzerrungen. — Praktisch wird das Gatter in der koaxialen Ausführung von Abb. 270b verwendet.

21. Betriebssicherheit

Jedermann weiß, daß im Gebrauch eines elektronischen Gerätes die Betriebssicherheit eine bedeutende Rolle spielt, und daß beim Aufbau eine möglichst betriebssichere Arbeitsweise angestrebt werden muß. Diese Feststellung allein hat aber wenig praktischen Wert; denn um die Betriebssicherheit zu erhöhen, muß man einen erheblichen Aufwand sowohl an Entwicklungsarbeit als auch an Herstellungskosten einsetzen, und die Frage, wie weit man in dieser Richtung gehen soll, ist von großer wirtschaftlicher Bedeutung und muß in jedem Einzelfall entschieden werden.

Die Anforderungen an die Betriebssicherheit sind je nach Verwendungszweck ganz verschieden. Wenn beispielsweise ein Physiker oder ein Ingenieur eine Hilfsschaltung aufbaut, um damit eine Reihe von Messungen auszuführen, so wird es seine Arbeit wenig beinträchtigen, wenn pro Woche eine oder gar mehrere Störungen auftreten, weil er solche auf Grund seiner genauen Kenntnis des Gerätes sofort beheben kann. Von einem Rundfunk- oder Fernsehempfänger erwartet man anderseits einen störungsfreien Betrieb während vieler Monate, ohne daß irgendeine Wartung nötig wäre. Wieder in eine andere Kategorie fallen elektronische Einrichtungen in Rundfunk-Studios oder Flughäfen; dort führen Ausfälle während der Betriebszeit zu bedeutenden Unzulänglichkeiten, doch steht dauernd qualifiziertes Personal zur Verfügung, welches eine vorsorgliche Wartung durchführen kann. Schließlich sind die digitalen Rechenanlagen zu erwähnen, in welchen Betriebsunterbrüche allein schon wegen des hohen investierten Kapitals sehr kostspielig werden, und in welchen wegen der enormen Zahl von Bauteilen (10^5 Transistoren und 10^6 Magnetkerne oder sogar noch mehr) von jedem einzelnen Teil eine außergewöhnlich kleine Ausfallswahrscheinlichkeit verlangt wird.

In den folgenden Abschnitten werden die Ursachen und die Häufigkeit von Fehlern betrachtet, und es werden Richtlinien für den Bau betriebssicherer Schaltkreise formuliert. Die Fragen der Betriebssicherheit sind in einem gesonderten Kapitel zusammengefaßt worden, damit dieser Gesichtspunkt bei der Beschreibung der Schaltkreise in den übrigen Teilen des Buches nicht immer erwähnt werden muß. Diese Tatsache darf aber nicht darüber hinwegtäuschen, daß die Betriebssicherheit in allen Stufen der Entwicklung einer Anlage berücksichtigt werden muß und nicht erst durch Verbesserungen, die an der fertigen Konstruktion angebracht werden, erreicht werden kann.

21.1 Fehlerursachen

Wenn man die verschiedenen Arten von Fehlern, die zum Versagen elektronischer Schaltungen führen, untersucht, so findet man, daß sie in drei wichtige Kategorien eingeteilt werden können:

1. allmähliche Verschiebung der Betriebsbedingungen in einer ungünstigen Richtung (beispielsweise Veränderung eines Widerstandswertes);
2. plötzliches, vollständiges Versagen eines Teils (etwa Unterbruch eines Heizfadens);
3. intermittierende Effekte (Wackelkontakte, die durch Erschütterungen beeinflußt werden).

Das plötzliche Versagen ist eine Eigenschaft, die hauptsächlich bei Elektronenröhren nie ganz vermeidbar ist. In Anlagen, die keine Röhren, sondern Transistoren verwenden, lassen sich plötzliche Versagen — abgesehen von Ausnahmen, mit denen man immer wird rechnen müssen — durch große Sorgfalt in der Ausgestaltung aller Teile weitgehend eliminieren.

Intermittierende Fehler sind außerordentlich störend und können, da sie sich einer systematischen Eingrenzung oft entziehen, eine Anlage stunden-, ja tagelang stillegen. Alle Anstrengungen werden daher unternommen, um sie zu vermeiden. Durch große Sorgfalt im mechanischen Aufbau, besonders in der Ausgestaltung der Lötverbindungen (die neuerdings oft durch Draht-Umwicklungen ersetzt werden) und der Steckkontakte (von denen in einer Anlage Hunderttausende enthalten sein können) kommen heute in einer gut konstruierten Anlage intermittierende Fehler nur noch im Sinne von „Betriebsunfällen", also als seltene Ausnahmen vor.

Es bleibt also als wichtigste Fehlerquelle die allmähliche Veränderung von Teilen. Diese ist eine grundsätzliche Eigenschaft aller Schaltelemente und läßt sich wohl abschwächen, aber nicht eliminieren. Beispielsweise kann nie erwartet werden, daß ein Widerstand während seiner ganzen Lebensdauer den ursprünglichen Widerstandswert exakt beibehält, schon nur wegen der unterschiedlichen Temperaturen, denen er ausgesetzt ist. In Transistoren können die Materialien, die an der Trennfläche zusammenkommen, ineinander diffundieren, ein Prozeß, der sich zwar langsam, aber doch mit endlicher Geschwindigkeit abspielt und der zu einer Änderung der Parameter Anlaß gibt. Für solche Teile läßt sich keine Lebensdauer abgeben, *da das Lebensende von der willkürlichen Definition einer höchstzulässigen Abweichung abhängt*. Es kann nicht deutlich genug betont werden, daß die Betriebssicherheit moderner Teile — in denen ein plötzliches Versagen praktisch ausgeschlossen ist — ebensosehr vom Schaltkreis abhängt, in dem der Teil verwendet wird, wie vom Teil selbst; denn erst der Schaltkreis bestimmt, bei welcher Abweichung vom Sollwert Fehler auftreten. Die Folgerungen, die sich für den Entwerfer von Kreisen daraus ergeben, sind auf S. 279f. dargelegt.

21.2 Fehlerhäufigkeit

Die Lebensdauer einer Trockenbatterie läßt sich ziemlich genau vorausbestimmen, wenn die Betriebsbedingungen bekannt sind. Dasselbe kann von elektronischen Bauteilen nicht gesagt werden. Ihre Lebensdauer muß in der Sprache der Wahrscheinlichkeitsrechnung formuliert werden. Prognosen, die für einen einzelnen Teil gegeben werden, sind mit einem hohen Grad von Unsicherheit behaftet, und erst für eine Vielzahl von Elementen lassen sich konkrete Aussagen, die für den Benützer von praktischen Wert sind, tätigen.

Die Einflüsse, die die Lebensdauer von Bauteilen bestimmen, sind überaus vielgestaltig und daher kompliziert zu erfassen. Dementsprechend ist es nicht möglich, das statistische Verhalten in wenigen Zahlen und Formeln zu beschreiben, da keines der bekannten, einfachen Modelle der Wahrscheinlichkeitsrechnung als allgemein gültige Basis Verwendung finden kann. Sogar wenn für einen ganz bestimmten Teil (etwa einen Röhren- oder Transistortyp) umfangreiches statistisches Material vorliegt, so hat dasselbe nur für die Schaltkreise und Betriebsbedingungen, die den Messungen zugrunde lagen, Gültigkeit, und eine Übertragung auf andere Verhältnisse ist nur bedingt brauchbar.

Die Erfahrungen über die Lebensdauer von Elektronenröhren in großen Anlagen reichen bis ins Jahr 1945 zurück; dementsprechend hat sich ein beträchtliches Quantum an Beobachtungsmaterial angesammelt, von dem auch ein Teil ausgewertet und publiziert worden ist. Über die Lebensdauer von Transistoren finden sich in der Literatur nur wenige Angaben, die für den Konstrukteur von Nutzen sind. Dafür sind drei Gründe verantwortlich. Erstens sind die Ursachen, die zu einer Alterung von Transistoren führen, so vielfältig, daß Erfahrungen von einem Typ kaum auf einen andern übertragen werden können. Zweitens hat die wirklich automatisierte Massenherstellung — die sich auf die Lebensdauer maßgebend auswirken muß — erst etwa 1959 begonnen; daher können noch keine Beobachtungen vorliegen, die sich über viele Jahre erstrecken. Drittens haben Transistoren eine Betriebssicherheit, die um eine bis zwei Zehnerpotenzen über jene von Röhren hinausgeht, so daß überhaupt nur Messungen, die sich über Jahre erstrecken, zu brauchbaren Werten führen können. Auch die über Germaniumdioden früher veröffentlichten Daten haben heute, im Lichte der immensen Fortschritte der Halbleitertechnik, nur beschränkte Gültigkeit.

Qualitativ gibt Abb. 272 das Verhalten von elektronischen Bauteilen wieder. Die Kurve wurde so ermittelt, daß eine große Zahl von neuen Elementen gleichzeitig in Betrieb gesetzt wurde; der Wert λ zeigt an, welcher Bruchteil der jeweils noch vorhandenen Anzahl $N(t)$ pro Zeiteinheit ausfällt:

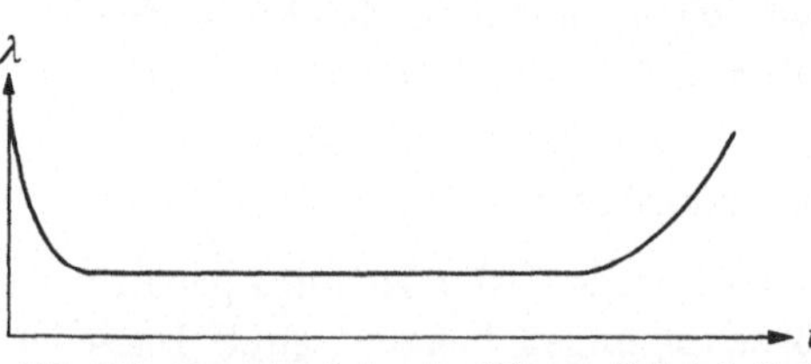

Abb. 272. Bruchteil λ der Ausfälle pro Zeiteinheit als Funktion der Betriebszeit t.

$$\lambda = -\frac{1}{N(t)}\frac{dN}{dt} \qquad (74)$$

Die Zahl λ ist für eine Anfangszeit (bei Röhren als „Einbrennperiode" bezeichnet) hoch, fällt dann ab und bleibt während längerer Zeit ungefähr konstant. Am Schluß dieser Periode steigt die Kurve wieder stark an und tritt damit in das Gebiet ein, in welchem die Elemente im eigentlichen Sinn verbraucht sind. Der Konstrukteur muß anstreben, nur den niedrigen konstanten Teil dieser Kurve in die praktische Betriebszeit einer Anlage einzubeziehen. Die Einbrennperiode dauert für Röhren bis zu 200 h und muß durchlaufen werden, bevor die Teile in die Anlage eingesetzt werden. Für Transistoren sind keine systematischen Untersuchungen über die Dauer oder auch nur das Vorhandensein einer Einbrennperiode bekannt. Die Endphase, die einer Erschöpfung der Teile entspricht, kann bei Röhren je nach dem Typ bei 5000 h oder sogar noch früher beginnen; doch ist auch über wesentlich höhere Werte berichtet worden. Bei Transistoren und Widerständen ist die Existenz dieser Endphase unwahrscheinlich. Ob sie nach 100000 h doch noch eintritt, ist belanglos; denn beim heutigen schnellen Fortschritt der Technik ist es ganz unwahrscheinlich, daß eine elektronische Schaltung nach dieser Zeit (die bei täglich 14stündigem Betrieb 20 Jahren entspricht) noch im Gebrauch ist.

Es ist nicht verwunderlich, daß Röhren eine grundsätzlich geringere Zuverlässigkeit erreichen als alle andern Teile; denn in ihnen kommen hohe Temperaturen vor, die alle chemischen und Diffusionsvorgänge beschleunigen und die beim wiederholten Ein- und Ausschalten zu mechanischen Lastwechseln, welche Brüche begünstigen, führen. Die Vermeidung von hohen Temperaturen ist daher einer der wichtigsten Schritte auf dem Weg zu größerer Betriebssicherheit.

Wir betrachten nun die Verhältnisse, die entstehen, wenn in Abb. 272 die Anfangs- und die Endphase weggelassen wird und nehmen an, während der eigentlichen Betriebszeit sei die relative Anzahl λ der pro Zeiteinheit ausfallenden Elemente konstant. Dann ergibt sich aus Gl. (74), daß nach t Stunden noch $N = N_0 \exp(-\lambda t)$ Elemente betriebsfähig sind, wenn zu Beginn des Versuches deren N_0 vorhanden waren. Diese Beziehung ist in Abb. 273 aufgetragen. $1/\lambda$ ist die Zeitkonstante dieser Funktion und ist gleichzeitig die mittlere Lebensdauer der Elemente. Nach der Zeit $1/\lambda$ sind noch $1/e \approx 37\,\%$ der ursprünglich vorhandenen Elemente betriebsfähig.

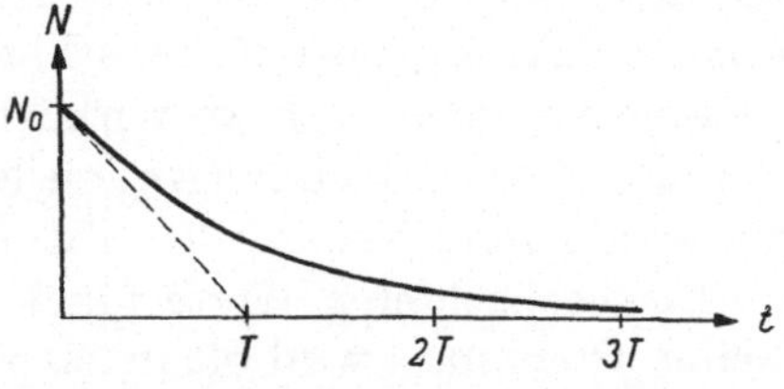

Abb. 273. Anzahl N der nach der Zeit t noch betriebsfähigen Elemente (λ ist als konstant angenommen).

Die wahrscheinliche Lebensdauer eines Elementes ist Null, eine überraschende, aber mit den Gesetzmäßigkeiten nicht im Widerspruch stehende Tatsache. Ein Beispiel mag den Begriff der „wahrscheinlichen Lebensdauer", von der man sich nicht unbedingt eine anschauliche Vorstellung machen kann, illustrieren: Obgleich bei einem Würfel irgendeine bestimmte Zahl (etwa die Eins) im Mittel nur einmal in sechs Würfen auftritt, ist es doch am wahrscheinlichsten, daß sie gleich beim ersten Wurf erscheint.

Eine Konsequenz dieser Zusammenhänge ist die Tatsache, daß die Lebenserwartung eines Teils unabhängig vom Alter ist, das er bereits erreicht hat; somit ist ein gebrauchter Teil ebenso „neuwertig" wie ein neuer. Das bedeutet auch, daß der Ersatz eines Teils durch einen neuen die Betriebssicherheit der Anlage nicht verbessert.

In einer Anlage müssen ausgefallene Teile sofort ersetzt werden, und die Gesamtzahl der vorhandenen Teile ist immer N_0. Dann werden im Mittel pro Zeiteinheit λN_0 Elemente ausfallen, das heißt, *die mittlere Zeit zwischen zwei Störungen* beträgt $T_m = 1/\lambda N_0$. Diese mittlere Zeit zwischen zwei Störungen T_m ist ein wichtiges Maß für die Beschreibung der Betriebssicherheit einer Anlage. Wenn eine Störung eingetreten ist, so dauert es *im Mittel* T_m Stunden, bis die nächste Störung erfolgt. Daraus darf allerdings nicht geschlossen werden, während Zeiten in der Größenordnung von T_m sei für die Anlage eine hohe Betriebssicherheit zu erwarten; denn die Ausfälle treten ja nicht in genau regelmäßiger Folge ein. Aus der Wahrscheinlichkeitsrechnung geht hervor, daß für ein Zeitintervall von T_m mit einer Fehlerwahrscheinlichkeit von $1 - 1/e \approx 63\%$ gerechnet werden muß. Um kleine Ausfallswahrscheinlichkeiten zu erhalten, muß man wesentlich kleinere Zeitintervalle als T_m betrachten. Für $T_m/100$ ist beispielsweise die Ausfallswahrscheinlichkeit 1%, die Betriebssicherheit also 99%.

Ein Beispiel soll das veranschaulichen. Eine Anlage möge $N_0 = 1000$ Transistoren enthalten. Während einer Betriebszeit $t = 10$ h wird eine Betriebssicherheit von 99% (eine Ausfallswahrscheinlichkeit von $w = 1\%$) verlangt. Aus $t/w = T_m$ und $\lambda = 1/T_m N_0$ errechnet sich die Ausfallswahrscheinlichkeit für den einzelnen Transistor $\lambda = 10^{-6}\,\mathrm{h}^{-1}$, eine Zahl, die mit Transistoren gerade noch gut erreicht werden kann.

Alle diese Überlegungen beruhen auf der Annahme eines zeitlich konstanten λ. Die wenigen verfügbaren Daten, die allgemeine Gültigkeit beanspruchen können, deuten darauf hin, daß diese Annahme zwar nicht genau erfüllt ist, aber für Abschätzungen der Betriebssicherheit doch gebraucht werden kann. In Wirklichkeit kann λ im Lauf der Lebenszeit sowohl sinken als auch steigen; vielleicht kommt der in Abb. 272 qualitativ angedeutete Verlauf den Tatsachen doch näher.

Die beobachteten Werte für λ schwanken, wie zu erwarten ist, in weiten Grenzen. λ wird oft in % pro 1000 Betriebsstunden angegeben. Etwas einfacher ist es, die Zeit $1/\lambda$ zu nennen; wenn man annimmt, λ sei während der Lebenszeit konstant, so ist das die mittlere Lebenserwartung des Bauteils. $\lambda = 1\%/1000$ h ergibt $1/\lambda = 10^5$ h. Für Röhren in älteren Anlagen wurde $1/\lambda = 20000$ bis 200000 h gemeldet, wobei der niedrigere Wert ausgesprochen ungünstig und daher verbesserungsfähig ist. Für moderne Bauteile findet man als typische Werte: Transistoren 10^6 h, Dioden $2 \cdot 10^6$ h, Schichtwiderstände $5 \cdot 10^6$ h. Halbleiter-Bauelemente aus Germanium haben Ausfallzahlen, die stark von der Temperatur abhängig sind; für eine Temperaturerhöhung von 30 auf 60 °C reduziert sich $1/\lambda$ etwa auf die Hälfte. Auf Silizium-Bauteile hat dagegen eine solche Erhöhung noch keinen merklichen Einfluß.

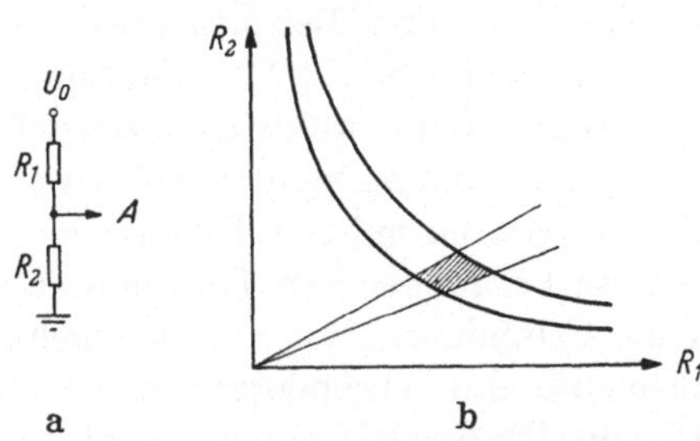

Abb. 274. a) Spannungsteiler, b) Gebiet (schraffiert), in dem das Wertepaar R_1, R_2 liegen muß.

Alle diese Überlegungen gehen selbstverständlich davon aus, daß das Lebensende eines Teils ein eindeutig feststellbares Ereignis ist. Nun wurde auf S. 275 mit Nachdruck darauf hingewiesen, daß der Eintritt dieses Ereignisses nicht nur vom betrachteten Bauteil, sondern ebensosehr von den Eigenschaften des gesamten Schaltkreises abhängt. Man kann also die Größe für ein Element nur dann angeben, wenn man gleichzeitig die verwendete Schaltung spezifiziert. In Wirklichkeit sind die Verhältnisse noch komplizierter, indem das Versagen eines Schaltkreises von einem Zusammenwirken aller der ihn beeinflussenden Veränderungen abhängt. Das sei an Hand eines Spannungsteilers veranschaulicht, s. Abb. 274. Bedingung für das richtige Funktionieren der Schaltung, in der er vorkommt, möge sein, daß die am Punkt A sich einstellende Spannung zwischen zwei vorgegebenen Werten liegt, und daß die an diesem Punkt gemessene Impedenz (also die Parallelschaltung von R_1 und R_2) einen vorgegebenen Bereich nicht verläßt. Diese Bedingungen, in eine $R_1 - R_2$-Ebene eingetragen, ergeben zwei Geraden und zwei gleichseitige Hyperbeln, die zusammen ein Viereck begrenzen. Erst wenn das Wertepaar R_1, R_2 dieses Viereck verläßt, hört die Schaltung zu funktionieren auf. Die praktisch vorkommenden Verhältnisse sind noch viel verwickelter. Ein Flipflop beispielsweise besteht aus sechs Widerständen und zwei Transistoren, und die Frage, ob es betriebsfähig ist, hängt von einem Zusammenwirken aller acht Teile ab.

21.3 Entwurf betriebssicherer Schaltkreise

Wie bereits betont wurde, ist die Betriebssicherheit nicht eine Funktion der Bauteile allein, sondern ebensosehr der Schaltkreise, in denen dieselben verwendet werden, und sie muß daher bereits in den ersten

Stufen der Entwicklung der Schaltkreise in Berücksichtigung gezogen werden.

Alle Teile zeigen im Lauf der Zeit eine Veränderung ihrer Daten. Die Toleranzen, die z. B. für einen Widerstand angegeben werden, gelten nur für den neuwertigen Zustand, und es besteht keine Gewähr für deren Einhaltung während der ganzen Lebensdauer. Der Entwerfer muß also die Schaltkreise so aufbauen, daß sie auch bei veränderten Parametern noch betriebsfähig sind. Dabei müssen ziemlich große Veränderungen zugelassen werden. Beispielsweise würde ein Flipflop, in dem die Widerstandswerte nur um $\pm 1\%$ vom Sollwert abweichen dürfen, sehr schlecht befriedigen, da im praktischen Betrieb so enge Toleranzen nur mit großem Kostenaufwand aufrechterhalten werden können. Für Widerstände und Kondensatoren müssen Toleranzen von $\pm 10\%$ angestrebt werden; für gewisse Parameter von Transistoren sind $\pm 25\%$ oder sogar noch mehr keine Seltenheit. Nun ist zu beachten, daß in einem Schaltkreis alle Elemente eine Veränderung in der ungünstigensten Richtung erleiden können. Die Speisespannungen, die ebenfalls Schwankungen unterworfen sind, sind einzubeziehen und machen die Lage noch kritischer. Man wird finden, daß etwa der Entwurf eines Flipflops, das nur acht oder zehn Teile enthält, unter diesen Umständen zu einer sehr schwierigen und zeitraubenden Arbeit wird, zumal die gestellten Bedingungen nicht nur die statische Stabilität, sondern auch die Tastempfindlichkeit und die Umschaltzeit betreffen.

Eine weitere weniger auf der Hand liegende Forderung ist, daß der Ausfall eines Bauteils oder einer Speisespannung keine Beschädigung anderer Bauteile verursachen darf. Es ist nicht leicht, diese Bedingung konsequent zu erfüllen, und sie wird auch nicht immer beachtet. Wenn beispielsweise in einer Kathodenfolgerröhre der Heizfaden bricht, so verschwindet die Emission, und die Kathode nimmt eine stark negative Spannung an, was nachfolgende Halbleiterdioden beschädigen kann, wenn diese Spannungsänderung nicht durch eine zusätzliche Diode verhindert wird. In ähnlicher Weise kann der Ausfall einer Speisespannung, die den Charakter einer negativen Gittervorspannung hat, zu einer Überlastung von Röhren führen.

Die Forderung, daß es gestattet sein muß, steckbare Einheiten herauszuziehen, währenddem die Anlage unter Spannung steht, kann nicht immer erfüllt werden, besonders deshalb, da man nicht voraussagen kann, in welcher Reihenfolge beim Herausziehen die einzelnen Kontakte unterbrochen werden. In diesem Zusammenhang ist zu beachten, daß Halbleiterdioden und Transistoren schon durch Überlastungen, die nur Sekundenbruchteile dauern, zerstört werden können.

Literaturverzeichnis

Bücher

[1] BLACKBURN, J. F.: Components Handbook, Radiation Laboratory Series, Vol. 17, New York: McGraw-Hill 1949.

[2] CARROLL, J. M.: Modern Transistor Circuits, New York: McGraw-Hill 1959.

[3] CHANCE, B., V. HUGHES, E. F. MACNICKOL, D. SAYRE u. F. C. WILLIAMS: Waveforms. Radiation Laboratory Series, Vol. 19, New York: McGraw Hill 1949.

[4] GÄRTNER, W. W.: Transistors: Principles, Design, and Applications, New York: Van Nostrand 1960.

[5] GLASOE, G. N., u. J. V. LEBACAZ: Pulse Generators, Radiation Laboratory Series, Vol. 5, New York: McGraw-Hill 1948.

[6] GRUHLE, W.: Elektronische Hilfsmittel des Physikers, Berlin/Göttingen/Heidelberg: Springer 1960.

[7] HAAS, G.: Grundlagen und Bauelemente elektronischer Ziffernrechenmaschinen, Eindhoven: Philips Technische Bibliothek 1961.

[8] KORN, G. A., u. T. M. KORN: Electronic Analog Computers, 2. Aufl., New York: McGraw-Hill 1956.

[9] LEWIS, I. A. D., u. F. H. WELLS: Millimicrosecond Pulse Techniques, 2. Aufl., London: Pergamon Press 1959.

[10] LINVILL, J. G., u. J. F. GIBBONS: Transistors and Active Circuits, New York: McGraw-Hill 1961.

[11] MEJEROWITSCH, L. A., u. L. G. SELITSCHENKO: Impulstechnik, Stuttgart: Berliner Union 1960.

[12] MILLMAN, J., u. H. TAUB: Pulse and Digital Circuits, New York: McGraw-Hill 1956. Deutsche Übersetzung: [13].

[13] MILLMANN, J., u. H. TAUB: Impuls- und Digitalschaltungen, Stuttgart: Berliner Union 1963. Deutsche Übersetzung von [12].

[14] MOERDER, C.: Transistortechnik, Stuttgart: B. G. Teubner 1960.

[15] NEETESON, P. A.: Elektronenröhren in der Impulstechnik, Eindhoven: Philips Technische Bibliothek 1955.

[16] NEETESON, P. A.: Flächentransistoren in der Impulstechnik, Eindhoven: Philips Technische Bibliothek 1960.

[17] RUSCHE, G., K. WAGNER u. F. WEITZSCH: Flächentransistoren, Berlin/Göttingen/Heidelberg: Springer 1961.

[18] SHEA, R. F.: Transistortechnik, Stuttgart: Berliner Union 1960.

[19] SPEISER, A. P.: Digitale Rechenanlagen, Berlin/Göttingen/Heidelberg: Springer 1961.

[20] SPENKE, E.: Elektronische Halbleiter, Berlin/Göttingen/Heidelberg: Springer 1956.

[21] STEINBUCH, K.: Taschenbuch der Nachrichtenverarbeitung, Berlin/Göttingen/Heidelberg: Springer 1962.

[22] STRUTT, M. J. O.: Elektronenröhren, Berlin/Göttingen/Heidelberg: Springer 1957.

[23] Telefunken-Fachbuch: Der Transistor, München: Franzis-Verlag 1961.

Zeitschriftenartikel

[31] Apel, K.: Eine gasgefüllte Dekadenzählröhre für Zählfrequenzen bis 1 MHz. Elektron. Rundschau 14 (1960) Nr. 10, 405—408.

[32] Apel, K., u. P. Berweger: Miniature Gas-Filled Tubes for High-Speed Counting. Electronics 33 (1960) Nr. 2, 46/47.

[33] Baldinger, E., u. W. Franzen: Amplitude and Time Measurement in Nuclear Physics. Advances in Electronics & Electron Physics 8 (1956) 255—315.

[34] Blecher, F. H.: Design Principles for Single Loop Transistor Feedback Amplifiers. IRE Trans. on Circuit Theory CT-4 (1957) 145—156.

[35] de Broekert, J. C., u. R. M. Scarlett: Transistor Amplifier has 100 Megacycle Bandwidth. Electronics 33 (1960) Nr. 16, 73—75.

[36] Bruun, G.: Common-Emitter Transistor Video Amplifiers. Proc. IRE 44 (1956) 1561—1572.

[37] Chase, R. L.: Recent Developments in Multichannel Pulse-Height Analysis. IRE-Trans. NS-9 (1962) No. 3, 275—279.

[38] Churchill, J. L. W., u. S. C. Curran: Pulse Amplitude Analysis. Advances in Electronics & Electron Physics 8 (1956) 317—362.

[39] Ebers, J. J., u. J. L. Moll: Large Signal Behavior of Junction Transistors. Proc. IRE 42 (1954) 1761—1772.

[40] Emmer, T. L.: Nuclear Instrumentation for Scintillation and Semiconductor Spectroscopy. IRE Trans. NS-9 (1962) No. 3, 305—313.

[41] Fränz, K.: Die elektronische Technik in der Strahlungsmessung. NTZ 12 (1959) Nr. 1, 98—103.

[42] Gatti, E.: A Stable High Speed Multichannel Pulse Analyzer. Nuovo Cimento 11 (1954) No. 2, 153—162.

[43] Goldmann, H. O., u. G. Meyer-Brötz: Transistor-Operationsverstärker mit hoher Verstärkung und kleiner Drift für Gleichspannungs-Analogrechner. Telefunken-Ztg. 33 (1960) Nr. 129, Sonderdruck AH 523, 22—29.

[44] Grieder, K.: Transistorisierter Analog-Digital-Konverter für hohe Tastfrequenzen. Elektron. Rundschau 14 (1960) Nr. 10, 401/2.

[45] Guggenbühl, W., u. M. J. O. Strutt: Transistoren in Hochfrequenz-Verstärkerstufen. Scientia Electrica 2 (1956) Nr. 3, 99—115.

[46] Heinlein, W.: Über die Trägheit von Halbleiterdioden im Impulsbetrieb und ihre physikalische Deutung. Arch. elektr. Übertragung 11 (1957) 387 bis 396.

[47] Henle, R. A., u. J. L. Walsh: The Application of Transistors to Computers. Proc. IRE 46 (1958) No. 6, 1240—1254.

[48] Hutchinson, G. W., u. G. G. Scarrott: A High Precision Pulse Height Analyser of Moderately High Speed. Phil. Mag. 42 (1951) 792—806.

[49] Kaufmann, P.: Konstruktionstypen und Dotierungsprofile von Flächentransistoren. Scientia Electrica 5 (1959) Nr. 1.

[50] Kohn, G., u. W. Nonnenmacher: Induktives Verhalten von p-n-Übergängen in Flußrichtung. Arch. elektr. Übertragung 8 (1954) 561—564.

[51] Kohn, G.: Die Berücksichtigung des Übergangsgebiets zwischen Fluß- und Sperrgebiet im Ersatzschaltbild für träge Germaniumdioden. Arch. elektr. Übertragung 9 (1955) 241—245.

[52] Kohn, G.: Die Erzeugung extrem steiler Impulsflanken in mehrstufigen nichtlinearen Verstärkern. Arch. elektr. Übertragung 12 (1958) 109—118.

[53] Kohn, G.: Die Beschreibung des Umklappvorganges beim Multivibrator. Arch. elektr. Übertragung 14 (1960) 193—203.

[54] Kohn, G.: Transistorverstärker mit Impulsanstiegszeiten von weniger als 5 ns. NTZ 15 (1962) Nr. 10, 531—536.

[55] LINVILL, J. G., u. R. H. MATTSON: Junction Transistor Blocking Oscillators. Proc. IRE 43 (1955) No. 11, 1632—1639.

[56] LOUIS, H. P.: Die Erzeugung sehr kurzer Nadelimpulse. Bull. schweiz. elektr-techn. Ver. 51 (1960) Nr. 20, 1067—1072.

[57] LOUIS, H. P.: Messung von Signalen im Zeitbereich von Nanosekunden mittels Abtastoszillografen. Elektron. Rundschau 14 (1960) Nr. 4, 137—144.

[58] MOLL, J. L.: Large Signal Transient Response of Junction Transistors. Proc. IRE 42 (1954) 1773.

[59] PILOTY, R.: Die Dimensionierung der Eccles-Jordan-Schaltung. A.E.Ü. 7 (1953) 537—545.

[60] POLLY, P.: Totzeiten und Zählverluste bei Impulsformerschaltungen. Elektron. Rundschau 16 (1962) Nr. 4, 159—161.

[61] SZIKLAI, G. C.: Symmetrical Properties of Transistors and Their Applications. Proc. IRE 41 (1953) 717—724.

[62] Telefunken Sonderdruck 0159 (o. J.).

[63] WEITZSCH, F.: *pnp*-Flächentransistoren, Kompendium. Valvo-Berichte 3 (1957).

[64] WUNDERLIN, W.: Bauformen und Herstellungsverfahren von Transistoren mit inhomogen dotierter Basisschicht. Scientia Electrica 6 (1960) Nr. 2, 80—91.

[65] WUNDERLIN, W.: Eigenschaften von Transistoren mit inhomogen dotierter Basisschicht. Scientia Electrica 6 (1960) Nr. 3, 1—16.

Sachverzeichnis

721/36/63 — III/18/203